Java 程序开发案例课堂

刘春茂　李　琪　编著

清华大学出版社
北京

内 容 简 介

本书以零基础讲解为宗旨，用实例引导读者深入学习，采取"基础入门→核心技术→高级应用→项目开发实战"的讲解模式，深入浅出地讲解 Java 的各项技术及实战技能。

本书第 I 篇"基础入门"主要内容包括揭开 Java 的神秘面纱、Java 基本语法、认识面向对象编程、Java 的内部类、数组和方法、字符串；第 II 篇"核心技术"主要内容包括抽象类与接口、处理异常、Java 中的输入和输出类型、Java 中的线程和并发、Java 中的泛型、Java 中的反射、Java 中的注解和枚举类型；第 III 篇"高级应用"主要内容包括 JDBC 编程、Swing 技术、AWT 绘图与音频、Java 的网络编程、API 编程、UML 与设计模式、Java 的打印技术；第 IV 篇"项目开发实战"主要内容包括 ANT 工具的使用、开发购物推荐系统、开发气球射击游戏和开发电影订票系统。

本书适合任何想学习 Java 编程语言的人员，无论您是否从事计算机相关行业，无论您是否接触过 Java 语言，通过学习均可快速掌握 Java 在项目开发中的知识和技巧。

本书封面贴有清华大学出版社防伪标签，无标签者不得销售。
版权所有，侵权必究。侵权举报电话：010-62782989　13701121933

图书在版编目(CIP)数据

Java 程序开发案例课堂/刘春茂，李琪编著. —北京：清华大学出版社，2018
ISBN 978-7-302-48894-1

Ⅰ. ①J… Ⅱ. ①刘… ②李… Ⅲ. ①JAVA 语言—程序设计 Ⅳ. ①TP312.8

中国版本图书馆 CIP 数据核字(2017)第 287185 号

责任编辑：张彦青
装帧设计：杨玉兰
责任校对：吴春华
责任印制：杨　艳

出版发行：清华大学出版社
　　网　　址：http://www.tup.com.cn, http://www.wqbook.com
　　地　　址：北京清华大学学研大厦 A 座　　邮　编：100084
　　社 总 机：010-62770175　　邮　购：010-62786544
　　投稿与读者服务：010-62776969, c-service@tup.tsinghua.edu.cn
　　质量反馈：010-62772015, zhiliang@tup.tsinghua.edu.cn
印 刷 者：北京富博印刷有限公司
装 订 者：北京市密云县京文制本装订厂
经　　销：全国新华书店
开　　本：190mm×260mm　　印　张：37.5　　字　数：912 千字
版　　次：2018 年 1 月第 1 版　　印　次：2018 年 1 月第 1 次印刷
印　　数：1～3000
定　　价：79.00 元

产品编号：076445-01

前　　言

本套图书是专门为软件开发和数据库初学者量身定制的一套学习用书，整套书涵盖软件开发、数据库设计等方面。整套书具有以下特点。

- 前沿科技

无论是软件开发还是数据库设计，我们都精选较为前沿或者用户群最大的领域推进，帮助大家认识和了解最新动态。

- 权威的作者团队

组织国家重点实验室和资深应用专家联手编著该套图书，融合丰富的教学经验与优秀的管理理念。

- 学习型案例设计

以技术的实际应用过程为主线，全程采用图解和同步多媒体结合的教学方式，生动、直观、全面地剖析使用过程中的各种应用技能，从而提升学习效率。

为什么要写这样一本书

Java 是 Sun 公司推出的能够跨越多平台的、可移植性最高的一种面向对象的编程语言，也是目前最先进、特征最丰富、功能最强大的计算机语言。利用 Java 可以编写桌面应用程序、Web 应用程序、分布式系统应用程序、嵌入式系统应用程序等，从而使其成为应用范围最广泛的开发语言。目前学习和关注 Java 的人越来越多，而很多 Java 的初学者都苦于找不到一本通俗易懂、容易入门和案例实用的参考书。通过本书的案例实训，大学生或其他学习者可以很快地上手流行的工具，提高职业技能，从而帮助解决公司与求职者的双重需求问题。

本书特色

- 零基础、入门级的讲解

无论您是否从事计算机相关行业，无论您是否接触过 Java 编程语言，都能从本书中找到最佳起点。

- 超多、实用、专业的范例和项目

本书在编排上紧密结合深入学习 Java 编程技术的先后过程，从 Java 的基本语法开始，带领大家逐步深入地学习各种应用技巧，侧重实战技能，使用简单易懂的实际案例进行分析和操作指导，让读者读起来简明轻松，操作起来有章可循。

- 随时检测自己的学习成果

每章首页中，均提供了本章要点，以指导读者重点学习及学后检查。

大部分章节最后的"大神解惑"板块和"跟我学上机"板块，均根据本章内容精选而成，读者可以随时检测自己的学习成果和实战能力，做到融会贯通。

- 细致入微、贴心提示

本书在讲解过程中，在各章中使用了"注意"和"提示"等小贴士，使读者在学习过程中更清楚地了解相关操作、理解相关概念，并轻松掌握各种操作技巧。

- 专业创作团队和技术支持

本书由千谷高新教育中心编著和提供技术支持。

您在学习过程中遇到任何问题，可加入 QQ 群(案例课堂 VIP)451102631 进行提问，专家会在线答疑。

超值赠送资源

- 全程同步教学录像

涵盖本书所有知识点，详细讲解每个实例和项目的过程及技术关键点。可以使读者比看书更轻松地掌握书中所有的 Java 编程语言知识，而且扩展的讲解部分能使读者获得到比书中讲解更多的收获。

- 超多容量王牌资源大放送

赠送大量王牌资源，包括本书实例源文件、精美教学幻灯片、精选本书教学视频、MyEclipse 常用快捷键、MyEclipse 提示与技巧、Java SE 类库查询手册、Java 程序员面试技巧、Java 常见面试题、Java 常见错误及解决方案、Java 开发经验及技巧大汇总等。读者可以通过 QQ 群(案例课堂 VIP)451102631 获取赠送资源，还可以进入 http://www.apecoding.com/下载赠送资源。

读者对象

- 没有任何 Java 编程基础的初学者。
- 有一定的 Java 编程基础，想精通 Java 开发的人员。
- 有一定的 Java 基础，但没有项目经验的人员。
- 正在进行毕业设计的学生。
- 大专院校及培训学校的老师和学生。

创作团队

本书由刘春茂和李琪编著，参加编写的人员还有蒲娟、刘玉萍、裴雨龙、周佳、付红、李园、郭广新、侯永岗、王攀登、刘海松、孙若淞、王月娇、包慧利、陈伟光、胡同夫、王伟、梁云梁和周浩浩。在编写过程中，我们竭尽所能地将最好的讲解呈现给读者，但也难免有疏漏和不妥之处，敬请不吝指正。若您在学习中遇到困难或疑问，或有何建议，可写信至信箱 357975357@qq.com。

编　者

目　　录

第 I 篇　基础入门

第 1 章　揭开 Java 的神秘面纱——我的第一个 Java 程序 ... 3

- 1.1 Java 简介 ... 4
  - 1.1.1 了解 Java 语言 ... 4
  - 1.1.2 Java 语言的特性 ... 4
  - 1.1.3 Java 语言的核心技术 ... 6
  - 1.1.4 Java 语言的工作原理 ... 7
- 1.2 搭建 Java 环境 ... 8
  - 1.2.1 JDK 简介 ... 8
  - 1.2.2 JDK 安装 ... 9
  - 1.2.3 JDK 配置 ... 12
  - 1.2.4 测试 JDK ... 14
- 1.3 第一个 Java 程序 ... 14
- 1.4 MyEclipse 的安装 ... 16
  - 1.4.1 MyEclipse 的下载 ... 16
  - 1.4.2 MyEclipse 的安装 ... 17
- 1.5 MyEclipse 的使用 ... 18
  - 1.5.1 创建 Java 项目 ... 18
  - 1.5.2 创建 Java 程序 ... 19
  - 1.5.3 编写 Java 程序 ... 20
  - 1.5.4 运行 Java 程序 ... 21
  - 1.5.5 调试 Java 程序 ... 21
- 1.6 如何学好 Java ... 23
- 1.7 大神解惑 ... 24
- 1.8 跟我学上机 ... 24

第 2 章　零基础开始学习——Java 基本语法 ... 25

- 2.1 剖析第一个 Java 程序 ... 26
- 2.2 常量与变量 ... 28
  - 2.2.1 常量 ... 28
  - 2.2.2 变量 ... 29
- 2.3 数据类型 ... 33
  - 2.3.1 整数型 ... 34
  - 2.3.2 浮点型 ... 36
  - 2.3.3 字符型 ... 37
  - 2.3.4 布尔型 ... 38
  - 2.3.5 类型转换 ... 39
- 2.4 运算符 ... 40
  - 2.4.1 赋值运算符 ... 40
  - 2.4.2 算术运算符 ... 41
  - 2.4.3 比较运算符 ... 42
  - 2.4.4 条件运算符 ... 43
  - 2.4.5 逻辑运算符 ... 43
  - 2.4.6 位运算符 ... 44
  - 2.4.7 自增和自减运算符 ... 47
  - 2.4.8 运算符优先级 ... 48
- 2.5 流程控制 ... 48
  - 2.5.1 分支控制 ... 48
  - 2.5.2 循环控制 ... 54
  - 2.5.3 跳转语句 ... 57
- 2.6 Java 代码编写规范 ... 60
- 2.7 大神解惑 ... 62
- 2.8 跟我学上机 ... 62

第 3 章　主流的编程思想——认识面向对象编程 ... 63

- 3.1 面向对象简介 ... 64
  - 3.1.1 什么是对象 ... 64
  - 3.1.2 面向对象的特征 ... 64
- 3.2 类和对象 ... 65
  - 3.2.1 类 ... 65
  - 3.2.2 对象 ... 67
  - 3.2.3 构造方法 ... 68

3.2.4	instanceof 关键字	70
3.3	修饰符	70
	3.3.1 访问修饰符	71
	3.3.2 非访问修饰符	74
3.4	封装	78
	3.4.1 了解封装	78
	3.4.2 封装实现	78
	3.4.3 this 关键字	79
3.5	继承	80
	3.5.1 了解继承	80
	3.5.2 继承实现	83
3.6	多态	84
	3.6.1 了解多态	84
	3.6.2 重载	86
	3.6.3 重写	88
	3.6.4 构造方法重载	90
	3.6.5 super 关键字	92
3.7	大神解惑	94
3.8	跟我学上机	94

第 4 章 嵌套类的秘密——Java 的内部类 95

4.1	创建内部类	96
4.2	链接到外部类	96
4.3	成员内部类	98
4.4	静态内部类	99
4.5	局部内部类	101
4.6	匿名内部类	103
4.7	大神解惑	104
4.8	跟我学上机	104

第 5 章 特殊的元素集合——数组和方法 105

5.1	数组的概念	106
5.2	一维数组	106
	5.2.1 数组的声明	106
	5.2.2 数组的内存分配	107
	5.2.3 数组的元素	107
	5.2.4 数组的赋值	108
5.3	多维数组	108
	5.3.1 数组的声明	108
	5.3.2 数组的内存分配	109
	5.3.3 数组的元素	109
	5.3.4 数组的赋值	110
	5.3.5 遍历数组	111
5.4	数组排序	112
	5.4.1 冒泡排序	112
	5.4.2 选择排序	113
5.5	数组在方法中的使用	114
5.6	大神解惑	115
5.7	跟我学上机	116

第 6 章 不可不说的文本数据——字符串 117

6.1	String 类的本质	118
6.2	String 的 API 应用	119
	6.2.1 获取字符串长度	119
	6.2.2 去除字符串的空格	119
	6.2.3 字符串分割	120
	6.2.4 转换大小写	121
	6.2.5 字符串截取	122
	6.2.6 字符串连接	122
	6.2.7 字符串比较	124
	6.2.8 字符串查找	127
	6.2.9 字符串替换	128
6.3	字符串解析	130
	6.3.1 正则表达式语法	130
	6.3.2 常用正则表达式	131
	6.3.3 正则表达式的实例	131
6.4	字符串的类型转换	132
	6.4.1 字符串转换为数组	132
	6.4.2 基本数据类型转换为字符串	133
	6.4.3 格式化字符串	134
6.5	StringBuffer 与 StringBuilder	136
	6.5.1 介绍 StringBuffer 与 StringBuilder	136
	6.5.2 StringBuilder 类的创建	136
	6.5.3 StringBuilder 类的方法	137

6.5.4 String、StringBuffer 与 StringBuilder 的区别 141
6.6 Lambda 表达式 142
6.7 大神解惑 143
6.8 跟我学上机 144

第 II 篇 核 心 技 术

第 7 章 衔接更便利——抽象类与接口 147

7.1 抽象类和抽象方法 148
    7.1.1 抽象类 148
    7.1.2 抽象方法 149
7.2 接口概述 150
    7.2.1 接口声明 150
    7.2.2 接口默认方法 150
    7.2.3 接口与抽象类 151
7.3 接口的多态 151
7.4 抽象类和接口的实例 152
    7.4.1 抽象类的实例 152
    7.4.2 接口的实例 154
7.5 集合框架 155
    7.5.1 接口和实现类 155
    7.5.2 Collection 接口 156
    7.5.3 List 接口 158
    7.5.4 Set 接口 161
    7.5.5 Map 接口 164
7.6 大神解惑 166
7.7 跟我学上机 166

第 8 章 不可避免的问题——处理异常 167

8.1 异常的概念 168
8.2 异常的分类 169
8.3 捕获异常 170
    8.3.1 捕获异常结构 170
    8.3.2 try-catch 语句 171
    8.3.3 多条 catch 语句 172
    8.3.4 finally 语句 173
8.4 声明异常 174

8.5 抛出异常 175
8.6 自定义异常 176
8.7 大神解惑 177
8.8 跟我学上机 178

第 9 章 与外界的交流——Java 中的输入和输出类型 179

9.1 I/O 简介 180
    9.1.1 I/O 分类 180
    9.1.2 预定义流 180
9.2 文件处理 181
    9.2.1 File 类 181
    9.2.2 文件操作 182
    9.2.3 目录操作 183
9.3 字节流 184
9.4 字符流 185
9.5 节点流 186
    9.5.1 FileInputStream 流 187
    9.5.2 FileOutputStream 流 188
    9.5.3 FileReader 流 190
    9.5.4 FileWriter 流 191
9.6 处理流 192
    9.6.1 缓冲流 192
    9.6.2 数据流 198
    9.6.3 转换流 200
    9.6.4 Print 流 202
    9.6.5 Object 流 205
9.7 大神解惑 208
9.8 跟我学上机 208

第 10 章 任务同时进行——Java 中的线程和并发 209

10.1 线程简介 210

10.1.1 进程 210
10.1.2 线程 210
10.1.3 线程与进程的区别 210
10.2 创建与启动线程 211
10.2.1 Thread 类创建线程 211
10.2.2 Runnable 接口创建线程 211
10.2.3 启动线程 212
10.3 线程的状态与转换 213
10.3.1 线程状态 213
10.3.2 线程状态转换 214
10.4 线程的同步 217
10.4.1 线程安全问题 217
10.4.2 synchronized 关键字 218
10.4.3 死锁问题 219
10.5 线程交互 223
10.5.1 wait()方法和 notify()方法 223
10.5.2 生产者—消费者问题 223
10.6 线程的调度 226
10.6.1 线程调度原理 226
10.6.2 线程的优先级 226
10.7 大神解惑 227
10.8 跟我学上机 228

第 11 章 编译时再审查——Java 中的泛型 229

11.1 Java 与 C++中的泛型 230
11.2 简单泛型 230
11.3 类型推导与泛型类和接口 231
11.3.1 类型推导 231
11.3.2 泛型类 232
11.3.3 泛型接口 233
11.4 类型推导与泛型方法 234
11.5 类型通配符 235
11.6 Java 8 泛型新特性 237
11.6.1 方法与构造方法引用 237
11.6.2 Lambda 作用域 238
11.7 大神解惑 240
11.8 跟我学上机 240

第 12 章 自检更灵活——Java 中的反射 241

12.1 反射概述 242
12.2 Java 反射 API 242
12.3 Class 类 242
12.3.1 获取 Class 对象 243
12.3.2 Class 类常用方法 243
12.4 生成对象 246
12.4.1 无参数构造方法 246
12.4.2 带参数构造方法 246
12.5 Method 类 247
12.6 Field 类 249
12.7 数组 251
12.8 获取泛型信息 252
12.9 大神解惑 253
12.10 跟我学上机 254

第 13 章 简化程序的配置——Java 中的注解 255

13.1 注解概述 256
13.2 JDK 内置注解 256
13.2.1 @Override 256
13.2.2 @Deprecated 257
13.2.3 @SuppressWarnings 258
13.3 自定义注解 258
13.3.1 自定义注解 258
13.3.2 注解元素的默认值 259
13.4 元注解 260
13.4.1 @Target 260
13.4.2 @Retention 261
13.4.3 @Documented 262
13.4.4 @Inherited 262
13.5 使用反射处理注解 263
13.6 JDK1.8 新特性 265
13.6.1 多重注解 265
13.6.2 ElementType 枚举类 265
13.6.3 函数式接口 266
13.7 大神解惑 267

13.8 跟我学上机 268

第 14 章 特殊的数据集合——枚举类型 269

14.1 枚举声明 270
14.2 枚举的使用 270
    14.2.1 枚举类常用方法 270
    14.2.2 添加属性和方法 271
    14.2.3 枚举在 switch 中的使用 273
14.3 EnumSet 和 EnumMap 274
14.4 大神解惑 276
14.5 跟我学上机 276

第 III 篇 高 级 应 用

第 15 章 Java 的数据库编程——JDBC 编程 279

15.1 JDBC 概述 280
    15.1.1 JDBC 原理 280
    15.1.2 JDBC 驱动 281
15.2 连接数据库 281
    15.2.1 引入 jar 包 282
    15.2.2 连接数据库步骤 284
    15.2.3 JDBC 入门实例 284
15.3 驱动管理器类 285
    15.3.1 加载 JDBC 驱动 285
    15.3.2 DriverManager 类 286
15.4 数据库连接接口 287
    15.4.1 常用方法 287
    15.4.2 处理元数据 287
15.5 执行 SQL 语句的接口 289
    15.5.1 Statement 接口 289
    15.5.2 PreparedStatement 接口 292
    15.5.3 CallableStatement 接口 293
15.6 结果集接口 295
15.7 实战——学生信息管理 297
    15.7.1 创建表 student 297
    15.7.2 连接数据库 298
    15.7.3 插入数据 298
    15.7.4 删除数据 299
    15.7.5 修改数据 301
    15.7.6 查询数据 302
15.8 大神解惑 303
15.9 跟我学上机 304

第 16 章 设计图形界面设计——Swing 技术 305

16.1 Swing 基础 306
16.2 Swing 容器 306
    16.2.1 JFrame 窗体 306
    16.2.2 JPanel 面板 309
16.3 Swing 的组件 310
    16.3.1 按钮 JButton 310
    16.3.2 标签 JLabel 312
    16.3.3 复选框 JCheckBox 313
    16.3.4 单选按钮 JRadioButton 315
    16.3.5 单行文本框 JTextField 316
    16.3.6 密码文本框 JPasswordField ... 318
    16.3.7 多行文本框 JTextArea 319
    16.3.8 下拉列表 JComboBox 321
    16.3.9 列表框 JList 322
    16.3.10 菜单 323
16.4 布局管理 325
    16.4.1 流式布局管理器 326
    16.4.2 边框布局管理器 327
    16.4.3 网格布局管理器 328
    16.4.4 网格组布局管理器 329
    16.4.5 卡片布局管理器 331
16.5 Swing 事件模型 333
    16.5.1 事件处理模型 333
    16.5.2 事件类 334
    16.5.3 事件监听器 335
    16.5.4 事件适配器 339
16.6 Swing 高级组件 340

16.6.1 Swing 的表格组件 340
16.6.2 Swing 的树组件 343
16.7 大神解惑 346
16.8 跟我学上机 346

第 17 章 多媒体开发技术——AWT 绘图与音频 347

17.1 Java 绘图 348
    17.1.1 绘图方法 348
    17.1.2 Graphics 类 348
    17.1.3 Graphics2D 类 350
    17.1.4 设置绘图颜色 351
    17.1.5 设置笔画属性 353
17.2 绘文本 356
    17.2.1 设置字体 356
    17.2.2 绘制文本 356
17.3 绘制图片 358
17.4 图像处理 359
    17.4.1 图像放大或缩小 359
    17.4.2 图像倾斜 359
    17.4.3 图像旋转 361
    17.4.4 图像翻转 363
17.5 播放音频 365
17.6 大神解惑 368
17.7 跟我学上机 368

第 18 章 融入互联网时代——Java 的网络编程 369

18.1 网络编程基础 370
    18.1.1 网络编程基础概念 370
    18.1.2 网络协议 371
18.2 TCP 网络编程 372
    18.2.1 InetAdress 类 372
    18.2.2 Socket 类 373
    18.2.3 ServerSocket 类 374
    18.2.4 TCP 网络程序 375
    18.2.5 小型聊天室 376
18.3 UDP 网络编程 382
    18.3.1 DatagramSocket 类 382
    18.3.2 DatagramPacket 类 383
    18.3.3 UDP 网络程序 384
    18.3.4 数据广播 386
18.4 大神解惑 390
18.5 跟我学上机 390

第 19 章 常用工具类——API 编程技术 391

19.1 Runtime 类 392
    19.1.1 Runtime 类方法 392
    19.1.2 内存管理 393
    19.1.3 ecec()方法 394
19.2 包装类 394
    19.2.1 基本数据类型的包装类 395
    19.2.2 Boolean 类 395
    19.2.3 Character 类 397
    19.2.4 整型包装类 398
    19.2.5 Double 和 Float 类 400
19.3 日期操作类 403
    19.3.1 Date 类 403
    19.3.2 Calendar 类 404
    19.3.3 DateFormat 类 406
    19.3.4 SimpleDateFormat 类 408
19.4 数学类 410
19.5 高手甜点 412
19.6 跟我学上机 412

第 20 章 工程师的秘密——UML 与设计模式 413

20.1 UML 类图 414
    20.1.1 类图和类之间关系 414
    20.1.2 泛化关系 415
    20.1.3 实现关系 416
    20.1.4 依赖关系 417
    20.1.5 关联关系 418
20.2 设计模式 421
    20.2.1 设计模式分类 421
    20.2.2 单例模式 422
    20.2.3 工厂模式 422

		20.2.4	代理模式	424

　　　　20.2.5　观察者模式 425
　　　　20.2.6　适配器模式 427
　　20.3　大神解惑 430
　　20.4　跟我学上机 430

第 21 章　连接打印机——Java 的打印技术 431

　　21.1　打印控制类 432
　　　　21.1.1　PrinterJob 类的方法 432
　　　　21.1.2　【打印】对话框 433
　　21.2　打印页面 435
　　21.3　多页打印 437
　　21.4　打印预览 439
　　21.5　大神解惑 442
　　21.6　跟我学上机 442

第 IV 篇　项目开发实战

第 22 章　管理开发项目——ANT 工具的使用 445

　　22.1　ANT 简介 446
　　　　22.1.1　ANT 任务类型 446
　　　　22.1.2　项目层次结构 446
　　　　22.1.3　ANT 构建文件 446
　　22.2　为什么要使用 ANT 447
　　22.3　下载安装 ANT 448
　　　　22.3.1　下载 ANT 448
　　　　22.3.2　安装 ANT 448
　　22.4　ANT 关键元素 449
　　22.5　ANT 常用任务 454
　　22.6　使用 ANT 构建项目 458
　　22.7　大神解惑 460
　　22.8　跟我学上机 460

第 23 章　人工智能应用——开发购物推荐系统 461

　　23.1　开发背景 462
　　23.2　需求及功能分析 463
　　　　23.2.1　需求分析 463
　　　　23.2.2　功能分析 463
　　23.3　系统代码编写 465
　　　　23.3.1　推荐系统主程序 465
　　　　23.3.2　读取机器学习数据 471
　　　　23.3.3　计算行之间相似性 473
　　　　23.3.4　计算数组相似性 474

　　　　23.3.5　读取测试数据 476
　　23.4　系统运行 477

第 24 章　游戏休闲应用——开发气球射击游戏 479

　　24.1　游戏简介 480
　　24.2　需求及功能分析 480
　　　　24.2.1　需求分析 480
　　　　24.2.2　功能分析 481
　　24.3　数据库设计 482
　　24.4　系统代码编写 482
　　　　24.4.1　主程序模块 483
　　　　24.4.2　移动对象的抽象类 487
　　　　24.4.3　枪 488
　　　　24.4.4　子弹 490
　　　　24.4.5　气球 491
　　　　24.4.6　对象的画图 492
　　　　24.4.7　对象的移动 494
　　　　24.4.8　气球的变化 495
　　　　24.4.9　检查游戏状况 496
　　　　24.4.10　参数接口 498
　　　　24.4.11　数据库类 499
　　24.5　系统运行 501

第 25 章　娱乐影视应用——开发电影订票系统 503

　　25.1　需求分析 504

25.2 功能分析 504
25.3 数据库设计 505
    25.3.1 电影信息 506
    25.3.2 放映信息 506
    25.3.3 用户订单信息 506
    25.3.4 管理员账号 507
25.4 系统代码编写 507
    25.4.1 系统对象模块 507
    25.4.2 欢迎界面模块 513
    25.4.3 前台订票模块 516
    25.4.4 后台管理模块 525
    25.4.5 数据库模块 564
    25.4.6 辅助处理模块 578
25.5 系统运行 583
    25.5.1 欢迎界面 583
    25.5.2 后台管理界面 583
    25.5.3 前台订票界面 585

第 1 篇

基础入门

- 第 1 章 揭开 Java 的神秘面纱——我的第一个 Java 程序
- 第 2 章 零基础开始学习——Java 基本语法
- 第 3 章 主流的编程思想——认识面向对象编程
- 第 4 章 嵌套类的秘密——Java 的内部类
- 第 5 章 特殊的元素集合——数组和方法
- 第 6 章 不可不说的文本数据——字符串

第 1 章

揭开 Java 的神秘面纱——我的第一个 Java 程序

随着网络的发展和技术的进步，各种编程语言应运而生，Java 语言便是目前最为流行的编程语言之一。Java 语言解决了网络的程序安全、健壮、平台无关、可移植性等多个难题，而且 Java 语言的应用领域非常广泛，包括信息技术、科学研究、军事工业、航天航空等领域。本章主要讲解：Java 的特性、核心和原理；如何搭建 Java 运行环境；创建并运行第一个 Java 程序。

本章要点(已掌握的在方框中打钩)

- ☐ 了解 Java 语言的特性。
- ☐ 了解 Java 语言的核心技术。
- ☐ 理解 Java 语言的工作原理。
- ☐ 熟练掌握 JDK 的安装和配置。
- ☐ 熟练掌握 Java 程序的开发步骤。
- ☐ 掌握使用 MyEclipse 开发和调试 Java 程序的方法和技巧。

1.1 Java 简介

通常所说的 Java 语言既是一门编程语言,也是一种网络程序设计语言。下面向读者简单地介绍 Java 语言的基础知识,包括其运行过程、语言特性、核心技术等。

1.1.1 了解 Java 语言

Java 是 Sun 公司推出的新一代面向对象程序设计语言,特别适于 Internet 应用程序开发。第一,Java 作为一种程序设计语言,它简单、面向对象、不依赖于机器的结构、具有跨平台性、安全性,并且提供了多线程机制。第二,它最大限度地利用了网络,Java 的小应用程序(Applet)可在网络上传输而不受 CPU 和环境的限制。第三,Java 还提供了丰富的类库,使程序设计者可以很方便地建立自己的系统。

Java 语言可以编写两种程序:一种是应用程序(Application);另一种是小应用程序(Applet)。应用程序可以独立运行,可以用在网络、多媒体等。小应用程序自己不可以独立运行,是嵌入到 Web 网页中由带有 Java 插件的浏览器解释运行,主要使用在 Internet 上。

目前 Java 主要有 3 个版本,即 J2SE、J2EE 和 J2ME。本书中主要介绍的是 J2SE,也就是 Java 的标准版本。

1. J2SE (即 Java 2 Platform , Standard Edition)

J2SE 是 Java 的标准版,是各应用平台的基础,主要用于桌面应用软件的开发,包含构成 Java 语言核心的类,如面向对象等。Java SE 可以分为 4 个主要部分:JVM、JRE、JDK 和 Java 语言。

2. J2EE (即 Java 2 Platform , Enterprise Edition)

J2EE 是 Java 的企业版,Java EE 以 Java SE 为基础,定义了一系列的服务、API、协议等,主要用于分布式网络程序的开发,如 JSP 和 ERP 系统等。

3. J2ME (即 Java 2 Platform , Micro Edition)

Java ME 即 Java 的微缩版,是 Java 平台版本中最小的一个,主要用于小型数字设备上应用程序的开发,如手机和 PDA 等。

1.1.2 Java 语言的特性

Java 语言不仅吸收了 C++语言的各种优点,还摒弃了 C++里难以理解的多继承、指针等概念,因此 Java 语言具有如下特性。

1. 简单性

Java 语言的结构与 C 语言和 C++类似,但是 Java 语言摒弃了 C 语言和 C++语言的许多特征,如运算符重载、多继承、指针等。Java 提供了垃圾回收机制,使程序员不必为内存管理问题而烦恼。

2. 面向对象

目前，日趋复杂的大型程序只有面向对象的编程语言才能有效地实现，而 Java 就是一门纯面向对象的语言。在一个面向对象的系统中，类(class)是数据和操作数据的方法的集合。数据和方法一起描述对象(object)的状态和行为，每一对象是其状态和行为的封装。类是按一定体系和层次安排的，子类可以从父类继承行为。在这个类层次体系中有一个根类，它是具有一般行为的类。Java 程序是用类来组织的。

Java 还包括一个类的扩展集合，分别组成各种程序包(Package)，用户可以在自己的程序中使用。例如，Java 提供产生图形用户接口部件的类(Java.awt 包)，这里 awt 是抽象窗口工具集(abstract windowing toolkit 的缩写)、处理输入输出的类(Java.io 包)和支持网络功能的类(Java.net 包)。

Java 语言的开发主要集中于对象及其接口，它提供了类的封装、继承及多态，更便于程序的编写。

3. 分布性

Java 语言是面向网络的编程语言，它是分布式语言。Java 既支持各种层次的网络连接，又以 Socket 类支持可靠的流(stream)网络连接，所以用户可以产生分布式的客户机和服务器，而网络变成软件应用的分布运载工具。Java 应用程序可以像访问本地文件系统那样通过 URL 访问远程对象。Java 程序只要编写一次就可到处运行。

4. 可移植性

Java 语言的与平台无关性，使得 Java 应用程序可以在配备了 Java 解释器和运行环境的任何计算机系统上运行，这成为 Java 应用软件便于移植的良好基础。Java 编译程序也用 Java 编写，而 Java 运行系统用 ANSIC 语言编写。

5. 高效解释执行

Java 语言是一种解释型语言，用 Java 语言编写出来的程序，通过在不同的平台上运行 Java 解释器来对 Java 代码进行解释执行。Java 编译程序生成字节码(byte-code)文件，而不是通常的机器码文件。Java 字节码文件提供对体系结构中的目标文件的格式，代码设计成的程序可有效地传送到多个平台。Java 程序可以在任何实现了 Java 解释程序和运行时系统(run-time system)的系统上运行。

在一个解释性的环境中，程序开发的标准"链接"阶段大大消失了。如果说 Java 还有一个链接阶段，它只是把新类装进环境的过程，是增量式的、轻量级的过程。因此，Java 支持快速原型和容易试验，它将导致快速程序开发。这是一个与传统的、耗时的"编译、链接和测试"形成鲜明对比的精巧的开发过程。

6. 安全性

Java 语言的存储分配模型是它防御恶意代码的主要方法之一。Java 语言没有指针，所以程序员不能得到隐蔽起来的内幕和伪造指针去指向存储器。更重要的是，Java 编译程序不处理存储安排决策，所以程序员不能通过查看声明去猜测类的实际存储安排。编译的 Java 代码中的存储引用在运行时由 Java 解释程序决定实际存储地址。

Java 运行系统使用字节码验证过程来保证装载到网络上的代码不违背任何 Java 语言限制。这个安全机制部分包括类如何从网上装载。例如，装载的类是放在分开的名字空间而不是局部类，预防恶意的小应用程序用它自己的版本来代替标准 Java 类。

7．高性能

Java 语言是一种先编译后解释的语言，所以它不如全编译性语言快。但是有些情况下性能是很要紧的，为了支持这些情况，Java 设计者制作了"及时"编译程序，它能在运行时把 Java 字节码文件翻译成特定 CPU(中央处理器)的机器代码，也就是实现全编译了。

Java 字节码文件格式设计时考虑到这些"及时"编译程序的需要，所以生成机器代码的过程相当简单，它能产生相当好的代码。

8．多线程

Java 是多线程的语言，它提供支持多线程的执行(也称为轻便过程)，能处理不同任务，使具有线程的程序设计很容易。Java 的 lang 包提供一个 Thread 类，它支持开始线程、运行线程、停止线程和检查线程状态的方法。

Java 语言的线程支持也包括一组同步原语。这些原语是基于监督程序和条件变量风范，由 C.A.R.Haore 开发的广泛使用的同步化方案。用关键词 synchronized，程序员可以说明某些方法在一个类中不能并发地运行。这些方法在监督程序控制之下，确保变量维持一个一致的状态。

多线程实现了使应用程序可以同时进行不同的操作，处理不同的事件，互不干涉，很容易地实现了网络上的实时交互操作。

9．动态性

Java 语言具有动态特性。Java 动态特性是其面向对象设计方法的扩展，允许程序动态地调整服务器端库中的方法和变量数目，而客户端无须进行任何修改。这是 C++进行面向对象程序设计所无法实现的。Java 语言适用于变化的环境。例如，Java 语言中的类是根据需要载入的，甚至有些是通过网络获取的。

1.1.3 Java 语言的核心技术

Java 语言的核心技术就在于它提供了跨平台性和垃圾回收机制。Java 语言的跨平台性主要是由 JDK 中提供的 Java 虚拟机来实现的。

1．Java 的虚拟机

Java 虚拟机(Java Virtual Machine，JVM)是一种用于计算设备的规范，它是一个虚构出来的计算机，是通过在实际的计算机上仿真模拟各种计算机功能来实现的。

Java 语言的重要特点是与平台无关性，而 Java 虚拟机是实现这一特点的关键。一般的高级语言如果要在不同的平台上运行,至少需要编译成不同的目标代码。而引入 Java 虚拟机后,Java 语言在不同平台上运行时不需要重新编译。Java 语言使用 Java 虚拟机屏蔽了与具体平台相关的信息,使得 Java 语言编译程序只需要生成在 Java 虚拟机上运行的目标代码(字节码),就可以在多种平台上不加修改地运行。Java 虚拟机在执行字节码文件时,把字节码文件解释成具体平台上的机器指令执行。这就是 Java 能够"一次编译,到处运行"的原因。

2. 垃圾回收机制

垃圾回收机制是 Java 语言的一个显著特点,使 C++程序员最头疼的内存管理问题迎刃而解,Java 程序员在编写程序时不再需要考虑内存管理。由于有个垃圾回收机制,Java 语言中的对象不再有"作用域"的概念,只有对象的引用才有"作用域"。垃圾回收可以防止内存泄漏,有效地使用可以使用的内存。垃圾回收器通常是作为一个单独的低级别的线程运行,在不可预知的情况下对内存堆栈中已经死亡的或者长时间没有使用的对象进行清除和回收,而程序员不能实时地调用垃圾回收器对某个对象或所有对象进行垃圾回收。垃圾回收机制有分代复制垃圾回收、标记垃圾回收、增量垃圾回收。

Java 程序员不用担心内存管理,因为垃圾回收器会自动进行管理。要请求垃圾回收时,可以调用下面的方法之一:

```
System.gc()
Runtime.getRuntime().gc()
```

1.1.4 Java 语言的工作原理

Java 程序的运行必须经过编写、编译和运行 3 个步骤。

(1) 编写是指在 Java 开发环境中编写代码,保存后缀名为.java 的源文件。

(2) 编译是指用 Java 编译器对源文件进行编译,生成后缀名为.class 的字节码文件,不像 C 语言那样生成可执行文件。

(3) 运行是指使用 Java 解释器将字节码文件翻译成机器代码,然后执行并显示结果。

Java 程序运行流程如图 1-1 所示。

图 1-1 Java 程序运行流程

字节码文件是一种二进制文件,它是一种与机器环境及操作系统无关的中间代码,是 Java 源程序由 Java 编译器编译后生成的目标代码文件。编程人员和计算机都无法直接读懂字节码文件,它必须由专用的 Java 解释器来解释执行。

Java 解释器负责将字节码文件解释成具体硬件环境和操作系统平台下的机器代码,然后再执行。因此,Java 程序不能直接运行在现有的操作系统平台上,它必须运行在相应操作系统的 Java 虚拟机上。

Java 虚拟机是运行 Java 程序的软件环境,Java 解释器是 Java 虚拟机的一部分。运行 Java

程序时，首先启动 Java 虚拟机，由 Java 虚拟机负责解释执行 Java 的字节码(*.class)文件，并且 Java 字节码文件只能运行在 Java 虚拟机上。这样利用 Java 虚拟机就可以把 Java 字节码文件与具体的硬件平台及操作系统环境分割开来，只要在不同的计算机上安装了针对特定具体平台的 Java 虚拟机，Java 程序就可以运行，而不用考虑当前具体的硬件及操作系统环境，也不用考虑字节码文件是在何种平台上生成的。Java 虚拟机把在不同硬件平台上的具体差别隐藏起来，从而实现了真正的跨平台运行。Java 的这种运行机制可以通过图 1-2 来说明。

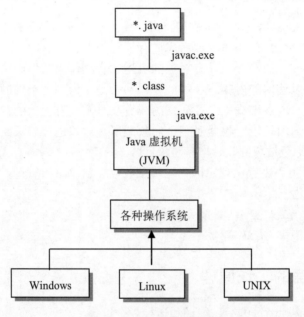

图 1-2　Java 的运行机制

Java 语言采用"一次编译，到处运行"的方式，有效地解决了目前大多数高级程序设计语言需要针对不同系统来编译产生不同机器代码的问题，即硬件环境和操作平台异构问题。

1.2　搭建 Java 环境

通过上述介绍，相信读者一定对 Java 语言的特性、核心、工作原理等有了一定的了解。下面详细介绍如何在本地计算机上搭建 Java 的开发环境。

1.2.1　JDK 简介

JDK(Java Development Kit)是 Java 语言的软件开发工具包，主要用于 Java 平台上发布的应用程序、Applet 和组件的开发，即编写和运行 Java 程序时必须使用 JDK，它提供了编译 Java 和运行 Java 程序的环境。

JDK 是整个 Java 应用程序开发的核心，它包含了完整的 Java 运行时环境(Java Runtime Environment, JRE)，也被称为 private runtime，还包括用于产品环境的各种库类，以及给程序员使用的补充库，如国际化的库、IDL 库。JDK 中还包括各种例子程序，用以展示 Java API

中的各部分。

从初学者角度来看，采用 JDK 开发 Java 程序能够很快理解程序中各部分代码之间的关系，有利于理解 Java 面向对象的设计思想。JDK 的另一个显著特点是随着 Java(J2EE、J2SE 及 J2ME)版本的升级而升级。但它的缺点也是非常明显的，就是从事大规模企业级 Java 应用开发非常困难，不能进行复杂的 Java 软件开发，也不利于团体协同开发。

JDK 作为实用程序，它的工具库中，主要包含 9 个基本组件。

(1) javac：编译器，将 Java 源程序转成字节码文件。

(2) java：运行编译后的 Java 程序(后缀名为.class 的文件)。

(3) jar：打包工具，将相关的类文件打包成一个 jar 包。

(4) javadoc：文档生成器，从 Java 源代码中提取注释生成 HTML 文档。

(5) jdb：Java 调试器，可以设置断点和检查变量。

(6) appletviewer：小程序浏览器，一种执行 HTML 文件上的 Java 小程序的 Java 浏览器。

(7) javah：产生可以调用 Java 过程的 C 过程，或建立能被 Java 程序调用的 C 过程的头文件。

(8) javap：Java 反汇编器，显示编译类文件中的可访问功能和数据，同时显示字节代码的含义。

(9) jconsole：Java 进行系统调试和监控的工具。

1.2.2　JDK 安装

搭建 Java 运行环境，首先下载 JDK，然后安装。对 JDK 来说，随着时间的推移，JDK 的版本也在不断更新，目前 JDK 的最新版本是 JDK 1.8。由于 Oracle(甲骨文)公司在 2010 年收购了 Sun Microsystems 公司，所以要到 Oracle 官方网站(https://www.oracle.com/index.html)下载最新版本的 JDK。

下载和安装步骤如下。

step 01 打开 Oracle 官方网站，在首页的栏目中找到 Downloads 下的 Java for Developers 超链接，如图 1-3 所示。

step 02 单击 Java for Developers 超链接，进入 Java SE Downloads 页面，如图 1-4 所示。

图 1-3　Java for Developers 超链接

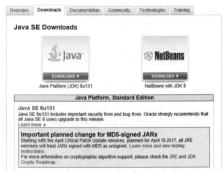
图 1-4　Java SE Downloads 页面

提示　由于 JDK 版本的不断更新，当读者浏览 Java SE 的下载页面时，显示的是 JDK 当前的最新版本。

step 03 单击 Java Platform(JDK)上方的 DOWNLOAD 按钮，打开 Java SE 的下载列表页面，其中有 Windows、Linux、Solaris 等平台的不同环境 JDK 的下载，如图 1-5 所示。

step 04 下载前，首先选中 Accept License Agreement(接受许可协议)单选按钮，接受许可协议。由于本书使用的是 64 位版的 Windows 操作系统，因此这里选择与平台相对应的 Windows x64 类型的 jdk-8u131-windows-x64.exe 超链接，单击下载 JDK，如图 1-6 所示。

图 1-5　Java SE Downloads 列表页面

图 1-6　JDK 的下载列表页面

step 05 下载完成后，在硬盘上会发现一个名称为 jdk-8u131-windows-x64.exe 的可执行文件，双击运行这个文件，出现 JDK 的安装界面，如图 1-7 所示。

step 06 单击【下一步】按钮，进入【定制安装】界面。在该界面可以选择组件以及 JDK 的安装路径，这里修改为 "D:\java\jdk1.8.0_131\"，如图 1-8 所示。

图 1-7　JDK 的安装界面　　　　　　　　图 1-8　【定制安装】界面

提示　修改 JDK 的安装目录，尽量不要使用带有空格的文件夹名。

step 07 单击【下一步】按钮，进入安装进度界面，如图 1-9 所示。

step 08 在安装过程中，会出现如图 1-10 所示的【目标文件夹】窗口，选择 JRE 的安装路径，这里修改为 "D:\java\jre1.8.0_131\"。

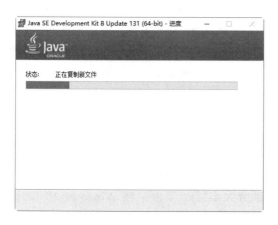

图 1-9　安装进度界面

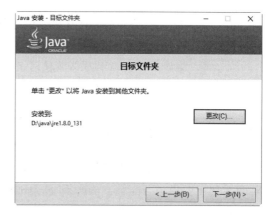

图 1-10　【目标文件夹】窗口

step 09　单击【下一步】按钮，安装 JRE，JRE 安装完成后，出现 JDK 安装完成界面，如图 1-11 所示。

step 10　单击【关闭】按钮，完成 JDK 的安装。

JDK 安装完成后，会在安装目录下多一个名称为 jdk1.8.0_131 的文件夹，打开文件夹，如图 1-12 所示。

图 1-11　JDK 安装完成界面　　　　　　　　图 1-12　JDK 的安装目录

在图 1-12 中可以看到，JDK 的安装目录下有许多文件和文件夹，其中重要的目录和文件的含义如下。

(1) bin：提供 JDK 开发所需要的编译、调试、运行等工具，如 javac、java、javadoc、appletviewer 等可执行程序。

(2) db：JDK 附带的数据库。

(3) include：存放用于本地要访问的文件。

(4) jre：Java 运行时的环境。

(5) lib：存放 Java 的类库文件，即 Java 的工具包类库。

(6) src.zip：Java 提供的类库的源代码。

> 提示：JDK 是 Java 的开发环境。JDK 对 Java 源代码进行编译处理，它是为开发人员提供的工具。JRE 是 Java 的运行环境。它包含 Java 虚拟机(JVM)的实现及 Java 核心类库，编译后的 Java 程序必须使用 JRE 执行。在 JDK 的安装包中集成了 JDK 和 JRE，所以在安装 JDK 的过程中提示安装 JRE。

1.2.3 JDK 配置

对初学者来说，环境变量的配置是比较容易出错的，配置过程中应当仔细。使用 JDK 需要对两个环境变量进行配置：path 和 classpath(不区分大小写)。下面是在 Windows 10 操作系统中环境变量的配置方法和步骤。

1. 配置 path 环境变量

path 环境变量是告诉操作系统 Java 编译器的路径。具体配置步骤如下。

step 01 在桌面上右击【此电脑】图标，在弹出的快捷菜单中选择【属性】命令，如图 1-13 所示。

step 02 打开【系统】窗口，选择【高级系统设置】选项，如图 1-14 所示。

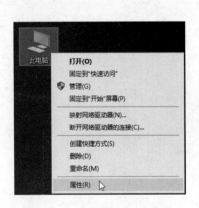

图 1-13　选择【属性】命令　　　　　　　图 1-14　【系统】窗口

step 03 打开【系统属性】对话框，选择【高级】选项卡，单击【环境变量】按钮，如图 1-15 所示。

step 04 打开【环境变量】对话框，在【系统变量】列表框下单击【新建】按钮，如图 1-16 所示。

step 05 打开【新建系统变量】对话框，在【变量名】文本框中输入 path，在【变量值】文本框中可以设置安装 JDK 的默认 bin 路径，这里输入"D:\java\jdk1.8.0_131\bin"，如图 1-17 所示。

step 06 单击【确定】按钮，path 环境变量配置完成。

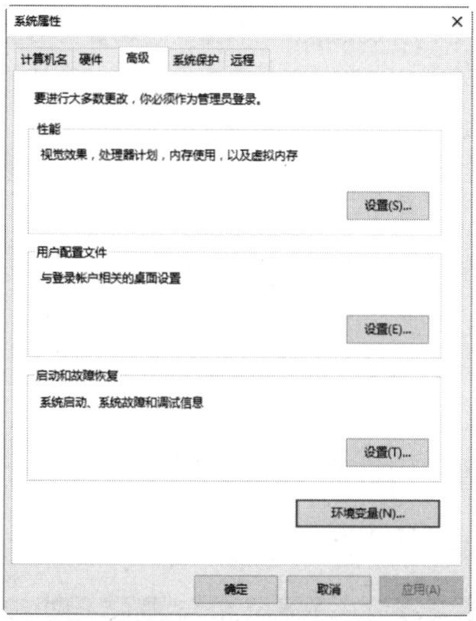

图 1-15 【系统属性】对话框 　　　　　图 1-16 【环境变量】对话框

图 1-17　path 环境变量

2. 配置 classpath 环境变量

Java 虚拟机在运行某个 Java 程序时，会按 classpath 指定的目录，顺序查找这个 Java 程序。具体配置步骤如下。

step 01　参照配置 path 环境变量的步骤，打开【新建系统变量】对话框，在【变量名】文本框中输入 classpath，在【变量值】文本框中可以设置安装 JDK 的默认 lib 路径，这里输入"D:\java\ jdk1.8.0_131\lib"，如图 1-18 所示。

图 1-18　【新建系统变量】对话框

step 02　单击【确定】按钮，classpath 环境变量配置完成。

配置环境变量时，多个目录间使用分号(;)隔开。在配置 classpath 环境变量时，通常在配置的目录前面添加点(.)，即当前目录，使.class 文件搜索时首先搜索当前目录，然后根据 classpath 配置的目录顺序依次查找。classpath 目录中的配置存在先后顺序。

1.2.4 测试 JDK

JDK 安装、配置完成后，可以测试其是否能够正常运行。具体操作步骤如下。

step 01 在系统的【开始】菜单上右击，在弹出的快捷菜单中选择【运行】命令，打开【运行】对话框，输入命令 cmd，如图 1-19 所示。

step 02 单击【确定】按钮，打开【命令提示符】窗口。输入"java –version"，并按 Enter 键确认。系统如果输出 JDK 的版本信息，则说明 JDK 的环境搭建成功，如图 1-20 所示。

图 1-19 【运行】对话框

图 1-20 【命令提示符】窗口

在命令提示符下输入测试命令时，Java 和减号之间有一个空格，但减号和 version 之间没有空格。

1.3 第一个 Java 程序

在完成 Java 的开发环境配置后，读者并不清楚所配置的开发环境是否真的可以开发 Java 应用程序。下面向读者展示一个完整的 Java 应用程序的开发过程。

可以使用任何文本编辑器来编写源代码，然后使用 JDK 搭配的工具进行编译和运行。下面介绍使用记事本开发一个简单 Java 程序的具体操作方法和步骤。

【例 1-1】 下面编写一个 Java 程序，它将在【命令提示符】窗口中显示 Hello Java 的信息。

step 01 打开记事本，编写 Java 程序，代码如下：

```java
public class HelloJava{  //创建类
    public static void main(String[] args){  //程序的主方法
        System.out.println("Hello Java");  //打印输出 Hello Java
```

```
    }
}
```

step 02 ▶ 选择【文件】→【保存】菜单命令，打开【另存为】对话框，在【文件名】下拉列表框中输入 HelloJava.java，在【保存类型】下拉列表框中选择【所有文件(*.*)】选项，单击【保存】按钮，将 Java 源程序保存到 E:\java\文件夹下，如图 1-21 所示。

> 注意：在保存文件时，文件名中不能出现空格。如果保存为 Hello Java.java，在 Javac 编译时，会出现找不到文件的错误提示。另外，文件的后缀一定要是.java，千万不要命名为 HelloJava.java.txt。

step 03 ▶ 接着编译运行 Java 程序。在【命令提示符】窗口，输入"E:"，按 Enter 键转到 E 盘，再输入"cd java"，按 Enter 键进入 Java 源程序所在的目录，如图 1-22 所示。

图 1-21 【另存为】对话框   图 1-22 【命令提示符】窗口

step 04 ▶ 继续输入"javac HelloJava.java"，按 Enter 键，稍等一会儿，若没有任何信息提示，表示源程序通过了编译；反之，说明程序中存在错误，需要根据错误提示修改并保存。再回到【命令提示符】窗口进行重新编译，直到编译通过为止，如图 1-23 所示。

step 05 ▶ 继续输入"java HelloJava"命令，按 Enter 键。如果出现"Hello Java"，说明程序执行成功，如图 1-24 所示。

图 1-23 HelloJava 编译成功   图 1-24 HelloJava 执行效果

1.4　MyEclipse 的安装

要使用 Java 语言进行程序开发，就必须选择一种功能强大、使用方便且能够辅助程序开发的 IDE 集成开发工具，而 MyEclipse 是目前最为流行的 Java 语言辅助开发工具。它具有强大的代码辅助功能，能够帮助程序开发人员自动完成输入语法、补全文字、修正代码等操作。因此，使用 MyEclipse 编写 Java 程序更简单，而且不容易出错。下面介绍 Java 的开发工具 MyEclipse 2017 的安装。

1.4.1　MyEclipse 的下载

安装 MyEclipse 前，首先要下载 MyEclipse，具体步骤如下。

step 01　打开 MyEclipse 的官网(http://www.myeclipsecn.com/)，如图 1-25 所示。
step 02　单击【立即下载】按钮打开页面，扫描二维码获取下载密码，如图 1-26 所示。

图 1-25　MyEclipse 官网　　　　　　　　　　图 1-26　扫描二维码

step 03　在文本框中输入密码，单击【确定】按钮，进入下载页面，根据需要选择要下载的版本。本书使用的是 Windows 操作系统，在这里选择 Windows 下的离线包下载，如图 1-27 所示。

图 1-27　MyEclipse 下载页面

> 提示：读者也可以通过百度云盘下载。

1.4.2 MyEclipse 的安装

安装 MyEclipse 的步骤具体如下。

step 01 将下载的 MyEclipse 文件解压，解压后的文件如图 1-28 所示。

step 02 双击安装包，打开安装程序，界面如图 1-29 所示。

图 1-28　安装文件　　　　　　图 1-29　安装界面

step 03 单击 Next 按钮进入下一步，勾选协议下方的复选框，接受许可协议，如图 1-30 所示。

step 04 单击 Next 按钮进入下一步，在 Directory 文本框中，输入 MyEclipse 的安装路径，这里的安装路径是"D:\MyEclipse2017"，如图 1-31 所示。

图 1-30　接受协议　　　　　　图 1-31　安装目录

step 05 单击 Next 按钮进入下一步，选择安装 MyEclipse 的环境是 32 位还是 64 位。使用的操作系统是 64 位，因此选择 64 位，如图 1-32 所示。

step 06 单击 Next 按钮进入下一步，MyEclipse 自动安装，如图 1-33 所示。

图 1-32　选择 64 位　　　　　　　图 1-33　自动安装

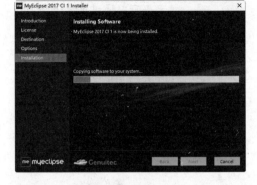

step 07　稍等一会儿，出现安装完成的界面，单击 Finish 完成 MyEclipse 的安装，如图 1-34 所示。

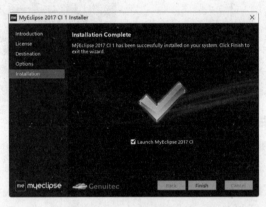

图 1-34　安装完成

1.5　MyEclipse 的使用

MyEclipse 2017 安装完成后，下面介绍如何使用 MyEclipse 2017 创建 Java 项目，创建 Java 类，运行以及调式 Java 程序。

1.5.1　创建 Java 项目

前面介绍了如何使用记事本创建 Java 程序，下面介绍如何通过 MyEclipse 创建 Java 程序。具体操作方法和步骤如下。

【例 1-2】创建一个 Java 项目，项目名称为 TestProject。

在 MyEclipse 中有许多种项目，其中 Java Project 用于 Java 程序的编写和管理。创建 Java 项目的具体操作方法和步骤如下。

step 01　打开 MyEclipse，在 Package(包)视图中，右击并在弹出的快捷菜单中选择 New(新建)→Java Project(Java 项目)命令，如图 1-35 所示。

step 02 打开 New Java Project(新建 Java 项目)对话框，在 Project name(项目名称)文本框中输入项目名称，这里输入 TestProject，并选择 JRE 的版本(读者安装的 JDK 版本)，这里选择 jdk1.8.0_131，单击 Finish(完成)按钮，项目创建完成，如图 1-36 所示。

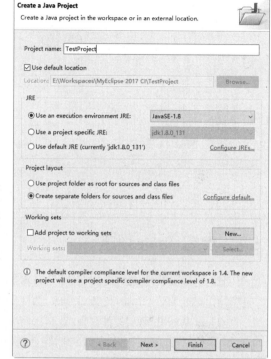

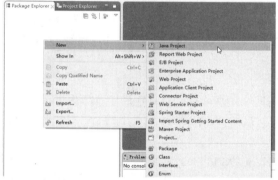

图 1-35　选择 Java Project 命令　　　　　图 1-36　New Java Project 对话框

在选择 JRE 版本时，如果 Use a project specific JRE(指定 JRE)下拉列表中没有读者安装的 JDK 版本，那么要单击右侧的 Configure JREs(配置 JRE)超链接进行添加。

1.5.2　创建 Java 程序

在创建完 Java 项目之后，再创建 Java 程序，其具体操作方法和步骤如下。

【例 1-3】 在 TestProject 项目中，创建名称为 HelloWorld.java 的 Java 程序。

step 01 在 MyEclipse 的 Package(包)视图中，展开 TestProject 项目，右击 src 文件夹，在弹出的快捷菜单中选择 New(新建)→Class(类)命令，如图 1-37 所示。

step 02 打开 New Java Class(新建 Java 类)对话框，在 Name(名称)文本框中输入 Java 程序的名称，这里输入 HelloWorld，单击 Finish(完成)按钮，Java 程序创建完成，如图 1-38 所示。

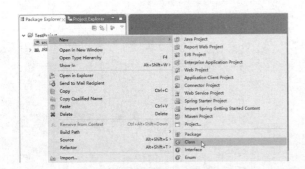

图 1-37　选择 Class 命令　　　　　　　图 1-38　New Java Class 对话框

1.5.3　编写 Java 程序

在创建完 Java 程序之后，再在 Java 编辑器界面编写 Java 代码。具体操作方法和步骤如下。

step 01 在 MyEclipse 的 Package(包)视图中，展开 TestProject 项目下的 src 文件夹，双击 HelloWorld.java 文件，如图 1-39 所示。

step 02 打开 Java 源程序编辑器界面，在 HelloWorld.java 文件中输入如下代码，并保存 Java 源程序，如图 1-40 所示。

```java
public class HelloWorld {
    public static void main(String[] args){
        System.out.println("Hello World!");
        System.out.println("欢迎使用 MyEclipse! ");
    }
}
```

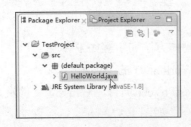
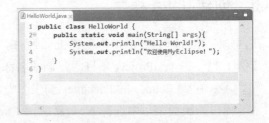

图 1-39　Package 视图　　　　　　　　　图 1-40　Java 源程序

注意　在 MyEclipse 中，创建的 Java 程序一般都在 Package 中。如果读者没有创建包，MyEclipse 会把 Java 程序放在 default package(默认包)中。

1.5.4 运行 Java 程序

在编写完 Java 源程序之后，运行程序。MyEclipse 会自动编译 Java 源程序，如果有错误，会给出相应的提示。运行 Java 程序的具体操作步骤如下：

step 01 右击 HelloWorld.java 源程序，在弹出的快捷菜单中选择 Run As(运行)→2 Java Application(Java 程序)命令，如图 1-41 所示，或者单击工具栏中的 Run As(运行)按钮 ○ 。

step 02 运行结果如图 1-42 所示。

图 1-41　选择 2 Java Application 命令

图 1-42　运行结果

1.5.5 调试 Java 程序

在编写 Java 程序时，经常会出现一些对初学者来说不太容易发现的错误。在 MyEclipse 中有一个内置的 Java 调试器。使用 Java 调试器，需要在代码中设置一个断点，以便让调试器暂停执行，而允许进行调试，否则程序会从头执行到尾，就没有机会调试了。

下面通过一个简单的例子，介绍 MyEclipse 内置的 Java 调试器的使用方法。

【例 1-4】 在 TestProject 项目下，创建一个 Java 源程序，其名称为 TestPoint.java，程序源代码如下：

```java
public class TestPoint {
    public static void main(String[] args) {
        for(int i=0;i<6;i++){
            System.out.println("输出 i 的值, i = " + i);
        }
    }
}
```

1. 设置断点

在程序第 3 行左边灰色区域(选中后灰色区域变成蓝色区域)双击，将 for()循环位置设置为断点，此时会显示一个蓝色的圆点，表示一个活动的断点，如图 1-43 所示。如果要取消断点，直接双击断点即可。

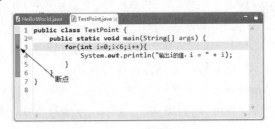

图 1-43　设置断点

2. 调试程序

step 01　右击 TestPoint.java 源文件，在弹出的快捷菜单中选择 Debug As(调试)→2 Java Application(Java 程序)命令，如图 1-44 所示。或者单击工具栏中 Debug As(调试)按钮。

step 02　程序开始执行，执行到断点位置，打开 Confirm Perspective Switch(是否要进入 Debug 模式)对话框，如图 1-45 所示。

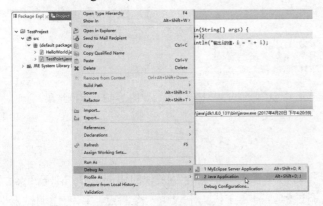

图 1-44　选择调试命令

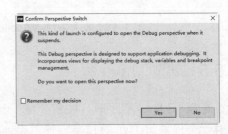

图 1-45　Confirm Perspective Switch 对话框

step 03　这时读者会发现，将要执行的 for 语句变成了绿色。调试器在该断点处挂起当前线程，使程序暂停。选择 Yes(是)进入 Debug 模式，如图 1-46 所示。

step 04　逐行执行代码。单击 Step Over(单步跳过)按钮或者按 F6 键，程序开始执行。这时在 Variables(变量)视图中可以看到变量 i 的值是 0，按 F6 键继续执行，在 Console(结果)视图中可以看到变量 i 的输出值，如图 1-47 所示。

step 05　此时程序回到了 for()循环语句的位置，按 F6 键继续执行，开始下一次循环。读者会发现变量 i 的值为 1，且 Variables(变量)视图中显示变量 i 值的行变成了黄色，如图 1-48 所示。

step 06　继续执行程序。按 F6 键继续执行，程序一直执行，直到程序结束。在这个过程中，读者可以看到变量 i 的值又从 1 依次变化到 5，然后程序执行结束。输出结果如图 1-49 所示。

图 1-46 Debug 模式窗口结构

图 1-47 i 值为 0 时运行结果

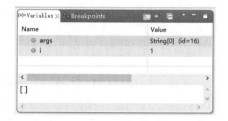

图 1-48 变量 i = 1

图 1-49 运行结果

在调试视图的工具栏中，单击 Step Over(单步跳过)按钮 或者按 F6 键，执行的是单步跳过，即运行一行程序代码，但是不进入调用方法的内部。

在调试视图的工具栏中，单击 Step Into(单步跳入)按钮 或者按 F5 键，操作将跳入调用方法或者对象内部，单步执行程序。

1.6 如何学好 Java

通过前面的学习，相信读者对 Java 有了大致的了解。那么，怎样才能学好 Java 语言呢？

1. 选好书

选择一本适合自己的书。什么样的书是适合初学者的呢？第一，看书的目录，看其是否一目了然，能否让你清楚地知道要学习的架构。第二，选择的书是否有 80%～90%能看懂。

2. 逻辑清晰

逻辑要清晰，这其实是学习所有编程语言的特点。Java 语言的精华是面向对象的思想，就好比指针是 C 语言的精华一样。你要清楚地知道你写这个类的作用，写这个方法的目的。

3. 基础牢固

打好基础很重要，不要被对象、属性、方法等词汇所迷惑；最根本的是先了解基础知识。同时也要养成良好的习惯，这对以后编程很重要。

4. 查看 API 手册

学会看 API 帮助手册，不要因为很难而自己又是初学者所以就不看。虽然它的文字有时候很难看懂，总觉得不够直观，但是 API 永远是最好的参考手册。

5. 多练习

学习 Java 要多练、多问，程序只有自己敲了、实践了才会掌握，不能纸上谈兵。

1.7 大神解惑

小白：在配置环境变量时，环境变量已经存在，怎么办？

大神：如果环境变量已经存在，那么，选中相应的环境变量，单击【编辑】按钮，在【变量值】文本框的最前面，添加要配置的环境变量值，并用分号(;)将多个目录分隔开。

小白：在命令提示符下编译 Java 程序时，为什么找不到 Java 文件？

大神：可能由这几个方面导致：第一，在配置 classpath 时，没有为 classpath 指定存放 Java 源程序的目录。第二，文件命名时出错，如文件名的大小写问题。第三，使用记事本保存 Java 程序时，扩展名是.txt 格式，没有改为.java。第四，保存文件时，文件名中出现空格。Java 程序命名时，一定要注意 Java 语言大小写敏感，并遵守 Java 程序的命名规范。

小白：在命令提示符下，运行 Java 程序时，提示"找不到或无法加载主类"。

大神：运行 Java 程序的作用是让 Java 解释器装载、检验并运行字节码文件(.class)。因此，在运行 Java 程序时，命令语句不可输错。运行 Java 程序的命令是"java 文件名"，java 后跟空格，文件名后不能再加扩展名。

1.8 跟我学上机

练习 1：在记事本中创建一个 Java 程序，在控制台输出信息"学习 Java 并不难"。

练习 2：在 MyEclipse 中创建一个项目并编写程序，实现功能为在控制台输出两个整数的和。

第 2 章
零基础开始学习——Java 基本语法

　　Java 语言也有自己的一套语法规则，通过使用这些规则，能够让程序正确运行，并且减少错误的发生。本章的实例虽然简单，却基本涵盖了本篇所讲的内容，通过这些知识的学习，将为后面的程序开发奠定坚实的基础。通过本章内容，可以了解 Java 程序的基本结构、基础语法(包括变量、常量、数据类型、运算符等)以及程序的流程控制。

本章要点(已掌握的在方框中打钩)

- ☐ 了解 Java 程序的基本结构。
- ☐ 掌握如何声明和初始化变量和常量。
- ☐ 掌握成员变量、局部变量和类变量。
- ☐ 熟练掌握 Java 的基本数据类型以及它们之间的转换。
- ☐ 熟练掌握 Java 中运算符的使用以及运算符的优先级。
- ☐ 熟练掌握分支控制、循环控制及跳转语句的使用。
- ☐ 了解 Java 代码的编写规范。

2.1 剖析第一个 Java 程序

在第 1 章编写了第一个 Java 小程序，它虽然非常简单，但是也包含了 Java 语法的各个方面。Java 程序的基本结构大体分为包、类、main()方法、标识符、关键字、语句、注释等。下面详细介绍 Java 程序的基本结构。

1. Java 代码的基本格式

Java 代码的基本格式如下：

```
package 包名;
import package1[.package2…].类名;
修饰符 class 类名{
    类体;
}
```

2. 包、import

Java 语言中的一个 package(包)就是一个类库单元，包内包含有一组类，它们在同一名称空间下被组织在一起。这个名称空间就是包名。在 Java 中定义包，主要是为了避免变量命名重复。定义包时，必须使用关键字 package，定义包的语句必须在程序的第一行。其语法格式为：

```
package 包名;
```

在 Java 源文件中，import 语句应位于 package 语句之后、所有的类定义之前。import 语句可以没有，也可以有多条。其语法格式为：

```
import package1[.package2…].(类名|*);
```

3. 类

Java 程序是由类(class)组成的。Java 是面向对象的程序设计语言，而在面向对象的程序设计中，类是程序的基本单元。类是同类对象的集合和抽象，对象是类的一个实例化。声明一个类的一般形式如下：

```
修饰符 class 类名{
    类体;
}
```

4. main()方法

main()方法是 Java 程序执行的入口，其语法格式如下：

```
public static void main(String[] args){
    方法体;
}
```

5. 方法

方法用于改变对象的属性，或者用于接收来自其他对象的信息以及向其他对象发送消息。它在类中，用来描述类的行为。其定义格式如下：

```
修饰符 返回类型 方法名(参数类型1 参数名1,…,参数类型n 参数名n) {
    //方法体;
    return 返回值;
}
```

6. 标识符

标识符是指用来标识 Java 中的包、类、方法、变量、常量等的名称。就像要为每个新出生的婴儿取一个名字，我们同样要为 Java 的每个元素指定一个名称，以便编译器可以唯一识别它们。它的命名规则如下：

(1) 标识符由字母 (a～z, A～Z)、数字、下画线(_)和美元符号($)组成。
(2) 标识符首字母不能使用数字。
(3) 标识符不能是关键字，例如 class。
(4) 标识符区分大小写。

7. 关键字

关键字属于一类特殊的标识符，不能作为一般的标识符来使用，如 public、static 等。这些关键字不能被当成标识符使用。表 2-1 列出了 Java 中的关键字。这些关键字并不需要读者去强记，因为在程序开发中一旦使用了这些关键字做标识符，编辑器会自动提示错误。

表 2-1 Java 关键字

abstract	boolean	break	byte	case	catch
char	class	continue	default	do	double
else	extends	false	final	finally	float
for	if	implements	import	instanceof	int
interface	long	native	new	null	package
private	protected	public	return	short	static
synchronized	super	this	throw	transient	true
try	void	volatile	while	const	goto

 所有关键字都是小写英文。虽然 goto、const 从未使用，但也被作为 Java 关键字保留。

8. 修饰符

修饰符指定数据、方法及类的属性的可见度，如 public、protected、private 等，被它们修饰的数据、方法或者类的可见度是不同的。

9. 程序块

程序块是指一对大括号之间的内容。需要注意的是，程序中的大括号必须是成对出现的。

10. 语句

在 Java 程序中包含很多使用 ";" 结束的句子，即语句。语句的作用是完成一个动作或一系列动作。

11. Java 代码的注释

Java 程序的代码注释分为 3 种，具体如下。

1) 单行注释

```
//注释内容
```

2) 多行注释

```
/*
注释内容
*/
```

3) 文档注释

```
/**
注释内容
*/
```

2.2 常量与变量

无论编写何种应用程序，数据都必须以某种方式表示。在 Java 程序开发中经常用到变量和常量，熟练掌握变量和常量的用法，可以使代码的可维护性、可读性大大提高。下面详细介绍常量和变量的相关知识。

2.2.1 常量

常量就是在程序中固定不变的量，一旦被定义，它的值就不能再被改变。

1. 声明常量

在定义常量时需要对常量进行初始化，初始化后，常量的值是不允许再进行改变的。在 Java 语言中，为了区别常量与变量，常量名称通常用大写字母，如 PI、YEAR 等。声明常量的语法为：

```
final 数据类型 常量名称[ = 值];
```

final 不仅可以用来修饰基本数据类型的常量，还可以用来修饰对象的引用和方法。

2. 常量应用示例

当常量用于一个类的成员变量时，必须给常量赋值，否则会出现编译错误。

【例 2-1】在类中声明一个常量 PRICE，并在 main()方法中打印它的值(源代码\ch02\src\constant\ FinalVar.java)。

```
package constant;
public class FinalVar {
   static final float PRICE = 2.5F;
   public static void main(String[] args) {
     System.out.println("白菜的市场价格是："+PRICE+"元");
   }
}
```

运行上述程序，结果如图 2-1 所示。

【案例剖析】在本案例中，定义了常量 PRICE，并赋初始值，在主函数 main()中打印 PRICE 的值。

图 2-1　运行结果

2.2.2　变量

在程序中存在大量的数据来代表程序的状态，其中有些数据的值在程序的运行过程中会发生改变，这种数据被称为变量。在 Java 程序中就是通过改变变量的值来实现程序的逻辑功能的。下面详细介绍变量的声明和分类。

1. 声明变量

在 Java 语言中，所有的变量在使用前必须先声明，声明多个变量时必须使用逗号隔开。声明变量的基本格式如下：

类型 变量名 [= value][, 变量名[= value] ...] ;

【例 2-2】声明变量，代码如下：

```
int x, y, z;                       // 声明3个int型整数：x、y、z
int a = 3, b = 4, c = 5;           // 声明3个整数a、b、c并赋初值
byte z = 22;                       // 声明并初始化字节型变量z
String s = "Java example";         // 声明并初始化字符串 s
double pi = 3.1415;                // 声明了双精度浮点型变量pi，并赋初值3.1415
char x = 'a';                      // 声明字符型变量x，并赋初值'a'
```

【案例剖析】以上列出了一些变量的声明示例。注意其中有些包含了初始化过程。

声明一个变量时，编译程序会在内存里开辟一块足以容纳这个变量的内存空间给它。不管变量的值如何改变，都永远使用相同的内存空间。因此，要学会使用变量，它是一种节省内存的方式。常量是不同于变量的一种类型，它的值是固定的，如整数常量、字符串常量。通常给变量赋值时，会将常量赋值给它。

2. 变量的分类

变量是有作用范围的，一旦超出它的范围，就无法再使用这个变量。

按作用范围进行划分，变量分为成员变量、局部变量和类变量。

1) 成员变量

成员变量声明在一个类中，但在方法、构造方法和语句块之外。它的作用范围为整个类，也就是说在这个类中都可以访问到定义的这个成员变量。当一个对象被实例化之后，每个成员变量的值就跟着确定，成员变量在对象创建的时候创建，在对象被销毁的时候销毁。成员变量可以直接通过变量名访问，但在静态方法以及其他类中，就要通过类的引用访问。

成员变量的值应该至少被一个方法、构造方法或者语句块引用，使得外部能够通过这些方式获取成员变量的信息。

访问修饰符可以修饰成员变量，成员变量对于类中的方法、构造方法或者语句块是可见的。一般情况下应该把成员变量设为私有。通过使用访问修饰符可以使成员变量对子类可见。

成员变量具有默认值，数值型变量的默认值是 0，布尔型变量的默认值是 false，引用类型变量的默认值是 null。成员变量的值可以在声明时指定，也可以在构造方法中指定。

【例 2-3】在 variable 包中，创建 MemberVar 类，在类中定义 2 个成员变量。通过构造方法或者成员方法为成员变量赋值，再写一个打印成员变量信息的方法(源代码\ch02\src\variable\MemberVar.java)。

```java
package variable;
public class MemberVar {
    private int age;    // 声明私有的成员变量，仅在该类可见
    public void setAge(int a){
        age = a;    //设定成员变量 age 的值
    }
    // 打印成员变量的信息
    public void printMember(){
        System.out.println("年龄 : " + age);
    }
    public static void main(String args[]){
        MemberVar emp = new MemberVar();
        emp.setAge(20);
        emp.printMember();
    }
}
```

运行上述程序，结果如图 2-2 所示。

【案例剖析】

在本案例中，声明了 private 的成员变量 age，它只可以被当前类访问。通过 setAge ()方法为成员变量 age 赋值。在 main() 中通过类的引用 emp，调用 printMember()方法，打印成员变量 age 的信息。

2) 局部变量

局部变量在方法、构造方法或者语句块中声明，它在方法、构造方法或者语句块被执行的时候创建，当它们执行完成后，变量将会被销毁。访问修饰符不能用于

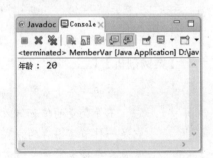

图 2-2 成员变量

局部变量，局部变量只在声明它的方法、构造方法或者语句块中可见。局部变量没有默认值，所以局部变量被声明后，必须经过初始化，才可以使用。

下面通过两个例子，具体介绍局部变量的使用方法。

【例 2-4】创建 PartVar 类，在类中定义一个局部变量 apple，并在 putEngLish()方法中打印它的信息(源代码\ch02\src\variable\PartVar.java)。

```
package variable;   //定义包
public class PartVar {
    public void putEngLish(){
        String apple = "Apple";       //给变量apple初始化
        System.out.println("苹果的英文是: " + apple); //打印局部变量的值
    }
    public static void main(String args[]){
        PartVar pvar = new PartVar(); //创建对象
        pvar.putEngLish(); //调用对象的成员方法
    }
}
```

运行上述程序，结果如图 2-3 所示。

【案例剖析】

在本案例中，定义了 putEngLish ()方法，在方法中声明了局部变量 apple，并对它进行初始化，然后将局部变量 apple 打印出来。在程序的主函数 main()中调用了 putEngLish ()方法。

【例 2-5】在 PartVar 类中定义没有初始化的局部变量 apple(源代码\ch02\src\ PartVar.java)。

图 2-3　初始化局部变量

```
public class PartVar {
    public void putEngLish(){
        String apple;       //没有为局部变量apple初始化
        System.out.println("苹果的英文是: " + apple); //打印局部变量的值
    }
    public static void main(String args[]){
        PartVar pvar = new PartVar(); //创建对象
        pvar.putEngLish(); //调用对象的成员方法
    }
}
```

将 PartVar.java 复制到"E:\java\"目录下，在命令提示符下，编译上述程序，出现 "PartVar.java:4: 错误: 可能尚未初始化变量 apple"的错误提示，如图 2-4 所示。

【案例剖析】

在本案例中，定义了 putEngLish ()方法，在方法中定义了局部变量 apple，但并没有对 apple 进行初始化，所以编译出错。

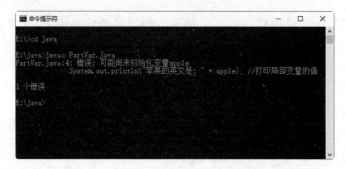

图 2-4　没有初始化的局部变量

3) 类变量(静态变量)

类变量也称为静态变量，在类中以 static 关键字声明，但必须在方法、构造方法和语句块之外。无论一个类创建多少个对象，类只拥有静态变量的一份拷贝。静态变量的访问格式一般为：

类名.变量名

静态成员变量的默认值和成员变量相似，数值型变量默认值是 0，布尔型默认值是 false，引用类型默认值是 null。变量的值可以在声明时指定，也可以在构造方法中指定。此外，静态变量还可以在静态语句块中初始化。

下面通过一个例子，详细介绍静态变量的定义和使用方法。

【例 2-6】在类中定义静态变量 color、常量 BANANA，并赋值，在主函数中打印静态变量的值(源代码\ch02\src\variable\StaticVar.java)。

```java
package variable;
public class StaticVar {
    private static String color;  //salary 是静态的私有变量
    public static final String BANANA = "香蕉";    // DEPARTMENT 是一个常量
    public static void main(String args[]){
        StaticVar.color = "yellow";       //可以不加类名，建议加上
        System.out.println(StaticVar.BANANA+"的颜色是:"+StaticVar.color);
    }
}
```

运行上述程序，结果如图 2-5 所示。

【案例剖析】

在本案例中，定义了静态的私有变量 color，并在主函数给它赋值；在类中定义了 BANANA 常量并赋初始值，最后在主函数中打印它们的信息。

图 2-5　静态变量

注意

在当前类中访问静态变量可以不加类名直接访问，也可以使用"类名.静态变量名"方式(建议加上类名)。但是其他类想要访问静态变量，必须使用"类名.静态变量名"方式，如 StaticVar.BANANA。

3. Java 中静态变量和成员变量的区别

类的成员变量按照是否被 static 修饰可分为两种：一种是被 static 修饰的变量，叫静态变量或类变量；另一种是没有被 static 修饰的变量，叫成员变量。

静态变量和成员变量的区别如下。

(1) 静态变量在内存中只有一份拷贝(节省内存)，JVM 只为静态变量分配一次内存，在加载类的过程中完成静态变量的内存分配，可以用类名直接访问。

(2) 成员变量是每创建一个对象，就会为成员变量分配一次内存，成员变量可以在内存中有多个拷贝，互不影响(灵活)。

【例 2-7】分析静态变量和成员变量的区别(源代码\ch02\src\variable\QuBieVar.java)。

```
package variable;
public class QuBieVar {
    private static int staticInt = 0;    //定义静态变量，并赋值
    private int random = 0;              //定义成员变量，并赋值
 public QuBieVar() {   //构造函数
        staticInt++;    //静态变量自加 1
        random++;       //成员变量自加 1
//类的静态变量，可以直接通过类名访问
        System.out.println("静态变量 staticInt = " + QuBieVar.staticInt);
        //成员变量，只可以通过类的对象访问
        System.out.println("成员变量 random = "+ random);
        System.out.println();
    }
    public static void main(String[] args) {
        QuBieVar test1 = new QuBieVar();
        QuBieVar test2 = new QuBieVar();
    }
}
```

运行上述程序，结果如图 2-6 所示。

【案例剖析】

在本案例中，无论创建多少个类的对象，永远都只分配一个 staticInt 变量，并且每创建一个类的对象，这个 staticInt 就会加 1；但是每创建一个类的对象，就会分配一个 random，即可能分配多个 random，并且每个 random 的值都只自加了 1 次。因此，静态成员变量的值是 2，成员变量的值始终是 1。

图 2-6　静态变量和成员变量的区别

2.3　数 据 类 型

Java 是一种类型安全语言，数据在使用前必须预先声明其类型，编译程序首先检查操作数的类型是否匹配，不匹配就要报告编译错误。数据类型有两种：基本数据类型和引用类型(reference)。引用类型有类(class)、接口(interface)和数组(array)3 种。下面详细介绍 Java 的基

本数据类型和类型转换。

Java 语言的基本数据类型总共有 8 种，按用途划分为 4 个类别：整数型、浮点型、字符型和布尔型。

2.3.1 整数型

整数型是一类整数值的类型，即没有小数部分的数值，可以是整数、负数和零。根据所占内存的大小不同，可以分为 byte(字节型)、short(短整型)、int(整型)和 long(长整型)4 种类型。它们所占内存和取值范围如表 2-2 所示。

表 2-2 整数类型

数据类型	占用内存(1 字节=8 位)	取值范围
byte	1 字节(8 位)	−128～127
short	2 字节(16 位)	−32768～32767
Int	4 字节(32 位)	−2147483648～2147483647
long	8 字节(64 位)	−9223372036854775808L～9223372036854775807L

1. byte 型

byte 是最小的整数类型，在内存中分配的内存空间最少，只分配 1 个字节(即 8 位)。byte 的取值范围为−128～127，使用时一定要注意，以免数据溢出产生错误。

当操作来自网络或文件的数据流时，byte 类型的变量特别有用；当操作与 Java 的其他内置类型不直接兼容原始的二进制数据时，byte 类型的变量也很有用。

使用 byte 关键字来定义变量时，可以一次定义一个或多个变量，并对其进行赋值，也可以不进行赋值。

【例 2-8】 定义 byte 型变量。

```
byte x;                    //定义一个变量
byte a, b = 3,c = 43;      //定义多个变量a、b、c，并给b，c赋值
```

声明多个类型相同变量时，变量之间用 "，"(逗号)分隔。

2. short 型

short 型即短整型，是有符号的 16 位(2 个字节)类型，short 型的取值范围为−32768～32767，虽然取值范围比 byte 型大，但还是要注意数据的溢出。

short 型限制数据的存储顺序为先高字节、后低字节，这样在某些机器中就会出错，因此该类型很少使用。

使用 short 关键字来定义变量，可以一次定义一个或多个变量并赋值，也可以不进行赋值。

【例2-9】 定义 short 型变量。

```
short s=12;                //定义short型变量并初始化
```

3. int 型

int 型即整型，是最常用的一种整数类型。int 型是有符号的 32 位(4 字节)类型，int 型的取值范围是-2147483648～2147483647，足够一般情况下使用，所以是整数类型中应用最广泛的。

使用 int 关键字定义变量，可以一次定义一个或多个变量并赋值，也可以不进行赋值。

【例2-10】 定义 int 型变量。

```
int i = 32,j = 45;            //定义int型变量i、j，并初始化
```

4. long 型

long 型即长整型，是有符号的 64 位(8 字节)类型，它的取值范围是$-2^{63} \sim 2^{63}-1$。使用 long 关键字定义变量，可以一次定义一个或多个变量并对其进行赋值，也可以不进行赋值。而在对 long 型变量赋值时，结尾必须加上 L 或者 l，否则将不被认为是 long 型。

【例2-11】 定义 long 型变量。

```
long x = 3563126L,y = 6857485L,z;        //定义long型变量x、y、z，并赋初值给x、y
```

提示   在定义 long 类型变量时，在结尾最好加大写 L，因为小写 l 和数字 1 经常容易弄混。

【例2-12】 在项目中创建类 TestNumber，在 main()方法中，定义不同的整数类型变量，并对这些变量进行算术操作，然后在控制台输出(源代码\ch02\src\datatype\TestNumber.java)。

```java
package datatype;
public class TestNumber {
    public static void main(String[] args) {
        byte b = 105;
        short s = 30867;
        int i = 586943;
        long g = 13499689L;
        long add = b + s + i + g;
        long subtract = g-i-s-b;
        long multiply = i * s;
        long divide = g / i;
        System.out.println("相加结果为: " + add);
        System.out.println("相减结果为: " + subtract);
        System.out.println("相乘结果为: " + multiply);
        System.out.println("相除结果为: " + divide);
    }
}
```

上述程序的运行结果如图 2-7 所示。

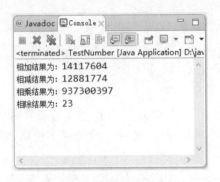

图 2-7 整数类型变量

上述 4 种数据类型在 Java 程序中有 3 种表示形式,分别为十进制表示法、八进制表示法和十六进制表示法。

(1) 十进制表示法。是组成以 10 为基础的数字系统,由 0、1、2、3、4、5、6、7、8、9 十个基本数字组成。它是逢十进一,每位上的数字最大是 9,例如 89、50、161 都是十进制。

(2) 八进制表示法。是组成以 8 为基础的数字系统,由 0、1、2、3、4、5、6、7 八个基本数字组成。它是逢八进一,每位上的数字最大是 7,且必须以 0 开头。例如 0225(转换成十进制为 149)、-0225(转换成十进制为-149)都是八进制。

(3) 十六进制表示法。它是逢十六进一,每位上的最大数字是 f(十进制的 15),且必须以 0X 或 0x 开头。例如,0XC8D6(转换成十进制为 51414)、0x68(转换成十进制为 104)都是十六进制。

2.3.2 浮点型

浮点型也称为实型,是指带有小数部分的数据。当计算需要小数精度的表达式时,可使用浮点型数据。在 Java 中浮点型分为单精度浮点型(float)和双精度浮点型(double),它们有不同的取值范围,如表 2-3 所示。

表 2-3 浮点类型

类 型	占用内存(1 字节=8 位)	取值范围
单精度浮点型	4 字节(32 位)	−3.4E+38～3.4E+38(6～7 位有效小数位)
双精度浮点型	8 字节(64 位)	−1.7E+308～1.7E+308(15 位有效小数位)

1. float 型

float 型即单精度浮点型,它表示使用 32 位(4 字节)存储的单精度数值。在某些处理器上,单精度运算速度更快,并且占用的空间是双精度的一半,但是当数值非常大或非常小时存储精度会变得不精确。如果需要小数部分,并且精度要求不是很高时,float 型的变量是很有用的。

使用 float 关键字定义变量时,可以一次定义一个或多个变量并对其赋值,也可以不进行赋值。在给 float 型变量进行赋值时,在结尾必须加上 F 或 f,如果不加,系统自动将其定义为 double 型变量。

【例 2-13】 定义 float 型变量。

```
float f1 = 36.24F,f2 = -5.848f,f3;
    //定义 float 型变量 f1、f2、f3,并给变量 f1、f2 赋值
```

2. double 型

double 型即双精度浮点型,它表示 64 位(8 字节)存储的双精度数值。在针对高精度数学运算进行了优化的某些现代处理器上,实际上双精度数值的运算速度更快。如果需要在很多次迭代运算中保持精度,或是操作非常大的数值时,double 类型是最佳选择。

使用 double 关键字定义变量时,可以一次定义一个或多个变量并对其赋值,也可以不进行赋值。在给 double 型变量赋值时,可以使用后缀 D 或 d 明确表明这是一个 double 型的数据,当然也可以不加。对于浮点型数据,系统默认是 double 型。

【例 2-14】 定义 double 型变量。

```
//定义 double 型变量 d1、d2、d3、d4,并给变量 d1、d2、d3 赋值
double d1 = 124.523,d2 = 243.546d,d3 = 23.452D,d4;
```

2.3.3 字符型

char 型即字符型,使用 char 关键字进行声明,它占用 16 位(2 个字节)的内存空间,用来存储单个字符。char 类型的范围是 0~65536,没有负值。它们有不同的取值范围,如表 2-4 所示。

表 2-4 字符类型

类 型	关 键 字	占用内存	取值范围
字符型	char	2 字节	0~65536

在为 char 型的变量赋值时,可以使用单引号或数字。char 型使用两个字节的 Unicode 编码表示,Unicode 定义了一个完全国际化的字符集,能够表示全部人类语言中的所有字符。为此,Unicode 需要 16 位宽度。因此,在 Java 中的 char 是 16 位的。

【例 2-15】 定义 char 型变量。

```
char c = 'A';    //定义 char 型变量 c,并初始化
```

由于字符 A 在 Unicode 表中的排序是 65,因此允许将上面的语句写成:

```
char c = 65;    //定义 char 型变量 c,并初始化
```

> 在 Java 中，char 常被当作整数类型，这意味着 char 和 int、short、long 以及 byte 属于同一分类。但是，由于 char 类型的主要用途是表示 Unicode 字符，因此，通常考虑将 char 放到单独的分类中。Unicode 中存储了 65536 个字符，所以 Java 中的字符几乎可以处理所有国家的语言文字。若想得到 0~65536 之间的数所代表的 Unicode 表中相应位置上的字符，也必须使用 char 型进行显式转换。

在字符类型中有一种特殊的字符，以反斜线"\"开头，后跟一个或者多个字符，叫转义字符。例如，"\b"就是一个转义字符，意思是"退格符"。Java 中的转义字符，如表 2-5 所示。

表 2-5 转义字符表

转义字符	含 义
\ddd	1~3 位八进制字符(ddd)
\uxxx	1~4 位十六进制 Unicode 码字符
\'	单引号
\"	双引号
\\	反斜杠
\n	回车换行
\f	换页符
\t	水平跳格符
\b	退格符

2.3.4 布尔型

boolean 型即布尔型，使用 boolean 关键字进行声明，它只有 true(真)和 false(假)两个值。也就是说，当将一个变量定义成布尔类型时，它的值只能是 true 或 false，除此之外，没有其他的值可以赋值给这个变量，如表 2-6 所示。

表 2-6 布尔类型

类 型	关 键 字	占用内存	取值范围
布尔型	boolean	1 字节	true 或 false

【例 2-16】定义 boolean 类型的变量。

```
boolean b = true;    //定义 boolean 型变量 t，并初始化
```

> 经过声明之后，布尔变量的初值即为 true。当然如果在程序中需要更改它的值时，随时可以操作。

2.3.5 类型转换

数据类型的转换是在所赋值的数值类型和被变量接受的数据类型不一致时发生的,它需要从一种数据类型转换成另一种数据类型。在 Java 中,对于除了 boolean 类型以外的 7 种基本类型,在把某个类型的值直接赋给另外一种类型的变量时,这种方式称为基本类型转换。

一般情况下,基本数据类型转换可分为自动类型转换(隐式转换)和强制类型转换(显示转换)两种。

1. 自动类型转换

自动类型转换必须在两种兼容的数据类型之间进行,并且必须是由低精度类型向高精度类型转换。整数类型、浮点型和字符型数据可以进行混合运算。在运算过程中,不同类型的数据会自动转换为同一类型,然后进行运算。

自动转换的规则如下。

(1) 数值型之间的转换:byte → short → int → long → float → double。
(2) 字符型转换为整型:char → int。

以上类型从左到右依次自动转换,最终转换为同一数据类型。例如 byte 和 int 类型运算,则最终转换为 int 类型;如果是 byte、int 和 double 这 3 种类型参与运算,则最后转换为 double 类型。

【例 2-17】不同类型之间的自动类型转换(源代码\ch02\src\datatype\TestType.java)。

```
package datatype;
public class TestType {
    public static void main(String[] args){
        int i = 20;
        float f = 12.5f;
        char a = 'A';
        System.out.println("i + f + d = " + (i + f));
        System.out.println("i + a = " + (i + a));
    }
}
```

运行上述程序,结果如图 2-8 所示。

【案例剖析】

在本案例中,声明了 int 型变量 i,float 型的变量 f,char 型变量 a,并对它们初始化。对变量 i 和 f 进行加法运算,按照数值之间的转换变量 i 和 f 的值都被转换成 double 类型,然后进行加法运算。对变量 i 和 a 进行加法运算,将字符型先转换为整型,然后对 i 和 a 的值进行加法运算。

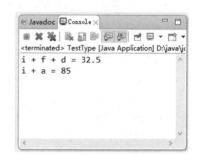

图 2-8 自动类型转换

2. 强制类型转换

强制类型转换是将高精度类型向低精度类型进行转换。在进行强制类型转换时,需要注意的是可能会因为超出了低精度数据类型的取值范围,导致数据不完整,数据的精度降低。

强制类型转换时,要在被转换的变量前添加转换的数据类型,转换格式为:

(目标数据类型)变量名或表达式;

【例2-18】强制类型转换。

```
int x;
double y;
x = (int)y;
```

【案例剖析】上述代码含义是先将 double 型的变量 y 强制转换成 int 型,再将该值赋给变量 x,注意变量 y 本身的数据类型并没有改变。

一般使用强制类型转换可能将导致数据溢出或精度下降,因此尽量避免使用强制类型转换。

2.4 运 算 符

运算符是在用变量或常量进行运算时经常使用的符号。根据操作数的数目来分,运算符分为一元运算符、二元运算符和三元运算符。根据功能来分,运算符分为赋值运算符、算术运算符、比较运算符、条件运算符、逻辑运算符、位运算符以及自增自减运算符。下面详细介绍这些运算符的使用方法。

2.4.1 赋值运算符

赋值运算符就是用于完成赋值的运算符。最基本的算术运算就只有一个,就是"="(等号),而在它的基础之上结合加、减、乘、除等,又形成了复合赋值运算符。在大型程序中灵活运用这些赋值运算符可以提高程序的易读性、易懂性,并且使程序更加容易维护。

1. 基本赋值运算符

基本赋值运算符"="(等号)是一个二目运算符,其功能是将右边的表达式或者任何数值赋给左边的变量。基本的赋值运算符的使用格式如下:

变量类型 变量名 = 所赋的值;

【例2-19】使用赋值运算符为变量赋值。

```
int x = 3;              //声明 int 型的变量 x
int y = 10;             //声明 int 型的变量 y
int z = x + y + 8;      //将变量 x、y 和 8 进行运算后的结果赋值给变量 z
```

2. 复合赋值运算符

在基本的赋值运算符基础上,可以结合算术运算符形成复合运算符,其具有特殊含义。常用的复合赋值运算符如表2-7所示。

表 2-7 赋值运算符

赋值运算符	范 例	含 义
+=	a+=b	a=a+b
-=	a-=b	a=a-b
*=	a*=b	a=a*b
/=	a/=b	a=a/b
%=	a%=b	a=a%b
&=	a&=b	a=a&b
|=	A|=b	a=a|b
^=	a^=b	a=a^b

通过表 2-7 可以知道其中所列的各种赋值运算符，与"="相同，左边的变量是被赋值变量。实际上，自增和自减运算符也可以说是赋值运算符，因为它将最终结果赋值给变量本身。

【例 2-20】复合赋值运算符的使用。

```
int num = 23;          //声明 int 型变量 num
num += 12;             //复合运算符,等同于 num = num + 12;
```

2.4.2 算术运算符

算术运算符的功能是进行算术运算。算术运算符可以分为加(+)、减(-)、乘(*)、除(/)及取模(%)这 5 种运算符，它们组成了程序中最常用的算术运算符。各种算术运算符的含义及其应用如表 2-8 所示。

表 2-8 算术运算符的含义

运算符	含 义	实 例	结 果
+	连接的两个变量或常量进行加法运算	4+5	9
-	连接的两个变量或常量进行减法运算	4-5	-1
*	连接的两个变量或常量进行乘法运算	4*5	20
/	连接的两个变量进行除法运算	4/5	0
%	模运算，连接两个变量或常量进行除法运算的余数	4%5	4

其中加法运算符"+"和减法运算符"-"，还可以表示"正号""负号"，例如，+6 表示正 6。

【例 2-21】在项目中创建 SuanShu 类，在类的 main()方法中创建变量，使用算术运算符对变量进行运算，将运算结果输出(源代码\ch02\src\datatype\SuanShu.java)。

```
package datatype;
public class SuanShu {
    public static void main(String[] args){
```

```
        int x = 23;
        int z = 2;
        float y = 16.28f;
        System.out.println("x + y = " + (x + y));
        System.out.println("x - y = " + (x - y));
        System.out.println("x * y = " + (x * y));
        System.out.println("x / z = " + (x / z));
        System.out.println("x % z = " + (x % z));
    }
}
```

运行上述程序，结果如图 2-9 所示。

【案例剖析】

在本案例中，定义了 x、y、z 这 3 个变量，对 x、y 和 z 进行加、减、乘、除、取模和取余运算，在控制台输出它们的值。

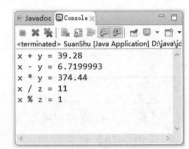

图 2-9　算术运算

2.4.3　比较运算符

比较运算符是指对两个操作数进行关系运算的运算符，属于二元运算符。比较运算符也是 Java 程序中经常会用到的运算符，它的结果通常是布尔类型，可将它们的比较结果作为判断或循环的条件。常用的比较运算符的含义及应用如表 2-9 所示。

表 2-9　比较运算符的含义及应用

运算符	含义	实例	结果
>	大于运算符	4>5	false
>=	大于等于运算符	4>=5	false
<	小于运算符	4<5	true
<=	小于等于运算符	4<=5	true
==	等于运算符	4==5	false
!=	不等于运算符	4!=5	true

在表 2-9 所示的各种运算符中，一定将等于运算符"=="与赋值运算符"="区分开，如果少写一个"="，那就不是比较了，整个语句就变成赋值语句。初学者可能会将赋值运算符错误用作等于运算符，这在编程中一定要避免。

【例 2-22】在项目中创建 Compare 类，在类的 main()方法中创建整型变量，使用比较运算符对变量进行运算，将运算结果输出(源代码\ch02\src\datatype\Compare.java)。

```
package datatype;
public class Compare {
    public static void main(String[] args){
        int x = 23;
        int y = 12;
```

```
        System.out.println("x > y :" + (x > y));
        System.out.println("x >= y :" + (x >= y));
        System.out.println("x < y :" + (x < y));
        System.out.println("x <= y :" + (x <= y));
        System.out.println("x != y :" + (x != y));
        System.out.println("x == y :" + (x == y));
    }
}
```

运行上述程序，结果如图 2-10 所示。

【案例剖析】

在本案例中，定义了两个整型变量 x 和 y，通过对 x 和 y 进行比较运算，输出它们的比较结果。

2.4.4 条件运算符

条件运算符的符号是"？："，条件运算符属于三目运算符，需要 3 个操作数，可以把它理解为 if…else 语句的简化，一般语法结构如下：

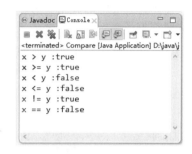

图 2-10 比较运算符

```
Result = < expression > ? < statement1 > : < statement2 >
```

其含义就是，如果 expression 条件表达式成立，执行语句 statement1，否则执行语句 statement2。

【例 2-23】在项目中创建 TiaoJian 类，在类的 main()方法中创建整型变量，使用条件运算对变量进行运算，将运算结果输出(源代码\ch02\src\datatype\TiaoJian.java)。

```
package datatype;
public class TiaoJian {
  public static void main(String[] args){
      int x = 23;
      int y = 12;
      int z = (x > y) ? x : y;
      System.out.println("x 和 y中最大的值是：" + z);
    }
}
```

运行上述程序，结果如图 2-11 所示。

【案例分析】

在本案例中，定义两个整型变量 x 和 y，如果条件成立输出 x，否则输出 y。

2.4.5 逻辑运算符

在编程中进行逻辑运算不可避免。逻辑运算符用来把各个运算的变量(或常量)连接起来组成一个逻辑表达式，来判断编程中某个表达式是否成立，判断的结果是 true 或 false。逻辑运算符的具体含义及应用如表 2-10 所示。

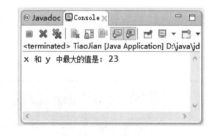

图 2-11 条件运算符

表 2-10 逻辑运算符的含义及应用

运算符	含 义	实 例	结 果
&&	逻辑与(AND)	false&&true	false
||	逻辑或(OR)	false||true	true
!	逻辑非(NOT)	!false	true

逻辑与运算符表示它连接的两个条件同时成立时,整个逻辑与运算才成立;逻辑或运算符表示连接的两个条件其中有一个成立时,整个逻辑或运算就成立;而逻辑非运算符表示相反的运算,如果条件成立则使用逻辑非运算的逻辑表达式值为不成立,反之亦然。

【例 2-24】在项目中创建 Calculation 类,在类的 main()方法中创建 boolean 型变量,使用逻辑运算对变量进行运算,将运算结果输出(源代码\ch02\src\datatype\ Calculation.java)。

```
package datatype;
public class Calculation {
    public static void main(String[] args) {
        boolean x = true;       //定义boolean型变量x并初始化
        boolean y = false;      //定义boolean型变量y并初始化
        System.out.println("x && y : " + (x && y));
        System.out.println("x || y : " + (x || y));
        System.out.println("!x : " + (!x));
    }
}
```

运行上述程序,结果如图 2-12 所示。

【案例剖析】

在本案例中,定义了 boolean 型的两个变量 x 和 y 并初始化。对 x 和 y 做逻辑与和逻辑或运算,并输出它们的值。再对变量 x 做逻辑非运算,并输出它的值。

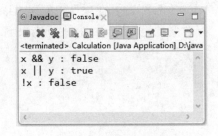

图 2-12 逻辑运算符

2.4.6 位运算符

位运算符主要用于对操作数为二进制的位进行运算。按位运算表示按每个二进制位来进行运算,其操作数的类型是整数类型以及字符类型,运算的结果是整数类型。位运算符大致分为两大类,即按位运算符和移位运算符,各运算符的含义及功能如表 2-11 所示。

表 2-11 位运算符

运算符	含 义	实 例	结 果	运算分类
&	按位与	6&3	2	按位运算符
|	按位或	6|3	7	
^	按位异或	6^3	1	
~	按位取反	~7	-8	

续表

运算符	含 义	实 例	结 果	运算分类
<<	左移	9<<1	96	移位运算符
>>	右移	8>>1	24	
>>>	无符号右移			

1. "按位与"运算

"按位与"运算的运算符为"&",是双目运算符。其运算规则是:先将参与运算的数转换成二进制数,然后进行低位对齐,高位不足补零;如果对应的二进制位同时为1,那么结果就为1,否则结果为0。

【例2-25】使用"按位与"运算符。

```
int a = 6;
int b = 3;
a & b = 2;
```

【案例剖析】

(1) a 的二进制是:00000000 00000000 00000000 00000110

(2) b 的二进制是:00000000 00000000 00000000 00000011

(3) a & b 的二进制是:00000000 00000000 00000000 00000010(即十进制的2)。

2. "按位或"运算

"按位或"运算的运算符为"|",是双目运算符。其运算规则是:先将参与运算的数转换成二进制数,然后进行低位对齐,高位不足补零;如果对应的二进制位有一位为1,那么结果就为1,否则结果为0。

【例2-26】使用"按位或"运算符。

```
int a = 6;
int b = 3;
a | b = 7;
```

【案例剖析】

(1) a 的二进制是:00000000 00000000 00000000 00000110。

(2) b 的二进制是:00000000 00000000 00000000 00000011。

(3) a|b 的二进制是:00000000 00000000 00000000 00000111(即十进制的7)。

3. "按位取反"运算

"按位取反"运算,运算符为"~",是单目运算符。其运算规则是:先将参与运算的数转换成二进制数,然后将各位的1改为0,0改为1。

【例2-27】使用"按位取反"运算符。

```
int a = 7 ;
~ a = -8;
```

【案例剖析】

(1) a 的二进制是：00000000 00000000 00000000 00000111。

(2) ~a 的二进制是：11111111 11111111 11111111 11111000(即十进制的-8)。

4. "按位异或" 运算

"按位异或" 运算的运算符是 "^"，是双目运算符。其运算规则是：先将参与运算的数转换成二进制数，然后进行低位对齐，高位不足补零，如果对应的二进制位相同(同时为 1，或者同时为 0)，那么结果就为 0，否则结果为 1。

【例 2-28】使用 "按位异或" 运算符。

```
int a = 6;
int b = 3;
a ^ b =5;
```

【案例剖析】

(1) a 的二进制是：00000000 00000000 00000000 00000110。

(2) b 的二进制是：00000000 00000000 00000000 00000011。

(3) a^b 的二进制是：00000000 00000000 00000000 00000101(即十进制的 5)。

5. "右移位" 运算

"右移位" 的运算符是 ">>"。其运算规则是：按二进制形式把所有数字向右移右边操作数指定的位数，低位数移出(舍弃)，高位补符号位(正数补 0，负数补 1)。

【例 2-29】使用 "右移位" 运算符。

```
int a = 8 ;
a >> 1 ;
```

【案例剖析】

(1) a 的二进制是：00000000 00000000 00000000 00001000。

(2) a>>1 的二进制是：00000000 00000000 00000000 00000100(即十进制的 4)。

6. "左移位" 运算

"左移位" 的运算符是 "<<"。其运算规则是：按二进制形式把所有数字向左移右边操作数指定的位数，高位数移出(舍弃)，低位的空位补零。

【例 2-30】使用 "左移位" 运算符。

```
int a = 8 ;
a << 2 ;
```

【案例剖析】

(1) a 的二进制是：00000000 00000000 00000000 00001000。

(2) a<<2 的二进制是：00000000 00000000 00000000 00100000(即十进制的 32)。

7. "无符号右移" 运算

"无符号右移" 的运算符是 ">>>"。其运算规则是：按二进制形式把所有数字向右移右边操作数指定的位数，低位数移出(舍弃)，高位补零。

【例2-31】 使用"无符号右移"运算符。

```
int a = 10 ;
a >>>2 ;
```

【案例剖析】

(1) a 的二进制是：00000000 00000000 00000000 00001010。

(2) a>>>2 的二进制是：00000000 00000000 00000000 00000010(即十进制 2)

 移位可以让用户实现整数除以或乘以 2 的 n 次方的效果。例如，a>>1 与 a/2 结果相同，a<<2 与 a*4 的结果相同。总之，一个数左移 n 位，即将这个数乘以 2 的 n 次方；一个数右移 n 位，即将这个数除以 2 的 n 次方。

【例 2-32】 在项目中创建 WeiTest 类，在类的 main()方法中创建整型变量，使用位运算对变量进行运算，将运算结果输出(源代码\ch02\src\datatype\WeiTest.java)。

```
package datatype;
public class WeiTest {
    public static void main(String[] args) {
        int x = 6;
        int y = 30;
        System.out.println("x << 2: " + (x << 2));   //x左移2位
        System.out.println("y >> 1: " + (y >> 1));   //x右移1位
    }
}
```

运行上述程序，结果如图 2-13 所示。

【案例剖析】

在本案例中，定义了两个整型的变量 x 和 y，对 x 向左移 2 位，看到运算结果是 24，即 $x * 2^2 = 24$。对 y 向右移 1 位，结果是 15，即 $y / 2^1 = 15$。

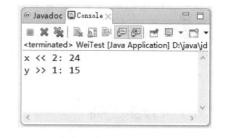

图 2-13 位运算

2.4.7 自增和自减运算符

自增(++)和自减(--)运算符是一种特殊的算术运算符，一般算术运算符需要两个操作数来进行运算，而自增和自减运算符只需一个操作数。

"++"表示自增运算符，它表示对使用该运算符的变量进行加 1 的运算；"--"表示自减运算符，它表示对使用该运算符的变量进行减 1 的运算。当一个自增或自减运算符用在一个变量之前，则表示首先对该变量进行递增或递减运算，然后返回该变量的值。

【例 2-33】 分析++a 与 a++的含义，赋值 a = 12，计算 a++和++a。

```
int a = 12,b;           //声明变量a、b，并给a赋值
b = a++;                //将a的值赋给b，a再自加1。b = 12, a = 13
-------------------------------------------------------------
int a = 12,b;           //声明变量a、b，并给a赋值
b = ++a;                //将a的值自加1，赋给b。b=a=13
```

2.4.8 运算符优先级

当多个运算符同时出现在一个表达式中时,就会遇到运算符的优先级别问题。在一个多运算符的表达式中,运算符优先级不同,会导致最后得出的结果不同。在实际编写程序时,一般使用括号来划分优先级,初学者也应养成这种习惯。表 2-12 中列出了常见运算符之间的优先级。

表 2-12 运算符优先级

优先级	运算符
1	括号,如 ( ) 和 [ ]
2	一元运算符,如 -、++、--和 !
3	算术运算符,如 *、/、%、+ 和 -
4	关系运算符,如 >、>=、<、<=、== 和 !=
5	逻辑运算符,如 &、^、|、&&、||
6	条件运算符和赋值运算符,如 ?：、=、*=、/=、+= 和 -=

2.5 流 程 控 制

流程控制语句用于控制程序的流程,以实现程序的各种结构方式。所有应用程序开发环境都提供一个判定过程,称为控制流语句,即程序控制语句,它用于引导应用程序的执行。程序控制语句分为 3 类:①分支语句,包括 if 语句和 switch 语句;②循环语句,包括 for 循环语句、while 循环语句和 do…while 循环语句;③跳转语句,包括 break 语句、continue 语句和 return 语句。下面详细介绍这些控制程序执行流程的语句。

2.5.1 分支控制

顺序结构只能顺序执行,不能进行判断和选择,因此需要分支结构。分支结构是逻辑选择的核心,同时也是所有流程控制结构中最基础的控制语句。程序在执行过程中会根据条件来选择执行程序分支。分支语句包含两种重要的语句,使用它们可以实现程序流程的分支控制,这两种语句是 if 和 switch 语句。

1. if 语句

一个 if 语句包含一个布尔表达式和一条或多条语句。if 语句的一般语法结构如下:

```
if (布尔表达式)
{
    //如果布尔表达式为 true 将执行的语句块
}
```

如果布尔表达式的值为 true,则执行 if 语句中的代码块,否则执行 if 语句块后面的代码。

【例 2-34】 if 语句的使用(源代码\ch02\src\control\IfTest.java)。

```java
package control;
public class IfTest {
    public static void main(String args[]){
        boolean b = true;
        if( b ){
            System.out.print("if 语句块");
        }
    }
}
```

运行上述程序，结果如图 2-14 所示。

【案例剖析】

在本案例中，定义了一个布尔型的变量 b，通过 if 语句判断 b 的值是否为 true，如果是，执行 if 语句块；否则，跳过 if 语句不执行。

2．if…else 语句

if 语句后面可以跟 else 语句，当 if 语句的布尔表达式值为 false 时，else 语句块会被执行。该语句还可以嵌套使用，完成多路分支及更复杂的程序流程。使用它们的一般语法结构如下：

图 2-14　if 语句

```java
if (布尔表达式){
    //如果布尔表达式的值为 true
} else {
    //如果布尔表达式的值为 false
}
```

【例 2-35】 if…else 语句的使用(源代码\ch02\src\control\IfElseTest.java)。

```java
package control;
public class IfElseTest {
    public static void main(String args[]){
        boolean b = true;
        if( !b ){
            System.out.print("if 语句块");
        }else{
            System.out.println("else 语句块");
        }
    }
}
```

运行上述程序，结果如图 2-15 所示。

【案例剖析】

在本案例中，定义了一个布尔型变量 b，通过 if 语句判断!b 的值是否是 true，如果是，执行 if 语句块；否则，执行 else 语句。

图 2-15　if…else 语句

注意: if 和 else 后面的语句块里如果只有一个语句，大括号可以省略不写，但为了增强程序的可读性，最好不要省略。有时为了编程的需要，else 或 if 后面的大括号里可以没有语句。

3. if...else if...else 语句

if 语句后面还可以跟 else if...else 语句，这种语句可以检测到多种可能的情况。它的语法结构格式如下：

```
if(布尔表达式 1){
    //如果布尔表达式 1 的值为 true 执行代码
}else if(布尔表达式 2){
    //如果布尔表达式 2 的值为 true 执行代码
}else if(布尔表达式 3){
    //如果布尔表达式 3 的值为 true 执行代码
}else {
    //如果以上布尔表达式都不为 true 执行代码
}
```

使用 if...else if...else 这个语句时，需要注意下面几点。
(1) if 语句至多有 1 个 else 语句，else 语句在所有的 else if 语句之后。
(2) if 语句可以有若干个 else if 语句，它们必须在 else 语句之前。
(3) 一旦其中一个 else if 语句检测为 true，其他的 else if 及 else 语句都将跳过执行。

【例 2-36】在下面的程序中，使用 if...else if...else 语句，实现对学生成绩判定的功能(源代码\ch02\src\control\StuCore.java)。

```java
package control;
public class StuCore {
    public static void main(String [] args){
        int math = 92;
        if(math >= 85){
            System.out.println("数学成绩优秀");
        }else if(math >=75 && math < 85){
            System.out.println("数学成绩良好");
        }else if(math >= 60 && math <75){
            System.out.println("数学成绩及格");
        }else{
            System.out.println("数学成绩不及格");
        }
    }
}
```

运行上述程序，结果如图 2-16 所示。

【案例剖析】

在本案例中，通过 if...else if...else 语句，分段实现对学生成绩的判断。math 大于等于 85，输出"数学成绩优秀"；math 大于等于 75 且小于 85，输出"数学成绩良好"；math 大于等于 60 且小于 75，输出"数学成绩及格"；否则，输出"数学成绩不及格"。

图 2-16 if...else if...else 语句

4. 嵌套使用 if...else 语句

if...else 语句可以实现嵌套使用，不论是在 if 语句块还是在 else 语句块中，都可以再次嵌入 if...else 语句。嵌套使用 if...else 语句，可以实现控制程序的多个流程，实现多路分支，满足编程的需求。嵌套使用 if...else 的语法结构如下：

```
if(布尔表达式 1){
   //如果布尔表达式 1 的值为 true 执行代码
   if(布尔表达式 2){
      //如果布尔表达式 2 的值为 true 执行代码
   } else {
      //如果布尔表达式 2 的值为 false 执行代码
   }
}
```

【例 2-37】在下面的程序中，学习使用 if...else 嵌套语句，实现对学生成绩判定的功能。(源代码\ch02\src\control\ QanTaoIf.java)

```java
package control;
public class QanTaoIf {
    public static void main(String [] args){
        int math = 78;
        if(math >= 60){
            if(math >= 85){
                System.out.println("数学成绩优秀");
            }else if(math >= 75){
                System.out.println("数学成绩良好");
            }else{
                System.out.println("数学成绩及格");
            }
        }else{
            System.out.println("数学成绩不及格");
        }
    }
}
```

运行上述程序，结果如图 2-17 所示。

【案例剖析】

在本案例中，通过嵌套的 if...else 语句实现对学生成绩的等级判定。首先判断 math 是否大于等于 60，条件成立进入 if 语句执行，否则执行 else 语句输出"数学成绩不及格"。在 if 语句内，执行嵌套的 if 语句。在嵌套的 if 语句中，首先判断 math 是否大于等于 85，如果条件成立，执行输出"数学成绩优秀"，否则执行 else if 语句判断学生成绩是否大于等于 75，如果条件成立，

图 2-17 嵌套 if...else 语句

输出"数学成绩良好"，否则执行 else 语句，输出"数学成绩及格"。由此可以看到，if...else 语句的使用相当灵活，不仅在嵌套中呈现多种形式，还能使用单独的 if 语句实现复杂的嵌套，以满足程序需求。

5. switch 语句

虽然可以使用 if...else 语句嵌套实现程序的多路径分支，但分支过多的情况下，使用 if...else 嵌套不但使程序的可读性不高，而且执行效率也低，在这种情况下，使用 switch 语句可以解决 if...else 语句嵌套带来的弊端。

switch 语句判断一个变量与一系列值中某个值是否相等，每个值称为一个分支。该语句的一般语法结构如下：

```
switch (expression){
   case value :
      //语句
      break; //可选
   case value :
      //语句
      break; //可选
   // case 语句数量不限
   default : //可选
      //语句
}
```

switch 语句有如下规则。

（1）switch 语句中的变量类型可以是 byte、short、int 或 char。从 Java SE 7 开始，switch 支持字符串类型了，同时 case 标签必须为字符串常量或字面常量。

（2）switch 语句有多个 case 语句。每个 case 后面跟一个要比较的值和冒号。

（3）case 语句中的值的数据类型必须与变量的数据类型相同，而且只能是常量或者字面常量。

（4）当变量的值与 case 语句的值相等时，那么执行这条 case 语句；直到 break 语句出现，跳出 switch 语句。

（5）遇到 break 语句时，程序跳转到 switch 语句后面执行。如果没有 break 语句出现，程序会继续执行下一条 case 语句，直到出现 break 语句。

（6）switch 语句还可以包含一个 default 分支，该分支必须是 switch 语句的最后一个分支。default 在没有 case 语句的值和变量值相等的时候执行。default 分支不需要 break 语句。

【例 2-38】使用 switch 语句，根据用户输入月份的数值，在控制台输出相应的月份信息（源代码\ch02\src\control\SwitchTest.java）。

```java
package control;
package control;
import java.util.Scanner;
public class SwitchTest {
    public static void main(String [] args){
        System.out.print("请输入当前月份(如 3 表示 3 月): ");
        Scanner input = new Scanner(System.in);
        int month = input.nextInt();
        System.out.println();
        switch(month){
            case 1:
                System.out.println("现在是：一月份");
```

```
            break;
        case 2:
            System.out.println("现在是：二月份");
            break;
        case 3:
            System.out.println("现在是：三月份");
            break;
        case 4:
            System.out.println("现在是：四月份");
            break;
        case 5:
            System.out.println("现在是：五月份");
            break;
        case 6:
            System.out.println("现在是：六月份");
            break;
        case 7:
            System.out.println("现在是：七月份");
            break;
        case 8:
            System.out.println("现在是：八月份");
            break;
        case 9:
            System.out.println("现在是：九月份");
            break;
        case 10:
            System.out.println("现在是：十月份");
            break;
        case 11:
            System.out.println("现在是：十一月份");
            break;
        case 12:
            System.out.println("现在是：十二月份");
            break;
        default:
            System.out.println("对不起你输入的月份不正确！");
        }
    }
}
```

运行上述程序，在 Console 视图中，输入数字 4，运行结果如图 2-18 所示。当输入月份不正确时，如输入 15，运行结果如图 2-19 所示。

图 2-18　switch 循环——case:4

图 2-19　switch 循环——default

【案例剖析】

在本案例中，使用 switch 语句，根据用户的输入数值判定并显示用户输入的月份。default 语句是可选的，当输入值和 case 语句的值都不相等时，执行该语句。当输入在 case 值之外的值 15 时，输出 default 的提示信息；当输入数字 4 时，就会在控制台输出"当前月份是：四月份"。switch 语句判断条件可以接受 int、byte、char、short 型，不可以接受其他类型。

2.5.2 循环控制

顺序结构的程序语句只能被执行一次。如果想要同样的操作执行多次，就需要使用循环结构。Java 中有 3 种主要的循环结构：while 循环、do…while 循环、for 循环和增强型 for 循环。

1. for 循环

for 循环语句是计数型循环语句，提前指定循环的次数，适用于循环次数已知的情况。使用 for 循环时，一般遵循下面的语法结构：

```
for(初始化;布尔表达式;更新)
{
    循环体;
}
```

关于 for 循环有以下几点说明。

(1) 首先初始化变量。可以声明一种类型，也可初始化一个或多个循环控制变量，还可以是空语句。

(2) 判断布尔表达式的值。如果为 true，循环体被执行。如果为 false，循环终止，开始执行循环体后面的语句。

(3) 执行一次循环后，更新循环控制变量。

(4) 再次判断布尔表达式。循环执行上面的过程。

【例 2-39】 编写一个程序，在控制台输出 100 以内可以被 5 整除的数，并统计其个数(源代码\ch02\src\control\ForTest.java)。

```
package control;
public class ForTest {
    public static void main(String [] args){
        int count = 0;   //计算被5整除的数的个数
        System.out.println("使用for循环");
        System.out.println("输出100内被5整除的数：");
        for(int i = 1;i <= 100;i++){
            if(i % 5 == 0){
                count ++;   //计算被5整除的数的个数
                System.out.print(" " + i);   //在同一行输出
                if(count%8==0){   //被5整除的数的个数，一行输出8个
                    System.out.println("");   //换行
                }
            }
        }
        System.out.println();
```

```
            System.out.println("100 内被 5 整除的数共有 " + count +"个。");
    }
}
```

运行上述程序，结果如图 2-20 所示。

【案例剖析】

图 2-20 for 循环

(1) 在本案例中，for 循环的循环控制变量为 i，其初始值为 1；"i <= 100"是 boolean 型表达式，其结果如果为 true 则循环继续执行，否则跳出循环；i++是循环控制变量，每次累加 1，如此循环，直到表达式"i<=100"为 false 时结束循环。

(2) 在 for 循环中，通过 if 语句判断 i 是否可以被 5 整除，可以被 5 整除时输出，count++；否则执行下一次 for 循环。在 if 语句中嵌套 if 语句判断 count 是否可以被 8 整除，从而控制每行输出 8 个被 5 整除的数。

(3) 在本案例中注意区分"System.out.print()"和"System.out.println()"，前者是在同一行输出，后者是输出后紧接着换行。

 注意

for()循环可以不进行变量初始化，而在循环体内初始化，但是分号(;)不可以省略；for()循环也可以没有布尔表达式，只是会无限循环；for()循环没有最后一个表达式时，可以在循环体内进行变量的更新。for()循环也可以没有循环体，但是要在 for() 循环后加分号(;)。

2. while 循环

While 循环是最基本的循环，它也可以控制一条或者多条语句的循环执行。和 for 循环语句相似，都需要一个判断条件，如果该条件为真则执行循环语句，否则跳出循环。而 for 循环语句与 while 循环语句不同的是 for 循环语句的循环次数确定，而 while 循环语句的循环次数不确定。while 循环的结构如下：

```
while( 布尔表达式 ) {
    //循环体
}
```

【例 2-40】在程序中，使用 while 循环语句输出 100 以内被 5 整除的数，并统计个数(源代码\ch02\src\control\WhileTest.java)。

```
package control;
public class WhileTest {
    public static void main(String [] args){
        int count = 0;  //计算被 5 整除的数的个数
        int num = 1;
        System.out.println("使用 while 循环");
        System.out.println("输出 100 内被 5 整除的数：");
        while(num <= 100){
            if(num % 5 == 0){
                count ++;  //计算被 5 整除的数的个数
                System.out.print(" " + num);  //在同一行输出
```

```
                if(count % 8 == 0){  //被5整除的数的个数，一行输出8个
                    System.out.println("");  //换行
                }
            }
            num ++;
        }
        System.out.println();
        System.out.println("100内被5整除的数共有 " + count +"个。");
    }
}
```

运行上述程序，结果如图2-21所示。

【案例剖析】

(1) 在本案例中，首先声明整数变量 count 用于计数，整型变量 num 用于表示 100 内的数，初值是 1，while 循环的条件表达式是"num<=100"。

(2) 在 while 循环体中，首先使用 if 语句判定 num 是否可以被 5 整除，可以在 if 语句中输出而且令 count++，if 语句不成立令 num++，再次执行 while 循环，直到循环结束。

图 2-21 while 循环

(3) 在 if 语句中使用嵌套的 if 语句判断 count 是否可以被 8 整除，来实现每行输出 8 个被 5 整除的数。

3．do…while 循环

while 循环有时称为"当型循环"，因为它在循环体执行前先进行条件判断；而 do…while 循环称"直到型循环"，它会先执行循环体，然后进行条件判断。使用 do….while 循环的一般语法结构如下：

```
do{
    循环体;
}while(布尔表达式);
```

"布尔表达式"在循环体的后面，所以循环体在判断布尔表达式之前已经执行了。while 表达式后的分号(;)不要忘记。

【例 2-41】在程序中使用 do…while 语句，输出 100 内可以被 5 整除的数，并统计个数(源代码\ch02\src\control\DoWhile.java)。

```
package control;
public class DoWhile {
    public static void main(String [] args){
        boolean b = false;   //b赋初值false
        do{
            System.out.println("do-while 循环");
            System.out.println("先执行循环体,再执行while 判断");
        }while(b);  //条件表达式不成立,不执行循环体
    }
}
```

运行上述程序，结果如图 2-22 所示。

【案例剖析】

在本案例中，声明了 boolean 型变量，并赋值 false，在程序中 do...while 语句先执行循环体，然后执行 while 循环的布尔表达式，表达式不成立，不执行循环体。因此，输出一次循环体的内容。

4．增强型 for 循环

Java 5 引入了一种主要用于数组的增强型 for 循环。增强型 for 循环的语法结构如下：

```
for(声明语句 : 表达式)
{
    //代码句子
}
```

图 2-22　do-while 循环

"声明语句"用于声明新的局部变量，该变量的类型必须和数组元素的类型匹配。其作用域限定在循环语句块，其值与此时数组元素的值相等。

"表达式"是要访问的数组名，或者是返回值为数组的方法。

【例 2-42】在下面的程序中，使用 Java 5 提供的增强型 for 循环，输出字符串数组中的内容(源代码\ch02\src\control\JavaFor.java)。

```java
package control;
public class JavaFor {
    public static void main(String args[]){
        System.out.println("使用增强for循环");
        String[] fruits ={"Apple", "Banana", "Orange", "Pear"};
        for( String fruit : fruits ) {
           System.out.print( fruit );
           System.out.print(",");
        }
        System.out.print("\n");
    }
}
```

运行上述程序，结果如图 2-23 所示。

【案例剖析】

在本案例中，定义了一个字符串型的数组 fruits，使用增强型 for 循环输出。在增强型 for 循环中，定义变量 fruit，用于输出数组中的元素，fruits 是数组的名，在增强型 for 循环体中输出数组的值。

图 2-23　增强型 for 循环

2.5.3　跳转语句

在使用循环语句时，只有循环条件表达式的值为假时才能结束循环。如果想提前中断循环，就需要在循环语句块中添加跳转语句。跳转语句有

break 语句、continue 语句和 return 语句。

break 语句跳出循环，执行循环后面的语句。continue 语句是跳过本次循环，开始执行下一次循环。return 语句是跳出方法，并为方法返回相应值。

1. break 语句

break 主要用在循环语句或者 switch 语句中，用来跳出整个语句块。break 跳出最里层的循环，并且继续执行该循环下面的语句。break 的用法很简单，就是循环结构中的一条语句：

```
break;
```

【例 2-43】在 for 循环中，使用 break 语句跳出循环(源代码\ch02\src\control\BreakTest.java)。

```java
package control;
public class BreakTest {
    public static void main(String args[]) {
        System.out.println("使用break跳出循环：");
        for(int i = 1;i <=100 ;i++ ) {
            if( i % 13 == 0 ) {
                System.out.print(i);      //输出 100 内第一个被 13 整除的数
                break;                     //跳出 for 循环，不再执行
            }
        }
    }
}
```

运行上述程序，结果如图 2-24 所示。

【案例剖析】

在本案例中，使用 for 循环输出 100 内可以被 13 整除的数。在 for 循环中嵌套了 if 语句判断 i 的值是否可以被 13 整除，条件成立输出 i 的值，并使用 break 跳出循环，不再执行。通过运行结果可以看出，只执行了一次 for 循环。

图 2-24　break 语句

2. continue 语句

continue 适用于任何循环控制结构中，作用是让程序立刻跳转到下一次循环的迭代。在 for 循环中，continue 语句使程序立即跳转到更新语句。在 while 或 do…while 循环中，程序立即跳转到布尔表达式的判断语句。continue 就是循环体中一条简单的语句：

```
continue;
```

【例 2-44】在 for 循环中使用 continue 语句(源代码\ch02\src\control\ContinueTest.java)。

```java
package control;
public class ContinueTest {
    public static void main(String args[]) {
        System.out.println("使用continue结束本次循环：");
        for(int i = 1;i <=100 ;i++ ) {
```

```
            if( i % 13 == 0 ) {
                System.out.print(i+" ");    //输出 100 内第一个被 13 整除的数
                continue;                   //跳出 for 循环,不再执行
            }
        }
    }
}
```

运行上述程序,结果如图 2-25 所示。

【案例剖析】

在本案例中,使用 for 循环输出 100 内可以被 13 整除的数。在 for 循环中嵌套了 if 语句判断 i 的值是否可以被 13 整除,条件成立输出 i 的值,并使用 continue 结束本次循环,不再执行后面的输出语句了,而是进行下一次的循环。从图 2-25 中的输出结果可以看出,执行了多次循环。通过这两个例子可以看出 break 语句和 continue 语句的区别。

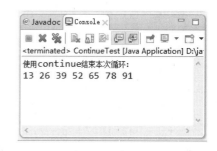

图 2-25 continue 语句

3. return 语句

return 语句经常使用在类的方法中,在类中使用 return 语句可以退出类的方法,把控制返回给该方法的调用者;如果方法有返回类型,则必须在方法中使用 return 语句返回一个该类型的值。使用 return 语句的一般语法结构为:

return 返回类型;

【例 2-45】return 语句的使用(源代码\ch02\src\control\ReturnTest.java)。

```
package control;
public class ReturnTest {
    public static void main(String[] agrs){
        System.out.print(ReturnTest.add());
    }
    public static String test(){
        return "return 语句的使用";
    }
}
```

运行上述程序,结果如图 2-26 所示。

【案例剖析】

在本案例中,创建了一个静态方法 test(),它的返回类型为 String 型,在 main 方法中调用该方法并输出 test()的返回值。

图 2-26 return 语句

2.6 Java 代码编写规范

应用编码规范对软件本身和软件开发人员而言都非常重要。在 Java 开发中所要遵守的编码规范大体上有 7 点：命名规范、声明规范、语句规范、注释规范、编程规范、文件内容规范及缩进排版规范。

1. 命名规范

命名规范是一种约定，也是程序员之间良好沟通的桥梁。下面是 Java 语言中标识符的命名规范。

(1) 标识符严格区分大小写。
(2) 标识符是由字母、数字、下画线(_)和美元符号($)组成的字符序列。
(3) 标识符必须以字母、下画线(_)或美元符号($)开头而不能以数字开头。
(4) 标识符不能是关键字或保留字。
(5) 对变量和方法总是使用小写。如果名称由多个单词组成，将它们连接在一起，第一个单词的首字母小写，其他单词的首字母大写。
(6) 类名中每一个单词的首字母大写。
(7) 常量中的每一个字母大写，单词之间使用下画线。

标识符命名时，不能以数字开头，也不能使用任何的 Java 关键字。

2. 声明规范

声明规范有助于代码的阅读和理解，在 Java 语言中声明规范可以参照下面几点。

(1) 变量在声明时，同时进行初始化。
(2) 同一行只声明一个变量。
(3) 勿把不同类型的变量声明放在同一行。
(4) 方法和方法之间空一行。

3. 语句规范

语句规范使整个程序的思路比较清晰，同时有助于代码的阅读和理解。在 Java 语言中语句规范可以参照下面几点。

(1) 每行至多包含一条语句。
(2) 复合语句是包含在大括号中的语句序列，如{语句}。
(3) 带返回值的 return 语句，返回值不使用小括号括起来。
(4) if 语句总是用大括号"{}"括起来。
(5) 在 for 语句的初始化或更新子句中，避免使用 3 个以上变量，而导致程序复杂度提高。

4. 注释规范

定义注释规范的目的是增强程序的可读性，让项目中所有的文档都看起来像是同一个程序员写的。在 Java 语言中注释规范可以参照下面几点。

(1) 注释尽可能使用"//"；对于所有的 javadoc 注释，则使用"/** */"；而临时代码块进行注释尽量使用"/*　*/"。

(2) 注释使用中文。

(3) 在局部变量的右侧添加注释。

(4) 在代码逻辑块前加上功能说明。

(5) 在判断条件的上面加上说明注释。

(6) 代码中建议有 20%行的注释，20%行的空行，以便于阅读。

5. 编程规范

编程规范可以减少对内存的需求量，加快代码的执行速度，同时降低程序的出错率。在 Java 语言中，编程规范可参照下面几点。

(1) 提供对类的对象及类变量的访问控制，尽可能不使用默认(default)的访问控制。

(2) 避免用一个对象访问类的静态变量和静态方法，应使用类名代替。

(3) 避免在一个语句中给多个变量赋相同的值。

(4) 在含有多种运算符的表达式中，使用圆括号括起来，避免运算符优先级的问题。

(5) 如果使用 JDBC，考虑使用 java.sql.PrepareStatement，而不是 java.sql.Statement。

6. 文件内容规范

文件内容规范有助于减少运行时产生不必要的麻烦。在 Java 语言中，文件内容规范可参照下面几点。

(1) 每个源文件的代码行数不超过 500 行。

(2) 每个源文件中都含有一个单一的公共类或接口。

(3) 在多数 Java 源文件中，第一个非注释行是包语句。

(4) 文件名和类名相同。

(5) 对于关键的方法要多加注释。

7. 缩进排版规范

1) 行长度

避免一行的长度超过 70 个字符，因为这会导致很多终端和工具不能很好地处理。

2) 换行

当一个表达式无法容纳在一行内时，可以依据如下规则断开。

(1) 在一个逗号后面断开。

(2) 在一个操作符前面断开。

(3) 选择较高级别(higher-level)的断开，而非较低级别(lower-level)的断开。

(4) 新的一行应该与上一行同一级别表达式的开头处对齐。

(5) 如果以上规则导致代码混乱或者使代码都堆积在右边，那就代之以缩进 8 个空格。

2.7 大神解惑

小白：break 语句和 continue 语句的区别是什么？

大神：在循环体中，break 语句是跳出循环，而 continue 语句是跳出当前循环，执行下一次循环。

小白："&" "|" 与 "&&" "||" 的区别是什么？

大神：在 Java 程序中，"&" "|" 与 "&&" "||" 的区别在于，如果使用 "&" "|" 连接时，那么无论任何情况，"&" "|" 两边的表达式都会参与计算。如果使用 "&&" "||" 连接，当 "&&" "||" 的左边为 false 时，则不会计算其右边的表达式。"&&" 通常称为 "短路与"，"||" 通常称为 "短路或"。

小白："b = a++" 与 "b = ++a" 的区别是什么？

大神："b = a++" 是指先将 a 的值赋给 b，a 再自加 1；"b = ++a" 是指 a 先自加 1，然后将 a 的值赋给 b。

2.8 跟我学上机

练习 1：编写 Java 程序，声明两个变量并赋值 25.8 和 16.8 作为矩形的长和宽，求矩形的面积。

练习 2：使用位运算符，计算 53×32 的值。

练习 3：编写程序，使用 for 循环输出 100 以内的质数。

练习 4：使用 while 循环，输出 1～100 内前 5 个可以被 3 整除的数。

练习 5：使用 switch 循环，判定学生的成绩等级(提示：成绩使用字符型表示，A 表示优秀，B 表示良好，C 表示及格)。

练习 6：使用嵌套的 for 循环，输出九九乘法表。

第 3 章
主流的编程思想——认识面向对象编程

　　Java 语言是完全面向对象的编程语言,而面向对象编程的基础就是类(class)。在编程语言中,类是一个模板,而对象是类的实例化。面向对象的编程就是一种通过使用对象来解决问题的技术。在程序的开发中,通过把完成某一部分功能的代码封装到一个类中,方便其他程序调用,来达到了代码的重用。本章重点介绍类和对象的基础知识,以及类的三大特征:封装、继承和多态。

本章要点(已掌握的在方框中打钩)

- ☐ 了解面向对象的概念。
- ☐ 掌握类和对象。
- ☐ 掌握构造方法的使用。
- ☐ 掌握修饰符的使用。
- ☐ 理解并掌握封装、继承和多态。
- ☐ 理解并掌握重载和重写。
- ☐ 理解 this 和 super 关键字。

3.1 面向对象简介

面向对象技术是一种将数据抽象和信息隐藏的技术，它使软件的开发更加简单化，符合了人们的思维习惯，同时又降低了软件的复杂性，提高了软件的生产效率，因此得到了广泛的应用。

3.1.1 什么是对象

对象(object)是面向对象技术的核心。我们可以把生活的真实世界(Real World)看成是由许多大小不同的对象所组成的。对象是指现实世界中的对象在计算机中的抽象表示，即仿照现实对象而建立的。

(1) 对象可以是有生命的个体，比如一个人(图 3-1)或一只鸟(图 3-2)。
(2) 对象也可以是无生命的个体，比如一辆汽车(图 3-3)或一台计算机(图 3-4)。

图 3-1　人　　　　　图 3-2　鸟　　　　　图 3-3　汽车　　　　图 3-4　计算机

(3) 对象还可以是一个抽象的概念，如天气的变化(图 3-5)或者鼠标(图 3-6)所产生的事件。

图 3-5　天气　　　　　　　　图 3-6　鼠标

3.1.2 面向对象的特征

面向对象方法(Object-Oriented Method)是一种把面向对象的思想应用于软件开发过程中，指导开发活动的系统方法，简称 OO(Object-Oriented)方法。Object Oriented 是建立在"对象"概念基础上的方法学。对象是由数据和允许的操作组成的封装体，与客观实体有直接对应关系，一个对象类定义了具有相似性质的一组对象。而继承性是对具有层次关系的类的属性和操作进行共享的一种方式。所谓面向对象就是基于对象概念，以对象为中心，以类和继承为构造机制，来认识、理解、刻画客观世界和设计、构建相应的软件系统。

面向对象方法作为一种新型的独具优越性的新方法正引起全世界越来越广泛的关注和高

度的重视，它被誉为"研究高技术的好方法"，更是当前计算机界关心的重点。

所有的面向对象的编程设计语言都有3个特性，即封装性、继承性和多态性。

1. 封装性

封装是把过程和数据包围起来，对数据的访问只能通过已定义的接口。一个对象和外界的联系应当通过一个统一的接口，该公开的公开，该隐藏的隐藏(对象的属性应当隐藏)。一个对象的内部是透明的，就是把对象内部的透明特性和隐藏特性区分开，该透明的透明，该隐藏的隐藏。

属性的封装：Java 中类属性的访问权限默认值不是 private，要想隐藏属性或方法，就可以加 private(私有)修饰符，来限制其只能在类的内部进行访问。对于类中的私有属性，要对其给出一对方法(getXxx(),setXxx())访问私有属性，保证对私有属性的操作安全性。

方法的封装：对于方法的封装，该公开的公开，该隐藏的隐藏。方法公开的是方法的声明(定义)，即只须知道参数和返回值就可以调用该方法。隐藏方法会使方法的改变对架构的影响最小化。完全的封装将类的属性全部私有化，并且提供一对方法来访问属性。

2. 继承性

继承是把有着共同特性的多类事物抽象成一个类，这个类就是多类事物的父类。父类的意义在于可以抽取多类事物的共性。Java 中的继承要使用 extends 关键字，并且 Java 中只允许单继承，即一个类只能有一个父类。这样的继承关系呈树状，体现了 Java 的简单性。子类只能继承在父类中可以访问的属性和方法，实际上父类中私有的属性和方法也会被继承，只是子类无法访问。

3. 多态性

多态是把子类对象主观地看作是其父类型的对象，那么父类型就可以是很多种类型。编译时类型是指被看作的类型，主观认定。运行时类型是指实际的对象实例的类型，客观不可改变(也被看作类型的子类型)。

多态的特性：对象实例确定则不可改变(客观不可改变)；只能调用编译时类型所定义的方法；运行时会根据运行时类型去调用相应类型中定义的方法。

3.2 类和对象

在 Java 语言中，具有共同特性(属性)和行为(方法)的对象的抽象就是类。类是用于组合各个对象所共有操作和属性的一种机制。类的具体化就是对象，即对象就是类的实例化。下面详细介绍如何创建类和对象。

3.2.1 类

在 Java 语言中，将具有相同属性及相同行为的一组对象称为类。广义地讲，具有共同性质的事物的集合就称为类。

1. 创建类

在面向对象程序设计中，类是一个独立的单位，它有一个类名，其内部包括成员变量，用于描述对象的属性；还包括类的成员方法，用于描述对象的行为。从编程的角度看，类是一种复合数据类型，它封装了一组变量和方法(函数)。

在使用类之前，必须先声明它，然后才可以利用所声明的类来声明变量，并创建类的对象。声明类的一般格式如下：

```
修饰符 class 类名{
    类的成员变量；
    类的成员方法；
}
```

可以看到，声明类使用的是 class 关键字。声明一个类时，在 class 关键字后面加上类的名称，这样就创建了一个类，然后在类的里面定义成员变量和成员方法。

2. 成员变量

人们将对象的静态特征抽象为属性，用数据来描述，在 Java 语言中称之为成员变量。声明成员变量的一般格式如下：

```
修饰符 数据类型 成员变量名；
```

其中修饰符说明了类的成员变量的访问权限，可以是 public、protected、private、static、final 等。成员变量的类型可以是 Java 内置的基本数据类型，也可以是自定义的复杂数据类型(类、接口或数组)。例如，描述一个人有一只宠物猫，可以用 Cat 类型的变量 cat 表示，这里的 Cat 是用户自定义的类(复杂数据类型)。

在 Java 语言中，调用成员变量，使用点(.)操作符，调用的一般格式如下：

```
对象名.成员变量名(属性)；
```

注意　上述 Cat 是一个类，而 cat(小写)是创建的一个 Cat 类的对象。

3. 成员方法

人们将对象的动态特征抽象为行为，用一组代码来表示，完成对数据的操作，在 Java 语言中称之为成员方法。定义方法的一般格式如下：

```
修饰符 返回类型 方法名([参数类型 参数名]) [throws 异常列表]{
    方法体；
}
```

方括号中为可选项。修饰符说明了类的成员方法的访问权限，可以是 public、protected、private、static、final 等。返回类型可以是基本数据类型，也可以是自定义的复杂数据类型(类、接口或数组)。如果方法没有返回值，也必须在返回类型处用 void 声明，或者说这个方法的返回类型是 void 类型。一旦方法声明某种返回类型，方法体中必须用 return 关键字返回和声明类型一致的数据。throws 用来抛出异常。调用成员方法的一般格式如下：

```
对象名.成员方法名();
```

注意　所有的方法都在类中，所以方法一般通过对象名调用。

下面举一个 Student 类的例子，可以使读者清楚地认识类的组成。

【例3-1】类的组成(源代码\ch03\src\create\ Student.java)。

```
package create;
public class Student {          //创建类
    //类的属性
    public String name;         //定义类的成员变量
    public int age;             //定义类的成员变量
    public String school;       //定义类的成员变量

    //类的方法
    public void study(){        //定义类的成员方法
        System.out.println("我是: "+name+"，今年: "+age+"岁，在"+school +"上学。");
    }
}
```

【代码分析】

程序首先用 package 关键字创建一个包 create，然后使用 class 关键字创建了一个属于 create 包的 Student 类。在类中声明了类的属性 name(String 型)、school(String 型)和 age(int 型)。声明类的方法 study()，此方法用于向屏幕打印信息。

为了更好地说明类的结构，请看图 3-7。

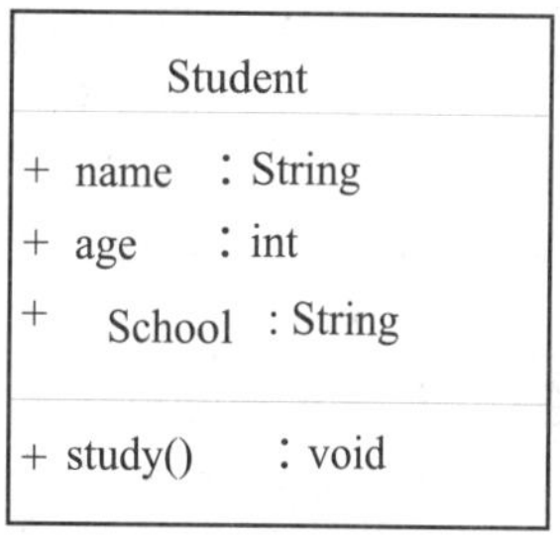

Student	
+ name	: String
+ age	: int
+ School	: String
+ study()	: void

图 3-7　Student 类

3.2.2　对象

类是一个抽象的概念，使用类之前，必须创建一个类的对象，然后通过类的对象去访问类的成员变量和成员方法，来实现程序的功能。

1. 创建对象

在 Java 语言中，使用 new 关键字来创建对象，一般格式为：

```
类名 对象名 = new 类名([参数]);
```

一个类可以创建多个类对象，它们具有相同的属性模式，但可以具有不同的属性值。Java 程序为每一个类的对象都开辟了内存空间，以便保存各自的属性值。

【例3-2】创建 Student 类的对象，访问 Student 类中的 name 属性、Study()方法。使用下面的语句：

```
Student stu = new Student();    //声明一个Student类的对象stu，并用new实例化
stu.name;                       //访问类的name属性
stu.name = "张三";               //给类的name属性赋值
stu.study();                    //调用Student类的study()方法
```

注意

没有显式初始化的成员变量，在为对象分配存储空间时自动被初始化，各种类型的成员变量被赋予默认的初始值。基本数据类型的默认值是 0；布尔类型的默认值是 false；复合数据类型的默认值是 null。

2. main()方法

在 Java 语言中，main()方法是 Java 应用程序的入口，程序在运行的时候，首先执行的就是 main()方法。在 main()方法中创建类的对象和调用类的方法。在 Java 应用程序中有且只能有一个类具有 main()方法。

main()方法的特点如下。

(1) 方法的名称必须是 main。

(2) main()方法必须是 public static 类型。由于 JVM 在运行这个 Java 应用程序的时候，首先会调用 main()方法，调用时没有实例化这个类的对象，而是通过类名直接调用，因此需要限制为 public static。

(3) main()方法没有返回值，返回类型为 void。

(4) main()方法必须接收一个字符串数组参数，作用是接收命令行输入参数的，命令行的参数之间用空格隔开。

(5) main()方法中可以抛出异常，main()方法向上也可以声明抛出异常。

注意

字符串数组的名字可以自己命名，这个字符串数组的名字一般和 Sun Java 规范范例中 main()的参数名保持一致，取名为 args。

【例 3-3】编写程序，打印 main()接收的命令行参数(源代码\ch03\src\ MainTest.java)。

```java
public class MainTest {
    public static void main(String args[]){
        System.out.println("输出 main 方法中的接收的参数：");
        for(int i = 0;i < args.length;i++){
            System.out.print(args[i] + " ");
        }
    }
}
```

将 MainTest.java 复制到"E:\java\"目录下，在命令提示符下运行上述程序，结果如图 3-8 所示。

【案例剖析】

在本案例中，编写了程序的入口方法 main()，通过 for 循环输出 main()方法接收的命令行参数。

图 3-8 main() 接收命令行参数

3.2.3 构造方法

构造方法是类中一种特殊的方法，主要用来初始化类的一个新的对象。在 Java 语言中，每个类都有一个默认的构造方法。构造方法具有和类名相同的名称，而且不返回任何数据类型。构造方法的格式如下：

```
[修饰符] 类名(){
    构造方法体;
}
```

1. 调用构造方法

一个类可以有多个构造方法,称为构造方法的重载。在创建对象时,至少要调用一个构造方法。

在例 3-2 中创建学生类的对象 stu,代码如下:

```
Student stu = new Student();    //声明一个Student类的对象stu,并用new实例化
```

Student()就是 Student 类的一个构造方法。在例 3-2 的程序中,并没有出现 Student()方法的定义。Student()就是 Java 编译器提供的默认的构造方法。这个构造方法不需要用户定义,它与类同名且不带参数,实际上是一个空的方法,什么事也不做。

注意　　Java 中的每个类都有构造方法。如果没有指定构造方法,则系统会调用默认的构造方法。默认的构造方法不带有任何一个参数。

2. 构造方法的作用

构造方法是在创建类的对象时被调用,因此它通常进行一些初始化的工作。

【例 3-4】创建 Cat 类,并定义类的构造方法(源代码\ch03\src\create\Cat.java)。

```java
package create;
public class Cat {
    String name;
    //构造方法,初始化类的成员变量
    public Cat() {
        name = "LILY";
        System.out.println("这只小猫的名字是: " + name);
    }
    public static void main(String args[]){
        Cat cat = new Cat();
    }
}
```

运行上述程序,结果如图 3-9 所示。

【案例剖析】

在本案例中,定义了不带参数的构造方法 Cat(),在方法中为类的成员变量 name 赋值,并打印 name 的信息。在程序的入口 main()方法中,创建了 Cat 类的对象 cat。程序执行时,系统会自动调用 Cat 类的构造方法,然后打印信息。

图 3-9　定义构造方法

注意　　构造方法可以不定义,但是一旦定义了构造方法,默认的构造方法就被屏蔽。

3.2.4 instanceof 关键字

Java 语言中的 instanceof 关键字，用来在运行时指出对象是否是特定类的一个对象。instanceof 通过返回一个布尔值来指出，这个对象是否是这个特定类或者是它的子类的一个实例。

instanceof 关键字的用法如下：

```
pboolean result = Object instanceof Class
```

其中，result：布尔类型。Object：必选项，任意对象。Class：必选项，任意已定义的对象类。

 如果 Object 是 Class 类的一个实例，则 instanceof 运算符返回 true。如果 Object 不是指定 Class 类的一个实例，或者 Object 是 null，则返回 false。

【例 3-5】instanceof 关键字的使用(源代码\ch03\src\InstanceOf.java)。

```java
public class InstanceOf {
    public static void main(String[] args){
        Father father = new Father();
        Son son = new Son();
        if (father instanceof Father){
          System.out.println("对象father是Father类的实例");
        }
        if (son instanceof Father){
          System.out.println("对象son是Father类的实例");
         System.out.println("---对象son是" + son.getClass() + "类的实例---");
        }else{
          System.out.println("对象son是" + son.getClass() + "类的实例");
        }
    }
}
```

运行上述程序，结果如图 3-10 所示。

【案例剖析】

在本案例中，创建 Father 类和 Son 类的对象 father 和 son，使用 instanceof 关键字判断 father 和 son 是否是 Father 类型，根据运行结果发现它们都是 Father 类型，因为 son 是 Father 的子类，所以它是 Father 类型。son 对象调用它的 getClass()方法，返回 Class 类型是 Son。

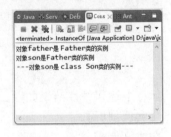

图 3-10 instanceof 关键字

3.3 修 饰 符

在 Java 语言中有许多修饰符，主要分为访问修饰符和非访问修饰符两种。修饰符用来定义类、方法或者变量，通常放在语句的最前面。

3.3.1 访问修饰符

在 Java 语言中，可以使用访问控制符来保护对类、变量、方法和构造方法的访问。Java 提供了 4 种不同的访问权限，以实现不同范围的访问能力，表 3-1 中列出了这些权限修饰符的作用范围。

表 3-1 修饰符的作用范围

限 定 词	同一类中	同一个包中	不同包中的子类	不同包中的非子类
private	√			
无限定词	√	√		
protected	√	√	√	
public	√	√	√	√

1. 私有的访问修饰符——private

private 访问修饰符是最严格的访问级别，所有被声明为 private 的方法、变量和构造方法只能被所属类访问，并且类和接口不能声明为 private。

声明为私有访问类型的变量只能通过类中的公共方法被外部类访问。private 访问修饰符主要用来隐藏类的实现细节和保护类的数据。

【例 3-6】在 PrivateTest 类中，private 修饰符的使用(源代码 \ch03\src\create\PrivateTest.java)。

```
package create;
public class PrivateTest {
    private String name;                    //私有的成员变量
    public String getName() {               //私有成员变量的 get 方法
        return name;
    }
    public void setName(String name) {      //私有成员变量的 set 方法
        this.name = name;
    }
    public static void main(String[] args) {
        privateTest p = new PrivateTest();  //创建类的对象
        p.setName("private 访问修饰符");       //调用对象的 set 方法，为成员变量赋值
        System.out.println("name = " + p.getName());  //打印成员变量 name 的值
    }
}
```

运行上述程序，结果如图 3-11 所示。

【案例剖析】

在本案例中，定义了一个私有的成员变量 name，通过它的 set 方法为成员变量 name 赋值，get 方法获取成员变量 name 的值。在 main()方法中，创建类的对象 p，通过 p.setName()方法设置 name 的值，再通过调用 p.getName()方法，打印输出 name 的值。

图 3-11 private 修饰词

2. 默认的访问修饰符——不使用任何关键字

使用默认访问修饰符声明的变量和方法，可以被这个类本身或者与类在同一个包内的其他类访问。接口里的变量都隐式声明为 public static final，而接口里的方法默认情况下访问权限为 public。

【例 3-7】变量和方法的声明，不使用任何修饰符(源代码\ch03\src\create\ DefaultTest.java)。

```
package create;
public class DefaultTest {
    String name;                    //默认修饰符的成员变量
    String getName() {              //默认修饰符成员变量的 get 方法
        return name;
    }
    void setName(String name) {     //默认修饰符成员变量的 set 方法
        this.name = name;
    }
    public static void main(String[] args){
        DefaultTest d = new DefaultTest();
        d.setName("default test");
        System.out.println(d.getName());
    }
}
```

运行上述程序，结果如图 3-12 所示。

【案例剖析】

在本案例中，使用默认的访问修饰符定义了成员变量 name、成员方法 getName()和 setName()。它们可以被当前类访问或者被与类在同一个包中的其他类访问。

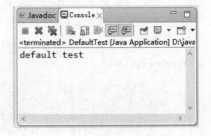

图 3-12 默认修饰符

3. 受保护的访问修饰符——protected

被声明为 protected 的变量、方法和构造方法能被同一个包中的任何类访问，也能够被不同包中的子类访问。

protected 访问修饰符不能修饰类和接口，方法和成员变量能够声明为 protected，但是接口的成员变量和成员方法不能声明为 protected。

【例 3-8】在父类 Person 中，使用 protected 声明了方法；在子类 Women 中，访问父类中 protected 声明的方法(源代码\ch03\src\create\ Person.java，源代码\ch03\src\child\ Women.java)。

```
package create;
public class Person {       //父类
    protected String name;
    protected void sing(){  // protected 修饰的方法
        System.out.println("父类...");
    }
}
package child;              //与父类不在一个包中
import create.Person;       //引入父类
public class Women extends Person{    //继承父类的子类
    public static void main(String[] args){
        Women w = new Women();
```

```
        w.sing();   //调用子类从父类继承的方法
        w.name = "protected";
        System.out.println(w.name);
    }
}
```

运行上述程序，结果如图 3-13 所示。

【案例剖析】

在本案例中，用 protected 声明了父类 Person 中的 sing()方法和成员变量 name，它可以被子类访问。在 main()方法中创建了子类对象 m，通过 m 访问了父类的 sing()方法，并为父类的 name 属性赋值，再在控制台打印它的值。

图 3-13 protected 修饰符

如果把 sing () 方法声明为 private，那么除了父类 Person 之外的类将不能访问该方法。如果把 sing()方法声明为 public，那么所有的类都能够访问该方法。如果不给 sing()方法加访问修饰符，那么只有在同一个包中的类才可以访问它。

4. 公有的访问修饰符——public

被声明为 public 的类、方法、构造方法和接口能够被任何其他类访问。如果几个相互访问的 public 类分布在不同的包中，则需要用关键字 import 导入相应 public 类所在的包。由于类的继承性，类所有的公有方法和变量都能被其子类继承。在例 3-8 中用 public 声明了父类，子类可以访问它。

【例 3-9】在类中定义 public 的方法，在不同包中访问它(源代码\ch03\src\create\Person.java，源代码\ch03\src\child\ PublicTest.java)。

```
package create;
public class Person {    //父类
    public void test(){
        System.out.println("父类: public test");
    }
}
package child;    //与父类不在一个包中
import create.Person;    //引入类
public class PublicTest {
    public static void main(String[] args) {
        Person p = new Person();    //创建 Person 对象
        p.test();    //调用 Person 类中 public 的方法
    }
}
```

运行上述程序，结果如图 3-14 所示。

【案例剖析】

在本案例中，定义了两个不同包中的类，两个类之间没有继承关系。在访问 PublicTest 类的 main()方法中，访问 Person 类中 public 修饰的 test()方法。

图 3-14 public 修饰符

3.3.2 非访问修饰符

Java 语言不仅提供了访问修饰符,还提供了许多非访问修饰符。static 修饰符用来修饰类的方法和类的变量。final 修饰符用来修饰类、方法和变量,final 修饰的类不能够被继承,修饰的方法不能被重写,修饰常量时不可修改。abstract 修饰符用来修饰抽象类和抽象方法。synchronized 和 volatile 修饰符主要用于线程的编程。

1. static 修饰符

static 修饰符用来修饰类的成员变量和成员方法,也可以形成静态代码块。static 修饰的成员变量和成员方法一般称为静态变量和静态方法,可以直接通过类名访问它们。访问的语法格式一般为:

```
类名.静态方法名(参数列表...);
类名.静态变量名;
```

用 static 修饰的代码块表示静态代码块,当 Java 虚拟机(JVM)加载类时,就会执行该代码块。

1) 静态变量

static 关键字修饰的成员变量独立于该类的任何对象,被类的所有对象共享。无论一个类实例化多少对象,它的静态变量只有一份拷贝。只要加载这个类,Java 虚拟机就能根据类名在运行时数据区的方法区内找到它们。因此,static 对象可以在它的任何对象创建之前访问,无须引用任何对象。静态变量也被称为类变量。局部变量不能被声明为 static 变量。

静态变量请参照第 2 章相关内容。

2) 静态方法

static 关键字用来声明独立于对象的静态方法。静态方法不能使用类的非静态变量。静态方法从参数列表得到数据,然后计算这些数据。由于 static 修饰的方法独立于任何对象,因此 static 方法必须被实现,而不能是抽象的 abstract。

静态方法直接通过类名调用,任何的对象也都可以调用,因此静态方法中不能用 this 和 super 关键字,不能直接访问所属类的成员变量和成员方法,只能访问所属类的静态成员变量和成员方法。

3) static 代码块

static 代码块也称为静态代码块,是在类中独立于类成员的 static 语句块,可以有多个,不在任何方法体内,位置可以随便放。JVM 加载类时会执行这些静态的代码块。如果 static 代码块有多个,JVM 将按照它们在类中出现的先后顺序依次执行它们,每个代码块只会被执行一次。

4) static 和 final

用 static 和 final 修饰的成员变量,一旦初始化它的值就不可以修改,并且通过类名访问,它的名称一般建议使用大写字母。用 static 和 final 修饰的成员方法,不可以被重写,并且通过类名直接访问。

需要注意，对于被 static 和 final 修饰的成员常量，成员变量本身的值不能再改变了；但对于一些容器类型(比如 ArrayList、HashMap)的成员变量，不可以改变容器变量本身的值，却可以修改容器中存放的对象，这种成员变量类似于对象的引用。

【例3-10】static 修饰符的使用(源代码\ch03\src\create\ StaticTest.java)。

```java
package create;
public class StaticTest {
    public static final String BANANA = "香蕉";    //static final 修饰的常量
    public static float price = 5.2f;           //static 定义的成员变量

    static{
        System.out.println("static 静态块");
    }

    public static void test(){
        System.out.println(StaticTest.BANANA + "的价格是：" + StaticTest.price);
    }

    public static void main(String[] args){
        StaticTest st = new StaticTest();
        st.test();
        System.out.println("main()中, "+st.BANANA+"的 price = " + st.price);
    }
}
```

运行上述程序，结果如图 3-15 所示。

【案例剖析】

在本案例中，定义了 static 和 final 修饰的常量 BANANA，并初始化；定义了 static 修饰的静态成员变量 price，并初始化；定义 static 块，在类加载时执行；在 main()方法中创建类的对象 st，通过对象 st 调用 test()，并通过对象 st 调用类的静态成员变量和常量打印输出它们的值。

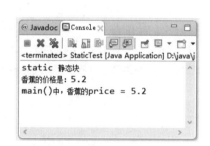

图 3-15　static 修饰符

2. final 修饰符

final 关键字可以修饰类、方法和变量，意义不同，但是本质相同，都表示不可改变。

1) final 修饰类中变量

用 final 修饰的成员变量表示常量，值一旦给定就无法改变。final 修饰的变量有 3 种，分别是静态变量、成员变量和局部变量。变量的初始化分为两种情形：一是定义时初始化；二是在构造方法中赋值。

final 变量定义的时候，可以先声明，而不给初值，这种变量也称为 final 空白，无论什么情况，编译器都确保 final 空白在使用前必须被初始化。但是，final 空白在 final 关键字的使用上提供了更大的灵活性，因此，一个类中的 final 数据成员就可以实现根据对象而有所不同，却又保持其恒定不变的特征。

2) final 修饰类中方法

如果一个类不允许其子类覆盖某个方法，则可以把这个方法声明为 final 方法。使用 final 方法的原因有两个：一是把方法锁定，防止任何继承类修改它的意义和实现；二是高效。编译器在遇到调用 final 方法时，会转入内嵌机制，大大提高执行效率。

类的成员方法使用 final 关键字修饰，方法不能再被重写。final 声明方法的格式如下：

```
[修饰符] final 返回值类型 方法名([参数类型 参数,…]){
    方法体;
}
```

3) final 修饰类

final 关键字声明的类不能被继承，即最终类。因此，final 类的成员方法没有机会被覆盖，默认都是 final 的。在设计类的时候，如果这个类不需要有子类，类的实现细节不允许改变，并且确信这个类不会再被扩展，那么就设计为 final 类。final 声明类的语法格式一般为：

```
final class 类名{
    类体;
}
```

【例 3-11】final 关键字的使用(源代码\ch03\src\Father.java 和 Son.java)。

```java
public class Father {      //定义父类
  final int f = 9;
  final void work(){       //使用 final 修饰方法
      System.out.println("我在上班...");
  }
}
public class Son extends Father{    //子类继承父类
    public static void main(String[] args){
      Son s = new Son();
      s.f = 12;
      System.out.println(s.f);
    }
    void work(){    //子类尝试重写父类的 work()
    }
}
```

将 Father.java 和 Son.java 复制到 "E:\java\" 目录下，在 DOS 命令提示符下，编译上述子类(Son 类)时，出现错误提示信息，如图 3-16 所示。

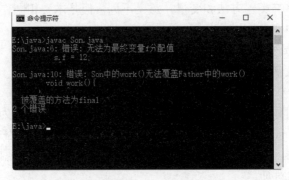

图 3-16　final 关键字

【案例剖析】

在本案例中，父类使用 final 声明了 work()方法，使用 final 声明了整型变量 f。在子类中为变量 f 赋值，编译错误信息提示"错误：无法为最终变量 f 分配值"。Son 类重写父类的 work()方法时，编译出现错误信息提示："Son 中的 work()无法覆盖 Father 中的 work()，被覆盖的方法为 final"。即 final 定义的成员方法不能被重写。

3. abstract 修饰符

abstract 关键字用来修饰类，这个类称为抽象类。

抽象类不能用来实例化对象，声明抽象类的唯一目的是将来对该类进行扩充。

抽象类可以包含抽象方法和非抽象方法。如果一个类包含若干个抽象方法，那么该类必须声明为抽象类。抽象类可以不包含抽象方法。抽象方法的声明以分号结尾。

抽象方法不能被声明成 final 和 static。抽象方法是一种没有任何实现的方法，该方法的具体实现由子类提供。任何继承抽象类的子类必须实现父类的所有抽象方法，除非该子类也是抽象类。

4. synchronized 修饰符

synchronized 关键字声明的方法同一时间只能被一个线程访问。synchronized 的作用范围有如下两种。

(1) 在某个对象内，synchronized 关键字修饰的方法，可以防止多个线程同时访问这个方法。这时，不同对象的 synchronized 方法是不相互干扰的。也就是说，其他线程照样可以同时访问相同类的另一个对象中的 synchronized 方法。如果一个对象有多个 synchronized 方法，只要一个线程访问了其中一个 synchronized 方法，其他线程不能同时访问这个对象中任何一个 synchronized 方法。

(2) 在某个类中，synchronized 修饰静态方法以防止多个线程同时访问这个类中的静态方法。它可以对类的所有对象起作用。

5. transient 修饰符

序列化的对象包含被 transient 修饰的成员变量时，Java 虚拟机(JVM)跳过该特定的变量。该修饰符包含在定义变量的语句中，用来预处理类和变量的数据类型。

6. volatile 修饰符

Java 语言是支持多线程的，为了解决线程并发的问题，在语言内部引入了同步块和 volatile 关键字机制。volatile 修饰的成员变量在每次被线程访问时，都强制从共享内存中重新读取该成员变量的值。而且，当成员变量发生变化时，会强制线程将变化值回写到共享内存。这样在任何时刻，两个不同的线程总是看到某个成员变量的同一个值。一个 volatile 对象引用可能是 null。

3.4 封　　装

封装(Encapsulation)是面向对象程序设计的基本特点，是把对象的属性和操作封装为一个独立的整体，尽可能隐藏对象的内部实现细节。

3.4.1 了解封装

一个对象的变量(属性)构成这个对象的核心，一般不将其对外公布，而是将对变量进行操作的方法对外公开，这样变量就被隐藏起来了。这种将对象的变量置于其方法的保护之下的方式称为封装。

例如，将 Dog 的姓名、颜色声明为 private，这样就可以隐藏起来，对 private 变量的访问，只可以通过类提供的公共方法来访问它们。

封装可以被认为是一个保护层，防止该类的代码和数据被外部类的代码随机访问。要访问该类的代码和数据，必须通过严格的接口控制。封装最主要的功能在于我们能修改自己的实现代码，而不用修改那些调用我们代码的程序片段。适当的封装可以让程序更容易理解与维护，也增强了程序的安全性。

封装具有以下几个优点。
(1) 良好的封装能够减少耦合。
(2) 类内部的结构可以自由修改。
(3) 可以对成员变量进行更精确的控制。
(4) 隐藏信息，实现细节。

3.4.2 封装实现

封装将对象的数据隐藏起来，其他对象不能直接访问这些数据，必须通过调用该对象的公共方法来间接访问。封装是一种信息隐藏技术，在 Java 语言中通过关键字 private 实现封装。

【例 3-12】创建 Dog 类，将类的成员变量隐藏起来，通过它提供的公共方法间接访问(源代码\ch03\src\create\ Dog.java、DogTest.java)。

```
package create;
//定义 Dog 类，将成员变量封装起来
public class Dog {
    private String name;      //修改成员变量的可见性来限制对属性的访问
    private String color;     //将成员变量声明为 private，私有的
    //为 name 属性提供对外的公共访问接口
public String getName() {
        return name;
    }
    //使用 this 关键字是为了解决成员变量和局部变量中的 name 变量之间发生的同名冲突
        public void setName(String name) {
            this.name = name;
```

```
    }
//为color属性提供对外的公共访问接口
    public String getColor() {
        return color;
    }
    //为color属性提供对外的公共访问接口
    public void setColor(String color) {
        this.color = color;
    }
}

//在DogTest测试类中,通过get/set方法访问成员变量
package create;
public class DogTest {
    public static void main(String[] args) {
        Dog d = new Dog();
        d.setName("哈士奇");
        d.setColor("白色");
        //d.name;      //无法访问Dog类封装的私有成员变量name和color
        //d.color;
        //只有通过私有成员变量的get方法访问
        System.out.println("这是一条 "+d.getColor()+" 的"+d.getName()+"。");
    }
}
```

运行上述程序,结果如图3-17所示。

【案例剖析】

在本案例中,定义了 Dog 和 DogTest 两个类。在 Dog 类中,将 Dog 的姓名和颜色都隐藏了起来。外部 DogTest 类不能访问它们,除非 Dog 类提供了接口。类 DogTest 中注释的 d.name 和 d.color,程序是不能编译成功的,因为类 Dog 声明了 name 和 color 是私有的,未经允许是不能访问的。但是它们提供了可以让外界访问的接口,即 setName()、getName()和 setColor()、getColor()方法。

图 3-17 对象的封装

3.4.3 this 关键字

在 Java 语言中,this 关键字只能用于方法体内。当一个对象创建后,Java 虚拟机(JVM)就会为这个对象分配一个引用自身的指针,这个指针的名字就是 this。因此,this 只能在类中的非静态方法中使用,静态方法和静态的代码块中绝对不能出现 this。并且 this 只和特定的对象关联,而不和类关联,同一个类的不同对象有不同的 this。所以,this 指代的是当前类或对象本身,更准确地说,this 代表了当前类或对象的一个"引用"。

【例 3-13】 this 关键字的用法(源代码\ch03\src\create\ ThisTest.java)。

```
package create;
public class ThisTest {
    int x = 0;
    public void test(int x){
```

```
            x = 3;
            System.out.println("在方法内部: ");
            System.out.println("成员变量 x = " + this.x);   //调用成员变量 x
            System.out.println("局部变量 x = " + x);        //调用方法内的局部变量 x
            System.out.println();
        }
        public static void main(String args[]){
            ThisTest t = new ThisTest();
            System.out.println("调用方法前: ");
            System.out.println("成员变量 x = " + t.x);      //调用成员变量 x
            System.out.println();
            t.test(6);
            System.out.println("调用方法后: ");
            System.out.println("成员变量 x = " + t.x);      //调用成员变量 x
        }
}
```

运行上述程序，结果如图 3-18 所示。

【案例剖析】

在本案例中，定义了名称相同的类的成员变量 x 和方法的局部变量 x，我们通过 this 关键字指向当前对象，调用当前对象的成员变量，即 this.x。

注意

当一个类的属性(成员变量)名与访问该属性的方法参数名相同，则需要使用 this 关键字来访问类中的属性，以区分类的属性和方法中的参数。

图 3-18 this 关键字

3.5 继 承

在 Java 语言中，通过继承可以简化类的定义，扩展类的功能。在 Java 语言中，支持类的单继承和多层继承，但是不支持多继承，即一个类只能继承一个类而不能继承多个类。

3.5.1 了解继承

继承性是软件复用的一种形式，对降低软件复杂性行之有效。继承就是子类继承父类的属性和行为，使得子类对象(实例)具有父类的实例域和方法，或子类从父类继承方法，使得子类具有父类相同的行为。

例如，学生、教师、工人等都可以归于人这一类，教师可以继承人这一类的某些属性(姓名、性别等)和方法(吃饭、睡觉等)。

1. 继承的特性

在 Java 语言中继承的特性如下。

(1) 子类不能访问父类的 private 成员，但子类可以访问其父类的 public 和 protected 成员。
(2) 子类中被继承的父类成员没有在子类中列出来，但是这些成员确实存在于子类中。
(3) 子类也可以拥有自己的属性和方法，即子类可以对父类进行扩展。
(4) 子类可以用自己的方式实现父类的方法。
(5) Java 的继承是单继承，但是可以多层继承。
(6) 继承提高了类之间的耦合性。

2. 继承的必要性

下面通过实例来说明这个必要性。

【例 3-14】定义一个老师类 Teacher，在类中定义成员变量：姓名和 id；成员方法：eat()、work()和 introduce()(源代码\ch03\src\create\Teacher.java)。

```java
package create;
public class Teacher {
    private String name;
    private int id;
    public Teacher (String myName, int myid) {
        name = myName;
        id = myid;
    }
    public void eat(){
        System.out.println(name+"正在吃饭");
    }
    public void work(){
        System.out.println(name+"正在上课");
    }
    public void introduce() {
        System.out.println("我的id是 "+ id + ",姓名是 " + name + "。");
    }
}
```

【例 3-15】定义一个工人类 Worker，在类中定义成员变量：姓名和 id，成员方法：eat()、work()和 introduce()(源代码\ch03\src\create\ Worker.java)。

```java
package create;
public class Worker {
private String name;
    private int id;
    public Worker (String myName, int myid) {
        name = myName;
        id = myid;
    }
    public void eat(){
        System.out.println(name+"正在吃饭");
    }
    public void work(){
        System.out.println(name+"正在上班");
    }
    public void introduce() {
```

```
            System.out.println("我的id是 "+ id + ", 姓名是 " + name + "。");
    }
}
```

【案例剖析】

从例 3-14 和例 3-15 的程序中, 可以看出类的方法 eat()、work()和 introduce()重复了, 从而导致代码量大且臃肿, 而且代码的维护性不高, 后期需要修改的时候, 要修改的代码不仅多而且易出错, 所以要从根本上解决这个问题。解决办法如例 3-16 所示。

【例 3-16】 将上述两个类中相同的代码拿出来, 组成一个父类 PPerson(源代码 \ch03\src\create\PPerson.java)。

```
package create;
public class PPerson {
    private String name;
    private int id;
    public PPerson(String myName, int  myid) {
        name = myName;
        id = myid;
    }
    public void eat(){
        System.out.println(name+"正在吃饭");
    }
    public void work(){
        System.out.println(name+"正在上课");
    }
    public void introduce() {
        System.out.println("我的id是 "+ id + ", 姓名是 " + name + "。");
    }
}
```

【案例剖析】

在本案例中, 定义的 PPerson 类可以作为一个父类, 让老师类和工人类继承这个类, 它们就具有父类中的属性(name、id)和方法, 子类就不会存在重复的代码, 可维护性提高, 代码也更加简洁。

【例 3-17】 Teacher 老师类继承 PPerson 类(源代码\ch03\src\create\ Teacher.java)。

```
package create;
public class Teacher extends PPerson{   // Teacher 类继承 PPerson 类
    public Teacher (String myName, int  myid) {
        super(myName, myid);            //调用父类的构造函数
    }
}
```

【例 3-18】 Worker 工人类继承 PPerson 类(源代码\ch03\src\create\ Worker.java)。

```
package create;
public class Worker extends PPerson{   // Worker 类继承 PPerson 类
    public Worker (String myName, int  myid) {
        super(myName, myid);            //调用父类的构造函数
    }
}
```

注意：利用 super 可以调用父类的构造函数，也可以调用父类的成员变量和成员方法。

3.5.2　继承实现

继承机制也可以很好地实现代码的复用，使程序的复杂性线性增长，而不是随着规模的增大呈几何级数增长。在 Java 中通过 extends 关键字，可以声明一个类是从另外一个类继承而来的。子类可以继承父类允许它继承的某些成员，并作为自己的成员。但是子类不能继承父类的 private 成员。继承的语法格式一般为：

```
[修饰符] class 子类名 extends 父类{
    类体
}
```

"修饰符"是可选参数，用于指定类的访问权限。"子类名"是必选参数，用于指定子类的类名，类名必须符合 Java 标识符的命名规则，一般情况下，类名首字母要大写。"extends 父类"是必须参数，用于指定子类继承于哪个父类。

【例 3-19】 创建父类，即动物类 Animal。在类中定义成员变量 name 和 age，并定义方法 cry()(源代码\ch03\src\create\Animal.java)。

```
package create;
public class Animal {
    protected String name;      //使用 protected 声明 name 成员变量
    private int age;            //使用 private 声明 age 成员变量
    public void cry(){          //创建类的方法
        System.out.println("动物的叫声...");
    }
}
```

【案例剖析】

在本案例中，使用 protected 声明了成员变量 name，使用 private 声明了成员变量 age，并定义了类的成员方法 cry()。

【例 3-20】 创建继承父类 Animal 的子类 Mouse，并定义它的成员变量 color(源代码\ch03\src\create\Mouse.java)。

```
package create;
public class Mouse extends Animal{      //继承父类
    String color;                       //声明自己的成员变量 color
}
```

【案例剖析】

在本案例中，Mouse 类继承父类 Animal 的成员变量 name 和成员方法 cry()。由于 age 是父类私有的，所以子类不能访问。子类也可以拥有自己的成员变量和成员方法，此处子类定义了自己的成员变量 color。

【例 3-21】 创建一个 MouseTest 测试类(源代码\ch03\src\create\MouseTest.java)。

```
package create;
public class MouseTest {
    public static void main(String[] args){
        Mouse m = new Mouse();
        m.name = "Mike";      //继承了父类的成员变量name
        //m.age = 3;          //不能访问父类private的成员变量
        m.color = "灰色";
        m.cry();
        System.out.println("老鼠名字: " + m.name);
        System.out.println("老鼠颜色: " + m.color);
    }
}
```

运行上述程序，结果如图 3-19 所示。

【案例剖析】

在本案例中，创建了子类 Mouse 的对象 m，对象 m 可以访问父类的成员变量 name，但是不能访问父类的成员变量 age，这是因为在父类中使用 protected 声明成员变量 name，所以可以访问；但是成员变量 age 声明的是 private(私有的)，而子类不能访问父类中私有的成员变量和成员方法，所以不能访问父类的成员变量 age。

图 3-19 继承

子类中继承的父类成员没有显示出来，但是这些成员确实存在于子类中。子类不能访问父类中的 private 成员变量和成员方法，除此之外，其他所有的成员都可以通过继承变为子类的成员。

3.6 多 态

多态性(Polymorphism)是同一个行为具有多种不同表现形式或形态的能力。例如，分子式为 H_2O 的物质就有 3 种形态：冰、水、汽。

3.6.1 了解多态

多态是同一操作作用于不同的对象，可以有不同的解释，产生不同的执行结果。多态就是一个接口，在运行时，以通过指向父类的对象，来调用实现子类中的方法。

在 Java 中，多态性体现在两个方面：由方法重载实现的静态多态(又称"编译时多态")和方法重写实现的动态多态(又称"运行时多态")。

1. 静态多态

静态多态是通过方法的重载实现的。在编译阶段，具体调用哪个被重载的方法，编译器会根据参数的不同来确定调用相应的方法。

2. 动态多态

动态多态是通过父类与子类之间方法的重写来实现的。在父类中定义的方法可以有方法体，也可以没有(称为抽象方法)。在子类中对父类中的方法体进行重写的过程就是动态多态的实现。

【例 3-22】 创建父类 Employee 类和子类 Manager 类，在类中都定义一个具有 String 类型返回值的方法 getName()，以返回对象的名字。

step 01 Employee 类代码如下(源代码\ch03\src\create\Employee.java)：

```java
package create;
public class Employee {
    String name;
    public String getName(){
        return name;
    }
    public void setName(){
        name = "Lucy";
    }
}
```

step 02 Manager 类代码如下(源代码\ch03\src\create\Manager.java)：

```java
package create;
public class Manager extends Employee{
    public String getName(){
        return name;
    }
    public void setName(){   //重写了父类的方法
        name = "Lili";
    }
    public void setName(String s){
        name = s;
    }
}
```

step 03 DuotaiTest 类代码如下(源代码\ch03\src\create\DuotaiTest.java)：

```java
package create;
public class DuotaiTest {
    public static void main(String[] args) {
        Employee e = new Employee();  //定义父类的对象变量，指向父类的对象
        Employee m = new Manager();   //定义父类的对象变量，指向子类的对象
        e.setName();    //为父类的name属性赋值Lucy
        m.setName();    //为子类的name属性赋值Lili
        System.out.println(""Employee 类 setName(), name = " + e.getName());
        System.out.println("Manager 类重写 setName(), name = " + m.getName());
        Manager cx = new Manager();    //创建子类对象
        cx.setName("overload");        //调用重载的方法
        System.out.println("重载方法: name = " + cx.getName());
    }
}
```

运行上述程序，结果如图 3-20 所示。

【案例剖析】

(1) 在本案例中，定义了父类 Employee、子类 Manager 和测试类 DuotaiTest。在父类中，定义了 getName() 和 setName()，并在 setName()方法中，为 name 赋值 Lucy。在子类中，定义了 getName() 和 setName()，并在 setName()方法中，为 name 赋值 Lili，即重写了父类的 setName()方法。在子类中重载了一个带参数的 setName 方法，在程序调用时为 name 属性赋值。

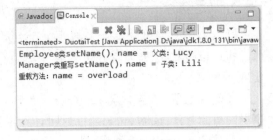

图 3-20　多态

(2) 在 DuotaiTest 类中，虽然 e 的声明类型都是 Employee，但是根据变量 e 所创建的对象类型不同，执行 e.getName()就会调用不同的 getName()。当 e 指向一个 Employee 对象时，将会调用 Employee 类中的 getName()；而当 e 指向一个 Manager 对象时，将会调用 Manager 类中的 getName ()。

(3) 在 DuotaiTest 类中，创建了子类的对象 cx，调用子类重载的方法，为 name 赋值并打印它的值。

(4) 在这个例子中，将子类的对象赋给了父类的对象变量，即一个对象变量(如 m)可以指向多种实际类型，这种现象称为"多态"。程序在运行时会自动选择正确的方法进行调用，称作"动态绑定"。

(1) 多态存在的 3 个必要条件：继承、重写、父类引用指向子类对象。
(2) 多态的实现方式：重写、接口、抽象类和抽象方法。

3.6.2　重载

重载(overload)是指在一个类或子类中，方法的名称相同，但方法的参数个数或参数类型不同。

在调用时，由编译器根据实参的个数和类型去选择具体调用哪个方法。编译器通过将不同方法头中的参数列表与方法调用中的实参列表进行比较，从而挑选出正确的方法。

1. 参数列表

被重载的方法必须改变参数列表(参数个数或类型或顺序不一样)。

【例 3-23】通过改变参数列表，重载方法(源代码\ch03\src\OverLoad.java)。

```
public class OverLoad {
    //① 重载：参数个数不同
    public void action(int x){
        System.out.println("定义一个 int 型的参数");
    }
    public void action(int x,int y){
        System.out.println("定义了两个 int 型的参数");
    }
    //② 重载：参数个数相同，参数类型不同
```

```
    public void action(String x,int y){
        System.out.println("定义了int型和String型的参数");
    }
    //③ 重载：参数个数相同，参数类型顺序不同
    public void action(int x, String y){
        System.out.println("定义了String型和int型的参数");
    }
}
```

【案例剖析】

在本案例中，定义了第一个 action(int x)和第二个 action(int x,int y)，它们参数类型相同，参数个数不同，是有效的重载方法。第三个 action(String x,int y)和第二个 action(int x,int y)，它们是参数个数相同，参数类型不同，也是有效的重载方法。第四个 action(int x,String y)和第三个 action(String x,int y)，它们是参数个数和类型相同，但是参数的顺序不同，同样是有效的重载方法。

2. 返回值类型

被重载的方法可以改变返回类型，但无法以返回值的类型作为重载函数的区分标准。

【例3-24】定义不同类型返回值的方法(源代码\ch03\src\OverLoad.java)。

```
public class OverLoad {
    //定义一个无参数的action方法
    public void action(){

    }
    //定义了一个返回值为String的action方法
    public String action(){

    }
}
```

将 OverLoad.java 程序复制到 "E:\java\" 目录下，在命令提示符下，编译上述程序出现错误提示，如图3-21所示。

【案例剖析】

在本案例中，定义了方法名相同、无参数但是返回值类型不同的方法。编译程序时，出现错误提示"错误：已在类 OverLoad 中定义了方法 action()"。所以无法以返回值的类型作为重载的区分标准。

图 3-21 重载：返回值类型不同

3. 参数名

参数类型相同，但是参数名不同，也无法作为重载的区分标准。

【例3-25】定义方法的参数类型相同，但是参数名不同(源代码\ch03\src\OverLoad.java)。

```
//参数类型相同，参数名不同
public void action(int x){
    //int型参数x
}
```

```
public void action(int y){
    //int 型参数 y
}
```

将 OverLoad.java 程序复制到"E:\java\"目录下,在命令提示符下,编译上述程序出现错误提示,如图 3-22 所示。

【案例剖析】

在本案例中,定义的方法的参数类型相同,但是编译程序时,出现错误提示"2 个错误:已在类 OverLoad 中定义了方法 action(int)"。所以无法以参数名不同作为重载的区分标准。

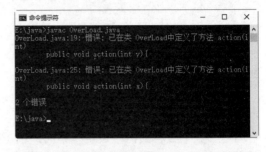

图 3-22 重载:参数类型相同,参数名不同

方法能够在同一个类中或者在一个子类中被重载。

3.6.3 重写

重写(Override)又称覆盖,是指在面向对象中,子类可以改写从父类继承过来的方法。

1. 方法重写的规则

方法重写的规则如下。
(1) 参数列表必须完全与被重写方法的相同。
(2) 返回类型必须完全与被重写方法的返回类型相同。
(3) 重写后的方法不能比被重写的方法有更严格的访问权限(可以相同)。例如,在父类中声明方法为 protected,那么子类中重写该方法就不能声明为 private,可以为 protected 或 public。
(4) 父类的成员方法只能被它的子类重写。
(5) 声明为 final 的方法不能被重写。
(6) 构造方法不能被重写。
(7) 如果不能继承一个方法,则不能重写这个方法。

【例 3-26】创建一个父类 Father,在类中定义 eat()方法。在子类 Son 中重写父类 Father 中的 eat()方法。

step 01 Father 类代码如下(源代码\ch03\src\create\Father.java):

```
package create;
public class Father {
  public void eat(){   //父类的方法
      System.out.println("父亲:在家,吃饭...");
  }
}
```

step 02 Son 类继承 Father 类，代码如下(源代码\ch03\src\create\Son.java)：

```java
package create;
public class Son extends Father{
  public void eat(){    //子类重写父类的方法
    System.out.println("儿子：在咖啡厅，吃饭...");
  }
}
```

step 03 OverrideTest 类代码如下(源代码\ch03\src\create\OverrideTest.java)：

```java
package create;
public class OverrideTest {
    public static void main(String[] args) {
        Father f = new Father();    //父类引用指向父类对象
        Father s = new Son();       //父类引用指向子类对象
        f.eat();   //调用父类自己的方法
        s.eat();   //调用子类自己的方法
    }
}
```

运行上述程序，结果如图 3-23 所示。

【案例剖析】

在本案例中，定义了 OverrideTest 类，在类中声明父类引用 f 指向父类的对象，父类引用 s 指向子类的对象。父类 f 调用自己的 eat()方法，子类 s 调用重写的 eat()方法。Son 类通过重写来隐藏 Father 类中的 eat 方法。重写的方法和父类中的方法具有相同的名字和参数列表，否则就不是重写了。如果只是方法名相同，就变成对继承来的方法进行重载。

图 3-23　重写方法

2. 重写方法的调用原则

Java 程序运行时，系统会根据调用该方法的对象类型，来决定调用哪个方法。对于子类的一个对象，如果子类重写了父类的方法，那么运行时系统调用子类的方法；如果子类继承了父类的方法(未重写)，那么运行时系统调用父类的方法。

【例 3-27】在子类调用重写和未重写的方法。

step 01 Father 类代码如下(源代码\ch03\src\create\Father.java)：

```java
package create;
public class Father {
    public void sleep(){    //父类中的方法
      System.out.println("父类：睡觉...");
    }
    public void eat(){    //父类的方法
      System.out.println("父类：在家，吃饭...");
    }
}
```

step 02 Son 类代码如下(源代码\ch03\src\create\Son.java)：

```java
package create;
public class Son extends Father{
```

```java
    public void eat(){      //重写父类中的方法
        System.out.println("子类中重写父类方法");
        System.out.println("儿子：在咖啡厅，吃饭...");
    }
}
```

step 03 OverrideTest 类代码如下(源代码\ch03\src\create\OverrideTest.java)：

```java
package create;
public class OverrideTest {
    public static void main(String[] args) {
        Father f = new Father();    //父类引用指向父类对象
        Father s = new Son();       //父类引用指向子类对象
        System.out.println("调用 eat 方法：");
        f.eat();        //调用父类自己的方法
        s.eat();        //调用子类自己的方法
        System.out.println("调用 sleep 方法：");
        f.sleep();      //调用父类方法
        s.sleep();      //子类没有重写，调用父类中的方法
    }
}
```

运行上述程序，结果如图 3-24 所示。

【案例剖析】

在本案例中，定义了 Father 类和 Son 类，在 Father 类中定义了 eat()和 sleep()，在 Son 类中重写了父类的 eat()。在 OverrideTest 类中，创建了指向 Father 类的对象引用 f 和指向 Son 类的对象引用 s。在 s 调用 eat()时，由于子类重写了父类的方法，那么运行时系统调用子类的 eat()；在 s 调用 sleep()时，由于子类继承了父类的方法没有重写，那么运行时系统调用父类的 sleep()。

图 3-24 调用重写方法原则

3. 重写与重载之间的区别

重载是在同一个类中或子类中发生的，重写是在有继承关系的类中发生的，它们的区别参照表 3-2。

表 3-2 重载与重写的区别

区别点	重载	重写
参数列表	必须修改	一定不能修改
返回类型	可以修改	一定不能修改
异常	可以修改	可以减少或删除，一定不能抛出新的或者更广的异常
访问	可以修改	一定不能做更严格的限制(可以降低限制)

3.6.4 构造方法重载

构造方法的作用是初始化对象，重载的构造方法可以调用已经存在的构造方法，以利于

代码的重用。

由于在调用构造方法时还没有生成对象，所以使用 this 关键字来引用当前对象。利用 this 可以在一个构造方法中调用另一个构造方法，但是 this 构造方法必须在该构造方法的第一行出现。

【例 3-28】 构造函数的重载，this 的使用(源代码\ch03\src\create\OverThis.java)。

```java
package create;
public class OverThis {
    public static int a;
    public static int b;
    //构造函数
    public OverThis(int x){
        a = x ;   //为类的静态成员赋值
    }
    //重载构造函数
    public OverThis(int x,int y){
        this(x); //调用当前对象带一个参数的构造方法
        b = y;
    }
    public static void main(String[] args) {
        System.out.println("调用构造方法 OverThis(int x): ");
        OverThis t = new OverThis(3);   //创建类的对象 t，并为静态成员变量赋值
        System.out.println("静态成员变量 a = " + a);
        System.out.println("静态成员变量 b = " + b);
        System.out.println("调用构造方法 OverThis(int x,int y): ");
        OverThis tt = new OverThis(12, 36); //创建类的对象 tt，并为静态成员变量赋值
        System.out.println("静态成员变量 a = " + a);
        System.out.println("静态成员变量 b = " + b);
    }
}
```

运行上述程序，结果如图 3-25 所示。

【案例剖析】

(1) 在本案例中，定义了静态成员变量 a 和 b，定义了带一个参数的构造方法，又重载了带两个参数的构造方法。在带两个参数的构造方法中使用 this 关键字，调用当前对象带一个参数的构造方法。

(2) 在 main()方法中，首先创建带一个参数的类的对象 t，在创建对象 t 时，系统会自动调用类的带一个参数的构造方法，为静态成员变量 a 赋值；其次创建带两个参数的类的对象 tt，在创建对象 tt 时，系统会自动调用类的带两个参数的构造方法，为静态成员变量 a 和 b 赋值。最后在控制台打印静态成员变量的值。

图 3-25 构造方法重载

静态成员变量 a 和 b，可以不赋初值，它们的默认值是 0。

3.6.5 super 关键字

super 是指当前类或对象的直接父类或父类对象,是对当前类或对象的直接父类或父类对象的引用。所谓直接父类是相对于当前类或对象的其他"祖先"而言的,即当前类或对象的父亲。

1. 调用父类的构造方法

在子类中调用父类构造方法的语法格式一般为:

```
super ([参数列表]);
```

(1) 子类中的构造方法总是先显式或者隐式地调用其父类的构造方法,以创建和初始化子类中所继承的父类成员。
(2) 构造方法不能继承,它们只属于定义它们的类。
(3) 当创建一个子类对象时,子类构造方法首先调用父类的构造方法并执行,接着才执行子类的构造方法。

2. 访问被隐藏的成员变量和被重写的方法

在子类中调用父类的成员变量和被重写的方法的语法格式一般为:

```
super.属性名;
super.方法名([参数列表]);
```

【例 3-29】创建一个父类,自定义构造方法、成员方法。创建继承父类的一个子类,在子类中创建对象时首先调用父类的构造函数,并在子类中调用父类隐藏的成员变量和成员方法。

step 01 Book 类代码如下(源代码\ch03\src\create\Book.java):

```java
package create;
public class Book {
    public String name;
    public Book() {
        System.out.println("父类的构造方法");
    }
    public void read(){
        System.out.println("在父类方法中:读书...");
    }
}
```

step 02 Text 类代码如下(源代码\ch03\src\create\Text.java):

```java
package create;
public class Text extends Book{
    public String name;
    public Text(String name) {
        super(); //调用父类的构造方法
        this.name = name;
        System.out.println("子类的构造方法");
    }
```

```
    public void read(){
        System.out.println("在子类方法中:读书...");
        System.out.println("在子类的方法中,调用父类的成员变量和方法: ");
        super.name = "father";   //调用父类的成员变量,并赋值
        System.out.println("在子类的方法中,输出父类的 name 值: " + super.name);
        super.read();   //调用父类的 read 方法
    }
}
```

step 03 BookText 类代码如下(源代码\ch03\src\create\BookText.java):

```
package create;
public class BookText {
    public static void main(String[] args) {
        System.out.println("调用子类构造方法: ");
        Text t = new Text("child");   //创建子类对象,调用子类构造方法
        System.out.println("调用子类的成员变量和方法: ");
        System.out.println("调用子类的 name : " + t.name); //输出子类的成员变量的值
        t.read();   //调用子类的 read 方法
    }
}
```

运行上述程序,结果如图 3-26 所示。

【案例剖析】

(1) 在本案例中,创建了 3 个类,即父类 Book、子类 Text 和测试类 BookText。在父类中定义了无参数的构造方法,在子类中定义了带一个参数的构造方法,并在构造方法中通过 super()调用父类的构造方法。在父类中定义了 read(),在子类中重写了 read()。在子类的 read()方法中,使用 super.name 为父类的隐藏属性 name 赋值,使用 super.read()调用父类的 read()。

图 3-26 super 的使用

(2) 在 BookText 类的 main()方法中,首先创建子类的对象 t,在系统调用子类的构造方法创建对象时,首先调用父类的构造方法,所以先打印"父类的构造方法"再打印"子类的构造方法";调用子类的 read()方法,在子类的 read()方法中为父类的成员变量 name 赋值,并通过 super 调用父类的 read()方法。所以会打印"在子类的方法中,输出父类的 name 值:father"和"在子类方法中:读书..."。

3. 父类对象与子类对象的转化

父类对象与子类对象之间可以相互转化,这种转化需要遵循如下原则。

(1) 子类对象可以被视为是其父类的一个对象,例如有子类 Son 和父类 Father,Father f=new son ( )是正确的。

(2) 父类对象不能当成是其子类的一个对象,例如 Son s=new Father ( )是不正确的。

(3) 如果一个方法的形式参数定义的是父类对象,那么调用该方法时,可以使用子类对象作为实际参数,例如有方法 void Method (Father f),方法调用 Method (new Son( )) 是正确的。

(4) 父类的引用可以指向子类的对象,不需要强制类型转换。但是如果子类的引用要指

向一个父类对象，那么这个父类对象必须首先使用强制类型转化成子类类型。例如 Son s=(Son) new Father ( ) 是正确的。

3.7 大神解惑

小白：创建了一个类，没有 extends 任何类，那么这个类有父类吗？

大神：子类只能有一个父类。如果省略了 extends，子类的父类就是 Object。Object 类是所有类的默认父类(也称基类)。

小白：创建了一个父类和子类，在父类中没有定义 toString()，为什么子类中可以重写和使用它呢？

大神：对继承的理解应该扩展到整个父类的分支。也就是说，子类继承的成员实际上是整个父系的所有成员。toString 这个方法是在 Object 中声明的，被层层继承了下来，用于输出当前对象的基本信息。所以，在子类中可以重写和使用 toString()。

小白：当子类中声明了和父类同名的成员变量时，父类的成员变量就被子类的成员变量所隐藏。在子类中，怎么才能访问父类的成员变量呢？

大神：使用关键字"super.成员变量名"。在子类中要特别注意成员变量的命名，防止无意中隐藏了父类的关键成员变量，这有可能给你的程序带来麻烦。

小白：在 Father 类和 Son 类中都定义了 read()，Father s=new Son()。那么，s.read()调用的是父类的方法还是子类的方法？

大神：调用的是子类自己的方法。要执行哪个方法是根据 new 的对象来决定的，在这里 new 的是子类，所以执行的是子类的方法，这就是典型的多态。多态存在的条件为：继承、子类重写父类的方法(read())和父类引用指向子类对象。

3.8 跟我学上机

练习 1：将花封装成一个 Flower 类，定义它的成员变量和成员方法，以及无参数的构造方法。

练习 2：创建一个 Rose 类继承 Flower 类，在 Rose 类中定义构造方法，并在构造方法中调用父类的无参构造方法。在 Flower 类中重写方法。

练习 3：在 Rose 类中重载成员方法。

练习 4：在 main()方法中实现多态。

第 4 章
嵌套类的秘密——Java 的内部类

Java 语言允许在类的内部定义类,这种类称为内部类,包含内部类的类称为外部类。与一般类相同,内部类也包含成员变量和成员方法。通过建立内部类的对象,可以访问内部类的成员变量和成员方法。本章详细介绍内部类的特性、内部类与外部类的联系以及 4 种内部类的使用方法。

本章要点(已掌握的在方框中打钩)

- ☐ 了解内部类特性。
- ☐ 了解外部类和内部类的联系。
- ☐ 理解成员内部类和静态内部类的区别。
- ☐ 学会创建成员内部类。
- ☐ 熟练掌握静态内部类。
- ☐ 熟练掌握局部内部类的创建。
- ☐ 掌握匿名类的创建。

4.1 创建内部类

内部类就是在一个类的内部再定义一个类。内部类可以是 static 的，也可用 public、default、protected 和 private 修饰。而外部类只能使用 public 和 default 修饰。

内部类是一个编译时的概念，一旦编译成功，就会成为完全不同的两类，即一个名为 OuterTest 的外部类和其内部定义的名为 Inner 的内部类。编译完成后，出现 OuterTest.class 和 OuterTest$Inner.class 两个类。所以内部类的成员变量、方法名可以和外部类的相同。

【例 4-1】创建内部类(源代码\ch04\src\ OuterTest.java)。

```java
public class OuterTest {
public String out = "out class";
    public class Inner{
        public void test(){
         System.out.println("调用外部类的成员变量: out = "+out);
         System.out.println("inner class");
        }
    }
}
```

编译上述程序，在"源代码\ch04\bin"目录下生成的 class 类，如图 4-1 所示。

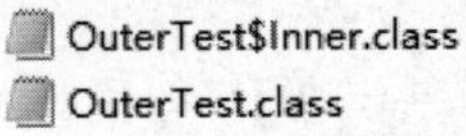

【案例剖析】

本案例中，Inner 类就叫内部类，内部类外面的 OuterTest 是外部类，内部类可以与外部类通信。

图 4-1 内部类

4.2 链接到外部类

创建内部类时，它就会与创建它的外部类有了某种联系，能访问外部类的所有成员，不需要任何特殊条件。

1. 访问外部类的属性和方法

【例 4-2】创建内部类，访问外部类的属性和方法(源代码\ch04\src\OutSide.java)。

```java
public class OutSide {
    private String out = "外部类-变量";
    private String getOut(){
        return "外部类-方法";
    }
    public class InnerSide{
        public void inner(){
            System.out.println("在内部类中，调用外部类的成员变量和方法: ");
            System.out.println(out);
            System.out.println(getOut());
        }
    }
```

```
    public static void main(String[] args){
        OutSide out = new OutSide();          //创建外部类
        OutSide.InnerSide inn = out.new InnerSide();   //创建内部类
        inn.inner();        //调用内部类的方法
    }
}
```

运行上述程序,结果如图 4-2 所示。

【案例剖析】

在本案例中,定义了内部类,我们可以看到内部类 InnerSide 可以访问外部类的成员变量和成员方法,虽然它们是 private 修饰的。这是因为在用外部类创建内部类对象时,此内部类对象会秘密地捕获一个指向外部类的引用,于是可以用这个引用来选择外部类的成员。

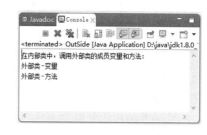

图 4-2 访问外部类的成员

2. this 和 new 的使用

引用内部类,需要指明它的类型。创建某个内部类对象,必须要用外部类的对象通过 .new 来创建。创建内部类对象的一般语法格式如下:

```
外部类名 外部类对象 = new 外部类名();
外部类名.内部类名 内部类对象 = 外部类对象.new 内部类名();
```

产生外部类对象的引用,一般语法格式如下:

```
外部类名 外部类对象 = new 外部类名();
外部类名.this
```

【例 4-3】在程序中,使用 .this 产生外部类对象的引用,使用 .new 创建内部类的对象(源代码\ch04\src\CreateOuter.java)。

```
public class CreateOuter {
    public void Out(){    //外部类的方法
        System.out.println("外部类...");
    }
    public class CreateInner{
        public CreateOuter getOuter(){
            return CreateOuter.this;   //通过.this 获得外部类
        }
    }
    public static void main(String[] args) {
        CreateOuter out = new CreateOuter();   //创建外部类对象
        CreateOuter.CreateInner inner = out.new CreateInner();
              //通过.new 创建内部类对象
        CreateOuter c = inner.getOuter();   //通过方法获得外部类
        //通过获得的对象,调用外部类的 Out()
        c.Out();    //与 out.Out()作用相同
        out.Out();
    }
}
```

运行上述程序，结果如图 4-3 所示。

【案例剖析】

在本案例中，创建了内部类，在内部类中，创建 getOuter()方法，通过"外部类名.this"获得外部类的引用。在 main()方法中，通过.new 创建内部类的对象 inner，然后通过内部类的对象调用内部类中的 getOuter()方法，获得外部类的引用，这里赋给了外部类的对象 c。通过对象 c 调用外部类的 Out()方法，这里也可以通过"inner.getOuter().Out()"直接调用外部类的方法。注意，"c.Out()"与"out.Out()"的作用相同。

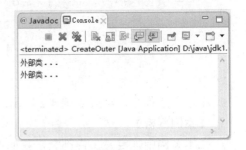

图 4-3　.this 和.new 的使用

在类中定义的类分为成员内部类和静态内部类；在方法中定义的类分为局部内部类和匿名内部类。

4.3　成员内部类

成员内部类是最普通的内部类，它是外部类的一个成员，所以它可以无限制地访问外部类的所有成员变量和方法，即使是 private 修饰的也可以访问；但是外部类要访问内部类的成员属性和方法则需要通过内部类实例。

关于成员内部类要注意以下两点。

(1) 成员内部类中不能存在任何 static 的变量和方法。

(2) 成员内部类是依附于外部类的，所以只有先创建了外部类才能够创建内部类。

【例 4-4】在外部类 CyInner 中创建成员内部类，并使用 getInner()方法返回内部类(源代码\ch04\src\CyInner.java)。

```java
public class CyInner {
    private String s = "成员变量";
    public void outerMethod(){
        System.out.println("外部类...");
    }
    public class InnerClass{
        public void innerMethod(){
            System.out.println("在内部类中，成员变量s = " + s);   //使用外部类的属性
            outerMethod ();   //调用外部类的方法
        }
    }
    //一般使用getInner()方法，返回内部类
    public InnerClass getInner(){
        return new InnerClass();
    }
    public static void main(String[] args) {
        CyInner outer = new CyInner();
        CyInner.InnerClass inner = outer.getInner();
            //通过外部类的getInner()方法返回内部类
```

```
            inner.innerMethod();    //调用内部类的方法
    }
}
```

运行上述程序,结果如图 4-4 所示。

【案例剖析】

(1) 在本案例中,创建了外部类 CyInner,在类中定义了私有的成员变量 s;创建了内部类 InnerClass;并创建了 getInner()方法,用于返回内部类。

(2) 在内部类中,创建 innerMethod()方法,在方法中访问外部类的私有成员变量 s,并调用 outerMethod()方法。

图 4-4　成员内部类

(3) 在程序的 main()方法中,创建外部类对象 outer,调用它的 getInner()方法获得内部类 inner,调用内部类的 innerMethod()方法,打印信息。

4.4　静态内部类

static 关键字除了可以修饰成员变量、方法、代码块外,还可以修饰内部类。使用 static 修饰的内部类,称为静态内部类(也称嵌套内部类)。

静态内部类与非静态内部类(成员内部类)之间存在一个最大的区别,就是非静态内部类在编译完成后,会隐含地保存着一个引用,该引用指向创建它的外部类,但是静态内部类没有。没有这个引用就意味着:

(1) 创建时不需要依赖于外部类。

(2) 不能使用任何外部类的非 static 成员变量和方法。

【例 4-5】在类中创建静态内部类和非静态内部类(源代码\ch04\src\StaticClass.java)。

```
public class StaticClass {
    private String noName = "no static";
    public static String staticName = "static outer class";

    //静态内部类
    static class InnerStatic{
        //在静态内部类中可以存在静态成员
        public static String sname = "static inner class";

        public void innerStatic(){
            //静态内部类只能访问外部类的静态成员变量和方法
            //不能访问外围类的非静态成员变量和方法
            System.out.println("外部类静态成员变量 staticName : " + staticName);
            // System.out.println("非静态成员变量 noName: " +noName); //编译出错
        }
    }

    //非静态内部类
```

```java
        class InnerClass{
            //非静态内部类中不能存在静态成员
            public String iname = "no static inner class";
            //非静态内部类中可以调用外部类的任何成员,不管是静态的还是非静态的
            public void innerMethod (){
                System.out.println("外部类静态成员变量 staticName : " + staticName);
                System.out.println("非静态成员变量 noName: " +noName);
            }
        }

        //外部类方法
        public void outerTest(){
            // 外部类访问静态内部类：内部类
            System.out.println(InnerStatic.sname);
            //静态内部类，可以直接创建实例而不需要依赖于外部类
            new InnerStatic().innerStatic();

            //非静态内部的创建需要依赖于外部类
            StaticClass.InnerClass inner = new StaticClass().new InnerClass();
            //访问非静态内部类的成员，需要使用非静态内部类的对象
            System.out.println(inner.iname);
            inner.innerMethod();
        }

        public static void main(String[] args) {
         StaticClass outer = new StaticClass();  //创建外部类对象
            outer.outerTest();   //调用外部类的方法
        }
    }
```

运行上述程序，结果如图 4-5 所示。

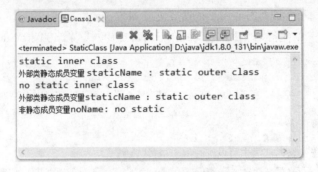

图 4-5 创建静态内部类和非静态内部类

【案例剖析】

(1) 在本案例中，定义了外部类 StaticClass，在外部类中定义了类的私有成员变量 noName 并初始化，定义了静态成员变量 staticName 并初始化，定义了静态内部类 InnerStatic、非静态内部类 InnerClass 和外部类的方法 outerTest。

(2) 在静态内部类 InnerStatic 中，定义了静态成员 sname 并初始化，定义方法 innerStatic()，在方法内访问外部类的静态成员 staticName，打印输出。在静态内部类中不可以

访问非静态的外部成员。

(3) 在非静态内部类 InnerClass 中，定义了非静态成员 iname 并初始化，定义方法 innerMethod()，在方法中可以访问外部类的任何成员，即 noName 和 staticName，并打印输出。

(4) 在外部类的方法 outerTest 中，访问静态内部类的静态成员 sname 和方法 innerStatic()，静态内部类可以直接创建类的对象，不需要依赖外部类。非静态内部类需要先创建外部类，再依靠外部类创建内部的对象 inner，通过 inner 访问非静态类的成员变量和成员方法。

(5) 在程序的 main()方法中，创建外部类 outer，再调用外部类的 outerTest()方法。

4.5 局部内部类

在方法或作用域中定义的内部类叫局部内部类。它有以下两个特点。

(1) 方法或作用域中的内部类没有访问修饰符，即方法或作用域中的内部类对包围它的方法或作用域之外的任何东西都不可见。

(2) 方法或作用域中的内部类只能够访问该方法或作用域中的局部变量，所以也叫局部内部类。而且这些局部变量一定要是 final 修饰的常量。

1. 方法的内部类

在方法内定义内部类，作用范围只在方法内。

【例 4-6】在方法中定义内部类(源代码\ch04\src\MethodInner.java)。

```java
public class MethodInner {
public String getFruit(){
    final String name = "苹果";//方法的局部变量
    class InnerTest{
        String fruit ;
        public void setFruit(){
            //在内部类的方法中，打印输出方法的局部变量 name
            System.out.println("内部类的方法中，局部变量 name = " + name);
            fruit = "apple";    //为内部类的成员变量赋值
        }
    }
    InnerTest inn = new InnerTest();   //创建内部类对象
    inn.setFruit();    //调用内部类的方法为成员变量 fruit 赋值
    String s = name + "的英文名称："  + inn.fruit;
    return s;
}
public static void main(String[] args) {
    MethodInner m = new MethodInner();
    System.out.println(m.getFruit());   //打印方法的返回值
    }
}
```

运行上述程序，结果如图 4-6 所示。

【案例剖析】

（1）在本案例中，定义了外部类 MethodInner，在类中定义了 getFruit()方法，又在 getFruit()方法中定义了一个内部类 InnerTest。

（2）在内部类的 setFruit()方法中，访问 getFruit()方法的局部变量 name，并打印它的值；在内部类中定义了成员变量 fruit，在 setFruit()方法中为 fruit 赋值。

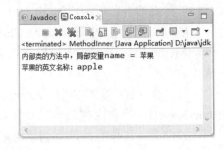

图 4-6　方法内的内部类

（3）在外部类的 getFruit()方法中创建了内部类对象 inn，并调用内部类的 setFruit()方法为成员变量赋值。然后将方法的局部变量 name 和内部类的局部变量 fruit 的值赋给字符串 s，在方法中返回 s。

（4）在程序的入口 main()方法中，创建外部类对象 m，使用 m 调用外部类的 getFruit()方法。

2. 作用域内的内部类

在作用域内定义内部类，作用范围只在作用域内。

【例 4-7】在作用域中定义内部类(源代码\ch04\src\BlockInner.java)。

```java
public class BlockInner{
    public String getFruit(){
        final String name = "苹果";//方法的局部变量
        String s="";
        if(name.equals("苹果")){
            class InnerTest{
                String fruit ;
                public void setFruit(){
                    //在内部类的方法中，打印输出方法的局部变量 name
                    fruit = "apple";   //为内部类的成员变量赋值
                }
            }
            InnerTest inn = new InnerTest();   //创建内部类对象
            inn.setFruit();    //调用内部类的方法为成员变量 fruit 赋值
            s = name + "的英文名称：" + inn.fruit;
        }
        return s;
    }
    public static void main(String[] args) {
        BlockInner  m = new BlockInner ();
        System.out.println(m.getFruit());   //打印方法的返回值
    }
}
```

运行上述程序，结果如图 4-7 所示。

【案例剖析】

（1）在本案例中，定义了外部类 BlockInner，在类中定义了 getFruit()方法，又在 getFruit()方法中的 if 语句中定义了一个内部类 InnerTest。

(2) 在内部类中定义了成员变量 fruit，在 setFruit()方法中为 fruit 赋值。

(3) 在外部类的 getFruit()方法中的 if 语句中，创建了内部类对象 inn，并调用内部类的 setFruit()方法为成员变量赋值。然后将方法的局部变量 name 和内部类的局部变量 fruit 的值赋给字符串 s，在方法中返回 s。

(4) 在程序的入口 main()方法中，创建外部类对象 m，使用 m 调用外部类的 getFruit()方法。

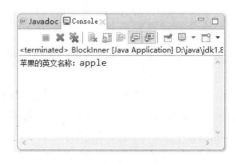

图 4-7 作用域内的内部类

4.6 匿名内部类

匿名类，顾名思义，就是没有名称。在 Swing 编程中，会经常使用这种方式来绑定事件。匿名类需要注意以下几点。

(1) 匿名内部类后面的分号不可缺少。
(2) 匿名内部类没有访问修饰符。
(3) new 匿名内部类时，这个类首先要存在。
(4) 被匿名内部类使用的方法的形参必须用 final 修饰。
(5) 匿名内部类没有构造方法。

【例 4-8】在类中定义一个匿名类(源代码\ch04\src\NoNameClass.java)。

```java
public class NoNameClass {
public InnerTest getInner(final String name){
    return new InnerTest(){   //创建匿名类
        private String s;   //匿名类中的私有成员变量
        public void setName(){   //匿名类中的成员方法
            s = name + "，测试...";  //使用方法的形参name，name必须用final修饰
        }
        public String getName(){   //获得匿名类中成员变量的值
            return s;
        }
    };
}

public static void main(String[] args) {
    NoNameClass n = new NoNameClass();   //创建外部类对象
    InnerTest t = n.getInner("匿名类");    //通过外部类的方法获得内部类
    t.setName();   //调用内部类的setName()方法
    System.out.println(t.getName());   //输出内部类成员变量s的值
    }
}
```

匿名类的接口：

```java
public interface InnerTest {
    public void setName();
```

```
    public String getName();
}
```

运行上述程序，结果如图4-8所示。

【案例剖析】

(1) 在本案例中，定义了一个 NoNameClass 类，在类的 getInner() 方法中返回匿名类。匿名类在 getInner()方法中创建，在创建匿名类之前，首先声明匿名类的接口，否则编译提示找不到匿名类 InnerTest。

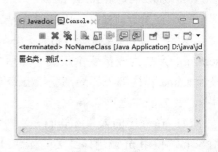

图 4-8　匿名类

(2) 在匿名类中定义了私有的成员变量 s、setName()方法和 getName()方法。在 setName()方法中，使用 getInner()方法的形参 name 为匿名类的成员变量赋值。在 getName()方法中，返回匿名类的成员变量的值。

(3) 在程序的 main()方法中，首先创建 NoNameClass 类的对象 n，然后调用 getInner()方法获得匿名类，再调用匿名类的 setName()方法为匿名类的成员变量赋值，并通过 getName()方法获得匿名类的成员变量的值。

4.7　大神解惑

小白：创建了匿名类，为什么编译提示匿名类不存在呢？

大神：创建匿名类时，首先要创建匿名类的接口，否则会提示匿名类不存在。

小白：在方法中定义的局部内部类，为什么在 main()方法中访问出错？

大神：局部内部类是有作用范围的，在方法内定义，它的作用域就是在方法中，除了方法就无法访问。

小白：成员内部类和静态内部类的区别是什么？

大神：成员内部类的创建必须依赖于外部类，静态内部类的创建不依赖于外部类。成员内部类可以访问外部类的所有成员，静态内部类只可以访问外部类的静态成员变量和静态的方法。

4.8　跟我学上机

练习1：创建一个成员内部类。

练习2：创建一个匿名类。

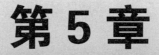

第 5 章

特殊的元素集合——数组和方法

在 Java 语言中，数组也是最常用的类型之一，它是引用类型的变量。数组是有序数据的集合。数组中的每一个元素都属于同一个数据类型。用数组名和下标可以唯一地确定数组中的元素。本章详细介绍一维数组和二维数组的使用、通过冒泡排序和选择排序对数组排序，以及数组作为参数在方法中的使用。

本章要点(已掌握的在方框中打钩)

- ☐ 了解数组的概念。
- ☐ 掌握一维数组的声明及内存分配。
- ☐ 掌握一维数组中元素的使用。
- ☐ 掌握二维数组的声明及内存分配。
- ☐ 掌握二维数组中元素的使用。
- ☐ 熟练掌握数组的排序。
- ☐ 掌握数组作为方法的参数的使用。

5.1 数组的概念

在实际应用中，往往会遇到具有相同属性又与位置有关的一批数据。例如，60 名职工的工资，对于这些数据当然可以用声明 G1，G2，…，G40 等变量来分别代表每名职工的工资，其中 G1 代表第 1 名职工的工资，G2 代表第 2 名职工的工资，……，G40 代表第 40 名职工的工资，其中 G1 中的 1 表示其所在的位置序号。这里的 G1，G2，…，G40 通常称为下标变量。显然，如果用简单变量来处理这些数据会很麻烦，而用一批具有相同名字、不同下标的下标变量来表示同一属性的一组数据，不仅很方便，而且能更清楚地表示它们之间的关系。

数组是具有相同数据类型的变量集合，这些变量都可以通过索引进行访问。数组中的变量称为数组的元素；数组能够容纳元素的数量称为数组的长度。数组中的每个元素都拥有同一个数组名。

根据数组的维度来划分，数组主要分为一维数组、二维数组和多维数组。Java 语言中的数据类型可以分为基本数据类型和引用类型，所以数组的类型也有基本数据类型的数组和引用类型的数组。

5.2 一维数组

一维数组就是一组具有相同类型的数据的集合，一维数组中的元素是按顺序存放的。下面详细介绍如何声明和使用一维数组。

5.2.1 数组的声明

要使用 Java 中的数组，必须先声明数组，再为数组分配内存空间。一维数组的声明有两种方式，一般语法格式如下：

```
数据类型 数组名[];
数据类型[] 数组名;
```

数据类型：指明数组中元素的类型。它可以是 Java 中的基本数据类型，也可以是引用类型。

数组名：指一个合法的 Java 标识符。

中括号"[]"：表示数组的维数。一个"[]"表示一维数组。

【例 5-1】声明一维数组。具体代码如下：

```
int[] array;
int array[];
```

> **注意**：表示数组维数的中括号"[]"，可以放在数据类型后面，也可以放在数组名后面。

5.2.2 数组的内存分配

声明数组后,还不能访问数组中的元素,声明只是指出了数组的名称和数组中元素的数据类型。使用数据前应先为数组分配内存空间,分配内存空间时必须指明数组的长度。为数组分配内存空间语法格式如下:

```
数组名 = new 数据类型[数组的长度];
```

数组名:已经声明的数组的名称。
new:为数组分配内存空间的关键字。
数组的长度:指明数组中元素的个数。
当然,数组的声明也可以和数组的内存分配放在一起,语法格式如下:

```
数组类型[] 数组名 = new 数据类型[数组的长度];
```

一旦声明了数组,它就不能再修改。其中数组的长度是必须要指定的。

【例 5-2】为声明的数组分配内存。具体代码如下:

```
array = new int[8];           //为声明的数组分配内存
int array[] = new int[8];     //声明数组并分配内存
```

5.2.3 数组的元素

数组中的每个元素都拥有同一个数组名,通过数组的下标来唯一确定数组中的元素。一般格式如下:

```
数组名[下标]
```

数组名:数组的名称。
下标:下标的值范围是 0 到 "数组元素个数-1"。
一维数组的长度表示格式如下:

```
一维数组名.length
```

【例 5-3】数组下标的使用。具体代码如下:

```
int array[] = new int[3];
array[0] = 1;      //表示数组中的第一个元素
array[1] = 2;      //表示数组中的第二个元素
array[2] = 3;      //表示数组中的最后一个元素
```

【案例剖析】
声明数组 array 的同时为数组分配内存空间,再为数组赋值。

5.2.4 数组的赋值

声明一维数组时，可以直接对数组赋值，将赋给数组的值放在大括号中，多个数值之间使用逗号(,)隔开。声明并初始化数组的一般格式如下：

数据类型 数组名[] = {初值1，初值2，初值3，…，初值n};

在数组声明时，不需要指明数组元素的个数，Java 编译器会根据给出的初值个数，确定数组的长度。

【例5-4】声明数组时初始化。具体代码如下：

```
int array[] = {5,8,12,25,36};
```

当然，也可以在一维数组分配内存空间后，再对数组赋值。

【例5-5】声明并对数组分配内存空间，然后对数组赋值。具体代码如下：

```
int array[] = new int[3];   //声明一维数组，并分配内存
array[0] = 1;      //对数组元素赋值:1
array[1] = 2;      //对数组元素赋值:2
array[2] = 3;      //对数组元素赋值:3
```

数组的下标是从 0 开始的。

5.3 多维数组

多维数组的声明与一维、二维数组类似，一维数组要使用 1 个大括号，二维数组要使用两个大括号。依次类推，三维数组使用 3 个大括号。三维数组初始化时也比较麻烦，需要用 3 层大括号，因此不常用。经常使用的多维数组是二维数组。下面主要介绍二维数组的使用。

5.3.1 数组的声明

在 Java 语言中，二维数组被看作是一维数组的数组，即二维数组是一个特殊的一维数组。下面详细介绍如何声明和使用二维数组。二维数组的声明也有 3 种方式，一般语法格式如下：

```
数据类型 数组名[][];
数据类型[] 数组名 [];
数据类型[][] 数组名;
```

数据类型：指明数组中元素的类型。它可以是 Java 中的基本数据类型，也可以是引用类型。

数组名：指一个合法的 Java 标识符。

中括号"[]"：表示数组的维数。两个中括号"[][]"表示二维数组。

【例5-6】声明二维数组。具体代码如下：

```
int[][] array;     //最常用的一种格式
int[] array[];
int array[][];
```

表示二维数组维数的中括号"[]"，可以一起放在数据类型后面，或放在数组名后面，又或者分开放，一个在数据类型后，一个在数组名后。

5.3.2 数组的内存分配

声明二维数组后，首先要为二维数组分配内存空间才可以使用。为数组分配内存空间的语法格式如下：

数据类型[][] 数组名 = new 数据类型[第一维数][第二维数];

数组名：指一个合法的标识符。
new：为数组分配内存空间的关键字。
第一维数：指二维数组中一维数组个数。
第二维数：指一维数组内元素的个数。

在为二维数组分配内存时，也可以对它的每个一维数组单独分配内存空间，并且分配的内存长度可以不同。在第一个中括号中定义一维数组的个数，然后利用一维数组分配内存的方式再分配内存。

【例 5-7】为二维数组分配内存，指定二维数组的维数。

```
int array = new int[3][5];        //为声明的二维数组分配内存
```

【案例剖析】
在本案例中，定义的二维数组指定了二维数组的维数，它是规则的二维数组，即 3 行 5 列的数组。

【例 5-8】为二维数组分配内存，只指定二维数组第一维的维数。具体代码如下：

```
int array[][] = new int[3][];     //为二维数组分配内存,指定了二维数组第一维的维数是3
array[0] = new int[3];            //确定二维数组第二维的维数是3
array[1] = new int[2];            //确定二维数组第二维的维数是2
array[2] = new int[4];            //确定二维数组第二维的维数是4
```

【案例剖析】
在本案例中，声明二维数组时只指定二维数组第一维的维数，即指定一维数组个数 3。没有指定二维数组第二维的维数，即一维数组元素的个数没有指定，而是利用一维数组的内存分配的方式，单独为它们分配内存。在本案例中，对二维数组分配的第二维的维数不同，即每个一维数组 array[0]、array[1]和 array[2]的长度不等，这是一个不规则的二维数组。

5.3.3 数组的元素

二维数组也是通过数组的下标来访问数组中的元素。一般格式如下：

数组名[第一维下标][第二维下标]

数组名：数组的名称。
下标：下标的取值范围是0到"数组元素个数-1"。
二维数组的长度表示格式如下：

二维数组名.length

【例5-9】二维数组下标的使用。具体代码如下：

```
int array[][] = new int[3][2];   //定义规则的二维数组
array[0][0] = 1;      //表示数组中第0行第0列的元素
array[0][1] = 2;      //表示数组中第0行第1列的元素
array[1][0] = 3;      //表示数组中第1行第0列的元素
array[1][1] = 4;      //表示数组中第1行第1列的元素
array[2][0] = 5;      //表示数组中第2行第0列的元素
array[2][1] = 6;      //表示数组中第2行第1列的元素
```

【案例剖析】
在本案例中，二维数组的内存结构如图5-1所示。

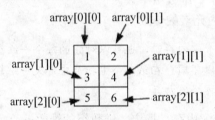

图5-1　数据内存结构

5.3.4　数组的赋值

声明二维数组时，也可以直接对数组赋值，将赋给数组的值放在大括号中，多个数值之间使用逗号(,)隔开。声明并初始化数组的一般格式如下：

数据类型 数组名[][] = {{初值1, 初值2, 初值3},{初值4, 初值5, 初值6}…};

【例5-10】声明二维数组并初始化。

```
int array[] [] = {{1,2,3},{4,5},{6,7}};         //声明并初始化一个不规则二维数组
int array[][] = {{1,2,3},{4,5,6},{7,8,9}};       //声明并初始化规则数组
```

【案例剖析】
在声明二维数组时初始化，这时二维数组的维数可以不指定，系统会根据初始化的值来确定二维数组第一维的维数和第二维的维数。

 注意　　初始化数组时，要明确数组的下标是从0开始的。

5.3.5 遍历数组

遍历数组就是取得数组中的每个元素，一般使用 for 循环来实现。

1. 遍历一维数组

遍历一维数组，使用一层 for 循环完成，需要使用数组的 length 属性获取数组的长度。

【例 5-11】输出一维数组元素(源代码\ch05\src\OneArray.java)。

```java
public class OneArray {
    public static void main(String[] args) {
        int array[] = {1,2,3,4,5,6};
        System.out.println("输出数组中的元素：");
        for(int i=0;i<array.length;i++){
            System.out.print(array[i] + " ");
        }
    }
}
```

运行上述程序，结果如图 5-2 所示。

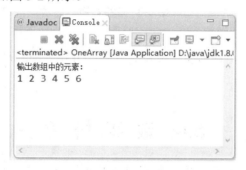

图 5-2 遍历一维数组

【案例剖析】

在本案例中，声明了一个一维数组 array，并在声明时初始化。再通过 for 循环输出数组元素。其中 array.length 指一维数组的长度。

2. 遍历二维数组

遍历二维数组比遍历一维数组稍微麻烦一些，需要使用双层 for 循环，使用数组的 length 属性获得数组的长度。

【例 5-12】定义二维数组 array，声明时初始化，通过双层 for 循环在控制台输出数组元素(源代码\ch05\src\TwoArray.java)。

```java
public class TwoArray {
    public static void main(String[] args) {
        int array[][] = {{1,2,3},{4,5,6},{7,8,9}};  //声明二维数组时初始化

        //输出数组 array 的值
        System.out.println("输出二维数组 array 的值：");
```

```
        for(int i=0;i<array.length;i++){    //二维数组中第一维
            for(int j=0;j<array[i].length;j++){   //二维数组中第二维
                System.out.print(array[i][j]+" ");
            }
            System.out.println();  // 二维数组中第二维的值，输出在一行
        }
    }
}
```

运行上述程序，结果如图 5-3 所示。

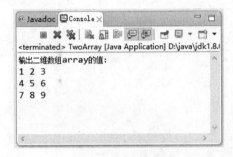

图 5-3　二维数组

【案例剖析】

在本案例中，声明了一个规则的二维数组 array，并在声明时对数组初始化。通过嵌套 for 循环输出二维数组的元素。

5.4　数组排序

在介绍了数组的声明、内存分配、数组赋值及数组元素的引用后，下面介绍数组的另一个重要特性——排序。数组排序的方法有冒泡排序、选择排序、快速排序、插入排序、希尔排序等。下面通过例子详细介绍使用冒泡排序和选择排序对数组中元素进行排序。

5.4.1　冒泡排序

冒泡排序(Bubble Sort)是一种计算机科学领域较简单的排序算法。冒泡排序就是比较相邻的两个数据，小数放在前面，大数放在后面，这样一趟下来，最小的数就被排在了第一位，第二趟也是如此，依此类推，直到所有的数据排序完成。这样数组元素中值小的就像气泡一样从底部上升到顶部。

【例 5-13】一维数组元素使用冒泡算法排序(源程序\ch05\src\ArrayBubble.java)。

```
public class ArrayBubble{
    public static void main(String[] args) {
        int array[] = {15,6,2,13,8,4,};   //定义并声明数组
        int temp = 0;    //临时变量
        //输出未排序的数组
        System.out.println("未排序的数组：");
```

```java
    for(int i=0;i<array.length;i++){
        System.out.print(array[i] + " ");
    }
    System.out.println();//输出空行
    //通过冒泡排序为数组排序
    for(int i=0;i<array.length;i++){
        for(int j=i+1;j<array.length;j++){
            if(array[i]>array[j]){      //比较两个的值,如果满足条件,执行 if 语句
                //将 array[i]的值和 array[j]的值做交换,将值小的给 array[i]
                temp = array[i];         //将 array[i]的值交给临时变量 temp
                array[i] = array[j];     //将两者中值小的 array[j]赋给 array[i]
                array[j] = temp;         //将 temp 中暂存的大值交给 array[j],
                                         //完成一次值的交换
            }
        }
    }
    //输出排好序的数组
    System.out.println("冒泡排序,排好序的数组:");
    for(int i=0;i<array.length;i++){
        System.out.print(array[i] + " ");
    }
}
```

运行上述程序,结果如图 5-4 所示。

【案例剖析】

在本案例中,声明并初始化了一个一维数组,通过 for 循环输出原数组的元素。通过冒泡排序算法,对一维数组进行排序。使用冒泡算法进行排序时,首先比较数组中前两个元素即 array[i]和 array[j],借助中间变量 temp,将值小的元素放到数组的前面即 array[i]中,将值大的放在数组的后边即 array[j]中。最后将排序后的数组输出。

图 5-4 冒泡排序

5.4.2 选择排序

选择排序(Selection Sort)是一种简单直观的排序算法。它的工作原理是每一次从待排序的数据元素中选出最小(或最大)的一个元素,存放在序列的起始位置,直到全部待排序的数据元素排完。选择排序是不稳定的排序方法。

【例 5-14】 一维数组元素使用选择排序算法排序(源程序\ch05\src\ArraySelect.java)。

```java
public class ArraySelect {
    public static void main(String[] args) {
        int array[] = {15,6,2,13,8,4,};  //定义并声明数组
        int temp = 0;
        //输出未排序的数组
        System.out.println("未排序的数组:");
        for(int i=0;i<array.length;i++){
            System.out.print(array[i] + " ");
```

```
        }
        System.out.println();//输出空行
        //选择排序
        for(int i=0;i<array.length;i++){
            int index = i;
            for(int j=i+1;j<array.length;j++){
                if(array[index]>array[j]){
                    index = j;    //将数组中值最小的元素的下标找出,放到index中
                }
            }
            if(index != i){    //如果值最小的元素不是下标为i的元素,将两者交换
                temp = array[i];
                array[i] = array[index];
                array[index] = temp;
            }
        }    //输出排好序的数组
        System.out.println("选择排序,排好序的数组: ");
        for(int i=0;i<array.length;i++){
            System.out.print(array[i] + " ");
        }
    }
}
```

运行上述程序,结果如图 5-5 所示。

图 5-5 选择排序

【案例剖析】

在本案例中,声明并初始化了一个一维数组,通过 for 循环输出数组的值。通过选择排序算法,对一维数组进行排序。

5.5 数组在方法中的使用

在 Java 语言中,方法可以有多个参数,参数之间使用逗号(,)隔开。方法的参数(形参)若是简单数据类型,方法调用时直接接收实参的值,但不改变实参的值,这是值传递;方法的参数(形参)若是引用数据类型,方法调用时接收的是引用,可以改变实参的值,这是引用传递。数组作为方法中的参数,就是一种引用的传递。下面通过一个例子介绍数组作为方法的参数的用法。

【例 5-15】编写 Java 程序,在程序中定义一维数组 array[],将数组作为方法的参数,在方法中修改数组元素。最后在程序中输出数组元素(源程序\ch05\ src\ArrayMethod.java)。

```java
public class ArrayMethod {
    public static void change(char[] c,int length){
        for(int i=0;i<length;i++){
            if(c[i]=='l'){   //修改形参数组元素
                c[i] = 'w';   //将形参数组中所有字符 l 修改为 w
                //System.out.println("ok");
            }
        }
    }
    public static void main(String[] args) {
        char array[] = {'h','e','l','l','o','j','a','v','a'};
        //使用 for 循环，输出原数组元素
        System.out.println("调用方法前，数组元素：");
        for(int i=0;i<array.length;i++){
            System.out.print(array[i] + " ");
        }
        System.out.println();
        //调用方法改变数组中的元素
        change(array,array.length);
        //使用 for 循环，输出更改后的数组元素
        System.out.println("调用方法后，数组元素：");
        for(int i=0;i<array.length;i++){
            System.out.print(array[i] + " ");
        }
    }
}
```

运行上述程序，结果如图 5-6 所示。数组的内存分析，如图 5-7 所示。

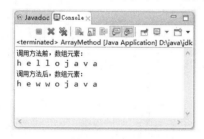

图 5-6　数组作为形参

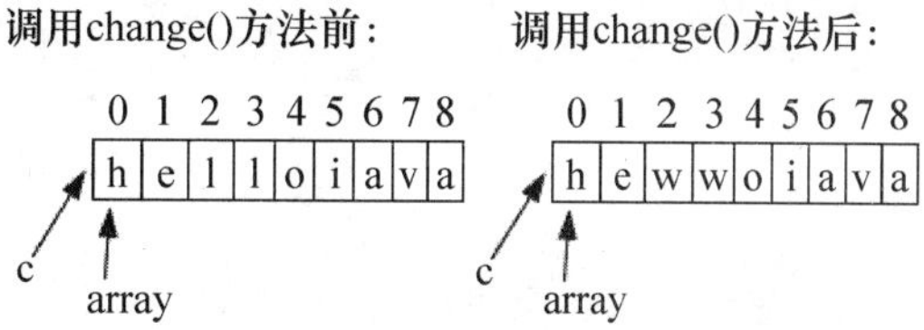

图 5-7　形参和实参

【案例剖析】

在本案例中，定义了一个方法 change()，将一维数组 array[]、数组的长度作为方法的参数，在方法中将数组元素是 l 的字符修改为 w。在 main()方法中，通过 for 循环输出原数组元素和修改后的数组元素，可以看到在方法中对形参数组的操作，使得实参数组发生了改变，这就是引用传递的效果。形参数组 c[]和实参数组 array[]是指向同一对象。

5.6　大神解惑

小白：定义了一个字符数组 char[] c = {{'r','a','i'}}，使用时出错，为什么？

大神：定义数组是一维数组，但是赋值时的大括号是双层的。一个大括号才是一维数

组，在这里是双层大括号，定义的是二维数组。上述字符串数组定义 char[][] c ={{'r','a','i'}}或者 char[] c = {'r','a','i'}。

小白：数组作为方法的形参，在方法中修改形参数组的值，为什么实参数组的值也被修改了？

大神：在方法中数组作为参数传递的只是数组在内存中的地址(即引用)，而不是将数组中的元素直接传递给形参。这样的引用传递，使方法的形参和实参同时指向数组在内存中的位置，无论是通过形参还是实参修改数组，内存中数组的值都会发生改变。

5.7　跟我学上机

练习 1：编写一个 Java 程序，声明并初始化一个整数型的一维数组，并输出一维数组中最大和最小的值(提示：排序)。

练习 2：编写一个 Java 程序，在程序中声明并初始化一个二维数组，再输出二维数组的所有的元素。

练习 3：编写一个 Java 程序，在程序中定义一个 char 型一维数组，它的值是{'h','c','r','a','i','x','y','g'}，将数组中的字符按照字典中的顺序排序。

第 6 章 不可不说的文本数据——字符串

在 Java 语言中，程序需要处理的大量文本数据一般被保存为字符串类型，即 String 类。在 Java 中提供了大量的内置字符串操作方法。本章详细介绍 String 类、String 类的 API 帮助文档、字符串的解析、字符串的类型转换及 StringBuffer 与 StringBuilder 类。

本章要点(已掌握的在方框中打钩)

- ☐ 了解 String 类。
- ☐ 掌握 String 类的 API 应用。
- ☐ 掌握正则表达式。
- ☐ 熟练掌握字符串的类型转换。
- ☐ 熟练掌握 StringBuilder 类的使用。
- ☐ 了解 String、StringBuffer 和 StringBuilder 之间的区别。

6.1 String 类的本质

String 类即字符串，它本质是字符数组。String 类是 Java 中的文本数据类型。下面介绍 String 类的使用。

1. String 类定义

字符串是由字母、数字、汉字及下画线组成的一串字符。字符串常量是用双引号括起来的内容。Java 程序中的所有字符串字面值(如 "abc")都作为此类的实例实现。字符串是常量，它们的值在创建之后不能更改，但是可以使用其他变量重新赋值的方式进行更改。

2. String 类创建

String 类的创建有两种方式：一种是直接使用双引号赋值；另一种是使用 new 关键字创建对象的方式。

1) 直接创建

直接使用双引号为字符串常量赋值，一般语法格式如下：

```
String 字符串名 = "字符串";
```

字符串名：一个合法的标识符。
字符串：由字符组成。

【例 6-1】定义并赋值字符串常量。具体代码如下：

```
String s = "Hello Java ";
```

2) 用 new 关键字创建

在 java.lang 包中的 String 类有多种重载的构造方法，可以通过 new 关键字调用 String 类的构造方法创建字符串。

(1) public String()。

初始化一个新创建的 String 类对象，使其表示一个空字符序列。由于 String 是不可变的，此构造方法几乎不用。

【例 6-2】使用 String()构造方法，创建空字符串。具体代码如下：

```
String s = new String();
```

> **注意**：使用 String 声明的空字符串，它的值不是 null(空值)，而是 ""，它是实例化的字符串对象，但是不包含任何字符。

(2) public String(String original)。

初始化一个新创建的 String 类对象，使其表示一个与参数相同的字符序列；即新创建的字符串是该参数字符串的副本。由于 String 是不可变的，所以此构造方法一般不用，除非需要 original 的显式副本。参数 original 是一个字符串。

【例 6-3】使用一个带 String 型参数的构造函数，创建字符串。具体代码如下：

```
String s = new String("hello world");
```

(3) public String(char[] value)。

分配一个新的 String 类对象，使其表示字符数组参数中当前包含的字符序列。该字符数组的内容已被复制；后续对字符数组的修改不会影响新创建的字符串。字符数组 value 的值是字符串的初始值。

【例 6-4】使用一个带 char 型数组参数的构造函数，创建字符串。具体代码如下：

```
char[] c = {'j','a','v','a'};
String s = new String(c);
```

(4) public String(char[] value, int offset, int count)。

分配一个新的 String 类对象，它包含取自字符数组参数一个子数组的字符。offset 参数是子数组第一个字符的索引，count 参数指定子数组的长度。该子数组的内容已被复制；后续对字符数组的修改不会影响新创建的字符串。

【例 6-5】使用带 3 个参数的构造函数，创建字符数组。具体代码如下：

```
char[] c = {'h','e','l','l','o','j','a','v','a'};
String s = new String(c,3,5);
c[5] = 'J';
```

【案例剖析】

在本案例中，定义一维数组 c，String 类通过构造方法用一维数组的部分元素来创建字符串的对象，即 s = "lojav"。当修改字符数组中的字符时字符串 s 的值没有影响。

6.2 String 的 API 应用

JDK 的 API 中的 String 类提供了许多操作方法，都在 java.lang 包中。下面详细介绍各种方法的使用。

6.2.1 获取字符串长度

在 Java 语言中获取字符串的长度，使用 String 类提供的 length()方法。其基本语法格式如下：

```
字符串变量.length();
```

【例 6-6】获得字符串的长度。具体代码如下：

```
char[] c = {'h','e','l','l','o','j','a','v','a'};
String s = new String(c);
s.length();   //获得字符串的长度
```

6.2.2 去除字符串的空格

在字符串的开头和结尾处，有时会带有一些空格，这会影响对字符串的操作，一般使用

String 类中的 trim() 方法去除空格。其基本语法格式如下：

```
字符串变量.trim();
```

【例 6-7】去除字符串的空格(源代码\ch06\src\test.java)。

```
public class test {
    public static void main(String[] args) {
        String s = "  Java   ";
        System.out.println("使用 trim()前：'"+s+"'");
        s = s.trim();    //去除字符串中的空格
        System.out.println("使用 trim()后：'"+s+"'");
    }
}
```

运行上述程序，结果如图 6-1 所示。

【案例剖析】

在本案例中，定义一个字符串 s，在定义时初始化，在字符串的开头和结尾有许多空格，使用 String 类提供的 trim()方法将字符串中的空格去除，并打印。

图 6-1 trim()

6.2.3 字符串分割

在 Java 的 String 类中提供了 split()方法，作用是将字符串分割为字符数组。根据 split()方法参数个数不同，其语法格式如下：

```
String[] split(String regex);
String[] split(String regex, int limit);
```

regex：指定的分隔符，可以是任意字符串。

limit：指分割后生成的字符串的个数，即生成的数组的长度。若不指定，表示不限制分割后的字符串个数，直到将整个字符串分割完成。

String[]：方法返回值是字符串数组。

【例 6-8】字符串分隔符的使用(源代码\ch06\src\ test.java)。

```
public class test {
public static void main(String[] args) {

    //分割字符串 split()
    String str = "hi,java,example";      //被分割字符串
    String s = ",";                      //分割符
    String[] ss1 = str.split(s);         //分割后生成字符数组
    String[] ss2 = str.split(s,3);       //分割后生成字符数组
    System.out.println("ss1 字符数组的长度：" + ss1.length);
    for(int i=0;i<ss1.length;i++){
        System.out.print(ss1[i]+" ");
    }
    System.out.println();
    System.out.println("ss2 字符数组的长度：" + ss2.length);
```

```
    for(int i=0;i<ss2.length;i++){
        System.out.print(ss2[i]+" ");
    }
  }
}
```

运行上述程序，结果如图 6-2 所示。

【案例剖析】

在本案例中，定义了字符串 str，使用 String 类提供的字符串分隔符 split()方法，对字符串 str 进行字符串分割。

(1) split(s)方法根据分隔符逗号(,)将字符串 str 分割为长度为 5 的字符数组 ss1。由于没有指定分割后生成字符串的个数，这里将字符串分割完毕。最后使用 for 循环打印输出分割后的字符数组。

图 6-2 split()方法

(2) split(s,3)方法根据分隔符逗号(,)和指定的分割后字符串个数，将字符串 str 分割为字符数组。由于指定分割后生成字符串的个数 3，因此只将字符串分割为长度为 3 的数组 ss2，数组元素分别是"hi"，"java"，"example,script,class"，可以看到最后一个数组元素是余下的没分割的字符串。最后使用 for 循环打印输出分割后的字符数组。

6.2.4 转换大小写

在 Java 的 String 类中，提供了转换大小写的方法。toLowerCase()方法将大写字符转换成小写字符，toUpperCase()方法将小写字符转换成大写字符。其语法格式如下：

```
String toLowerCase ();
String toUpperCase ();
```

String：返回值是字符串类型。

【例 6-9】使用转换大小写的方法(源代码\ch06\src\ test.java)。

```
public class test {
    public static void main(String[] args) {
        //使用 toLowerCase()和 toUpperCase()
        String str1 = "Hello";
        String str2 = "Java";
        //将 str1 中字符转换为小写字符，并打印
        System.out.println("str1 字符都转换为小写: " + str1.toLowerCase());
        //将 str2 中字符转换为大写字符，并打印
        System.out.println("str2 字符都转换为大写: " + str2.toUpperCase());
    }
}
```

运行上述程序，结果如图 6-3 所示。

【案例剖析】

在本案例中，定义两个字符串 str1 和 str2，字符串 str1 调用 toLowerCase()方法将字符串中的字符都转换为小写，字符串 str2 调用 toUpperCase()方法将字符串中的字符都转换为大写。

图 6-3　转换大小写

6.2.5　字符串截取

在 Java 的 String 类中提供了 substring()方法，作用是在字符串中截取子字符串。根据 substring()方法参数个数不同，其语法格式如下：

```
String substring(int beginIndex);
String substring(int beginIndex, int endIndex);
```

String：返回一个新的字符串，它是被截取字符串的一个子字符串。
beginIndex：截取字符开始位置，包含它。
endIndex：截取字符结束位置，不包含它。
endIndex-beginIndex：子字符串的长度。

【例 6-10】字符串截取(源代码\ch06\src\ test.java)。

```
public class test {
    public static void main(String[] args) {
        //截取子字符串
        String str = "hellojavaworld";
        String sub1 = str.substring(9);
        String sub2 = str.substring(6, 12);
        System.out.println("截取子字符串 sub1: " + sub1);
        System.out.println("截取子字符串 sub2: " + sub2);
    }
}
```

运行上述程序，结果如图 6-4 所示。

【案例剖析】

在本案例中，定义字符串 str，使用字符串截取方法 substring()在字符串 str 中截取子字符串。程序中使用 str.substring(9)只指定字符串截取开始的位置，截取到字符串末尾；使用 str.substring(6,12)指定子字符串截取开始位置(第一个参数)和截取结束位置(第二个参数)，这里截取到的最后一个字符是指定结束位置的前一个。再在控制台输出截取后的子字符串 sub1 和 sub2。

图 6-4　字符串截取

6.2.6　字符串连接

字符串的连接有两种方式：一是使用"+"号；二是使用 String 类提供的 concat()方法。

1. 使用 "+" 连接字符串

使用 "+" 可以连接两个字符串，使用多个 "+" 连接多个字符串。如果和字符串连接的是 int、long、float、double 和 boolean 等基本数据类型的数据，那么在做连接前系统会自动将这些数据转换成字符串。

【例 6-11】使用 "+" 进行字符串的连接(源代码\ch06\src\test.java)。

```java
public class test {
    public static void main(String[] args) {
        String s1 = "香蕉的价格是：";
        float f = 4.8f;
        String s2 = "元，一公斤。";
        String s = s1 + f + s2;
        System.out.println(s);
    }
}
```

运行上述程序，结果如图 6-5 所示。

【案例剖析】

在本案例中，定义了两个字符串 s1 和 s2，一个 float 型的变量 f，在程序中使用 "+" 将 s1、s2 和 f 连接起来，赋值给字符串 s。

图 6-5 用 "+" 连接字符串

2. 使用 concat()方法

使用 String 类提供的 concat()方法，将一个字符串连接到另一个字符串的后面。其语法格式如下：

```
String concat(String str);
```

str：要连接到调用此方法的字符串后面的字符串。
String：返回一个新的字符串。

【例 6-12】使用 String 类提供的 concat()方法，连接字符串(源代码\ch06\src\test.java)。

```java
public class test {
    public static void main(String[] args) {
        String str1 = "Hello";
        String str2 = "Java";
        String str = str1.concat(str2);
        System.out.println(str);
    }
}
```

运行上述程序，结果如图 6-6 所示。

【案例剖析】

在本案例中，定义了两个字符串 str1 和 str2，使用 concat()方法将字符串 str2 连接到 str1 的后面，并赋值给字符串变量 str，并在控制台打印其值。

图 6-6 用 concat()连接字符串

6.2.7 字符串比较

在 Java 的 String 类中提供了许多字符串比较的方法，下面进行详细介绍。

1. "=="、equals()和 equalsIgnoreCase()

(1) "=="比较两个对象时，比较的是它们的内存地址及内容是否相同，相同结果为 true，否则为 false。

(2) equals()方法比较两个对象时，比较的是两个对象的值是否相同，而与对象的内存地址无关。如果两个对象的值相同，结果为 true，否则为 false。

(3) equalsIgnoreCase()方法是将此 String 与另一个 String 进行比较，不考虑大小写。如果两个字符串的长度相同，并且其中相应字符都相等(忽略大小写)，则认为这两个字符串是相等的。

它们的语法格式如下：

```
public boolean equals(Object anObject)
public boolean equalsIgnoreCase(String anotherString)
```

boolean：返回值是布尔类型。

anObject：指被比较的对象。

anotherString：指被比较的字符串。

【例 6-13】"=="、equals()和 equalsIgnoreCase()方法的使用(源代码\ch06\src\test.java)。

```
public class test {
    public static void main(String[] args) {
        //字符串比较
        String str1 = new String("hello");
        String str2 = new String("hello");
        String str3 = new String("HELLO");
        System.out.println("使用==比较: ");
        if(str1==str2){
            System.out.println("字符串相等");
        }else{
            System.out.println("字符串不相等");
        }
        System.out.println("使用 equals 比较: ");
        if(str1.equals(str2)){
            System.out.println("字符串相等");
        }else{
            System.out.println("字符串不相等");
        }

        System.out.println("使用 equalsIgnoreCase 比较: ");
        if(str1.equalsIgnoreCase(str3)){
            System.out.println("字符串相等");
        }else{
            System.out.println("字符串不相等");
        }
    }
}
```

运行上述程序，结果如图 6-7 所示。

【案例剖析】

在本案例中，定义了 3 个字符串对象 str1、str2 和 str3。分别使用等号"=="、equals()和 equalsIgnoreCase()方法进行比较。

(1) 使用"=="比较 str1 和 str2 两个对象，str1 和 str2 的值相等，但是它们的内存地址不同，所以返回值是 false。

(2) 使用 equals()方法比较 str1 和 str2 两个对象，str1 和 str2 的值相等，与它们的内存地址无关，所以返回值是 true。

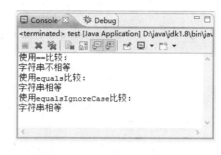

图 6-7 "=="、equals()和 equalsIgnoreCase()的使用

(3) 使用 equalsIgnoreCase()方法比较 str1 和 str3 两个对象，忽略大小写，str1 和 str3 的值也是相等的，所以返回值是 true。

2. compareTo()和 compareToIgnoreCase()

compareTo()方法按字典顺序比较两个字符串。compareToIgnoreCase()方法是按字典顺序比较两个字符串，不考虑大小写。它们的语法格式如下：

```
public int compareTo(String str)
public int compareToIgnoreCase(String str)
```

返回值：如果参数字符串等于此字符串，则返回值 0；如果此字符串按字典顺序小于字符串参数，则返回一个小于 0 的值；如果此字符串按字典顺序大于字符串参数，则返回一个大于 0 的值。

str：要做比较的字符串。

【例 6-14】compareTo()和 compareToIgnoreCase()方法的使用(源代码\ch06\src\test.java)。

```
public class test {
    public static void main(String[] args) {
        //字符串比较
        String str1 = "java";
        String str2 = "script";
        String str3 = "JAVA";
        int compare1 = str1.compareTo(str2);
        int compare2 = str1.compareToIgnoreCase(str3);
        System.out.println("compareTo()方法：");
        if(compare1 > 0){
            System.out.println("字符串 str1 大于字符串 str2");
        }else if(compare1 < 0){
            System.out.println("字符串 str1 小于字符串 str2");
        }else{
            System.out.println("字符串 str1 等于字符串 str2");
        }
        System.out.println("compareToIgnoreCase()方法：");
        if(compare2 > 0){
            System.out.println("字符串 str1 大于字符串 str2");
        }else if(compare2 < 0){
```

```
            System.out.println("字符串 str1 小于字符串 str2");
        }else{
            System.out.println("字符串 str1 等于字符串 str2");
        }
    }
}
```

运行上述程序，结果如图 6-8 所示。

【案例剖析】

在本案例中，定义了 3 个字符串 str1、str2 和 str3，分别使用 compareTo() 方法和 compareToIgnoreCase() 方法对它们进行比较。

(1) compareTo() 方法比较字符串 str1 和 str2 在字典中的顺序，由于字符串 str1 中首字符 j 在字典中的 Unicode 值小于字符串 str2 中首字符 s，所以字符串 str1 小于字符串 str2。

(2) compareToIgnoreCase() 方法比较字符串 str1 和 str3，由于此方法比较时忽略大小写，因此两个字符串 str1 和 str3 相等。

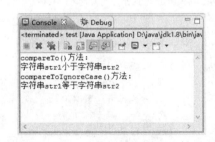

图 6-8   compareTo()和 compareToIgnoreCase() 的使用

3. startsWith()和 endsWith()

startsWith()方法是测试字符串是否以指定的前缀开始。endsWith()方法是测试字符串是否以指定的后缀结束。其语法格式如下：

```
public boolean startsWith(String prefix)
public boolean endsWith(String suffix)
```

boolean：返回值类型。
prefix：指定的前缀字符串。
suffix：指定的后缀字符串。

【例 6-15】startsWith()和 endsWith()方法的使用(源代码\ch06\src\test.java)。

```
public class test {
    public static void main(String[] args) {
        //startsWith()和 endsWith()
        String str = "hellojavaworld";
        String start = "he";
        String end = "dd";
        if(str.startsWith(start)){
            System.out.println("字符串以指定的字符前缀开始。");
        }else{
            System.out.println("字符串不是以指定的字符前缀开始。");
        }
        if(str.endsWith(end)){
            System.out.println("字符串以指定的字符后缀结束。");
        }else{
            System.out.println("字符串不是以指定的字符后缀结束。");
```

            }
        }
}

运行上述程序，结果如图 6-9 所示。

【案例剖析】

在本案例中，定义字符串 str，通过 startsWith() 判断字符串 str 是否以 start 指定的字符串开始，是结果为 true，不是结果为 false。通过 endsWith() 判断字符串 str 是否以 end 指定的字符解说，是结果为 true，不是结果为 false。

图 6-9　startsWith()和 endsWith()的使用

6.2.8　字符串查找

在 Java 的 String 类中，提供了许多字符串查找的方法，下面进行详细介绍。

1. charAt()方法

返回指定索引处的 char 值。索引范围为从 0 到 length()-1。序列的第一个 char 值位于索引 0 处，第二个位于索引 1 处，依次类推，这类似于数组索引。其语法格式如下：

```
public char charAt(int index);
```

char：返回值类型。
index：指定要返回值的索引。

2. indexOf()方法

搜索指定字符在此字符串中第一次出现处的位置。其语法格式如下：

```
public int indexOf(int ch);
public int indexOf(String str);
public int indexOf(int ch, int fromIndex) ;
public int indexOf(String str, int fromIndex);
```

ch：指定要查找的字符。
str：指定要查找的字符串。
fromIndex：开始搜索的起始位置。

3. lastIndexOf()方法

搜索指定字符在此字符串中最后一次出现处的位置。其语法格式如下：

```
public int lastIndexOf (int ch);
public int lastIndexOf (String str);
public int lastIndexOf (int ch, int fromIndex) ;
public int lastIndexOf (String str, int fromIndex);
```

ch：要查找的字符。
str：指定要查找的字符串。

fromIndex：反向开始搜索的起始位置。

【例 6-16】charAt()、indexOf()和 lastIndexOf()方法的使用(源代码\ch06\src\test.java)。

```java
public class test {
    public static void main(String[] args) {
        //charAt()、indexOf()和lastIndexOf()
        String str = "dfasddskjlkjbjfdashkiotilkjmvndjaslkk";
        System.out.println("str 字符串长度: " + str.length());
        System.out.println("使用 charAt()方法: ");
        System.out.println("返回指定索引处的值: " + str.charAt(5));

        System.out.println("使用 indexOf()方法: ");
        System.out.println("第一次出现指定字符串的位置: " + str.indexOf("kj"));

        System.out.println("使用 lastIndexOf()方法: ");
        System.out.println("最后一次出现指定字符串的位置: " + str.lastIndexOf("as",20));
    }
}
```

运行上述程序，结果如图 6-10 所示。

【案例剖析】

在本案例中，定义字符串 str，通过 charAt()、indexOf()和 lastIndexOf()方法对字符串 str 进行操作。

(1) charAt()方法：字符串 str 调用此方法获取指定索引处的字符。即 str.charAt(5)。

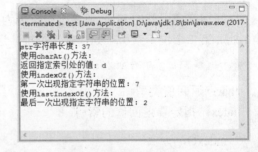

图 6-10　charAt()、indexOf()和 lastIndexOf()的使用

(2) indexOf()方法：字符串 str 调用此方法搜索指定字符串 "kj" 在字符串 str 中首次出现的位置，即 str.indexOf("kj")。在这里没有给出 fromIndex 的值，若给出它的值，则表示要从 fromIndex 指定的位置向后查找指定的字符串。

(3) lastIndexOf()方法：字符串 str 调用此方法搜索指定的字符串 "as"，在这里给出了 fromIndex 的值，要从 fromIndex 值指定的位置向前开始查找最后一次出现该字符串的位置，即 str.lastIndexOf("as",20)。

6.2.9　字符串替换

在 Java 的 String 类中，提供了许多字符串替换的方法，下面分别进行详细介绍。

1. replace()方法

返回一个新的字符串，它是通过新字符 newChar 替换字符串中出现的所有旧字符 oldChar。其语法格式如下：

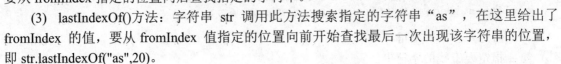

```
public String replace(char oldChar, char newChart)
```

oldChar：要被替换的字符。

newChar：要替换成的字符。
String：返回替换后的字符串。

2. replaceFirst()方法

使用给定的字符串 replacement 替换字符串中匹配的第一个子字符串。其语法格式如下：

```
public String replaceFirst(String regex,String replacement)
```

regex：被替换字符串。
replacement：替换成的字符串。

3. replaceAll()方法

使用给定的字符串 replacement 替换字符串中所有匹配的子字符串。其语法格式如下：

```
public String replaceAll(String regex, String replacement)
```

regex：被替换字符串。
replacement：替换成的字符串。

【例 6-17】replace()、replaceFirst()和 replaceAll()方法的使用(源代码\ch06\src\ test.java)。

```java
public class test {
    public static void main(String[] args) {
        //字符串替换
        String str = "java develop,jsp develop,vb develop";
        char oldChar = 'j';
        char newChar = 'J';
        str = str.replace(oldChar, newChar);
        System.out.println("replace 替换后 str: ");
        System.out.println(str);
        String regex = "develop";
        String replacement = "开发";
        str = str.replaceFirst(regex, replacement);
        System.out.println("replaceFirst 替换后 str: ");
        System.out.println(str);
        str = str.replaceAll(regex, replacement);
        System.out.println("replaceAll 替换后 str: ");
        System.out.println(str);
    }
}
```

运行上述程序，结果如图 6-11 所示。

【案例剖析】

在本案例中，定义字符串 str，通过调用 replace()方法将字符串 str 中字符 j 替换为 J，并输出字符串 str。字符串 str 调用 replaceFirst()方法将字符串 str 中第一次出现 develop 的字符串替换为"开发"，并输出字符串 str。字符串 str 调用 replaceAll()方法将字符串 str 中所有 develop 字符串替换为"开发"，并输出字符串 str。

图 6-11　字符串替换

6.3 字符串解析

在编程中，难免会遇到需要进行匹配、查找、替换、判断字符串的情况，而这些情况又比较复杂，如果用纯编码方式解决，往往会浪费编程人员的时间。因此，学习并使用正则表达式，便成了解决这一问题的主要手段。

正则表达式是一种可以用于模式匹配和替换的规范，一个正则表达式就是由普通的字符(例如字符 a 到 z)以及特殊字符(元字符)组成的文字模式，它用以描述在查找文字主体时待匹配的一个或多个字符串。正则表达式作为一个模板，将某个字符模式与所搜索的字符串进行匹配。

6.3.1 正则表达式语法

正则表达式中有一些具有特殊意义的字符，这些字符称为正则表达式的元字符，正则表达式就是包含元字符的字符串。表 6-1 列出了部分常用的元字符。

表 6-1 正则表达式常用元字符

元字符	描述
^	匹配输入字符串的开始位置
$	匹配输入字符串的结束位置
*	匹配前面的子表达式任意次
+	匹配前面的子表达式一次或多次(大于等于 1 次)
?	匹配前面的子表达式零次或一次
{n}	n 是一个非负整数。匹配确定的 n 次
{n,}	n 是一个非负整数。至少匹配 n 次
{n,m}	m 和 n 均为非负整数，其中 n<=m。最少匹配 n 次且最多匹配 m 次
.点	匹配除 "\r\n" 之外的任何单个字符
[a-z]	字符范围。匹配指定范围内的任意字符。例如，[a-z]可以匹配 a 到 z 范围内的任意小写字母字符。注意：只有连字符在字符组内部时，并且出现在两个字符之间时，才能表示字符的范围；如果出字符组的开头，则只能表示连字符本身
[^a-z]	负值字符范围。匹配任何不在指定范围内的任意字符。例如，[^a-z]可以匹配任何不在 a 到 z 范围内的任意字符
\d	匹配一个数字字符。等价于[0-9]
\D	匹配一个非数字字符。等价于[^0-9]
\n	匹配一个换行符。等价于\x0a 和\cJ
\r	匹配一个回车符。等价于\x0d 和\cM

续表

元 字 符	描 述
\t	匹配一个制表符。等价于\x09 和\cI
\w	匹配包括下画线的任何单词字符。类似但不等价于[A-Za-z0-9_]，这里的"单词"字符使用 Unicode 字符集
\W	匹配任何非单词字符。等价于[^A-Za-z0-9_]

表 6-1 中也有限定元字符出现次数的限制符，例如 A?表示在字符串中 A 出现零次或一次。

6.3.2 常用正则表达式

在了解了正则表达式的语法后，下面介绍在编程中经常会使用到的正则表达式，如表 6-2 所示。

表 6-2 常用正则表达式

规 则	正则表达式语法
一个或多个汉字	^[\u0391-\uFFE5]+$
邮政编码	^[1-9]\d{5}$
QQ 号码	^[1-9]\d{4,10}$
邮箱	^[a-zA-Z_]{1,}[0-9]{0,}@(([a-zA-z0-9]-*){1,}\.){1,3}[a-zA-z\-]{1,}$
用户名(字母开头 + 数字/字母/下画线)	^[A-Za-z][A-Za-z1-9_-]+$
手机号码	^1[3|4|5|8][0-9]\d{8}$
URL	^((http|https)://)?([\w-]+\.)+[\w-]+(/([\w-./?%&=]*)?$
18 位身份证号	^(\d{6})(18|19|20)?(\d{2})([01]\d)([0123]\d)(\d{3})(\d|X|x)?$

6.3.3 正则表达式的实例

在 String 类中提供了 matches()方法，用于检查字符串是否匹配给定的正则表达式。其语法格式如下：

`public boolean matches(String regex)`

regex：用来匹配字符串的正则表达式。
boolean：返回值类型。

使用 String 类提供的 matches()方法验证输入的邮箱是否匹配指定的正则表达式。

【例 6-18】使用正则表达式邮箱验证(源代码\ch06\src\Email.java)。

```
import java.util.Scanner;
public class Email {
    public static void main(String[] args) {
```

```
    //用户输入邮箱
    System.out.print("输入邮箱: ");
    Scanner scan = new Scanner(System.in);
    String read = scan.nextLine();    //读取输入的数据
    String regex = "^[a-zA-Z_]{1,}[0-9]{0,}@(([a-zA-z0-9]-*)
        {1,}\\.){1,3}[a-zA-z\\-]{1,}$";
    boolean b = read.matches(regex);
    if(b){
        System.out.println("邮箱输入正确! ");
    }else{
        System.out.println("邮箱输入错误! ");
        System.out.println("输入邮箱: "+read);
    }
  }
}
```

运行上述程序，结果如图 6-12 和图 6-13 所示。

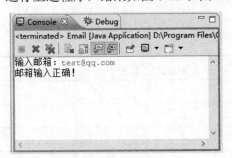

图 6-12　正确邮箱验证

图 6-13　错误邮箱验证

【案例剖析】

在本案例中，通过用户在客户端输入邮箱，使用 Scanner 类获取用户输入的邮箱字符串，放入字符串 read 中。调用字符串的 matches()方法检测用户输入的邮箱是否符合正则表达式的格式。

注意

在 Java 语言中，反斜杠本身具有转义的作用，要表示一个正则表达式中的"\"，必须用两个反斜杠"\\"。

6.4　字符串的类型转换

在 Java 语言的 String 类中还提供了字符串的类型转换方法，将字符串转换为数组、基本数据类型转换为字符串以及格式化字符串。下面详细介绍这些类型转换方法的使用。

6.4.1　字符串转换为数组

在 Java 语言的 String 类中提供了 toCharArray()方法，它将字符串转换为一个新的字符数组。其语法格式如下：

```
public char[] toCharArray();
```

【例 6-19】toCharArray()方法的使用(源代码\ch06\src\ test.java)。

```
public class test {
    public static void main(String[] args) {
        //toCharArray()
        String str = "java develop,jsp develop,vb develop";
        char[] c = str.toCharArray();
        System.out.println("字符数组的长度：" +  c.length);
        System.out.println("char 数组中的元素是：");
        for(int i=0;i<str.length();i++){
            System.out.print(c[i]+" ");
        }
    }
}
```

运行上述程序，结果如图 6-14 所示。

图 6-14　toCharArray()方法

【案例剖析】

在本案例中，定义字符串 str，调用 toCharArray()方法将字符串转换成字符数组。打印字符数组的长度以及字符数组中的元素。

6.4.2　基本数据类型转换为字符串

在 Java 语言的 String 类中提供了 valueof()方法，其作用是返回参数数据类型的字符串表示形式。其语法格式如下：

```
public static String valueOf(boolean b) ;
public static String valueOf(char c);
public static String valueOf(int i);
public static String valueOf(long l);
public static String valueOf(float f);
public static String valueOf(double d);
public static String valueOf(Object obj);
public static String valueOf(char[] data);
public static String valueOf(char[] data, int offset, int count);
```

参数：指定要返回字符串类型的数据类型。这里是 boolean 型、char 型、整型、长整型、浮点型、对象、字符数组和字符数组的子字符数组。

String：返回字符串类型。

【例 6-20】valueOf()方法的使用(源代码\ch06\src\test.java)。

```java
public class test {
    public static void main(String[] args) {
        //valueOf方法的使用
        boolean b = true;
        System.out.println("布尔类型=>字符串:");
        System.out.println(String.valueOf(b));
        int i = 34;
        System.out.println("整数类型=>字符串:");
        System.out.println(String.valueOf(i));
    }
}
```

运行上述程序，结果如图 6-15 所示。

【案例剖析】

在本案例中，定义布尔类型和整数类型的变量，通过 String 类调用它的静态方法 valueOf()，将它们转换为字符串类型。

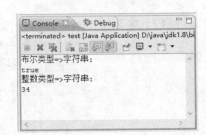

图 6-15　valueOf()方法的使用

6.4.3　格式化字符串

在 Java 语言的 String 类中，提供 format()方法格式化字符串，它有以下两种重载形式：

```
public static String format(String format, Object... args);
public static String format(Locale l, String format, Object... args)
```

locale：指定的语言环境。

format：字符串格式。

args...：字符串格式中由格式说明符引用的参数。如果还有格式说明符以外的参数，则忽略这些额外的参数。参数的数目是可变的，可以为 0 个。

String：返回类型是字符串。

static：静态方法。

第一种形式的 format()方法，使用指定的格式字符串和参数生成一个格式化的新字符串。第二种形式的 format()方法，使用指定的语言环境、格式字符串和参数生成一个格式化的新字符串。新字符串始终使用指定的语言环境。

format()方法中的字符串格式参数有很多种转换符选项，如日期、整数、浮点数等。这些转换符的说明如表 6-3 所示。

表 6-3　format()转换符选项

转换符	说明
%s	字符串类型
%c	字符类型

续表

转换符	说明
%b	布尔类型
%d	整数类型(十进制)
%x	整数类型(十六进制)
%o	整数类型(八进制)
%f	浮点类型
%a	十六进制浮点类型
%e	指数类型
%g	通用浮点类型(f 和 e 类型中较短的)
%h	散列码
%%	百分比类型
%n	换行符
%tx	日期与时间类型(x 代表不同的日期与时间转换符)

【例 6-21】format()方法的使用(源代码\ch06\src\FormatTest.java)。

```java
public class FormatTest {
    public static void main(String args[]){
        String str1 = String.format("32 的八进制：%o", 32);
        System.out.println(str1);

        String str2 = String.format("字母 G 的小写是：%c%n", 'g');
        System.out.print(str2);

        String str3 = String.format("12>8 的值：%b%n", 12>8);
        System.out.print(str3);

        String str4 = String.format("%1$d,%2$s,%3$f", 125,"ddd",0.25);
        System.out.println(str4);
    }
}
```

运行上述程序，结果如图 6-16 所示。

【案例剖析】

在本案例中，介绍如何使用 String 类的 format()方法，其使用与 print()方法类似。

字符串对象 str1 调用 format()方法，将参数(十进制的 32)按照 format 指定的格式，生成新的格式化字符串，即"32 的八进制：40"；字符串对象 str2 调用 format()方法，将参数(g)按照 format 指定的格式，生成新的格式化字符串，即"字母 G 的小写是：g"；字

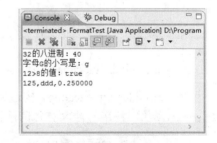

图 6-16 format()方法

符串 str3 调用 format()方法，将参数(两个整数的比较值)按照 format 指定的格式，生成新的格式化字符串，即"12>8 的值：true"；字符串 str4 调用 format()方法，按照 format 指定的格

式，生成新的格式化字符串，即"125,ddd,0.250000"。

在字符串 str4 中指定的格式中使用了格式参数$，例如"%1$d"，百分号后的 1 指对第几个参数格式化，$后的 d 指定转换符类型。

6.5 StringBuffer 与 StringBuilder

在 Java 语言中，除了 String 类创建和处理字符串外，还有 StringBuffer 类和 StringBuilder 类，它们的使用类似。下面详细介绍 StringBuilder 类的创建和处理字符串方法的使用。

6.5.1 介绍 StringBuffer 与 StringBuilder

StringBuffer 类是可变字符串类，它有一个字符串缓冲区，可以通过某些方法来改变字符串的长度和内容。每个字符串缓冲区都有一定的容量。只要字符串缓冲区所包含字符串的长度没有超出这个容量，就无须分配新的内部缓冲区。如果缓冲区溢出，则此容量自动增大。StringBuffer 类是线程安全的类，而 StringBuilder 类是线程不安全的类。StringBuilder 类被设计用作 StringBuffer 类的一个简易替换，用在字符串缓冲区被单个线程使用。

通常会优先使用 StringBuilder 类，它虽然不支持同步，但其在单线程中的性能比 StringBuffer 高。当在字符串缓冲区被多个线程使用时，JVM 不能保证 StringBuilder 的操作是安全的，虽然它的速度最快，但是 JVM 可以保证 StringBuffer 的操作是正确的。

大多数情况下，是在单线程下进行的操作，所以建议用 StringBuilder 而不用 StringBuffer，就是速度的原因。

6.5.2 StringBuilder 类的创建

在 Java 的 StringBuilder 类中提供了 3 个常用的构造方法，用于创建可变字符串。

1. StringBuilder()

StringBuilder()构造方法，创建一个空的字符串缓冲区，初始容量为 16 个字符。其语法格式为：

```
public StringBuilder()
```

2. StringBuilder(int capacity)

StringBuilder(int capacity) 构造方法，创建一个空的字符串缓冲区，并指定初始容量大小是 capacity 的字符串缓冲区。其语法格式为：

```
public StringBuilder(int capacity)
```

3. StringBuilder(String str)

StringBuilder(String str)构造方法，创建一个字符串缓冲区，并将其内容初始化为指定的字符串 str。该字符串的初始容量为 16 加上字符串 str 的长度。

```
public StringBuilder(String str)
```

【例 6-22】使用构造方法创建 StringBuilder 对象(源代码\ch06\src\StringBuilderTest.java)。

```
public class StringBuilderTest {
    public static void main(String[] args) {
        //定义空的字符串缓冲区
        StringBuilder sb1 = new StringBuilder();
        //定义指定长度的空字符串缓冲区
        StringBuilder sb2 = new StringBuilder(12);
        //创建指定字符串的缓冲区
        StringBuilder sb3 = new StringBuilder("java buffer");

        System.out.println("输出缓冲区的容量：");
        System.out.println("sb1 缓冲区容量："+sb1.capacity());
        System.out.println("sb2 缓冲区容量："+sb2.capacity());
        System.out.println("sb3 缓冲区容量："+sb3.capacity());
    }
}
```

运行上述程序，结果如图 6-17 所示。

【案例剖析】

在本案例中，创建了 3 个 StringBuilder 对象，分别是通过空的构造方法、指定缓冲区大小的构造方法和指定缓冲区字符串的构造方法。使用 capacity()方法输出 3 个 StringBuilder 对象的容量大小。

图 6-17　StringBuilder 的创建

6.5.3　StringBuilder 类的方法

和 String 类相似，StringBuilder 类也提供了许多方法。它们主要是 append()、insert()、delete()和 reverse()方法。下面详细介绍这些方法。

1. 追加字符串

在 StringBuilder 类中，提供了许多重载的 append()方法，可以接受任意类型的数据，每个方法都能有效地将给定的数据转换成字符串，然后将该字符串的字符添加到字符串缓冲区中。其语法格式如下：

```
public StringBuilder append(String str)
```

str：要追加的字符串。
StringBuilder：返回值类型。

> 注意　始终将这些字符添加到缓冲区的末端。

【例 6-23】StringBuilder 类中的 append()方法的使用(源代码\ch06\src\AppendMethod.java)。

```java
public class AppendMethod {
    public static void main(String[] args) {
        StringBuilder sb = new StringBuilder("测试 append 方法：");
        sb.append("目前香蕉的市场价格：");
        sb.append(4.8);
        sb.append("元");
        sb.append(1);
        sb.append("公斤。   ");
        sb.append(true);
        sb.append("  ");
        sb.append('c');
        System.out.println(sb);
    }
}
```

运行上述程序，结果如图 6-18 所示。

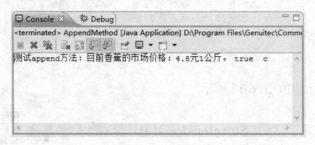

图 6-18　append()方法

【案例剖析】

在本案例中，创建带字符串缓冲区的 StringBuilder 类对象 sb，通过 append()方法，将 Java 中基本数据类型以字符串的形式追加到 sb 后面，并在控制台打印字符串的内容。

　　　　本节使用的 jdk 版本都是 MyEclipse 自带的 JDK1.6 版本。

2. 插入字符串

在 StringBuilder 类中，提供了许多重载的 insert()方法，可以接受任意类型的数据，将要插入的字符串插入到指定的字符串缓冲区的位置。其语法格式如下：

```
public StringBuilder insert(int offset, String str)
```

offset：要插入字符串的位置。
str：要插入的字符串。
StringBuilder：返回值类型。

　　　　insert()方法则在指定的点添加字符。

【例 6-24】StringBuilder 类中的 insert()方法的使用(源代码\ch06\src\InsertMethod.java)。

```java
public class InsertMethod {
    public static void main(String[] args) {
        StringBuilder sb = new StringBuilder ("hellojava");
        sb.insert(5,',');
        sb.insert(10, ".");
        sb.insert(11, true);
        sb.insert(15, 100);
        System.out.println(sb);
    }
}
```

运行上述程序，结果如图 6-19 所示。

【案例剖析】

在本案例中，定义了带字符串缓冲区的 StringBuilder 类的对象 sb，通过 insert()方法将 Java 基本数据以字符串形式插入到字符串指定的位置，并在控制台打印字符串的内容。

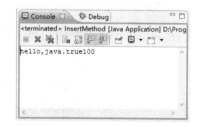

图 6-19　insert()方法

3. 删除字符串

在 StringBuilder 类中，提供了两个用于删除字符串中字符的方法。第一个是 deleteCharAt()方法，用于删除字符串中指定位置的字符。第二个是 delete()方法，用于删除字符串中指定开始和结束位置的子字符串。其语法格式如下：

```
public StringBuilder deleteCharAt(int index)
public StringBuilder delete(int start, int end)
```

index：要删除的字符的索引。

start：要删除的子字符串开始的索引，包含它。

end：要删除的字符串结束的索引，不包含它。

【例 6-25】StringBuilder 类中的删除方法的使用(源代码\ch06\src\DeleteMethod.java)。

```java
public class DeleteMethod {
    public static void main(String[] args) {
        StringBuilder sb = new StringBuilder ();
        sb.append("hello,java,world.");
        //删除一个字符
        System.out.println("删除一个字符：");
        sb.deleteCharAt(5);
        System.out.println(sb);
        System.out.println(sb.length());
        System.out.println("删除子字符串：");
        sb.delete(9, 15);
        System.out.println(sb);
    }
}
```

运行上述程序，结果如图 6-20 所示。

【案例剖析】

在本案例中，定义了空字符串缓冲区的 StringBuilder 类对象 sb，使用 append()方法追加字符串内容。通过 deleteCharAt()方法指定要删除的字符，此处删除 hello 和 java 之间的逗号；调用 delete()方法指定要删除的子字符串的开始索引和结束索引，在这里删除到结束索引指定的位置之前的字符。

图 6-20　删除方法

4. 反转字符串

在 StringBuilder 类中，提供的 reverse()方法用于将字符串的内容倒序输出。其语法格式如下：

```
public StringBuilder reverse()
```

【例 6-26】StringBuilder 类中的 reverse()方法的使用(源代码\ch06\src\ReverseMethod.java)。

```java
public class ReverseMethod {
    public static void main(String[] args) {
        StringBuilder sb = new StringBuilder ();
        sb.append("hello,world");
        System.out.println("字符串反转前: ");
        System.out.println(sb);
        sb.reverse();
        System.out.println("字符串反转后: ");
        System.out.println(sb);
    }
}
```

运行上述程序，结果如图 6-21 所示。

【案例剖析】

在本案例中，定义了一个 StringBuilder 类对象 sb，通过 append()方法追加字符串。调用 StringBuilder 类的 reverse()方法，将 sb 对象的内容反转，并在控制台输出反转前后的内容。

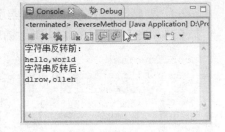

图 6-21　reverse()方法

5. 替换字符串

在 StringBuilder 类中，提供了两个字符替换方法。一个是 replace()方法，用于将字符串中指定位置的子字符串替换为新的字符串。另一个是 setCharAt()方法，用于将字符串中指定位置的字符替换为新的字符。其语法格式如下：

```
public StringBuilder replace(int start, int end, String str)
public void setCharAt(int index, char ch)
```

start：被替换子字符串开始索引，包含它。
end：被替换子字符串结束索引，不包含它。
str：要替换成的新字符串。

index：要被替换的字符的索引。

ch：要替换成的新字符。

【例 6-27】 StringBuilder 类中的替换方法的使用(源代码\ch06\src\ReplaceMethod.java)。

```
public class ReplaceMethod {
    public static void main(String[] args) {
        StringBuilder sb = new StringBuilder ("hello,java");
        sb.setCharAt(6, 'J');
        sb.replace(0, 5, "HELLO");
        System.out.println(sb);
    }
}
```

运行上述程序，结果如图 6-22 所示。

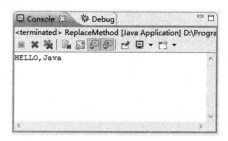

图 6-22 替换方法

【案例剖析】

在本案例中，定义 StringBuilder 类的对象 sb，通过调用其 setCharAt()方法指定要被替换的字符，调用其 replace()方法指定要被替换的子字符串，最后在控制台打印输出 sb 的内容。

注意

由于 StringBuffer 与 StringBuilder 中的方法和功能是完全等价的，StringBuffer 的使用不再做介绍。

6.5.4 String、StringBuffer 与 StringBuilder 的区别

在 Java 语言中，创建和处理字符串的类共有 3 个，分别是 String 类、StringBuffer 类和 StringBuilder 类。下面介绍它们的区别。

1. 速度

String 类、StringBuffer 类和 StringBuilder 类在执行速度方面，StringBuilder 类最快，StringBuffer 类其次，String 类最慢。

String 类执行速度最慢是因为它是字符串常量，任何对 String 类的改变都会引发新的 String 对象生成。而 StringBuffer 类和 StringBuilder 类是字符串变量，任何对它们所指代的字符串的改变都不会产生新的对象。

2. 安全

StringBuffer 类中的方法大都采用 synchronized 关键字修饰，因此是线程安全的，而 StringBuilder 类的方法没有这个修饰，被认为是线程不安全的。当在字符串缓冲区被多个线程使用时，JVM 不能保证 StringBuilder 类的操作是安全的，虽然它的速度最快，但是 JVM 可以保证 StringBuffer 类是正确操作的。当然大多数情况下是在单线程下进行的操作，所以建议用 StringBuilder 而不用 StringBuffer，就是考虑到速度的原因。

3. 总结

如果要操作少量的字符串数据用 String 类；单线程操作字符串缓冲区下大量字符串数据使用 StringBuilder 类；多线程操作字符串缓冲区下大量字符串数据使用 StringBuffer 类。

6.6 Lambda 表达式

在 Java 8.0 以前的版本中，字符串的排列是通过创建一个匿名的比较器对象，然后将其传递给 Collections 类的静态方法 sort()。而在 Java 8.0 中提供了更简洁的字符串比较方式，即 Lambda 表达式，代码更简短且可读性更高。

Lambda 表达式的基本语法格式如下：

```
(1) (parameters) -> expression
(2) (parameters) ->{statements;}
```

Lambda 表达式的使用，简单举例如下：

```
// (1) 不需要参数,返回值为 5
() -> 5
// (2) 接收一个参数(数字类型),返回其 2 倍的值
x -> 2 * x
// (3) 接收 2 个参数(数字),并返回它们的差值
(x, y) -> x - y
// (4) 接收 2 个 int 型整数,返回它们的和
(int x, int y) -> x + y
// (5) 接收一个 string 对象,并在控制台打印,不返回任何值(看起来像是返回 void)
(String s) -> System.out.print(s)
```

【例 6-28】Lambda 表达式的使用(源代码\ch06\src\StringNew.java)。

step 01 匿名的比较器对象，进行字符串比较。代码如下：

```java
import java.util.*;
public class StringNew {
    public static void main(String[] args){
        List<String> str = new ArrayList<String>();
        str.add("test");
        str.add("java");
        str.add("php");
        str.add("c#");
        str.add("Dreamweaver");
        Collections.sort(str,new Comparator<String>() {
            public int compare(String s1, String s2) {
```

```
            return s2.compareTo(s1);
        }
    });
    for(int i=0;i<str.size();i++){
        System.out.print(str.get(i)+" ");
    }
  }
}
```

step 02 使用 Lambda 表达式。比较的部分代码如下：

```
Collections.sort(str, (String s1, String s2) -> {
        return s2.compareTo(s1);
    });
```

step 03 如果方法体只有一行代码，可以去掉大括号{}及 return 关键字：

```
Collections.sort(str, (String s1, String s2) -> s2.compareTo(s1));
```

step 04 Java 编译器可以自动推导出参数类型，因此可以不用再写一次类型：

```
Collections.sort(str, (s1, s2) -> s2.compareTo(s1));
```

运行上述程序，结果如图 6-23 所示。

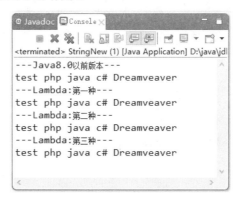

图 6-23　Lambda 表达式

【案例剖析】

在本案例中，介绍 java 8.0 以前版本中使用匿名的比较器对象进行字符串比较，而 java 8.0 以后提供了 Lambda 表达式，使用它比较字符串代码更简洁，可读性更高。

6.7　大 神 解 惑

小白：空字符串和 null 一样吗？

大神：空字符串和 null 是两个概念。null(空值)不是字符串的实例对象，它是一个常量，不包含任何东西。空字符串是字符串的实例对象，它是""，不包含任何字符。

小白："=="和 equals()方法比较两个对象时，比较的是什么？

大神："=="比较两个对象时，比较的是两个对象的值和对象在内存中分配的内存地址，它们都一样时，结果是 true，否则结果是 false。equals()方法比较时只比较对象的值是否相等，相等时结果是 true，否则结果是 false。

6.8 跟我学上机

练习 1：编写 Java 程序，创建初始化一个 String 类对象 str，使用 String 的方法将 str 转换为字符数组。

练习 2：使用 StringBuilder 类创建对象 sb，对 sb 追加对象，并删除指定的子字符串。

练习 3：使用 format()方法输出格式化字符串。

第 II 篇

核心技术

- 第 7 章　衔接更便利——抽象类与接口
- 第 8 章　不可避免的问题——处理异常
- 第 9 章　与外界的交流——Java 中的输入和输出类型
- 第 10 章　任务同时进行——Java 中的线程和并发
- 第 11 章　编译时再审查——Java 中的泛型
- 第 12 章　自检更灵活——Java 中的反射
- 第 13 章　简化程序的配置——Java 中的注解
- 第 14 章　特殊的数据集合——枚举类型

第 7 章

衔接更便利——抽象类与接口

面向对象编程的过程是一个逐步抽象的过程。接口是比抽象类更高层的抽象，它是对行为的抽象；而抽象类是对一种事物的抽象，即对类的抽象。Java 语言不支持多继承机制，因此引入接口，实现从多方面继承方法。本章详细介绍接口与抽象类的使用，以及 Java 的集合框架。

本章要点(已掌握的在方框中打钩)

- ☐ 理解抽象类和抽象方法的概念。
- ☐ 理解接口的概念。
- ☐ 理解接口与抽象类的区别。
- ☐ 熟练掌握接口的多态。
- ☐ 掌握 Collection 接口、List 接口和 Set 接口的方法的使用。
- ☐ 熟练掌握接口实现类 ArrayList、LinkedList、HashSet 和 TreeSet 的使用。
- ☐ 熟练掌握 Map 接口以及它的实现类 HashMap 的使用。

7.1 抽象类和抽象方法

在面向对象的概念中，所有的对象都是通过类来描绘的，但是反过来，并不是所有的类都是用来描绘对象的，若一个类中没有包含足够的信息来描绘一个具体的对象，这样的类就是抽象类。抽象方法是指一些只有方法声明，而没有具体方法体的方法。抽象方法一般存在于抽象类或接口中。下面具体介绍抽象类和抽象方法的使用。

7.1.1 抽象类

包含有抽象方法的类就是抽象类。抽象类也有自己的成员变量和成员方法，但是它不能实例化，对抽象类使用 new 关键字会导致编译时错误，允许(但不要求)抽象类包含抽象成员。通常在编写程序时，使用 abstract 关键字修饰抽象类。

抽象类的语法格式如下：

```
abstract class 类名{
    //类体
}
```

【例 7-1】定义抽象类 Fruit(源程序\ch07\src\Fruit.java)。

```
public abstract class Fruit {    //定义抽象类
    public String color;    //
    public abstract void color();
}
```

定义类 FruitTest，在类中对抽象类实例化(源程序\ch07\src\FruitTest.java)。

```
public class FruitTest {
    public static void main(String[] args) {
        Fruit f = new Fruit();
        f.color();
    }
}
```

将 FruitTest.java 复制到"E:\java\"目录下，在命令提示符下，编译上述 FruitTest 类，提示如图 7-1 所示。

【案例剖析】

在本案例中，定义了抽象类 Fruit，在抽象类中定义了一个抽象方法 color()。定义了 FruitTest 类，在类中对抽象类 Fruit 进行实例化，出现"Fruit 是抽象的；无法实例化"的错误提示。由此可以看出，不可以对抽象类使用 new 关键字进行实例化。

图 7-1 抽象类实例化

注意

抽象类中可以有抽象方法，也可以没有抽象方法。但是，有抽象方法的类一定是抽象类。

7.1.2 抽象方法

Java 语言中的抽象方法是用关键字 abstract 修饰的方法，这种方法只声明返回的数据类型、方法名称和所需的参数，没有方法体，即抽象方法只需要声明而不需要实现。

1. 声明抽象方法

如果一个类包含抽象方法，那么该类必须是抽象类。任何子类必须重写父类的抽象方法，否则声明自身必须声明为抽象类。声明一个抽象类的语法格式如下：

abstract 返回类型 方法名([参数表]);

注意

抽象方法没有定义方法体，方法名后面直接跟一个分号，而不是花括号。

2. 抽象方法的实现

继承抽象类的子类必须重写父类的抽象方法；否则，该子类也必须声明为抽象类。最终，必须有子类实现父类的抽象方法；否则，从最初的父类到最终的子类都不能用来实例化对象。下面通过一个例子介绍子类重写父类的抽象方法。

【例 7-2】定义子类 Apple 继承抽象类 Fruit，重写父类中方法(源代码\ch07\src\Apple.java)。

```java
public class Apple extends Fruit{
    public Apple(){
        color = "红色";
    }
    public void color(){
        System.out.println("苹果是: " + color);
    }
    public static void main(String[] args) {
        Apple a = new Apple();
        a.color();
    }
}
```

运行上述程序，结果如图 7-2 所示。

【案例剖析】

在本案例中，定义继承抽象类 Fruit 的子类 Apple，它实现了父类的抽象方法 color()，并重写了自己的构造方法。在程序的 main()方法中，创建子类对象 a，a 调用实现的抽象方法 color()。

图 7-2 抽象方法的实现

子类 Apple 必须实现父类的抽象方法 color()，否则子类 Apple 也必须定义为抽象类。父类 Fruit 参照例 7-1。

7.2 接 口 概 述

在一些面向对象的编程语言中，有一种称为多继承的机制，这种机制允许一个类从多个不同的类继承方法和属性。在 Java 语言中不支持多继承，因此引入了接口的概念，从而实现多方面继承方法的任务。

7.2.1 接口声明

接口是比抽象类更高的抽象，它是一个完全抽象的类，即抽象方法的集合。接口使用关键字 interface 来声明，其语法格式如下：

```
[public] interface 接口名 [extends 父类接口名]{
    //接口中成员
}
```

接口中的方法是不能在接口中实现的，只能由实现接口的类来实现接口中的方法。一个类可以通过关键字 implement 来实现。如果实现类，没有实现接口中的所有抽象方法，那么该类必须声明为抽象类。

接口有以下几个特性。

(1) 接口中也有变量，但是接口会隐式地指定为 public static final 变量，并且只能是 public，用 private 修饰会报编译错误。

(2) 接口中的抽象方法具有 public 和 abstract 修饰符，也只能是这些修饰符，其他修饰符都会报错。

(3) 接口是通过类来实现的。

(4) 一个类可以实现多个接口，多个接口之间使用逗号(,)隔开。

(5) 接口可以被继承，被继承的接口也必须是另一个接口。

7.2.2 接口默认方法

Java 8.0 提供了接口默认方法。即允许接口中可以有实现方法，使用 default 关键字在接口修饰一个非抽象的方法，这个特征又叫扩展方法。

【例 7-3】接口的 default 方法(源代码\ch07\src\InterfaceNew.java)。

```
public interface InterfaceNew {
    public double method(int a);
    public default void test() {
        System.out.println("java8 接口新特性");
    }
}
```

【案例剖析】

在本案例中，定义了接口 InterfaceNew，除了声明抽象方法 method()外，还定义了使用 default 关键字修饰的实现方法 test()，实现了 InterfaceNew 接口的子类只需要实现一个 calculate 方法即可，test()方法在子类中可以直接使用。

7.2.3　接口与抽象类

接口的结构和抽象类非常相似，也具有数据成员与抽象方法，但它又与抽象类不同。下面详细介绍接口与抽象类的异同。

1. 接口与抽象类的相同点

接口与抽象类存在一些相同的特性，具体如下。
(1) 都可以被继承。
(2) 都不能被直接实例化。
(3) 都可以包含抽象方法。
(4) 派生类必须实现未实现的方法。

2. 接口与抽象类的不同点

接口与抽象类除了存在一些相同的特性外，还有一些不同之处，具体如下。
(1) 接口支持多继承；抽象类不能实现多继承。
(2) 一个类只能继承一个抽象类，而一个类却可以实现多个接口。
(3) 接口中的成员变量只能是 public static final 类型的；抽象类中的成员变量可以是各种类型的。
(4) 接口只能定义抽象方法；抽象类既可以定义抽象方法，也可以定义实现的方法。
(5) 接口中不能含有静态代码块以及静态方法(用 static 修饰的方法)；抽象类是可以有静态代码块和静态方法。

7.3　接口的多态

接口的多态必须满足 3 个条件：继承关系、方法重写、父类引用指向子类对象。接口与实现类之间满足多态的条件。下面通过一个动物的例子介绍接口的多态。

【例 7-4】 定义一个接口 Animal，在接口中声明一个 cry()方法(源代码\ch07\src\Animal.java)。

```
public interface Animal {                //定义接口
    public abstract void cry();          //定义抽象方法
}
```

定义一个实现接口的类 Cat，在类中实现了接口中的方法 cry()(源代码\ch07\src\Cat.java)。

```
public class Cat implements Animal{      //定义实现接口的类 Cat
    public void cry(){                   //重写接口的抽象方法
        System.out.println("喵喵喵...");
    }
```

```
public static void main(String[] args) {
    Animal a = new Cat();        //父类引用指向子类对象
    a.cry();                     //调用子类重写的方法
}
}
```

运行上述程序,结果如图 7-3 所示。

【案例剖析】

在本案例中,定义了一个接口 Animal,实现接口的类 Cat,它们之间存在继承关系。在 Cat 类的 main()方法中,定义了接口 Animal 的引用 a 指向实现类 Cat。在 Cat 类中实现了接口中的抽象方法 cry()。在程序中通过引用 a 调用 Cat 类的 cry()方法。

图 7-3 接口的多态

7.4 抽象类和接口的实例

在介绍抽象类和接口的声明及使用与抽象方法的使用后,下面举例介绍抽象类与接口的使用。

7.4.1 抽象类的实例

在实际生活中,人都有共同的行为,如吃饭、睡觉、学习等,但是具体到某一类人是怎样吃饭、怎样学习的却各有不同。在本案例中,将人的这些共同的行为抽象到一个抽象类 Person 中,继承这个抽象类的派生类根据自身的特点,在实现类中实现它们具体的行为。

【例 7-5】定义抽象类 Person 及其实现类 Student 和 Employee。

(1) 在 Java 项目中,自定义一个抽象类 Person,抽象类中包含抽象方法和非抽象方法(源程序\ch07\src\Person.java)。

```
public abstract class Person {
    public abstract void study();    //定义抽象方法
    public abstract void eat();      //定义抽象方法
    public void sleep(){             //定义非抽象方法
        System.out.println("回家睡觉...");
    }
}
```

(2) 在 Java 项目中,自定义一个学生类 Student,继承抽象类 Person,在类中实现抽象类的所有方法(源程序\ch07\src\Student.java)。

```
public class Student extends Person{     //定义继承抽象类的子类
    public void study(){                 //定义实现方法
        System.out.println("学生在学校学习...");
    }
    public void eat(){                   //定义实现方法
        System.out.println("学生在学校吃饭...");
    }
```

(3) 在 Java 项目中，自定义一个职工类 Employee，继承抽象类 Person，在类中实现抽象类的所有方法(源程序\ch07\src\Employee.java)。

```java
public class Employee extends Person{      //定义继承抽象类的子类
    public void study(){                   //定义实现方法
        System.out.println("职工在外地进修...");
    }
    public void eat(){                     //定义实现方法
        System.out.println("职工在公司吃饭...");
    }
    public void sleep(){                   //重写父类方法
        System.out.println("外地出差，在宾馆睡觉...");
    }
}
```

(4) 在 Java 项目中，自定义类 AbstractTest，用于测试(源程序\ch07\src\AbstractTest.java)。

```java
public class AbstractTest {
    public static void main(String[] args) {
        Person p1 = new Student();
        Person p2 = new Student();
        //学生类实现抽象类的方法
        p1.eat();
        p1.study();
        p1.sleep();
        //职工类实现抽象类的方法
        p2.eat();
        p2.study();
        p2.sleep();
    }
}
```

运行上述程序，结果如图 7-4 所示。

【案例剖析】

在本案例中，定义了抽象类 Person，在 Person 类中定义了抽象方法 eat()和 study()，定义了非抽象方法 sleep()。

(1) Student 类继承抽象类 Person，按照自身的特点，Student 类实现了抽象类的 eat()方法和 study()方法，由于 Person 类中的 sleep()符合它自身的特点，因此没有重写此方法。

(2) Employee 类继承抽象类 Person，按照自身的特点，Employee 类实现了抽象类的 eat()方法和 study()方法，由于 Person 类中的 sleep()不符合 Employee 类自身的特点，因此在 Employee 类中重写了 sleep()方法。

图 7-4 抽象类实例

(3) 在 AbstractTest 类的 main()方法中，创建父类引用指向 Student 类的对象 p1 和父类引用指向 Employee 类的对象 p2。p1 调用 eat()方法、study()方法和 sleep()方法，通过运行结果可以看出，它调用的是 Student 类的 eat()方法和 study()方法，而 sleep()方法是调用的 Person

类的方法，这是因为在 Student 类中没有重写此方法。p2 调用 eat()方法、study()方法和 sleep()方法，通过运行结果可以看出，它调用的是 Employee 类的 eat()方法、study()方法和 sleep()方法，这是因为 Employee 类实现了 Person 类的 eat()方法和 study()方法，还重写了 Person 类的 sleep()方法。

本案例充分体现了面向对象程序设计的类的多态性。

7.4.2 接口的实例

对于相同的属性和行为不仅可以抽象成一个抽象类，还可以抽象成一个接口。下面介绍一个关于几何图形求面积的接口实例。

【例 7-6】定义接口 Area 以及实现接口的实现类 Triangle。

(1) 在 Java 项目中，自定义一个接口 Area，在 Area 接口中声明一个求面积的抽象方法 (源代码\ch07\src\Area.java)。

```
public interface Area {
    public double area();//声明求面积的抽象方法
}
```

(2) 在 Java 项目中，自定义一个实现接口的三角形类 Triangle，在类中实现接口声明的抽象方法(源代码\ch07\src\Triangle.java)。

```
public class Triangle implements Area{
    public double di;
    public double gao;
    public Triangle(double d,double g){
        di = d;
        gao = g;
    }
    public double area(){
        double d = (di*gao)/2;
        return d;
    }
}
```

(3) 在 Java 项目中，自定义一个测试类 InterfaceTest(源代码\ch07\src\InterfaceTest.java)。

```
public class InterfaceTest {
    public static void main(String[] args) {
        Area a = new Triangle(12, 8.6);
        System.out.println("矩形的面积是： " + a.area());
    }
}
```

运行上述程序，结果如图 7-5 所示。

【案例剖析】

在本案例中，定义了一个接口 Area，在接口中定义了一个抽象方法 area()；定义了一个实现接口的 Triangle 类，在实现类中定义了类的构造方法，并实现了接口中声明的抽象方法 area()。在测试类 InterfaceTest 的 main()方法中，创建父类引用指向 Triangle 类的对象 a，在创建时通过调用构造方法对成员变量赋值，a 调用类的求面积的 area()方法，并打印输出三角形的面积。

图 7-5　接口实例

7.5　集 合 框 架

在 Java 语言中有一套设计优良的接口和类组成了 Java 集合框架，方便程序员操作成批的数据或对象元素。下面详细介绍集合框架的使用。

7.5.1　接口和实现类

Java 语言中的集合框架就是一个类库的集合，包含了实现集合的接口。集合就像一个容器，用来存储 Java 类的对象。Java 所提供的集合 API 都在 java.util 包中。容器 API 的类图结构如图 7-6 所示。

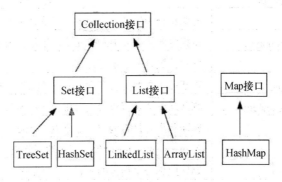

图 7-6　集合框架结构

1．Java 集合中的接口

在 Java 的集合中提供了以下接口。

(1) Collection 接口：该接口定义了存取一组对象的方法，是最基本的接口。

(2) Set 接口：该接口继承 Collection 接口，它包含的数据没有顺序且不可以重复。

(3) List 接口：该接口继承 Collection 接口，它包含的数据有顺序且可以重复。

(4) Map 接口：该接口是一个单独的接口，不继承于 Collection 接口。它是一种把键对象和值对象进行关联的容器，不能包含重复的键。

2. Java 集合中的实现类

在 Java 的集合中提供了实现接口的以下类。

（1）HashSet：实现了 Set 接口，无序集合，能够快速定位一个元素，需要注意的是，存入 HashSet 中的对象必须实现 HashCode()方法。

（2）TreeSet：不仅实现了 Set 接口，还实现了 Sorted 接口，可以实现对集合的自然排序。

（3）ArrayList：实现了 List 接口，有序集合，它的大小可变并且可以像链表一样被访问。它是以数组的方式实现的 List 接口，允许快速随机存取。

（4）LinkedList：实现了 List 接口，有序集合，通过一个链表的形式实现 List 接口，提供最佳顺序存取，适合插入和移除元素。由这个类定义的链表也可以像栈或队列一样被使用。

（5）HashMap：实现一个"键-值"映射的哈希表，通过键获取值对象，没有顺序，通过 get(key)方法来获取 value 的值，允许存储空对象，而且允许键是空的。由于键必须是唯一的，所以只能有一个。

7.5.2 Collection 接口

Collection 接口是 Set 接口和 List 接口的父接口，是最基本的接口。Collection 接口定义了对集合进行基本操作的一些通用方法。由于 Set 接口和 List 接口继承自 Collection 接口，所以可以调用这些方法。Collection 接口提供的主要方法如表 7-1 所示。

表 7-1 Collection 接口中的方法

返回类型	方 法 名	说 明
boolean	add(E e)	向此集合中添加一个元素，元素数据类型是 E
boolean	addAll(Collection c)	将指定此集合 c 中所有元素，添加到集合
void	clear()	删除此集合中的所有元素
boolean	contains(Object o)	判断此集合中是否包含元素 o，包含则返回 true
boolean	containsAll(Collection c)	判断此集合是否包含指定集合 c 中所有元素，包含则返回 true
boolean	isEmpty()	判断此集合是否为空，是则返回 true
Iterator	iterator()	返回一个 Iterator 对象，用于遍历此集合中的所有元素
boolean	remove(Object o)	删除此集合中指定的元素 o，若元素 o 存在时
boolean	removeAll(Collection c)	删除此集合中所有在集合 c 中的元素
int	size()	返回此集合中元素的个数
boolean	retainAll(Collection c)	保留此集合和指定集合 c 中都出现的元素
Object[]	toArray()	返回此集合中所有元素的数组

在所有实现 Collection 接口的容器类中，都有一个 iterator 方法，此方法返回一个实现了 Iterator 接口的对象。Iterator 对象称作迭代器，方便实现对容器内元素的遍历操作。

由于 Collection 是一个接口，不能直接实例化，下面的例子是通过 ArrayList 实现类来调用 Collection 接口的方法。

【例 7-7】 Collection 接口方法的使用(源代码\ch07\src\CollectionTest.java)。

```java
import java.util.ArrayList;        //import 关键字引入类
import java.util.Collection;
import java.util.Iterator;
public class CollectionTest {
    public static void main(String[] args) {
        Collection c = new ArrayList();   //创建集合 c
        //向集合中添加元素
        c.add("Apple");
        c.add("Banana");
        c.add("Pear");
        c.add("Orange");
        ArrayList array = new ArrayList(); //创建集合 array
        //向集合中添加元素
        array.add("Cat");
        array.add("Dog");
        System.out.println("集合 c 的元素个数：" + c.size());
        if(!array.isEmpty()){   //如果 array 集合不为空
            c.addAll(array);     //将集合 array 中的元素添加到集合 c 中
        }
        System.out.println("集合 c 中元素个数：" + c.size());
        Iterator iterator = c.iterator(); //返回迭代器 iterator
        System.out.println("集合 c 中元素：");
        while(iterator.hasNext()){ //判断迭代器中是否存在下一个元素
            System.out.print(iterator.next()+" "); //使用迭代器循环输出集合中的元素
        }
        System.out.println();
        if(c.contains("Cat")){       //判断集合 c 中是否包含元素 Cat
            System.out.println("---集合 c 中包含元素 Cat---");
        }
        c.removeAll(array);          //c 集合删除集合 array 中所有元素
        iterator = c.iterator();  //返回迭代器对象
        System.out.println("集合 c 中元素：");
        while(iterator.hasNext()){
            System.out.print(iterator.next()+" ");
        }
        System.out.println();
        //将集合中元素存放到字符串数组中
        Object[] str = c.toArray();
        String s ="";
        System.out.println("数组中元素：");
        for(int i=0;i<str.length;i++){
            s = (String)str[i];        //将对象强制转换为字符串类型
            System.out.print(s + " ");  //输出数组元素
        }
    }
}
```

运行上述程序，结果如图 7-7 所示。

【案例剖析】

在本案例中，定义了接口 List 的实现类 ArrayList 的对象 c 和 array，通过 add()方法，为两个集合添加元素。

(1) 集合 array 调用 isEmpty()方法，在 array 集合不为空的情况下，集合 c 调用 addAll()方法，将 array 集合中元素全部添加到集合 c 中。

(2) 集合 c 调用 iterator()方法返回迭代器对象 iterator，通过 while 循环将集合 c 中的元素输出。iterator.hasNext()方法判断迭代器中是否有下一个元素，如有则执行 iterator.next()方法输出元素。

(3) 集合 c 调用 contains()方法判断集合 c 是否包含指定的元素；调用 removeAll()方法移出 array 集合的元素；调用 toArray()方法将集合元素存放到数组 str 中，并通过 for 循环输出数组元素。

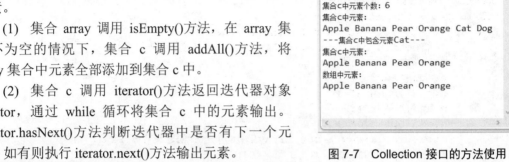

图 7-7 Collection 接口的方法使用

 注意　任何对象加入集合类后，自动转变为 Object 类型，所以在取出的时候，需要进行强制类型转换。

7.5.3 List 接口

List 接口是 Collection 的子接口，实现 List 接口的容器类中的元素是有顺序的，并且元素可以重复。List 容器中的元素对应一个整数型的序号，记录其在 List 容器中的位置，可以根据序号存取容器中的元素。List 接口除了继承 Collection 接口的方法外，又提供了一些方法，如表 7-2 所示。

表 7-2 List 接口中的方法

返回类型	方 法 名	说　明
E	get(int index)	返回此集合中指定索引处的元素，元素数据类型是 E
int	indexOf(Object o)	返回此集合中第一次出现指定元素的索引，如果此列表不包含该元素，则返回-1
int	lastIndexOf(Object o)	返回此集合中最后一次出现指定元素的索引；如果列表不包含此元素，则返回-1
E	set(int index,E element)	用指定元素 element 替换此集合中指定索引的元素，返回此集合中指定索引的原元素
List	subList(int formIndex,int toIndex)	返回一个新的集合，新集合元素是原集合 formIndex(包括)索引处与 toIndex(不包括)索引之间的所有元素

在 Java API 中提供的实现 List 接口的容器类有 ArrayList、LinkedList 等，它们是有序的容器类。具体使用哪个实现类要根据具体的场合来定。

1. ArrayList 类

ArrayList 类是实现一个可变大小的数组，可以像链表一样被访问。它是以数组的方式实现，允许快速随机存取。它允许所有元素，包括 null，但是 ArrayList 没有同步。每个 ArrayList 类实例都有一个容量(Capacity)，即存储元素的数组大小，这个容量可以随着不断添加新元素而自动增加。

ArrayList 类常用的构造方法有 3 种重载形式，具体介绍如下。

(1) 构造一个初始容量为 10 的空列表。

```
public ArrayList()
```

(2) 构造一个指定初始容量的空列表。

```
public ArrayList(int initialCapacity)
```

(3) 构造一个包含指定集合元素的列表，这些元素是按照该 collection 的迭代器返回它们的顺序排列。

```
public ArrayList(Collection c)
```

【例 7-8】ArrayList 类的使用(源代码\ch07\src\ArrayListTest.java)。

```java
import java.util.ArrayList;
import java.util.Iterator;
import java.util.List;
public class ArrayListTest {
    public static void main(String[] args) {
        ArrayList list = new ArrayList();    //创建初始容量为10的空列表
        list.add("cat");
        list.add("dog");
        list.add("pig");
        list.add("sheep");
        list.add("pig");
        System.out.println("---输出集合中元素---");
        Iterator iterator = list.iterator();
        while(iterator.hasNext()){
            System.out.print(iterator.next()+" ");
        }
        System.out.println();
        //替换指定索引处的元素
        System.out.println("返回替换集合中索引是1的元素: " + list.set(1, "mouse"));
        iterator = list.iterator();
        System.out.println("---元素替换后集合中元素---");
        while(iterator.hasNext()){
            System.out.print(iterator.next()+" ");
        }
        System.out.println();
        //获取指定索引处的集合元素
        System.out.println( "获取集合中索引是2的元素: "+ list.get(2));
        System.out.println("集合中第一次出现pig索引: " + list.indexOf("pig"));
        System.out.println("集合中最后一次出现dog索引: " + list.lastIndexOf("dog"));
        List l = list.subList(1, 4);
        iterator = l.iterator();
```

```
            System.out.println("---新集合中的元素---");
            while(iterator.hasNext()){
                System.out.print(iterator.next()+" ");
            }
        }
    }
```

运行上述程序，结果如图 7-8 所示。

【案例剖析】

在本案例中，定义了一个 ArrayList 类的对象 list，list 调用 add()方法添加集合元素，通过它的 iterator()方法获取迭代器对象 iterator，通过 iterator 对象和 while 循环输出集合中元素，可以看出集合中元素的顺序就是按照 add()方法的添加顺序排列的。

list 集合调用 set(1)方法替换集合中指定索引 1 处的元素 dog 为 mouse；调用 get(2)方法获取指定索引 2 处的元素，返回 pig；调用 indexOf("pig")方法获取指定元素 pig 第一次出现的索引，即 2；调用 lastIndexOf("dog")方法获取指定元素 dog 最后一次出现

图 7-8 ArrayList 类方法的使用

的索引，由于 dog 被 mouse 替换，不存在 dog，所以返回-1；调用 subList(1,4)方法返回集合中从指定开始索引 1 到结束索引 4 间的一个新集合，不包含结束索引 4 处的元素。

注意

调用 subList()方法返回的新集合中不包含结束索引位置处的元素。

2. LinkedList 类

LinkedList 实现了 List 接口，允许出现值为 null 的元素。LinkedList 类实现一个链表，可以对集合的首部和尾部进行插入和删除操作，这些操作可以使 LinkedList 类被用作堆栈(stack)、队列(queue)或双向队列(deque)。相对于 ArrayList，LinkedList 在插入或删除元素时提供了更好的性能，但是随机访问元素的速度则相对较慢。LinkedList 类除了继承 List 接口的方法外，又提供了一些方法，如表 7-3 所示。

表 7-3 LinkedList 类的方法

返回类型	方法名	说明
void	addFirst(E e)	将指定元素插入此集合的开头
void	addLast(E e)	将指定元素插入此集合的结尾
E	getFirst()	返回此集合的第一个元素
E	getLast()	返回此集合的最后一个元素
E	removeFirst()	移除并返回此集合的第一个元素
E	removeLast()	移除并返回此集合的最后一个元素

【例 7-9】 LinkedList 类提供的方法的使用(源代码\ch07\src\LinkedListTest.java)。

```java
import java.util.Iterator;
import java.util.LinkedList;
public class LinkedListTest {
    public static void main(String[] args) {
        LinkedList list = new LinkedList();  //创建初始容量为10的空列表
        list.add("cat");
        list.add("dog");
        list.add("pig");
        list.add("sheep");
        list.addLast("mouse");
        list.addFirst("duck");
        System.out.println("---输出集合中元素---");
        Iterator iterator = list.iterator();
        while(iterator.hasNext()){
            System.out.print(iterator.next()+" ");
        }
        System.out.println();
        System.out.println("获取集合的第一个元素：" + list.getFirst());
        System.out.println("获取集合的最后一个元素：" + list.getLast());
        System.out.println("删除集合第一个元素" + list.removeFirst());
        System.out.println("删除集合最后一个元素" + list.removeLast());
        System.out.println("---删除元素后集合元素---");
        iterator = list.iterator();
        while(iterator.hasNext()){
            System.out.print(iterator.next()+" ");
        }
    }
}
```

运行上述程序，结果如图 7-9 所示。

【案例剖析】

在本案例中，定义一个链表集合 list，通过实现类 LinkedList 自定义的方法 addFirst()方法和 addLast()方法，在链表的首部和尾部添加元素 duck 和 mouse，可以看出添加元素位置与这两个方法的位置无关；但是在使用 add()方法时，添加元素顺序和 add()方法顺序有关。list 调用 getFirst()方法和 getLast()方法获取集合中第一个和最后一个元素，即 duck 和 mouse；调用 removeFirst()方法和 removeLast()方法删除集合中第一个和最后一个元素。

图 7-9　LinkedList 方法的使用

 LinkedList 没有同步方法。如果多个线程同时访问一个 List，则必须自己实现访问同步。

7.5.4　Set 接口

Set 接口是 Collection 的子接口，Set 接口没有提供新增的方法。实现 Set 接口的容器类中的元素是没有顺序的，并且元素不可以重复。在 Java API 中提供的实现 Set 接口的容器类有 HashSet、TreeSet 等，它们是无序的容器类。

1. HashSet 类

HashSet 类实现了 Set 接口，不允许出现重复元素，不保证集合中元素的顺序，允许包含值为 null 的元素，但最多只能有一个。HashSet 添加一个元素时，会调用元素的 hashCode()方法，获得其哈希码，根据这个哈希码计算该元素在集合中的存储位置。HashSet 使用哈希算法存储集合中的元素，可以提高集合元素的存储速度。

HashSet 类的常用构造方法有 3 种重载形式，具体说明如下。

(1) 构造一个新的空的 Set 集合。

```
public HashSet()
```

(2) 构造一个包含指定集合中的元素的 Set 新集合。

```
public HashSet(Collection c)
```

(3) 构造一个新的空 Set 的集合，指定初始容量。

```
public HashSet(int initialCapacity)
```

【例 7-10】HashSet 类的使用(源代码\ch07\src\HashSetTest.java)。

```
import java.util.HashSet;
import java.util.Iterator;
public class HashSetTest {
    public static void main(String[] args) {
        HashSet hash = new HashSet();
        hash.add("56");
        hash.add("32");
        hash.add("50");
        hash.add("48");
        hash.add("48");
        hash.add("23");
        System.out.println("集合元素个数：" + hash.size());
        Iterator iter = hash.iterator();
        while(iter.hasNext()){
            System.out.print(iter.next() + " ");
        }
    }
}
```

运行上述程序，结果如图 7-10 所示。

【案例剖析】

在本案例中，定义了 HashSet 对象 hash，通过调用它的 add()方法添加集合元素，可以看到添加的重复元素 48 被覆盖，Set 集合中不允许存在重复元素。通过 hash 对象调用 iterator()方法获得迭代器，输出集合中元素，可以看到元素是无序的。

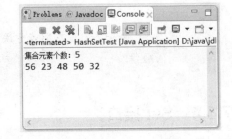

图 7-10 HashSet 的使用

2. TreeSet 类

TreeSet 类不仅继承了 Set 接口，还继承了 SortedSet 接口，它不允许出现重复元素。由于 SortedSet 接口可实现对集合中的元素进行自然排序(即升序排序)，因此 TreeSet 类会对实现了 Comparable 接口的类的对象自动排序。TreeSet 类提供的方法如表 7-4 所示。

表 7-4　TreeSet 类提供的方法

返回类型	方　法　名	说　明
E	first()	返回此集合中当前第一个(最低)元素，E 集合元素数据类型
E	last()	返回此集合中当前最后一个(最高)元素，E 集合元素数据类型
E	pollFirst()	获取并移除第一个(最低)元素；如果集合为空，则返回 null
E	pollLast()	获取并移除最后一个(最高)元素；如果集合为空，则返回 null
SortedSet\<E\>	subSet(E fromElement, E toElement)	返回一个新集合，其元素是原集合从 fromElement(包括)到 toElement(不包括)之间的所有元素
SortedSet\<E\>	tailSet(E fromElement)	返回一个新集合，其元素是原集合中 fromElement 对象之后的所有元素，包含 fromElement 对象
SortedSet\<E\>	headSet(E toElement)	返回一个新集合，其元素是原集合中 toElement 对象之前的所有元素，不包含 toElement 对象

【例 7-11】TreeSet 类方法的使用(源代码\ch07\src\TreeSetTest.java)。

```java
import java.util.Iterator;
import java.util.SortedSet;
import java.util.TreeSet;
public class TreeSetTest {
    public static void main(String[] args) {
        TreeSet tree = new TreeSet();
        tree.add("45");
        tree.add("32");
        tree.add("68");
        tree.add("12");
        tree.add("20");
        tree.add("80");
        tree.add("75");
        System.out.println("集合元素个数：" + tree.size() );
        System.out.println("---集合中元素---");
        Iterator iter = tree.iterator();
        while(iter.hasNext()){
            System.out.print(iter.next() + " ");
        }
        System.out.println();
        System.out.println("---集合中 20-68 之间的元素---");
        SortedSet s = tree.subSet("20", "68");
        iter = s.iterator();
        while(iter.hasNext()){
            System.out.print(iter.next() + " ");
        }
        System.out.println();
```

```
            System.out.println("---集合中 45 之前的元素---");
            SortedSet s1 = tree.headSet("45");//包含 45
            iter = s1.iterator();
            while(iter.hasNext()){
                System.out.print(iter.next() + " ");
            }
            System.out.println();
            System.out.println("---集合中 45 之后的元素---");
            SortedSet s2 = tree.tailSet("45"); //不包含 45
            iter = s2.iterator();
            while(iter.hasNext()){
                System.out.print(iter.next() + " ");
            }
            System.out.println();
            System.out.println("集合中第一个元素："+tree.first());
            System.out.println("集合中最后一个元素："+tree.last());
            System.out.println("获取并移出集合中第一个元素："+tree.pollFirst());
            System.out.println("获取并移出集合中最后一个元素："+tree.pollLast());
            System.out.println("---集合中元素---");
            iter = tree.iterator();
            while(iter.hasNext()){
                System.out.print(iter.next() + " ");
            }
            System.out.println();
    }
}
```

运行上述程序，结果如图 7-11 所示。

【案例剖析】

(1) 在本案例中，定义了 TreeSet 对象 tree，对象 tree 调用 add()方法添加集合元素，这里添加的集合元素是 String 类型的，由于 String 类实现了 Comparable 接口，所以 TreeSet 类对添加的元素进行了升序排序。

(2) 在本案例中，对象 tree 调用 subSet("20", "68")方法，返回一个新集合，它是原集合中 20~68 的所有元素，这里新集合包含指定的开始元素 20，但是不包含指定的结束元素 68；调用 headSet("45")方法，返回一个新集合，它是原集合中元素 45(包含)之前的所有元素；调用 tailSet("45")方法，返回一个新集合，它是原集合中元素 45(不包含)之后的所有元素。

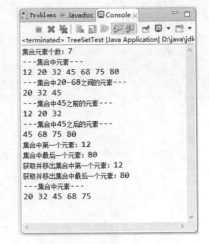

图 7-11　TreeSet 方法使用

(3) 在本案例中，对象 tree 调用 iterator()方法获得迭代器，用于输出集合中的元素；调用 first()方法输出集合的第一个元素；调用 last()方法输出集合的最后一个元素；调用 pollFirst()方法获得并移出集合中第一个元素；调用 pollLast()方法获得并移出集合中最后一个元素。

7.5.5　Map 接口

Map 接口是用来存储键(key)-值(value)对的集合，存储的键-值对是通过键来标识的，所以键的值不可以重复。Map 接口的实现类有 HashMap 类和 TreeMap 类。

HashMap 是基于哈希表的 Map 接口的实现类,以键-值对(key-value)映射的形式存在。它在 HashMap 中,总是被当作一个整体,系统会根据 hash 算法来计算键-值对的存储位置,具有很快的访问速度,最多允许一条记录的键为 null,不支持线程同步。可以通过键(key)快速地存、取值(value)。TreeMap 类继承了 AbstractMap,可以对键对象进行排序。Map 接口提供的常用方法如表 7-5 所示。

表 7-5 Map 接口提供的方法

返回类型	方 法 名	说 明
V	get(Object key)	返回指定键所映射的值;如果此映射不包含该键的映射关系,则返回 null。V 值的数据类型
V	put(K key ,V value)	向 Map 集合中添加键-值对,返回 key 以前对应的 value,如果没有,则返回 null
Set	keySet()	返回 Map 中所有键对应的 Set 集合
Set	entrySet()	返回 Map 集合中所有键-值对的 Set 集合,Set 集合中元素数据类型是 Map.Entry

【例 7-12】HashMap 类方法的使用(源代码\ch07\src\HashMapTest.java)。

```java
import java.util.Iterator;
import java.util.Set;
import java.util.HashMap;
public class HashMapTest {
    public static void main(String[] args) {
        HashMap map = new HashMap();
        map.put("101", "一代天骄");           //添加键-值对
        map.put("102", "成吉思汗");           //添加键-值对
        map.put("103", "只识弯弓射大雕");      //添加键-值对
        map.put("104", "俱往矣");             //添加键-值对
        map.put("105", "数风流人物");         //添加键-值对
        map.put("105", "还看今朝");           //添加键-值对
        System.out.println("指定键 102 获取值: " + map.get("102"));
        Set s = map.keySet();                 //获取 HashMap 键的集合
        Iterator iterator = s.iterator();
        //获得 HashMap 中值的集合,并输出。
        String key = "";
        while(iterator.hasNext()){
            key = (String)iterator.next();
            //获得 HashMap 键的集合,强制转换为 String 类型
            System.out.println(key + ":" + map.get(key));
        }
    }
}
```

运行上述程序,结果如图 7-12 所示。

【案例剖析】

在本案例中，定义了 HashMap 类的对象 map，通过调用 put() 方法添加集合元素。map 对象调用 get("102")方法，获得指定键的值"成吉思汗"。map 调用 iterator()方法获得 Iterator 对象，通过 iterator.next()方法获得 HashMap 类中的键，并赋值给 String 类型的 key；map 调用 get(key)方法获得 HashMap 类中的值，最后打印显示键-值对。

图 7-12　HashMap 使用

7.6　大 神 解 惑

小白：ArrayList 类和 LinkedList 类有什么区别？

大神：ArrayList 是实现了基于动态数组的数据结构，而 LinkedList 基于链表的数据结构。对于随机访问 get()、set()，ArrayList 的速度快；对于新增或删除即修改，LinkedList 的速度快。

小白：Comparable 接口有什么作用？

大神：当需要排序的集合或数组不是单纯的数字类型时，通常可以使用 Comparable 接口，以简单的方式实现对象排序或自定义排序。这是因为 Comparable 接口内部有一个要重写的关键的方法即 compareTo(T o)，用于比较两个对象的大小，这个方法返回一个整型数值。例如 x.compareTo(y)，如果 x 和 y 相等，则方法返回值是 0；如果 x 大于 y，则方法返回值是大于 0 的值；如果 x 小于 y，则方法返回值是小于 0 的值。因此，可以对实现了 Comparable 接口的类的对象排序。

7.7　跟我学上机

练习 1：编写 Java 程序，定义一个汽车的抽象类，在抽象类中定义其抽象方法和非抽象方法。通过继承的子类实现抽象类的抽象方法。

练习 2：编写 Java 程序，定义一个汽车的接口，在接口中定义其抽象方法。通过实现类实现接口中的抽象方法。

练习 3：编写 Java 程序，使用 Iterator 迭代器输出 ArrayList 中的所有元素。

练习 4：编写 Java 程序，使用 TreeSet 类实现对学生成绩从高到低输出，并统计不及格学生和及格学生的人数。

练习 5：编写 Java 程序，输出 HashMap 中所有的键-值对。

第 8 章
不可避免的问题——处理异常

在程序开发过程中,程序员会尽量避免错误的发生,但是总会发生一些不可预期的事情。例如,除法运算时被除数为 0、内存不足、栈溢出等。Java 语言提供了异常处理机制,处理这些不可预期的事情。本章详细介绍异常的分类、捕获处理、声明和抛出异常,最后介绍程序员如何自定义异常类。

本章要点(已掌握的在方框中打钩)

- ☐ 了解异常的概念。
- ☐ 掌握异常的分类。
- ☐ 熟练掌握异常的捕获处理。
- ☐ 熟练掌握声明和抛出异常的使用。
- ☐ 掌握自定义异常的使用。

8.1 异常的概念

Java 语言中异常(exception)又称为"例外",是程序在运行时发生的错误。例如,内存空间不足、除数为零或用户输入的数据错误等。如果程序中没有异常处理机制,一旦出现异常,程序立即中止。为了使程序在有错误发生时能够自动处理,或给用户提示一些相关的出错信息,必须使用异常处理类。

【例 8-1】编写 Java 程序,输出两个数相除的结果(源代码\ch08\src\ExceptionTest.java)。

```java
import java.util.Scanner;
public class ExceptionTest {
    public static void main(String[] args) {
        Scanner input = new Scanner(System.in);
        System.out.println("---除法运算---");
        System.err.println("输入除数: ");
        int x = input.nextInt();
        System.err.println("输入被除数: ");
        int y = input.nextInt();
        System.out.println("x/y 除法运算结果: " + (x/y));
    }
}
```

运行上述程序,在控制台输入除数 3 和被除数 2 时,结果如图 8-1 所示;在控制台输入除数 3 和被除数 0 时,结果如图 8-2 所示。

图 8-1 程序运行正常

图 8-2 程序运行异常

【案例剖析】

在本案例中,用户通过在控制台输入数据,输入第一个数赋值给 x,输入第二个数赋值给 y,在程序中对 x 与 y 做除法运算,由于 y 是被除数不能为 0,所以当用户数据 y 的值是 0 时,程序运行发生异常。

 注意　　在 Java 语言中,做除法运算时,当除数和被除数都是整型时,结果只取整数部分。

1. 异常产生的原因

Java 程序产生异常的原因一般有以下 3 个方面。

(1) Java 内部错误发生异常。

(2) 编写的程序代码错误产生异常，如数组越界、被除数为零等。这种异常称为"运行时异常"，一般需要在类中处理这些异常。

(3) 程序员通过 throw 关键字手动生成的异常，这种异常称为"非运行时异常"。

2．异常处理

Java 的异常处理是通过面向对象的方法实现的。在一个方法运行时，若发生了异常，方法会产生代表该异常的一个对象，并把它交给运行时的系统，运行时的系统会寻找相应的代码来处理这个异常。生成异常对象，并把对象交给运行时系统的过程称为抛出(throw)异常。运行时系统在栈中查找可以处理该异常的对象，这个过程称为捕获(catch)异常。

8.2 异常的分类

Java 语言的异常处理机制是它的一个重要特色。异常处理机制可以预防程序代码错误或系统错误所导致的不可预期的情况发生，使系统更安全、更健壮。Java 的异常处理类都直接或间接地继承 Throwable 类。Throwable 在异常类层次结构的顶层，紧接着 Throwable 把异常分成了两个不同分支的子类，即 Exception 类和 Error 类，如图 8-3 所示。

从图 8-3 中可以看出 Throwable 类是所有异常和错误类的父类。异常类 Exception 分为运行时异常和非运行时异常，也称为不检查异常和检查异常。

(1) Error。定义了通常环境下不希望被程序捕获的异常。Error 类型的异常用于 Java 运行时系统来显示与运行时系统本身有关的错误。例如，堆栈溢出、虚拟机错误等，它们是灾难性致命错误，不是程序可以控制的。

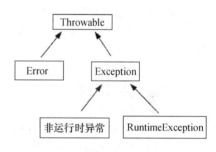

图 8-3　异常结构

(2) Exception。用于程序可能捕获的异常情况，它是可以用来创建自定义异常类型的类。Exception 异常有一个非常重要的子类异常 RuntimeException，它的异常包括除数为零和数组下标越界等。由于这类异常事件很普通，捕获这类异常会对程序的可读性和高效性带来负面影响，因此程序可以不捕获这些异常，而由 Java 运行系统来处理。

非运行时异常是指 RuntimeException 以外的异常，是必须要进行捕获的异常，如果不处理，程序就不能编译通过。例如，IOException、ClassNotFoundException 等以及用户自定义的 Exception 异常，一般情况下不会自定义运行时异常。表 8-1 列出了常见的一些异常类型。

表 8-1　Java 中常见异常类型

异常类型	说　明
ArithmeticException	算术错误异常
ArrayIndexOutOfBoundsException	数组下标越界异常

续表

异常类型	说 明
ClassNotFoundException	类不存在异常
EOFException	文件结束
FileNotFoundException	文件不存在异常
IllegalArgumentException	方法参数错误异常
InterruptedException	线程中断异常
IOException	I/O 异常的根类
StackOverflowError	堆栈溢出错误异常
NullPointerException	空指针异常，即访问的对象是 null
NumberFormatException	数字转化格式异常

8.3 捕获异常

Java 异常处理通过 5 个关键字控制，即 try、catch、throw、throws 和 finally。try 语句块是可能发生异常的代码。catch 语句是用来捕捉这个异常并且用某种合理的方法来处理该异常。finally 语句块用来进行最后的收尾工作。throw 关键字是程序主动抛出一个异常。throws 是声明方法或类中任何可能被抛出且必须捕获的异常语句。

8.3.1 捕获异常结构

Java 异常处理通常是使用 try-catch-finally 语句实现的。try 语句不可以单独使用，必须和 catch 或 finally 语句配合使用。即有一个 try 语句，可以有一个或多个 catch 语句，以及有一个 finally 语句。捕获处理异常的基本结构如下：

```
try {
//可能发生异常的语句块
} catch(ExceptionType e) {
//异常处理代码
} finally {
//释放程序资源
}
```

将可能发生异常的代码块放进 try 块中，如果 try 块中的某条语句发生了异常，那么发生异常语句之后的语句不再执行，而是转到 catch 语句块执行。

在 catch 后的括号里必须声明异常的类型并定义该类型的一个引用，一旦 try 块中的语句有异常发生，系统抛出的异常对象就会和 catch 括号里声明的异常类型进行对比，如果匹配，把抛出的异常传递给 catch 声明的引用，然后再执行 catch 中的语句块。

finally 语句一般是用来释放系统资源的。

8.3.2　try-catch 语句

在 Java 中，通常采用 try-catch 语句捕获处理异常。try 是捕获可能发生异常的代码段，catch 是对发生的异常做处理。其语法格式如下：

```
try {
//可能发生异常的语句块
} catch(ExceptionType1 e) {
//异常处理代码
}
```

【例 8-2】使用 try-catch，捕获例 8-1 中发生的异常(源代码\ch08\src\BaseException.java)。

```java
import java.util.Scanner;
public class BaseException {
    public static void main(String[] args) {
        Scanner input = new Scanner(System.in);
        System.out.println("---除法运算---");
        try {
            System.err.println("输入除数：");
            int x = input.nextInt();
            System.err.println("输入被除数：");
            int y = input.nextInt();
            System.out.println("x/y 除法运算结果： " + (x/y));
        } catch (ArithmeticException e) {
            System.out.println("被除数为 0 的异常");
            e.printStackTrace();
        }
    }
}
```

运行上述程序，结果如图 8-4 所示。

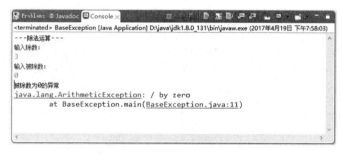

图 8-4　try-catch 捕获异常

【案例剖析】

在本案例中，通过 try-catch 捕获例 8-1 中发生的异常。将可能发生异常的代码段放到 try 语句中，在 catch 语句中程序员打印"被除数为 0 的异常"，并通过 printStackTrace()方法输出堆栈中的异常信息。

在 Java 异常处理中，可以使用以下几种方法输出异常的相应信息。

(1) printStackTrace()方法：将异常的类型、性质、栈层次以及出现在程序中的位置，存放到输出流中。

(2) getMessage()方法：输出异常的描述信息。

(3) getLocalizedMessage()方法：输出本地化的描述信息，一般此方法可被子类覆盖，缺省实现与 getMessage()输出信息一致。

8.3.3 多条 catch 语句

如果 try 语句块中发生多种异常，那么可以通过多个 catch 语句分别捕获处理；如果这些异常之间有继承关系，那么要先捕获子类异常，这是因为如果先捕获父类异常，那么捕获子类异常的语句将无法得到执行，这是编译器禁止出现的情况。异常处理有多个 catch 语句的基本语法格式如下：

```
try {
//可能发生异常的语句块
} catch(ExceptionType1 e) {
//异常处理代码
} catch(ExceptionType1 e) {
//异常处理代码
}...
```

【例 8-3】程序中有时会发生多种异常，这就需要使用多个 catch 语句处理。对例 8-1 做多种异常捕获(源代码\ch08\src\ MoreCatch.java)。

```java
import java.util.InputMismatchException;
import java.util.Scanner;
public class MoreCatch {
    public static void main(String[] args) {
        Scanner input = new Scanner(System.in);
        System.out.println("---除法运算---");
        try {
            System.err.println("输入除数：");
            int x = input.nextInt();
            System.err.println("输入被除数：");
            int y = input.nextInt();
            System.out.println("x/y 除法运算结果： " + (x/y));
        } catch (ArithmeticException e) {
            System.out.println("被除数为 0 的异常");
            e.printStackTrace();
        } catch(InputMismatchException e){
            System.out.println("用户输入类型错误！");
            e.printStackTrace();
        } catch(Exception e){
            e.printStackTrace();
        }
    }
}
```

运行上述程序，在控制台输入字母，结果如图 8-5 所示。在控制台输入正确数值且被除数不为 0，结果如图 8-6 所示。

图 8-5　数据类型错误　　　　　　　　图 8-6　正常运行

【案例剖析】

在本案例中，对例 8-1 程序通过多个 catch 语句捕获异常。由于用户输入数据类型不确定，因此需要捕获 InputMismatchException 异常，若输入数据不是数值类型时，捕获此异常。若用户输入数据是数值类型，但 y 的值可能是 0，因此需要捕获 ArithmeticException 异常。在程序中写了 3 个 catch 语句，最后一个 catch 语句捕获 Exception 类型的异常。由于 Exception 类是所有异常类的父类，因此，捕获 Exception 类型的 catch 语句必须放在最后；而 InputMismatchException 异常类和 ArithmeticException 异常类是兄弟关系，它们的 catch 语句的顺序在捕获 Exception 异常类的 catch 语句之前就可以。

8.3.4　finally 语句

finally 语句在异常处理中一般是做收尾工作，finally 语句用来保证程序的健壮性。例如对文件读取时，打开文件之后，发生了异常。程序去处理这个异常，但是文件没有关闭，这样可能造成文件的破坏。文件打开之后必须要关闭它们，文件关闭的操作就可以放在 finally 语句块中。无论程序有没有发生异常 finally 语句都必须执行，即使 try 语句块中有 return、break 或 continue 这样的跳转语句也不能阻止 finally 语句的执行。

【例 8-4】 finally 语句的使用(源代码\ch08\src\ FinallyTest.java)。

```java
import java.io.FileInputStream;
import java.io.FileNotFoundException;
import java.io.IOException;
public class FinallyTest {
    public static void main(String[] args) {
        FileInputStream fis = null;
        System.out.println("---关闭文件---");
        try {
            fis = new FileInputStream("file.txt");
        }catch (FileNotFoundException e) {
            System.out.println("catch:文件不存在异常!");
            e.printStackTrace();
        }finally{
            System.out.println("执行 finally 语句");
            try {
                if(fis!=null){
```

```
                fis.close();
            }
        } catch (IOException e) {
            System.out.println("文件关闭异常");
            e.printStackTrace();
        }
    }
}
```

运行上述程序,结果如图 8-7 所示。

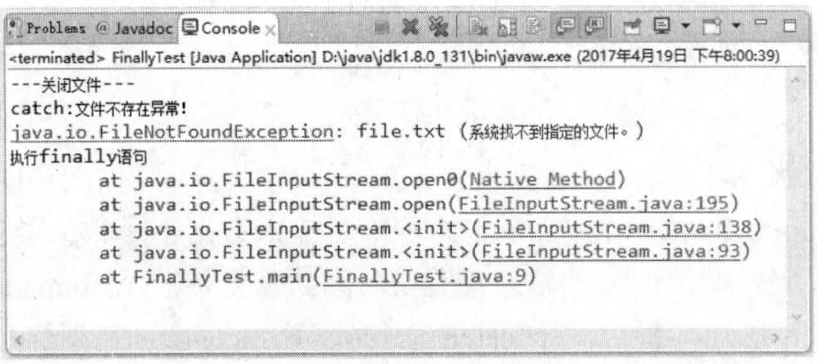

图 8-7 finally 语句使用

【案例剖析】

在本案例中,定义了一个文件输入流对象 fis,读取文件 file.txt 的内容。由于不确定 file.txt 文件是否存在,因此需要使用 catch 语句捕获 FileNotFoundException 类异常。在 finally 语句中,如果文件流 fis 不是 null,则关闭 fis 文件流。由于不确定 file.txt 是否被其他程序读写,因此需要在 finally 语句块中,对这条语句捕获并处理 IOException 异常。

8.4 声 明 异 常

在 Java 程序中,如果方法可能产生异常,但是它本身不能或者不知道如何处理这个异常,那么可以使用 throws 关键字来声明抛弃这个异常,由调用该方法的方法来处理这种异常。声明异常的语法格式如下:

```
返回类型 方法名(参数表) throws Exception1, Exception2, …{
…
}
```

Exception1,Exception2 表示要声明的异常类,声明多个异常类时,它们之间使用逗号隔开。这些异常类可以是方法产生的异常,也可以是方法抛出的异常。

【例 8-5】声明异常(源代码\ch08\src\ThrowTest.java)。

```
public class ThrowsTest {
    public void chu() throws ArithmeticException{
        int x = 8;
        int y = 0;
        System.out.println(x/y);
```

```java
public static void main(String[] args) {
    ThrowsTest ts = new ThrowsTest();
    System.out.println("---捕获方法声明的异常---");
    try {
        ts.chu();
    } catch (ArithmeticException e) {
        System.out.println("main方法捕获异常");
        e.printStackTrace();
    }
}
```

运行上述程序，结果如图 8-8 所示。

图 8-8　throws 声明抛弃异常

【案例剖析】

在本案例中，定义了一个类的成员方法 chu()，在方法中定义两个整数，x=8，y=0，在方法中对 x 和 y 做算术运算。chu()方法声明异常 ArithmeticException，向上抛出异常。在 main()方法中，创建类的对象 ts，通过 ts 调用 chu()方法，由于 chu()方法没有处理这个异常，因此 main()方法必须捕获这个异常。

8.5　抛出异常

在 Java 语言中，异常对象通常是由 Java 虚拟机自动生成的，程序员也可以在程序里抛出异常。在程序中使用 throw 关键字直接抛出异常，其语法格式如下：

```
throw new 异常类();
```

异常类：必须是 Throwable 类或其子类。

new 异常类()：就是抛出的异常对象。

【例 8-6】程序员抛出异常(源代码\ch08\src\ThrowTest.java)。

```java
import java.util.Scanner;
public class ThrowTest {
    public void chu(int x,int y){
        if(x == y || y==0){
            System.out.println("抛出算术异常");
            throw new ArithmeticException();//抛出异常
        }else{
```

```java
            System.out.println("x/y = " + (x/y));
        }
    }
    public static void main(String[] args) {
        Scanner input = new Scanner(System.in);
        try {
            System.out.println("输入除数：");
            int x = input.nextInt();
            System.out.println("输入被除数：");
            int y = input.nextInt();
            ThrowTest t = new ThrowTest();
            t.chu(x, y);    //捕获异常
        } catch (ArithmeticException e) {
            e.printStackTrace();
        }
    }
}
```

运行上述程序，输入两个值相等的数值 2 时方法抛出异常，结果如图 8-9 所示。输入两个数值 6 和 3 时程序正常运行，结果如图 8-10 所示。

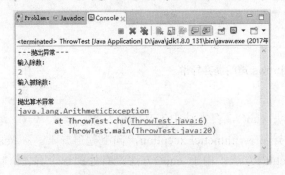

图 8-9　throw 抛出异常

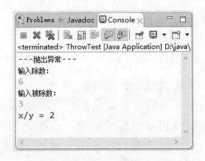

图 8-10　程序不抛出异常

【案例剖析】

在本案例中，定义了一个类的成员方法 chu()，对两个数值做算术运算，在方法中当 y=0 或者 x 与 y 相等时，在程序中自定义抛出 ArithmeticException 异常。在程序的 main()方法中输入两个整数，赋值给 x 和 y。创建类的对象 t，t 调用 chu(x,y)方法，在 main()方法中捕获自定义的 ArithmeticException 类异常。

8.6　自定义异常

在 Java 中除了可以使用内置的异常类外，还可以自定义异常类。自定义的异常类必须继承 Exception 类或 Exception 类的子类。Exception 类没有提供方法，但是它继承了 Throwable 类，因此它继承 Throwable 类定义的方法。创建异常类的语法格式如下：

```
class 异常类名 extends Exception
```

异常类名：遵守 Java 标识符的命名规范，一般命名为 xxxException。

Exception：要继承的 Exception 类或它的子类。

【例 8-7】自定义异常类(源代码\ch08\src\MyoneException.java)。

```java
public class MyoneException extends Exception{
    public String getMessage(){
        String str = "程序员自定义的异常类。";
        return str;
    }
}
```

自定义异常测试类(源代码\ch08\src\TestException.java)。

```java
public class TestException {
    //方法抛弃自定义异常
    public void test() throws MyoneException{
        //在方法中抛出一个自定义异常
        throw new MyoneException();
    }
    public static void main(String[] args) {
        TestException te = new TestException();
        try {
            //在main()方法中处理自定义的异常
            te.test();
        } catch (MyoneException e) {
            System.out.println(e.getMessage());
        }
    }
}
```

运行上述程序，结果如图 8-11 所示。

【案例剖析】

在本案例中，自定义了异常类 MyoneException，在异常类中重写了 getMessage()方法。在测试类 TestException 中定义 test()方法，在方法中抛出自定义异常，test()方法没有捕获自定义异常而是向上抛弃了异常。在测试类的 main()方法中，创建 TestException 类的对象 te 并调用 test()方法。由于 test()方法中抛出异常而它不做处理，而是向上抛出异常，因此 main()方法要么处理自定义异常要么将异常抛出给 Java 系统。不建议将异常抛出给系统处理，所以在 main()方法中捕获并处理自定义异常。

图 8-11　自定义异常

8.7　大神解惑

小白：throw 和 throws 的区别？

大神：throw 是针对对象的做法，抛出一个具体的异常类型，可以是系统定义的，也可以是自己定义的。throws 是声明一个方法可能抛弃的异常，抛弃的异常可以是系统定义的，也可以是自己定义的。

8.8 跟我学上机

练习 1：编写一个 Java 程序，在程序中接收用户输入的数据放入数组，要对数组下标越界进行处理。

练习 2：编写一个 Java 程序，自定义一个异常类，并在测试类中处理该异常。

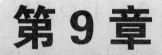

第 9 章

与外界的交流——Java 中的输入和输出类型

在之前章节介绍的内容中,所有数据的处理都是在内存中进行的,数据无法长期保存。要长久保存数据就要将它们存放到文件或数据库中。但是对于简单的数据,如果存放到数据库中就会造成资源浪费,所以可以将数据存储到文件中。

在 Java 语言中,JDK 提供了 I/O(输入输出流),从文件读取数据或向文件写入数据。本章重点介绍 I/O 输入输出流,如何向文件读写数据。

本章要点(已掌握的在方框中打钩)

- ☐ 了解 I/O 的分类。
- ☐ 掌握 File 类提供的使用。
- ☐ 掌握字节流、字符流的类。
- ☐ 熟练掌握节点流的使用。
- ☐ 熟练掌握缓冲流的使用。
- ☐ 熟练掌握数据流的使用。
- ☐ 熟练掌握转换流的使用。
- ☐ 掌握 Print 流和 Object 流的使用。

9.1 I/O 简介

在 Java 程序中,数据的输入输出操作都是以"流"(Stream)的方式进行的;JDK 提供了一个 java.io 包,包中提供了许多接口和类,用于处理不同数据类型的输入输出。

9.1.1 I/O 分类

java.io 包中定义了多种流类型(类或抽象类)来实现输入输出功能。下面从不同角度对其进行分类。

(1) 按数据流的方向不同分为:输入流和输出流。输入流只能从中读取数据,而不能向其写入数据;输出流则只能向其写入数据,而不能从中读取数据。

(2) 按处理数据单位不同分为:字节流和字符流。字节流以字节为单位进行数据传输,每次传送一个或多个字节。字符流以字符为单位进行数据传输,每次传送一个或多个字符。

(3) 按照功能不同可以分为:节点流和处理流。节点流直接连接到数据源。处理流是对一个已存在的流的连接和封装,通过所封装的流的功能调用实现增强的数据读写功能,处理流不直接连到数据源。

9.1.2 预定义流

在 Java 中有一种特殊的流叫预定义流。在 Java.lang 包中有一个预定义流 System,在运行 Java 程序时,系统会自动导入这个包。System 类封装了运行时环境的几个要素,即预定义变量 in、out 和 err。

(1) System.err:标准错误输出流。
(2) System.in:标准输入流。
(3) System.out:标准输出流。

这些变量在 System 类中被定义为 public static,因此在程序中可以直接使用它们。System.in 是 InputStream 类型的一个对象,它可以使用 InputStream 类定义的 read()方法,从键盘读取一个或多个字符。System.err 和 System.out 是 PrintStream 类型的对象,它们可以使用 print()、println()和 write()方法完成在控制台的输出,经常使用的是 print()和 println()方法。

【例 9-1】预定义流的使用(源代码\ch09\src\ SystemTest.java)。

```
import java.io.IOException;
public class SystemTest {
    public static void main(String[] args) {
        byte b[] = new byte[15];//存放数据的数组
        System.out.println("请输入数据: ");
        try {
            System.in.read(b);//定义从键盘读取数据存放到数组中,读取 b.length 个字节
            System.out.println("您输入的内容: ");
            for(int i=0;i<b.length;i++){
                System.out.print((char)b[i]);
            }
```

```
        } catch (IOException e) {
            //System.err.println("读取错误! ");
            e.printStackTrace();
        }
    }
}
```

运行上述程序，结果如图 9-1 所示。

【案例剖析】

在本案例中，定义一个字节数组 b，用来存放从键盘输入的数据，b.length 指定读取的数据的大小。使用 read() 方法将读取从键盘输入的数据，无论输入数据多少，只读取 b.length 个字节。当从键盘输入的数据多于 b.length 时，读取 b.length 个字节；当从键盘输入的数据少于 b.length 时，不足 b.length 个字节的补空格。

图 9-1　System 类的使用

9.2　文件处理

java.io 包中提供了处理文件的 File 类，它的功能非常强大，利用它可以对文件进行所有的操作。在对文件进行操作之前，首先必须创建一个指向文件的对象，也可以指向一个不存在的文件，系统会自动创建它。下面详细介绍 File 类的使用。

9.2.1　File 类

File 类是文件和目录路径名的抽象表示形式，它主要用来获取或处理与磁盘文件相关的信息，如文件名、文件路径、访问权限等。

1. 构造方法

File 类提供了 4 种重载形式的构造方法，它们的语法格式如下：

`public File(File parent, String child)`

parent 是父抽象路径名，child 是子路径名字符串。根据 parent 抽象路径名和 child 路径名字符串创建一个新 File 实例。如果 parent 为 null，则创建一个新的 File 实例，否则 parent 抽象路径名用于表示目录，child 路径名字符串用于表示目录或文件。

`public File(String pathname)`

pathname 是路径名字符串。通过将给定路径名字符串转换为抽象路径名来创建一个新 File 实例。如果给定字符串是空字符串，那么结果是空抽象路径名。

`public File(String parent, String child)`

parent 是父路径名字符串，child 是子路径名字符串。根据 parent 路径名字符串和 child 路径名字符串创建一个新 File 实例。

```
public File(URI uri)
```

通过将给定的 uri 转换为一个抽象路径名来创建一个新的 File 实例。

2. File 方法

File 类提供一些对文件进行操作的方法，如表 9-1 所示。

表 9-1 File 类的常用方法

返回类型	方法名	说明
boolean	createNewFile()	创建文件
String	getName()	返回文件对象名(不包括路径)
String	getPath()	返回文件对象的路径名
String	getAbsolutePath()	返回文件的绝对路径名
String	getParent()	返回文件的上一级目录名
boolean	delete()	删除文件
boolean	renameTo(File dest)	文件重命名
long	lastModified()	返回文件最后修改的时间
long	length()	返回当前文件的长度
boolean	exists()	判断文件是否存在
boolean	canRead()	判断当前文件是否可读
boolean	canWrite()	判断当前文件是否可写
boolean	isFile()	判断当前文件对象是否是一个普通文件
boolean	isDirectory()	判断当前文件是否是一个目录
boolean	isAbsolute()	判断当前文件是否是一个绝对路径名
boolean	mkdir()	生成目录
boolean	mkdirs()	生成目录，包含所有必需但不存在的父目录
String[]	list()	返回目录和文件的字符数组

9.2.2 文件操作

File 类不仅可以获取文件的属性，还可以指定文件的路径，以及创建、删除文件等。下面通过具体的例子来介绍 File 类对文件操作的方法的使用。

【例 9-2】在 MyEclipse 中创建 Java 项目，在项目中创建类 FileTest，在类的 main()方法中测试 File 类提供的方法的使用(源代码\09\src\FileTest.java)。

```java
import java.io.*;
public class FileTest {
    public static void main(String[] args) {
        String name = "fileTest.txt";//文件名
        String path = "./";//路径名
        File file = new File(path,name);  //创建文件对象
        if(file.exists()){
```

```
            System.out.println("----文件信息----");
            System.out.println("文件名称: " + file.getName());
            System.out.println("文件路径: " + file.getPath());
            System.out.println("绝对路径" + file.getAbsolutePath());
            System.out.println(file.isFile()?"是文件":"不是文件");
            System.out.println(file.isDirectory()?"是路径":"不是路径");
            System.out.println("文件长度: " + file.length());
            System.out.println("文件最后修改时间: " + file.lastModified());
        }else{
            try {
                file.createNewFile();
            } catch (IOException e) {
                e.printStackTrace();
            }
        }
    }
}
```

运行上述程序，结果如图 9-2 所示。

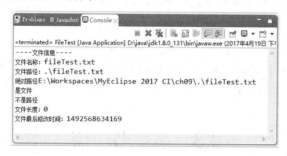

图 9-2 文件方法的使用

【案例剖析】

在本案例中，通过 File 类提供的构造方法，指定文件路径和文件名，创建一个文件对象 file。使用 File 类提供的 exists()方法判断文件是否存在，如果文件不存在，使用 createNewFile()方法创建文件；如果文件存在，通过 File 提供的方法，在控制台打印文件的相关信息。

9.2.3 目录操作

File 类不仅提供了对文件操作的一些方法，还提供了创建、删除目录的方法。下面通过具体的例子来介绍对目录操作的方法的使用。

【例 9-3】File 类提供的创建目录等方法的使用(源代码\ch09\src\PathTest.java)。

```
import java.io.*;
public class PathTest {
    public static void main(String[] args){
        String path = "C:/Users";              //声明目录变量
        File pathFile = new File(path);        //创建目录对象
        if(pathFile.exists()){                 //判断目录是否存在
            //目录存在，以字符串数组的形式返回指定目录下的文件和目录
            String[] paths = pathFile.list();
```

```
            //循环输出指定目录下的文件和目录
            System.out.println("---指定目录下文件和目录---");
            for(int i=0;i<paths.length;i++){
                System.out.println(paths[i]);
            }
        }else{
            //目录不存在，创建指定目录
            pathFile.mkdir();
        }
    }
}
```

运行上述程序，结果如图 9-3 所示。

【案例剖析】

在本案例中，首先声明字符串类型的目录路径名 path，File 类调用带参数的构造方法，创建 File 类的对象 pathFile。通过调用它的 exists()方法，判断当前指定的目录是否存在，若不存在，创建指定目录；若目录存在，调用 File 类的 list()方法，将当前指定目录下文件和目录以字符串数组的形式返回。通过 for 循环在控制台打印指定目录下的文件和目录。

图 9-3　目录方法的使用

9.3　字　节　流

继承自 InputStream 抽象类的流，都是向程序中输入数据，且数据的单位是字节(8 位)。继承自 OutputStream 抽象类的流，都是程序输出数据，且数据的单位是字节(8 位)。

1. InputStream

InputStream 是一个抽象类，它是 java.io 包中所有字节输入流的父类。InputStream 类的方法出错时，都会引发一个 IOException 异常。它提供了一些常用的方法，如表 9-2 所示。InputStream 类的所有子类都可以使用它的这些方法。

表 9-2　InputStream 类的方法

返回类型	方法名	说明
int	available()	返回当前输入流读取的字节数
void	close()	关闭输入流。关闭后的读操作会产生 IOException
abstract int	read()	从输入流中读取数据的下一个字节。遇到文件末尾时返回-1
int	read(byte[] b)	从输入流中读取一定数量的字节，并将其存储在缓冲区数组 b 中。返回成功读取的字节数
int	read(byte[] b,int off,int len)	从输入流中最多读取 len 个字节，将它们保存到 byte 数组中。其中 off 指定字节数组开始存放数据的起始下标。返回成功读取的字节数

返回类型	方 法 名	说　　明
void	mark(int readlimit)	在输入流中当前位置做标记。readlimit 指在标记位置失效前可以读取字节的最大数
boolean	markSupported()	判断输入流是否支持 mark()和 reset()，支持返回 true，否则 false
void	reset()	将流重新定位到先前使用 mark()方法设置的标记处
Long	skip(long n)	跳过输入流中 n 个字节，返回实际忽略的字节数

2. OutputStream

OutputStream 是一个抽象类，它是 java.io 包中所有字节输出流的父类。OutputStream 类的方法返回类型是 void，在方法出错时，都会引发一个 IOException 异常。OutputStream 类提供了一些常用的方法，如表 9-3 所示。OutputStream 类的所有子类都可以使用它的这些方法。

表 9-3　OutputStream 类的方法

返回类型	方 法 名	说　　明
void	close()	关闭输出流。关闭后的写操作会产生 IOException
void	flush()	刷新此输出流，强制写出所有缓冲的输出字节
void	write(byte[] b)	将 b.length 个字节从指定的 byte 数组写入输出流
void	write(byte[] b,int off,int len)	将指定数组 byte 中，从下标 off 开始的 len 个字节写入输出流
void	write(int b)	向输出流写入指定的单个字节。注意参数是整数型，允许不必把参数转换成字节型

9.4　字　符　流

继承自 Reader 抽象类的流，都是向程序中输入数据，且数据的单位是字符(16 位)。继承自 Writer 抽象类的流，都是程序输出数据，且数据的单位是字符(16 位)。

1. Reader

Reader 抽象类是所有字符输入流的父类，该类提供了许多常用的方法，如表 9-4 所示。Reader 类的所有子类都可以使用它的这些方法。

表 9-4　Reader 类的方法

返回类型	方 法 名	说　　明
void	close()	关闭输入流。关闭后的读操作会产生 IOException
int	read()	读取单个字符。遇到文件末尾时返回-1
int	read(char[] c)	将字符读入数组

续表

返回类型	方法名	说明
int	read(char[] c,int off,int len)	从输入流中读取最多 len 个字符，将它们保存到数组 c 中。其中 off 指定字符数组开始存放数据的起始下标。返回成功读取的字符数
void	mark(int readlimit)	在输入流中当前位置做标记
boolean	markSupported()	判断此流是否支持 mark()操作。当且仅当此流支持此 mark 操作时，返回 true
boolean	ready()	判断是否准备读取此流。如果保证下一个 read()不阻塞输入，则返回 true，否则返回 false。注意，返回 false 并不保证阻塞下一次读取
void	reset()	重置该流
Long	skip(long n)	跳过输入流中 n 个字符，返回实际忽略的字节数

2. Writer

Writer 抽象类是所有字符输出流的父类，该类也提供了许多常用的方法，如表 9-5 所示。Writer 类的所有子类都可以使用它的这些方法。

表 9-5 Writer 类的方法

返回类型	方法名	说明
void	close()	关闭输出流，但要先刷新它
void	flush()	刷新输出流的缓冲
void	write(char[] c)	将 c.length 个字节从指定的数组 c 写入输出流
void	write(char [] c,int off,int len)	将指定数组 byte 中，从下标 off 开始的 len 个字节写入输出流
void	write(int c)	向输出流写入单个字符
void	write(String s)	向输出流写入字符串
void	write(String s，int off,int len)	将字符串 s 中，从字符串下标 off 开始的 len 个字符写入输出流
Writer	append(char c)	将指定字符 c 添加到输出流中
Writer	append(CharSequence csq)	将指定字符序列 csq 添加到输出流中
Writer	append(CharSequence csq, int start, int end)	将指定字符序列 csq 的子序列添加到输出流中。start 是子字符序列第一个字符的索引，end 是最后一个字符后面的字符的索引

9.5 节点流

节点流直接连接到数据源，它可以从一个特定的数据源(节点)读写数据。例如，文件、内存等。节点流与数据源的连接结构如图 9-4 所示，程序与数据源之间的这条管道就是节点流。

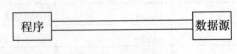

图 9-4 节点流

常用的节点流有 FileInputStream、FileOutputStream、FileReader 和 FileWriter 等。下面详细介绍这 4 个节点流的使用。

9.5.1 FileInputStream 流

FileInputStream 主要用来处理字节文件，它们是 InputStream 类的子类，实现了父类的抽象方法。FileInputStream 类用来读取字节文件，通过打开一个到实际文件的连接来创建一个 FileInputStream 类对象，其常用的构造方法如下：

```
public FileInputStream(String name) throws FileNotFoundException
public FileInputStream(File file) throws FileNotFoundException
```

name：文件的路径名。

file：通过 File 类创建的指向指定文件的对象。

注意   如果指定文件不存在，或者它是一个目录，而不是一个常规文件，抑或因为其他某些原因而无法打开进行读取，则抛出 FileNotFoundException。

【例 9-4】使用 FileInputStream 类读取字节文件(源代码\ch09\src\FileInputStreamTest.java)。

```java
import java.io.*;
public class FileInputStreamTest {
    public static void main(String[] args) {
        FileInputStream fis = null;   //声明文件读取对象 fis
        File f = null;                //File 文件对象声明
        try {
            f = new File("e:/java/io/file.txt"); //指定文件的路径
            fis = new FileInputStream(f);        //打开指定的文件
        } catch (FileNotFoundException e) {
            System.out.println("指定文件找不到！");
            System.exit(-1);
        }
        int end = 0;                             //获取读取的字节
        byte[] by = new byte[(int)f.length()];   //创建字节数组，大小有 f.length 指定
        System.out.println("---按字节读取---");
        try {
            while((end = fis.read(by))!=-1){
                //读取 f.length 个字节，放入字节数组 by 中
                String s = new String(by);   //创建有字节数组指定缓冲区内容的字符串 s
                System.out.println(s);       //打印文件内容
                System.out.println("共读取了" + end + "个字节。");
                    //打印读取的字节数
            }
        } catch (IOException e1) {
            System.out.println("读取错误");
            System.exit(-1);
        }
        System.out.println("---读取结束---");
        if(fis!=null){
            try {
                fis.close();
```

```
        } catch (IOException e) {
            System.out.println("文件关闭异常。");
            System.exit(-1);
        }
    }
  }
}
```

运行上述程序，结果如图 9-5 所示。

【案例剖析】

在本案例中，通过 File 类创建对象 f，通过文件类的构造方法指定文件的路径；定义了一个文件字节输入流对象 fis，它是直接连接到数据源的节点流，所以在 FileInputStream 的构造方法中指定要读取的文件路径 f。此处可能会抛出 FileNotFoundException 异常，需要在程序中捕获并处理。

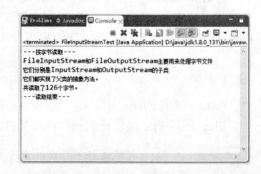

图 9-5　FileInputStream 读取文件

通过文件字节输入流 FileInputStream 类提供的 read(byte[] by)方法，读取文件 file.txt 中 f.length 个字节的内容并存放到字节数组 by 中，再创建指定缓冲区内容的字符串 s，然后将文件内容以字符串的形式在控制台输出。调用读取方法时可能抛出 IOException 异常，需要在程序中捕获并处理。最后关闭文件时，也可能出现 IOException 异常，因此也需要捕获。

(1) byte 数组的是在已知数组大小的情况下创建的。

(2) 在案例中使用的文件 file.txt 在"源代码\ch09\src\java"目录中，请读者先将 java 文件夹放到 E 盘根目录下，再测试本案例。

(3) 在程序中，如果用到的类都在同一个包中，那么可以使用星号(*)将整个包引入，即"import java.io.*"，这样就可以使用 io 包中所有的类了。

9.5.2　FileOutputStream 流

FileOutputStream 类主要用来处理字节文件，是 OutputStream 类的子类，实现了父类的抽象方法。FileOutputStream 类是写入字节文件，其常用的构造方法如下：

```
public FileOutputStream(String name) throws FileNotFoundException
public FileOutputStream(String name, boolean append) throws
FileNotFoundException
public FileOutputStream(File file) throws FileNotFoundException
public FileOutputStream(File file, boolean append) throws
FileNotFoundException
```

name：文件的路径名。
file：通过 File 类创建的指向指定文件的对象。
append：如果为 true，则将字节写入文件末尾处，而不是写入文件开始处。

> 注意：如果该文件存在，但它是一个目录，而不是一个常规文件；或者该文件不存在，但无法创建它；抑或因为其他某些原因而无法打开，则抛出 FileNotFoundException。

【例 9-5】使用 FileOutputStream 类复制文件(源代码\ch09\src\FileOutputStreamTest.java)。

```java
import java.io.*;
public class FileOutputStreamTest {
    public static void main(String[] args) {
        FileOutputStream fos = null;
        FileInputStream fis = null;
        int end = 0;       //读取字节
        int count = 0;     //统计字节数
        try {
            fis = new FileInputStream("e:/java/io/file.txt");
            fos = new FileOutputStream("e:/java/io/fileCopy.txt");
        } catch (FileNotFoundException e) {
            System.out.println("指定文件找不到！");
            System.exit(-1);
        }
        try {
            while((end=fis.read())!=-1){       //读一个字节
                fos.write(end);                //写入一个字节
                count++;
            }
            System.out.println("文件复制完成，共复制了" + count +"个字节");
        } catch (IOException e) {
            System.out.println("复制文件出错！");
            System.exit(-1);
        }
        try {
            if(fis!=null){
                fis.close();
            }
            if(fos!=null){
                fos.close();
            }
        } catch (IOException e) {
            System.out.println("文件关闭异常！");
            System.exit(-1);
        }
    }
}
```

运行上述程序，结果如图 9-6 所示；文件复制完成后，内容如图 9-7 所示，可以看到文件内容与例 9-4 中的程序在控制台输出的内容一致。

图 9-6 FileOutputStream 写入文件

图 9-7 复制文件内容

【案例剖析】
在本案例中，首先创建字节文件输入流 FileInputStream 对象 fis，并通过它的构造方法指定要读取的文件路径，字节文件输出流 FileOutputStream 对象 fos，通过它的构造方法指定要写入的文件路径。此处可能会抛出 FileNotFoundException 异常，需要在程序中捕获并处理。

由于 FileInputStream 类重写了父类的抽象方法 read()，FileOutputStream 类重写了父类的抽象方法 write()，因此对象 fis 调用 read() 方法从指定文件读取一个字节，对象 fos 再调用 write() 方法将读取的一个字节写入指定的文件。通过 while 循环从指定文件读取字节再写入指定文件，从而完成文件的复制。调用读写方法时可能抛出 IOException 异常，需要在程序中捕获并处理。最后关闭文件时，也可能出现 IOException 异常，因此也需要捕获。

9.5.3　FileReader 流

FileReader 主要用来处理文件字符，是 InputStreamReader 类的子类，它本身没有新的方法，所有的方法都来自其父类。

FileReader 类是读取文件字符，它常用的构造方法如下：

```
public FileReader(String fileName) throws FileNotFoundException
public FileReader(File file) throws FileNotFoundException
```

fileName：读取数据的文件名。
file：读取数据的 File 对象。

如果指定文件不存在，或者它是一个目录，而不是一个常规文件，抑或因为其他某些原因而无法打开进行读取，则抛出 FileNotFoundException。

【例 9-6】使用 FileReader 读取文件(源代码\ch09\src\FileReaderTest.java)。

```java
import java.io.*;
public class FileReaderTest {
    public static void main(String[] args) {
        FileReader fr = null;
        int end = 0;
        try {
            fr = new FileReader("e:/java/io/file.txt");
        } catch (FileNotFoundException e) {
            System.out.println("指定文件找不到");
            System.exit(-1);
        }
        System.out.println("----按字符读取---");
        try {
            while((end=fr.read())!=-1){
                System.out.print((char)end);
            }
            System.out.println();
            System.out.println("----读取结束---");
        } catch (IOException e) {
            System.out.println("读取文件错误");
            e.printStackTrace();
```

```
            System.exit(-1);
        }
        if(fr!=null){
            try {
                fr.close();
            } catch (IOException e) {
                System.out.println("文件关闭异常。");
                System.exit(-1);
            }
        }
    }
}
```

运行上述程序，结果如图 9-8 所示。

【案例剖析】

在本案例中，定义文件字符输入流 FileReader 对象 fr，通过调用它的构造方法指定要读取的文件的路径。此处可能会抛出 FileNotFoundException 异常，需要在程序中捕获并处理。

图 9-8 FileReader 读取文件

在 while 循环中，使用对象 fr 调用 read()方法，按照一次读取一个字符的格式读取文件中的内容，并在控制台输出。调用读取方法时可能抛出 IOException 异常，需要在程序中捕获并处理。最后关闭文件时，也可能出现 IOException 异常，因此也需要捕获。

9.5.4 FileWriter 流

FileWriter 主要用来处理文件字符，是 OutputStreamWriter 类的子类，它本身没有新的方法，所有的方法都来自其父类。

FileWriter 类是写入字符文件，它常用的构造方法如下：

```
public FileWriter(String fileName) throws IOException
public FileWriter(String fileName,boolean append) throws IOException
public FileWriter(File file) throws IOException
public FileWriter(File file,boolean append) throws IOException
```

fileName：读取数据的文件名。

file：读取数据的 File 对象。

append：如果为 true，则将字节写入文件末尾处，而不是写入文件开始处。

 如果指定文件存在，但它是一个目录，而不是一个常规文件，或者该文件不存在，但无法创建它，抑或因为其他某些原因而无法打开它，则抛出 IOException。

【例 9-7】使用 FileWriter 类，向指定文件写入内容(源代码\ch09\src\FileWriterTest.java)。

```
import java.io.*;
public class FileWriterTest {
```

```java
    public static void main(String[] args) {
        FileWriter fw = null;
        try {
            fw = new FileWriter("e:/java/io/string.txt");
            char[] c = {'w','r','i','t','e'};
            fw.write(c);
            fw.write('\t');
            fw.write("使用FileWriter类写入字符串");
            fw.close();
        } catch (IOException e) {
            System.out.println("写入出错");
            e.printStackTrace();
        }
    }
}
```

运行上述程序，结果如图9-9所示。

【案例剖析】

在本案例中，创建文件字符输出流对象 fw，通过调用它的构造方法指定要写入文件的路径，这里可能抛出 IOException 异常，要进行捕获处理。对象 fw 调用它的 write()方法，向文件写入字符数组、字符及字符串。最后关闭文件。

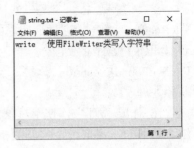

图9-9　FileWriter 写入文件

 JDK 提供的节点流，还有字节数组输入流 ByteArrayInputStream 和字节数组输出流 ByteArrayOutputStream，它们分别继承自 InputStream 和 OutputStream。它们的使用方法请参照 JDK API。

9.6　处　理　流

处理流是连接在已存在的流之上，通过对数据的处理为程序提供更强大的读写功能。常用的处理流有缓冲流、数据流、转换流、Print 流和 Object 流等。处理流与数据源的连接结构如图9-10所示，在节点流外套接的一层一层的流就是处理流。

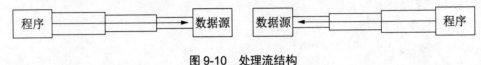

图9-10　处理流结构

9.6.1　缓冲流

缓冲流是要套接在相应的节点流之上，对读写的数据提供了内置的缓冲功能，提高了读写的效率。

1. BufferedInputStream 和 BufferedOutputStream

BufferedInputStream 和 BufferedOutputStream 是缓冲读写字节流，可以一次读写多个字节，以优化系统的性能。它们在初始化时除了指明要绑定的输入或输出流外，还可以指定缓冲区的大小。

(1) BufferedInputStream 带有缓冲区，当它连接到某个输入流时，可以先将多个字节读入到缓冲区中，这样以后的读操作就可以直接访问缓冲区了，从而减少了计算机访问数据源的次数，提高了程序的读取效率。它提供的构造方法的语法格式如下：

```
public BufferedInputStream(InputStream in)
public BufferedInputStream(InputStream in,int size)
```

in：底层输入流，InputStream 对象。

size：缓冲区大小。

【例 9-8】BufferedInputStream 类读取文件(源代码\ch09\src\BufferedInputStreamTest.java)。

```java
import java.io.*;
public class BufferedInputStreamTest {
    public static void main(String[] args) {
        FileInputStream fis = null;
        BufferedInputStream bis = null;
        int r = 0;
        try {
            fis = new FileInputStream("e:/java/io/ bufferReader.txt");
            bis = new BufferedInputStream(fis);
            //循环读取文件中前 6 个字节，并输出
            System.out.println("---循环输出 6 个字节---");
            for(int i=0;i<6&&(r=bis.read())!=-1;i++){
             System.out.print((char)r + " ");
            }
            System.out.println();
            //在文件的这个位置做标记，100 是指标记失效前，最多可读取 100 个字节
            bis.mark(100);
            //循环读取文件中 20 个字节
            System.out.println("---第一次循环输出 20 个字节---");
            for(int i=0;i<20 && (r=bis.read())!=-1;i++){
              System.out.print((char)r+" ");
            }
            System.out.println();
            bis.reset();   //返回标记处
            //循环输出文件中 20 个字节
            System.out.println("---第二次循环输出 20 个字节---");
            for(int i=0;i<20 && (r=bis.read())!=-1;i++){
              System.out.print((char)r+" ");
            }
            fis.close();   //关闭节点流
            bis.close();   //关闭缓冲流
        }catch (FileNotFoundException e1) {
            System.out.println("指定文件不存在");
            System.exit(-1);
        } catch (IOException e) {
        System.out.println("IO 异常");
```

```
            e.printStackTrace();
        }
    }
}
```

运行上述程序，结果如图 9-11 所示。

【案例剖析】

在本案例中，创建文件节点输入流对象 fis，通过它的构造方法指定要读取的文件路径；创建套接在输入节点流 fis 之上的缓冲输入流 BufferedInputStream 对象 bis。

通过 for 循环，调用缓冲流的 read()方法，读取文件的前 6 个字节。然后调用缓冲流的 mark()方法，在此处做标记。通过 for 循环输出

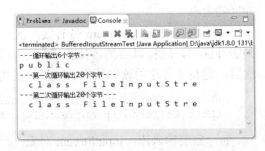

图 9-11 BufferedInputStream 读取文件

后面 20 个字节，再调用 bis.reset()方法，将当前位置定位到标记处，然后通过 for 循环输出 20 个字节。由运行结果可以看出，前后两次 for 循环输出内容相同。最后关闭所有的流。

(2) BufferedOutputStream 带有缓冲区，当它进行数据输出时，可以先将数据写入内置的缓冲区中，如果缓冲区已满，则把缓冲区中的数据写入所连接的输出流中；如果缓冲区未满则保存在缓冲区中，等写满缓冲区后，使用 flush()方法经缓冲区中数据刷写入所连接的字节输出流中。它提供的构造方法的语法格式如下：

```
public BufferedOutputStream(OutputStream out)
public BufferedOutputStream(OutputStream out, int size)
```

out：底层输出流，OutputStream 对象。

size：缓冲区大小。

【例 9-9】使用 BufferedOutputStream 类套接在节点流 FileOutputStream 类之上写入文件 (源代码\ch09\src\BufferedOutputStreamTest.java)。

```
import java.io.*;
public class BufferedOutputStreamTest {
    public static void main(String[] args) {
        FileOutputStream fos = null;
        BufferedOutputStream bos = null;
        int r = 0;
        try {
            fos = new FileOutputStream("e:/java/io/bufferWriter.txt");
            bos = new BufferedOutputStream(fos);
            byte[] b = {'B','u','f','f','e','r','e','d','O','u','t','p',
'u','t','S','t','r','e','a','m'};
            for(int i=0;i<b.length;i++){
                bos.write(b[i]);
            }
            bos.write('\t');
            bos.write(b);
            bos.flush();     //刷新缓冲输出流
            fos.close();     //关闭节点流
```

```
            bos.close();    //关闭缓冲流
        } catch (FileNotFoundException e1) {
            System.out.println("指定文件不存在");
            System.exit(-1);
        }catch (IOException e) {
            System.out.println("IO 异常");
            e.printStackTrace();
        }
    }
}
```

运行上述程序，结果如图 9-12 所示。

【案例剖析】

在本案例中，创建文件节点输出流的对象 fos，调用它的构造方法指定要写入的文件路径；创建套接在节点输出流之上的缓冲输出流 BufferedOutputStream 对象 bos。

定义字节数组 b 并初始化，在 for 循环中调用缓冲输出流的 write()方法，将数组 b 中内容写入文件，调用 write('\t')方法向文件写一个 tab，调用 write(b)向文件写入数组内容。调用 flush()方法前，

图 9-12 BufferedOutputStream 写入文件

写入的内容是存在缓冲区中，调用 flush()方法刷新缓冲输出流，将缓冲区中的内容写入文件。最后关闭所有的流。

2. BufferedReader 和 BufferedWriter

BufferedReader 和 BufferedWriter 是缓冲读写字符流，可以一次读写多个字节，以优化系统的性能。它们是 Reader 和 Writer 类的子类，除了父类提供的基本方法外，还增加了对整行字符的处理方法。即 BufferedReader 类提供了 readLine()方法，读取一行文本；而 BufferedWriter 类提供了 newLine()方法，写入一个行分隔符。

(1) BufferedReader 带有缓冲区，当它连接到某个输入流时，可以先将多个字符读入到缓冲区中，这样以后的读操作就可以直接访问缓冲区，从而减少了计算机访问数据源的次数，提高了程序的读取效率。它提供的构造方法的语法格式如下：

```
public BufferedReader(Reader in)
public BufferedReader(Reader in,int size)
```

in：底层输入流，Reader 对象。

size：缓冲区大小。

【例 9-10】使用 BufferedReader 类读取文件(源代码\ch09\src\BufferedReaderTest.java)。

```
import java.io.*;
public class BufferedReaderTest {
    public static void main(String[] args) {
        FileReader fr = null;
        BufferedReader br = null;
        String str = null;
```

```java
        try {
            fr = new FileReader("e:/java/io/bufferReader.txt");
            br = new BufferedReader(fr);
            System.out.println("-----缓冲字符流读取开始-----");
            while((str=br.readLine())!=null){
                System.out.println(str);
            }
            System.out.println("-----缓冲字符流读取结束-----");
            fr.close();
            br.close();
        } catch (FileNotFoundException e) {
            System.out.println("指定文件不存在");
            System.exit(-1);
        }catch(IOException e){
            System.out.println("IO 异常");
            e.printStackTrace();
        }
    }
}
```

运行上述程序，结果如图 9-13 所示。

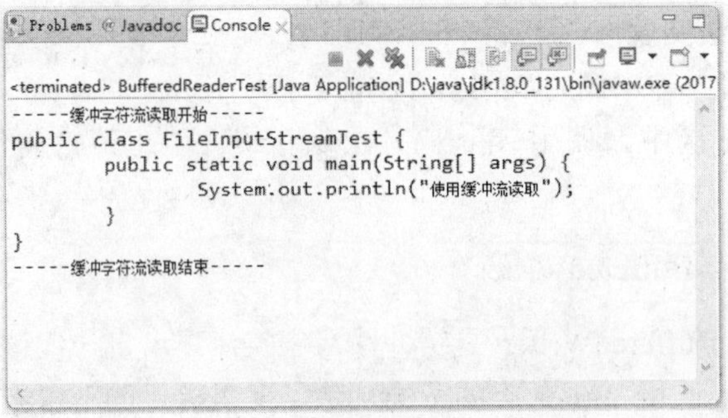

```
-----缓冲字符流读取开始-----
public class FileInputStreamTest {
        public static void main(String[] args) {
                System.out.println("使用缓冲流读取");
        }
}
-----缓冲字符流读取结束-----
```

图 9-13　BufferedReader 读取文件

【案例剖析】

在本案例中，定义了文件字符流 FileReader 对象 fr，通过它的构造方法，指定要读取文件的路径，再创建套接在它之上的缓冲字符输入流 BufferedReader 对象 br。

在 for 循环中，使用缓冲字符输入流 br.readLine()方法读取一行，并赋值给字符串 str，再在控制台输出字符串 str。最后关闭所有文件流。

(2) BufferedWriter 带有缓冲区，当它进行数据输出时，可以先将数据写入内置的缓冲区中，如果缓冲区已满，则把缓冲区中的数据写入所连接的字符输出流中；如果缓冲区未满则保存在缓冲区中，等写满缓冲区后，再将缓冲区中的数据一次写入到所连接的字符输出流中。flush()方法可以强制将缓冲区中的数据写入所连接的输出流中。它提供的构造方法的语法格式如下：

```
public BufferedWriter(Writer out)
public BufferedWriter(Writer out, int size)
```

out：底层输出流，Writer 对象。

size：缓冲区大小。

【例9-11】使用BufferedWriter类复制文件(源代码\ch09\src\ BufferedWriterTest.java)。

```java
import java.io.*;
public class BufferedWriterTest {
    public static void main(String[] args) {
        FileReader fr = null;
        FileWriter fw = null;
        BufferedReader br = null;
        BufferedWriter bw = null;
        String str = null;
        try {
            fr = new FileReader("e:/java/io/bufferReader.txt");
            br = new BufferedReader(fr);
            fw = new FileWriter("e:/java/io/bufferCopy.txt");
            bw = new BufferedWriter(fw);
            System.out.println("-----缓冲字符流复制开始-----");
            while((str=br.readLine())!=null){
                bw.write(str);
                bw.newLine();   //向文件写入一行
                System.out.println(str);
            }
            bw.flush();//刷新缓冲输出流
            System.out.println("-----缓冲字符流复制结束-----");
            fr.close();
            br.close();
            fw.close();
            bw.close();
        } catch (FileNotFoundException e) {
            System.out.println("指定文件不存在");
            System.exit(-1);
        }catch(IOException e){
            System.out.println("IO异常");
            e.printStackTrace();
        }
    }
}
```

运行上述程序，结果如图9-14所示；文件复制后，内容如图9-15所示。

图9-14　BufferedReader打印文件内容

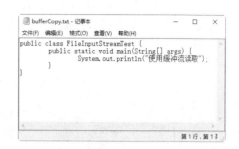

图9-15　复制后文件内容

【案例剖析】

在本案例中，定义文件字符输入输出流对象fr和fw，通过它们的构造方法指定读写文件的路径，创建套接在文件字符输入输出流之上的缓冲字符输入输出流对象 br 和 bw。

在 for 循环中，使用 br.readLine()方法读取一行，并赋值给字符串 str，然后在控制台输出字符串 str 内容，最后通过对象 bw 调用 write()方法，将读取的字符串 str 写入缓冲输出流。循环结束后，调用 flush()方法刷新缓冲输出流，将内容写到文件中。最后关闭所有的文件流。

9.6.2 数据流

数据输入流 DataInputStream 和数据输出流 DataOutputStream 分别继承自 InputStream 和 OutputStream，它们属于数据处理流，分别套接在 InputStream 和 OutputStream 类型的节点流上。DataInputStream 和 DataOutputStream 提供了可以存取与机器无关的 Java 基本数据类型的方法。它们提供的构造方法的语法结构如下：

```
public DataInputStream(InputStream in)
public DataOutputStream(OutputStream out)
```

in：指定输入流，InputStream 对象。

out：指定输出流，OutputStream 对象。

1. DataInputStream

DataInputStream 类提供了读取 Java 基本数据类型的方法，如表 9-6 所示。

表 9-6 DataInputStream 类的方法

返回类型	方法名	说明
boolean	readBoolean()	读取一个输入字节，如果该字节不是零，则返回 true，如果是零，则返回 false
byte	readByte()	读取并返回一个输入字节
short	readShort()	读取 2 个输入字节并返回一个 short 值
char	readChar()	读取 2 个输入字节并返回一个 char 值
int	readInt()	读取 4 个输入字节并返回一个 int 值
long	readLong()	读取 8 个输入字节并返回一个 long 值
float	readFloat()	读取 4 个输入字节并返回一个 float 值
double	readDouble()	读取 8 个输入字节并返回一个 double 值
String	readUTF()	读入 1 个 UTF-8 编码格式的字符串

2. DataOutputStream

DataOutputStream 类提供了将 Java 基本数据类型写入输出流的方法，如表 9-7 所示。

表 9-7 DataOutputStream 类的方法

返回类型	方法名	说明
void	writeBoolean(boolean b)	将一个 boolean 类型的值写入输出流
void	writeByte(int b)	将参数 b 的 8 个低位写入输出流
void	writeBytes(String s)	将一个字符串 s 写入输出流

续表

返回类型	方法名	说明
void	writeShort(int s)	将 2 个字节写入输出流，用它们表示参数值
void	writeChar(int c)	将一个 char 值写入输出流，该值由 2 个字节组成
void	writeInt(int i)	将一个 int 值写入输出流，该值由 4 个字节组成
void	writeLong(long l)	将一个 long 值写入输出流，该值由 8 个字节组成
void	writeFloat(float f)	将一个 float 值写入输出流，该值由 4 个字节组成
void	writeDouble(double d)	将一个 double 值写入输出流，该值由 8 个字节组成
void	writeUTF(String str)	将表示长度信息的 2 个字节写入输出流，后跟字符串 str 中每个字符的 UTF-8 编码格式

【例 9-12】使用数据输入输出流读写数据(源代码\ch09\src\DataTest.java)。

```java
import java.io.*;
public class DataTest {
    public static void main(String[] args) {
        FileInputStream fis = null;
        FileOutputStream fos = null;
        DataInputStream dis = null;
        DataOutputStream dos = null;
        byte[] b = {'d','a','t','a'};
        try {
            fos = new FileOutputStream("e:/java/io/data.txt");
            dos = new DataOutputStream(fos);
            fis = new FileInputStream("e:/java/io/data.txt");
            dis = new DataInputStream(fis);
            //先向文件中写 Java 基本数据类型数据，再读取并在控制台打印
            dos.writeBoolean(false);
            dos.writeChar('c');
            dos.writeDouble(Math.random());
            dos.writeUTF("Java 基本数据类型");
            dos.write(b);
            dos.flush();
            System.out.println("输出读取的布尔值：" + dis.readBoolean());
            System.out.println("输出读取的字符值：" + dis.readChar());
            System.out.println("输出读取的 double 值：" + dis.readDouble());
            System.out.println("输出读取的字符串：" + dis.readUTF());
            System.out.println("读取字符数组：");
            byte[] by = new byte[3];   //指定数组大小，3 个字节
            int len = dis.read(by);    //读取字节数组 by 中指定大小的字节，放入字节数组 by 中
            for(int i=0;i<len;i++){
                System.out.print((char)by[i]);
            }
        } catch (FileNotFoundException e) {
            System.out.println("指定文件不存在");
            System.exit(-1);
        } catch(IOException e){
            System.out.println("IO 异常");
            e.printStackTrace();
        }
```

        }
}

运行上述程序，结果如图9-16所示。

【案例剖析】

在本案例中，定义文件字符输入输出流的对象 fr 和 fw，通过它们的构造方法指定读写文件的路径，创建套接在它们之上的数据输入输出流 dis 和 dos。

通过数据输入输出流提供的读写 Java 基本数据类型的方法，先向文件写入 boolean 型、字符型、双精度浮点型、字符串型和字节数组型的数据；然后通过数据输入流的对象 dis，读取文件中的内容，并在控制台打印。

图9-16 数据输入输出流

9.6.3 转换流

InputStreamReader 和 OutputStreamWriter 分别继承自 Reader 和 Writer，它们实现了父类中所有的抽象方法，是用于处理字符流的基本类。它们是把字节流转换为字符流的桥梁。InputStreamReader 和 OutputStreamWriter 分别需要与 InputStream 和 OutputStream 节点流套接。

转换流在使用构造方法创建对象时，可以指定其编码格式，InputStreamReader 将读取的字节流解码成指定的字符集，OutputStreamWriter 把写入到其中的特定字符集的字符流转换成字节流。它们提供的常用构造方法的语法格式如下。

(1) 默认字符集的构造方法，其格式如下：

```
public InputStreamReader(InputStream in)
public OutputStreamWriter(OutputStream out)
```

in：InputStream 对象。

out：OutputStream 对象。

(2) 指定字符集的构造方法，其格式如下：

```
public InputStreamReader(InputStream in,Charset cs)
public InputStreamReader(InputStream in,CharsetDecoder dec)
public InputStreamReader(InputStream in,String charsetName) throws
UnsupportedEncodingException
public OutputStreamWriter(OutputStream out,Charset cs)
public OutputStreamWriter(OutputStream out,CharsetEncoder enc)
public OutputStreamWriter(OutputStream out,String charsetName) throws
UnsupportedEncodingException
```

in：InputStream 对象。

out：OutputStream 对象。

charsetName：受支持的 charset 的名称。

cs：字符集。

dec：字符集解码器。

enc：字符集编码器。

注意

如果不支持指定的编码，则抛出 UnsupportedEncodingException 异常。

【例 9-13】转换流的使用(源代码\ch09\src\TransFormTest.java)。

```java
import java.io.*;
public class TransFormTest {
  public static void main(String[] args) {
     FileOutputStream fos = null;
     FileInputStream fis = null;
     InputStreamReader isr = null;
     OutputStreamWriter osw = null;
     OutputStreamWriter oswc = null;
  try {
    System.out.println("----写入文件----");
    fos = new FileOutputStream("e:/java/io/charCode.java");
    osw = new OutputStreamWriter(fos);         //将字节流转换成字符流
    osw.write("testjavatransformuse 转换流的使用");
    System.out.println("默认编码: " + osw.getEncoding());
    osw.flush();
    oswc = new OutputStreamWriter(fos,"ISO8859_1");
    osw.write("testjavatransformuse 转换流的使用");
    System.out.println("当前编码: " + oswc.getEncoding());
    System.out.println("----读取文件-----");
    fis = new FileInputStream("e:/java/io/charCode.java");
    isr = new InputStreamReader(fis);          //字节流转换成字符流
    br = new BufferedReader(isr);              //再套接一层，读取一行字符
    String str = br.readLine();
    System.out.println(str);
    br.close();      osw.flush();
    osw.close();
    oswc.close();
    fos.close();
  } catch (IOException e) {
    e.printStackTrace();
   }
  }
}
```

运行上述程序，结果如图 9-17 所示；写入文件后，文件内容如图 9-18 所示。

图 9-17 转换流的使用

图 9-18 写入文件内容

【案例剖析】

在本案例中，定义文件字节输入输出流 fis 和 fos，通过调用它们的构造方法指定要读写的文件路径。

（1）写入文件。创建套接在文件字节输出流 fos 之上的转换输出流对象 osw，通过调用它的 write()方法，向文件写入字符串；再调用 getEncoding()方法获得并打印转换输出流写入文件的默认字符集编码。再创建套接在文件字节输出流 fos 之上的转换输出流对象 oswc，通过它的构造方法指定字符集编码 ISO8859_1，再调用它的 write()方法，向文件写入与上相同的字符串；调用 getEncoding()方法获得并打印字符集编码。

（2）读取文件。创建套接在文件字节输入流 fis 之上的转换输出流对象 isr，接着又在转换输出流对象 isr 之上套接缓冲字符输入流对象 br，对象 br 可以按行读取文件，转换输入流一次只能读取一个或多个字符。

字符流不能直接套接在字节流之上，必须通过转换流才可以，因此说转换流是字节流转换为字符流的桥梁。

9.6.4 Print 流

Print 流有 PrintWriter 和 PrintStream，它们分别继承自 FilterOutputStream 类和 Writer 类，是字符输出流和字节输出流；它们提供了重载的 print 和 println 方法，用于打印输出各种形式的数据；它们有自动 flush 功能。PrintWriter 和 PrintStream 的输出不会抛出异常，用户通过检查错误状态获取错误信息。

1. PrintStream 类

PrintStream 类打印的字符，都使用平台默认的字符编码来转换为字节，它提供的常用构造方法，语法格式如下：

```
public PrintStream(File file) throws FileNotFoundException
```

创建具有指定文件且不带自动刷新的新打印流。file 是打印流目标文件。如果该文件存在，则将其大小截取为零；否则，创建一个新文件。将输出写入文件中，并对其进行缓冲处理。

```
public PrintStream(File file,String csn) throws
FileNotFoundException,UnsupportedEncodingException
```

创建具有指定文件名称和字符集且不带自动刷新的新打印流。csn 是字符集名称。

```
public PrintStream(OutputStream out)
```

创建新的打印流，此流将不会自动刷新。out 将向其打印值和对象的输出流。

```
public PrintStream(OutputStream out,boolean autoFlush)
```

创建新的打印流。autoFlush 变量如果为 true，则每当写入 byte 数组、调用其中一个 println 方法或写入换行符或字节('\n')时都会刷新输出缓冲区。

```
public PrintStream(OutputStream out,boolean autoFlush,String encoding)
throws UnsupportedEncodingException
```

创建新的打印流。out 将向其打印值和对象的输出流。encoding 是字符编码名称。

```
public PrintStream(String fileName) throws FileNotFoundException
```

创建具有指定文件且不带自动刷新的新打印流。fileName 是打印流目标文件。如果该文件存在,则将其大小截取为零;否则,创建一个新文件。将输出写入文件中,并对其进行缓冲处理。

```
public PrintStream(String fileName, String csn) throws
FileNotFoundException, UnsupportedEncodingException
```

创建具有指定文件名称和字符集且不带自动刷新的新打印流。csn 是字符集名称。

【例 9-14】字节输出流 PrintStream 的使用(源代码\ch09\src\PrintStreamTest.java)。

```java
import java.io.*;
public class PrintStreamTest {
    public static void main(String[] args) {
        FileReader fr = null;
        BufferedReader br = null;
        PrintStream ps = null;
        String s = null;
        try {
        fr = new FileReader("e:/java/io/printR.txt");   //要读取的文件
        br = new BufferedReader(fr);   //套接在文件字符流之上的字符缓冲流
        ps = new PrintStream("e:/java/io/printS.txt");//字节输出流
        while((s=br.readLine())!=null){    //读取一行
           ps.println(s);                  //打印到 ps 指定的文件
        }
        br.close();
        fr.close();
        ps.close();
        } catch (IOException e) {
         System.out.println("无法读取文件");
         e.printStackTrace();
        }
    }
}
```

运行上述程序,使用 PrintStream 打印内容到指定文件,文件内容如图 9-19 所示。

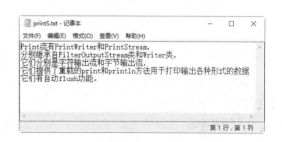

图 9-19 PrintStream 的使用

【案例剖析】

在本案例中,定义了文件字符流对象 fr,通过它的构造方法指定要读取的文件的路径。然后创建套接在文件字符流之上的缓冲字符流对象 br,通过它的 readLine()方法,读取一行文本,并将读取的内容放到字符串 s 中。

创建字节输出流的对象 ps,通过它的构造方法指定要写入文件的路径。在 while 循环中，使用条件表达式(s=br.readLine())!=null 判定是否读取到文件末尾，若条件表达式值是 true，表示没有读取到文件末尾，在循环中将读取的字符串通过 ps.println(s)方法写入文件；若条件表达式值是 false，表示读取到文件末尾，结束循环。最后关闭所有的流。

2. PrintWriter 类

当写入的是字符而不是字节时，应使用 PrintWriter 类，它提供的常用构造方法的语法格式如下：

```
public PrintWriter(File file) throws FileNotFoundException
```

使用指定文件创建不具有自动行刷新的 PrintWriter。file 变量是 writer 的目标使用的文件。如果存在该文件，则将其大小截取为零；否则，创建一个新文件。将输出写入文件中，并对其进行缓冲处理。

```
public PrintWriter(File file,String csn)throws FileNotFoundException,
UnsupportedEncodingException
```

创建具有指定文件和字符集且不带自动刷新的 PrintWriter。csn 是字符集名。

```
public PrintWriter(OutputStream out)
```

通过指定的 OutputStream 对象创建不带自动刷新的 PrintWriter。out 是输出流对象。

```
public PrintWriter(OutputStream out, boolean autoFlush)
```

通过指定的 OutputStream 对象创建新的 PrintWriter。autoFlush 变量如果为 true，则 println、printf 或 format 方法将刷新输出缓冲区。

```
public PrintWriter(String fileName) throws FileNotFoundException
```

创建具有指定文件名称且不带自动刷新的新 PrintWriter。fileName 是 writer 目标的文件名称，如果其存在，则将其大小截取为零；否则，创建一个新文件，将输出写入文件中，并对其进行缓冲处理。

```
public PrintWriter(String fileName,String csn) throws FileNotFoundException,
    UnsupportedEncodingException
```

创建具有指定文件名称和字符集且不带自动刷新的新 PrintWriter。

```
public PrintWriter(Writer out)
```

创建不带自动行刷新的新 PrintWriter。out 字符输出流对象。

```
public PrintWriter(Writer out, boolean autoFlush)
```

创建新 PrintWriter。autoFlush 变量如果为 true，则 println、printf 或 format 方法将刷新输出缓冲区。

【例 9-15】字符输出流 PrintWriter 的使用(源代码\ch09\src\PrintWriterTest.java)。

```java
import java.io.*;
public class PrintWriterTest {
    public static void main(String[] args) {
        FileReader fr = null;
```

```
        BufferedReader br = null;
        PrintWriter ps = null;
        String s = null;
        try {
        fr = new FileReader("e:/java/io/printR.txt");  //要读取的文件
        br = new BufferedReader(fr);  //套接在文件字符流之上的字符缓冲流
        ps = new PrintWriter("e:/java/io/printW.txt");//字节输出流
        ps.println("-----文件内容转换为大写----");
        while ((s = br.readLine())!=null) {
            System.out.println(s.toUpperCase());//控制台输出文件内容
            ps.println(s.toUpperCase());  //将读取的文件内容转换为大写，写入文件
            }
            ps.flush();
            ps.close();
        } catch (IOException e) {
        System.out.println("无法读取文件");
        e.printStackTrace();
        }
    }
}
```

运行上述程序，结果如图 9-20 所示；写入文件内容后，文件如图 9-21 所示。

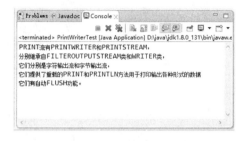

图 9-20　程序打印结果

图 9-21　写入的文件内容

【案例剖析】

在本案例中，定义了字符输出流的对象 pw，是将指定文件中内容按字符的格式写入字符输出流指定的文件中。本案例的功能与例 9-14 相同，区别是例 9-14 将文件中内容按字节的格式写入文件。

9.6.5　Object 流

Object 流提供了对象输入流 ObjectInputStream 和对象输出流 ObjectOutputStream，对象输入输出流又被称为序列化，这是因为它可以将实现了 Serializable 接口的对象转换为连续的字节数据，这些数据以后仍可以被还原为原来的对象状态。

1. ObjectInputStream 类的构造方法

ObjectInputStream 类的作用是完成对对象的读取，它提供的构造方法的语法格式如下：

```
protected ObjectInputStream()throws IOException,SecurityException
public ObjectInputStream(InputStream in) throws IOException
```

in：要从中读取的输入流。

2. ObjectOutputStream 类的构造方法

ObjectOutputStream 类的作用是完成对对象的写入，它提供的构造方法的语法格式如下：

```
protected ObjectOutputStream()throws IOException,SecurityException
public ObjectOutputStream(OutputStream out) throws IOException
```

out：要写入数据的输出流。

【例 9-16】使用对象输入输出流将对象写入文件，并读取文件对象。

(1) 创建学生类对象(源代码\ch09\src\Student.java)。

```java
import java.io.Serializable;
public class Student implements Serializable{
    public String name;
    public int age;
    public String school;
    public Student(String name, int age, String school) {
        super();
        this.name = name;
        this.age = age;
        this.school = school;
    }
    public String getName() {
        return name;
    }
    public void setName(String name) {
        this.name = name;
    }
    public int getAge() {
        return age;
    }
    public void setAge(int age) {
        this.age = age;
    }
    public String getSchool() {
        return school;
    }
    public void setSchool(String school) {
        this.school = school;
    }
}
```

(2) 创建写入读取对象的测试类(源代码\ch09\src\ObjectTest.java)。

```java
import java.io.*;
public class ObjectTest {
    public static void main(String[] args) {
        FileOutputStream fos = null;
        ObjectOutputStream out = null;
        FileInputStream fis = null;
        ObjectInputStream in = null;
        try {
            //创建对象写入流
```

```
            System.out.println("----写入文件----");
            fos = new FileOutputStream("e:/java/io/object.txt");
            out = new ObjectOutputStream(fos);
            //创建要写入的 Student 对象
            Student s = new Student("张三", 15, "第一中学");
            out.writeObject(s);  //将学生对象s写入文件
            System.out.println("写入对象: " + s.getName());
            System.out.println("----写入结束----");
            //创建对象读取流
            System.out.println("----读取文件----");
            fis = new FileInputStream("e:/java/io/object.txt");
            in = new ObjectInputStream(fis);
            Student st = (Student)in.readObject();
            //读取写入的学生对象,将对象信息存放在对象 st 中
            System.out.println("学生信息");
            //打印学生信息
            System.out.println("姓名: " + st.getName() + ",年龄: " + st.getAge() + ",学校: " + st.getSchool());
            System.out.println("----读取结束----");
        } catch (FileNotFoundException e) {
            System.out.println("找不到指定文件");
            e.printStackTrace();
        } catch (IOException io){
            System.out.println("IO 异常");
            io.printStackTrace();
        } catch (ClassNotFoundException c){
            System.out.println("找不到指定类");
            c.printStackTrace();
        }
    }
}
```

运行上述程序,结果如图 9-22 所示。

【案例剖析】

在本案例的对象类中,定义了实现 Serializable 接口的 Student 类,定义了类的成员变量 name、age 和 school。通过类的构造方法为它的成员变量赋值,同时定义了成员变量的 get/set 方法,方便成员变量的赋值和取值。

在本案例的测试类中,定义了套接在文件输入输出流之上的对象输入输出流。首先通过对象输出流的对象 out,将创建的学生对象 s 写入文件中,再通过对象输入流的对象 in 读取文件中的学生对象,将学生对象的信息存放在对象 st 中,并在控制台打印读取的学生信息。

图 9-22 对象输入输出流的使用

 在 Student 类实现 Serializable 接口时,出现错误提示,这是 JDK1.8 版本的问题,可以将 JDK1.8 版本升级。

9.7 大神解惑

小白：File 类实例化了对象，就创建了文件吗？

大神：File 类实例化对象，只是调用它的构造方法，设置了文件的路径等参数，并没有直接创建文件。在硬盘上创建文件路径，则需要调用它的 createNewFile()方法。

小白：如何在文件的末尾继续写入内容？

大神：FileOutputStream 类提供了 public FileOutputStream(File file,boolean append)构造方法，它可以在文件末尾追加数据。如果使用这个构造方法创建文件输出流对象，并指定 append 的值是 true，那么向文件写入的数据就附加在现有文件的末尾，而不是重写已有的数据。

小白：使用字节流，如何读取文件中的汉字并在控制台显示？

大神：使用字节流读取汉字并在控制台显示的方法可以有两种。一是将从输入流中读取的字节数据存放到字节数组中，再通过循环在控制台打印。二是通过转换流 InputStreamReader，将字节流转换为字符流，按行读取文件内容。

9.8 跟我学上机

练习 1：创建 Java 程序，在 E 盘创建一个目录 user\file。

练习 2：创建 Java 程序，在控制台显示 E:/java/io/file.txt 文件的绝对路径、大小、最后修改时间、目录等信息。

练习 3：创建 Java 程序，将 E:/java/io/file.txt 文件复制到 D 盘根目录下。

练习 4：创建 Java 程序，按行读取文件 file.txt 的内容，在控制台打印文件内容。

练习 5：创建 Java 程序，将 Java 基本类型的数据写入文件 data.txt 中，并在控制台输出文件内容。

练习 6：创建 Java 程序，首先创建一个蔬菜类，然后将蔬菜类的对象写入文件，再将文件中蔬菜类的信息在控制台输出。

第10章

任务同时进行——Java中的线程和并发

多线程是 Java 语言的一个重要特性，它支持 Java 程序可以同时运行多个任务。大型的应用程序都需要高效地完成大量的任务，而多线程技术就是一个提高效率的重要途径。本章主要讲解线程的概念、线程的创建、线程的状态、线程的同步与交互等。

本章要点(已掌握的在方框中打钩)

- ☐ 了解线程的概念。
- ☐ 掌握线程的创建与启动。
- ☐ 掌握线程的状态。
- ☐ 熟练掌握线程的同步。
- ☐ 熟练掌握线程的交互。
- ☐ 掌握线程的调度。

10.1 线程简介

操作系统中运行的程序就是一个进程,而线程是进程的组成部分,因此在了解线程之前需要先了解一下进程以及它与线程的区别。

10.1.1 进程

进程是指处于运行过程中的程序,是系统进行资源分配和调度的一个独立单位。当程序进入内存运行时,即为进程,它是程序的一次执行。进程是一个程序及其数据在处理机上顺序执行时所发生的活动。进程是程序在一个数据集合上运行的过程。

引入进程的目的是实现多个程序的并发执行,其特点如下。

(1) 动态性:进程最基本的特征。
(2) 并发性:进程的重要特征,也是操作系统的重要特征。
(3) 独立性:进程是一个能独立运行、独立获得资源和独立接受调度的基本单位。
(4) 异步性:进程按各自独立的、不可预知的速度向前推进。
(5) 结构特性:从结构上看,进程是由程序段、数据段及进程控制块三部分组成。

10.1.2 线程

线程,有时被称为轻量级进程,是程序执行流的最小单元。线程是进程的组成部分,一个进程可以拥有多个线程,而一个线程必须拥有一个父进程。线程可以拥有自己的堆栈,自己的程序计数器和局部变量,但不能拥有系统资源。线程的特点如下。

(1) 轻型实体。线程中的实体基本上不拥有系统资源,只有一点必不可少的、能保证独立运行的资源。
(2) 独立调度。线程是独立运行的,它不知道进程中是否还有其他线程存在。
(3) 抢占式执行。线程的执行是抢占式的,即当前执行的线程随时可能被挂起,以便运行另一个线程。
(4) 可并发执行。一个进程中的多个线程之间,可以并发执行。
(5) 共享进程资源。同一进程中的各个线程,可以共享该进程的资源。

10.1.3 线程与进程的区别

在操作系统中,同时运行的多个程序叫多进程。同一应用程序中,多条执行路径并发执行叫多线程。线程和进程的区别如下。

(1) 每个进程都有独立的代码和数据空间,进程之间的切换开销大。
(2) 线程是轻量级的进程,同一类线程共享资源,每个线程有独立的运行栈和程序计数器,线程之间的切换开销小。
(3) 多进程是指在操作系统中能同时运行多个程序(任务)。
(4) 多线程是指在同一应用程序中,多个顺序流同时运行。

10.2 创建与启动线程

在 Java 中创建新的线程有两种方式，即继承 Thread 类创建新的线程和实现 Runnable 接口创建新的线程。下面介绍如何使用这两种方式创建线程。

10.2.1 Thread 类创建线程

java.lang.Thread 类是线程类，它实现了 Runnable 接口。Thread 类提供了一个 run()方法，run()方法的方法体是线程要执行的代码。Thread 类中的 run()方法是一个空方法，因此继承 Thread 类的子类必须重写这个方法。使用 Thread 类创建线程的具体步骤如下。

(1) 创建继承 Thread 类的子类。

【例 10-1】创建继承 Thread 类的线程类(源代码\ch10\src\ThreadCreate.java)。

```java
public class ThreadCreate extends Thread{
    public void run(){
        for(int i=0;i<50;i++){
            System.out.println("Thread " + i);  //循环输出 8 次
        }
    }
}
```

【案例剖析】

在本案例中，定义了继承 Thread 类的子类，它重写了父类的 run()方法，在方法中通过 for 循环，在控制台打印字符串。

(2) 生成该类的对象，即创建一个新线程。

```java
ThreadCreate t = new ThreadCreate();  //创建一个新线程
```

10.2.2 Runnable 接口创建线程

Runnable 接口中只有一个 run()方法，它的方法体是线程要运行的代码，因此实现 Runnable 接口的类必须重写这个方法。使用 Runnable 接口可以为多个线程提供共享的数据，在 run()方法中可以使用 Thread 类的 currentThread()静态方法，以获取当前线程的引用。

使用 Runnable 接口创建线程的创建具体步骤如下。

(1) 创建 Runnable 接口的实现类。

【例 10-2】创建 Runnable 接口的实现类(源代码\ch10\src\RunnableCreate.java)。

```java
public class RunnableCreate implements Runnable{
    public void run() {
        for(int i=0;i<50;i++){
            System.out.println("Runnable " + i);  //循环输出 8 次
        }
    }
}
```

【案例剖析】

在本案例中，定义了 Runnable 接口的实现类，它重写了父类的 run()方法，在方法中通过 for 循环，在控制台打印字符串。

(2) 生成该类的对象。

```
RunnableCreate create = new RunnableCreate();   //创建实现接口的类的对象
```

(3) 将类的对象 create，作为参数传入 Thread 类的构造方法中，创建一个新线程。

```
Thread r = new Thread(create);     //创建新线程
```

 一般会选择使用实现 Runnable 接口创建线程，这样不仅可以避免由于 Java 的单一继承带来的局限，还可以实现不同线程之间资源的共享。

10.2.3 启动线程

Java 的线程是通过 java.lang.Thread 类来实现的，每个线程都是通过某个特定的 Thread 类对象所对应的 run()方法来完成其操作的，run()方法称为线程体。

线程是通过调用 Thread 类的 start()方法启动的，线程启动后执行线程体。Java 虚拟机启动时，会从程序的 main()方法开始执行。

【例 10-3】 创建测试类 TestRun，启动继承 Thread 类创建的线程对象和实现 Runnable 接口创建的线程对象(源代码\ch09\src\TestRun.java)。

```java
public class TestRun {
    public static void main(String[] args){
        System.out.println("---主线程开始执行---");
        //创建并启动实现 Runnable 接口的线程
        RunnableCreate create = new RunnableCreate();//创建实现Runnable 接口类的对象
        Thread r = new Thread(create);  //把实例create 传入Thread 类构造方法中，创建线程
        r.start();   //创建并启动继承 Thread 类的线程
        ThreadCreate t = new ThreadCreate();   //创建继承 Thread 类的对象，即线程
        t.start();   //启动线程
        System.out.println("---主线程执行完毕---");
    }
}
```

运行上述程序，结果(部分)如图 10-1 所示。

【案例剖析】

在本案例中，首先创建 Runnable 接口实现类的对象 create，将这个对象 create 作为参数传入 Thread 类的构造方法中，创建一个新的线程 r；线程 r 调用 start()方法，启动线程。然后创建继承 Thread 类的子类对象 t，即创建一个新线程 t；线程 t 调用 start()方法，启动线程。

从上述运行结果可以看出，主线程(main()方法)会先执行，然后启动两个子线程。子线程的执行顺序由 Java 虚拟机来调度，调度到哪个线程，哪个线程就执行片刻。因此看到

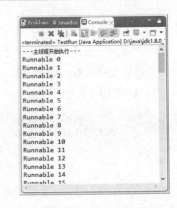

图 10-1　启动线程

的执行是交替打印两个线程内容。

 在程序中 main()是主线程,它是由 Java 虚拟机来启动的。

10.3 线程的状态与转换

10.3.1 线程状态

线程从创建到执行完成的整个过程,称为线程的生命周期。一个线程在生命周期内总是处于某一种状态,线程的状态如图 10-2 和图 10-3 所示。

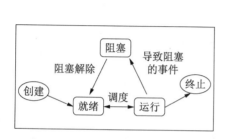

图 10-2 线程的状态 1

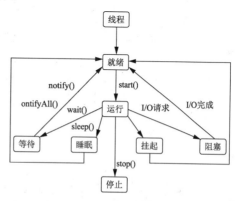

图 10-3 线程的状态 2

(1) 创建状态。new 关键字和 Thread 类或其子类创建一个线程对象后,该线程对象就处于新建状态。它保持这个状态直到调用 start()方法启动这个线程。

(2) 就绪状态。线程一旦调用了 start()方法后,就进入就绪状态。就绪状态的线程不一定立即运行,它处于就绪队列中,要等待 JVM 里线程调度器的调度。

(3) 运行状态。当线程得到系统的资源后进入运行状态。

(4) 阻塞状态。当处于运行状态的线程,因为某种特殊的情况,例如 I/O 操作,让出系统资源,进入阻塞状态,调度器立即调度就绪队列中的另一个线程开始运行。当阻塞事件解除后,线程由阻塞状态回到就绪状态。

(5) 挂起状态。当处于运行状态的线程,调用 suspend()方法时,线程挂起。当另一个线程调用 resume()方法时,线程进入就绪状态。

(6) 睡眠状态。当处于运行状态的线程,调用 sleep()方法时,线程进入睡眠状态。当睡眠线程超过了睡眠时间,线程进入就绪状态。

(7) 等待状态。当处于运行状态的线程,调用 wait()方法时,线程进入等待状态。当另一个线程调用 notify()或 notifyAll()方法时,等待队列中的第一个或全部线程进入就绪状态。

(8) 终止状态。线程执行完成或调用 stop()方法时,该线程就进入终止状态。

10.3.2 线程状态转换

线程创建后，调用 start()方法进入就绪状态，在就绪队列里等待执行；当线程执行 run() 方法时，线程进入运行状态。

1. 线程睡眠

当线程调用 Thread 类的 sleep()静态方法时，线程进入睡眠状态。

【例 10-4】调用 sleep()方法，线程睡眠(源代码\ch10\src\SleepTest.java)。

```java
import java.util.Date;
public class SleepTest implements Runnable{
    boolean flag = true;    //声明成员变量
    public void run(){
        System.out.println("子线程执行...");
        while(flag){
        System.out.println("---"+new Date()+"---");
        try {
            Thread.sleep(1000);    //当前线程睡眠 1s, 1s=1000ms
            } catch (InterruptedException e) {
                //线程体捕获中断异常，跳出循环
                System.out.println("中断子线程，跳出while循环");
                break;
            }
        }
    }
    public static void main(String[] args) {
        SleepTest s = new SleepTest();
        Thread t = new Thread(s);    //创建子线程
        System.out.println("主线程执行...");
        System.out.println("主线程睡眠 5000 秒");
        t.start();    //启动子线程
        try {
            Thread.sleep(5000); //主线程睡眠 5s
        } catch (InterruptedException e) {
            e.printStackTrace();
        }
        System.out.println("主线程执行...");
        //主线程睡眠结束后，如果子线程没有结束，则中断子线程
        t.interrupt();
    }
}
```

运行上述程序，结果如图 10-4 所示。

【案例剖析】

在本案例中，定义了实现 Runnable 接口的类，在类中重写 run()方法。run()方法中定义，while 死循环，在循环体中，调用 sleep()方法让当前线程睡眠 1s，当线程调用 interrupt()方法时，发生打断线程的异常，在捕获异常的 catch 块中，使用 break 语句跳出 while 循环。

在程序的 main()方法中，创建线程 t 并启动子线程

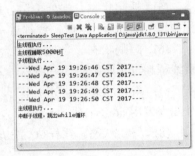

图 10-4 sleep()方法

t。首先主线程调用 Thread 类的静态方法 sleep(5000)，睡眠 5s。这时子线程获得 CPU 资源，子线程执行线程体 run()方法。在线程体中，由于 flag 始终是 true，所以子线程执行死循环，调用 sleep(1000)睡眠 1s。子线程循环执行 5 次后，主线程睡眠结束，获得 CPU 资源开始执行，子线程调用它的 interrupt()方法中断执行。

wait()方法和 sleep()方法的区别，调用 wait()方法，线程释放资源；调用 sleep()方法，线程不会释放资源。

2. 线程合并

当线程调用 Thread 类的 join()方法时，合并某个线程。即当前线程进入阻塞状态，被调用的线程执行。

【例 10-5】调用 join()方法，合并线程(源代码\ch10\src\JoinTest.java)。

```java
public class JoinTest implements Runnable{
    public void run(){
        for(int i=0;i<10;i++){
            System.out.println("我是: " + Thread.currentThread().getName());
            try {
                Thread.sleep(1000); //睡眠 1s
            } catch (InterruptedException e) {
                e.printStackTrace();
            }
        }
    }
    public static void main(String[] args) {
        JoinTest j = new JoinTest();
        Thread t = new Thread(j);
        t.setName("子线程");
        t.start();
        for(int i=0;i<10;i++){
            System.out.println("我是主线程");
            if(i==5){
                try {
                    t.join();//合并子线程
                } catch (InterruptedException e) {
                    e.printStackTrace();
                }
            }
        }
    }
}
```

运行上述程序，结果如图 10-5 所示。

【案例剖析】

在本案例中，定义实现 Runnable 接口的类，在类中重写 run()方法，在 for 循环中，循环调用 Thread 类的静态方法 sleep(1000)。在程序的 main()方法中，创建线程 t，并命名为"子线程"。在程序中主线程和子线程抢占 CPU 资源，主线程和子线程执行的顺序及次数不定。当主线程执行 for 循环到 i=5 时，主线程进入阻塞状态，子线程获得 CPU 执行。注意：在子线程调用 join()方法前，它也可能分配到 CPU 执行，因此每次输出结果可能不同。如图 10-5 所示，子线程在调用 join()方法前执行一次，调用 join()方法后，主线程阻塞，子线程执行。

3. 线程让出

当线程调用 Thread 类的 yield()静态方法时，线程让出 CPU 资源，从运行状态进入阻塞状态。

【例 10-6】调用 yield()方法，线程让出 CPU 资源(源代码\ch10\src\YieldTest.java)。

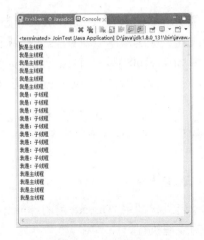

图 10-5　join()方法

```java
public class YieldTest implements Runnable {
    public void run(){
        for(int i=1;i<10;i++){
            System.out.println(Thread.currentThread().getName() + ": " + i);
            if(i%3==0){
                Thread.yield();   //让出 CPU 资源
            }
        }
    }
    public static void main(String[] args) {
        YieldTest y = new YieldTest();
        Thread t1 = new Thread(y);
        Thread t2 = new Thread(y);
        t1.setName("thread1");
        t2.setName("thread2");
        t1.start();
        t2.start();
    }
}
```

运行上述程序，结果如图 10-6 所示。

【案例剖析】

在本案例中，定义实现 Runnable 接口的类，在类中重写 run()方法，在 for 循环中，当 i 可以被 3 整除时，调用 yield()方法让出 CPU。在程序的 main()方法中，创建了线程 t1 和 t2，并对线程进行命名，再调用 start()方法启动线程。两个线程执行线程体即 run()方法，从运行结果可以看出当线程 thread1 执行到 i 可以被 3 整除时，让出线程；线程 thread2 执行，当它执行到 i 可以被 3 整除时，也让出线程；线程 1 再执行，两个线程循环执行。

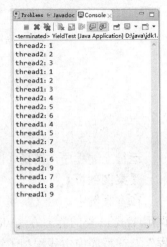

图 10-6　yield()方法

10.4 线程的同步

编程过程中，为了防止多线程访问共享资源时发生冲突，在 Java 语言中提供了线程同步机制。

10.4.1 线程安全问题

当一个应用程序中运行多个线程时，多个线程之间共享资源。如果每个线程都去修改一个共享的数据，那么这些线程将会互相影响对方的运行。因此，为了防止多个线程同时访问一个共享数据，必须对线程访问进行同步。

【例 10-7】多个线程同时修改一个共享数据。

(1) 定义实现 Runnable 接口的类(源代码\ch10\src\MoreThread.java)。

```java
public class MoreThread implements Runnable{
    public static int count=1000;  //用户银行账户
    public void run(){
        sub();
    }
    public void sub(){
        count -= 100;  //用户存入账户100
        String s = Thread.currentThread().getName();//当前线程名称
        System.out.println(s + "余额 " + count + "元");
    }
}
```

(2) 定义创建线程的测试类(源代码\ch10\src\TestMore.java)。

```java
public class TestMore {
    public static void main(String[] args) {
        MoreThread r = new MoreThread();
        Thread t1 = new Thread(r);
        Thread t2 = new Thread(r);
        Thread t3 = new Thread(r);
        Thread t4 = new Thread(r);
        t1.setName("用户1");
        t1.start();
        t2.setName("用户2");
        t2.start();
    }
}
```

运行上述程序，结果如图 10-7 所示。

【案例剖析】

在本案例中，定义是实现 Runnable 接口的类，在类中自定义 sub()方法，显示用户取款后账户的余额，并显示余额；在类中重写 run()方法，调用 sub()方法。在测试类中，创建实现类对象 r，并将其作为参数传给 Thread 类的构造方法，

图 10-7 多线程修改数据

创建线程 t1 和 t2。

线程 t1 和 t2 调用 start()方法启动线程。当线程运行时，调用 run()方法，run()再调用 sub()方法修改静态变量 count。这两个线程(如银行卡和存折)同时修改账户 count 的值，即都从账户取走 100 元，但是账户余额只是减去 100 元，显然这不符合要求。因此，必须解决线程同步。

10.4.2 synchronized 关键字

为了保证线程共享数据操作的安全性，Java 语言中引入了对象互斥锁的概念。每个对象都对应一个"互斥锁"标记，这个标记保证在任一时刻，只能有一个线程访问该对象。对象互斥锁通过 synchronized 关键字实现，当某个对象使用 synchronized 修饰时，表示该对象在任一时刻只能由一个线程访问。

1. 方法同步

将 synchronized 关键字放在方法声明中，表示整个方法为同步方法。

【例 10-8】synchronized 修饰方法。

```java
public synchronized void sub(){
    count -= 100;  //用户存入账户100
    String s = Thread.currentThread().getName();//当前线程名称
    System.out.println(s + ": 余额 " + count + "元");
}
```

【案例剖析】

在本案例中，使用 synchronized 关键字声明 sub()方法，为每个访问该方法的对象准备了唯一的一把"锁"。当多个线程访问对象时，只有取得锁的线程才可以访问同步方法，其他线程则只能停留在对象中等待。JVM 保证了某个线程在执行过程中不被打断，这种运行机制称为同步线程机制。

2. 代码块同步

将线程体中共享数据的代码封装在大括号"{}"中，将 synchronized 关键字放在某个对象前面修饰这个代码块。

【例 10-9】synchronized 修饰一部分代码段。

```java
public void sub(){
    synchronized(this){
        count -= 100;     //用户存入账户100
    }
    String s = Thread.currentThread().getName();//当前线程名称
    System.out.println(s + ": 余额 " + count + "元");
}
```

【案例剖析】

在本案例中，当线程执行到 synchronized 关键字修饰的代码段时，必须获得当前对象的锁才可以执行同步代码段，其他线程只能等待获得这个锁。

10.4.3 死锁问题

在 Java 语言中，线程同步使控制多线程的安全问题得到了解决，但同时也带来了可能会引发线程死锁的问题。死锁是指多个线程同时被阻塞，一个或者全部线程都在等待执行某个资源。由于线程被无限期地阻塞，造成了程序不可能正常终止。

1. 产生死锁条件

Java 语言中要产生死锁，需要满足 4 个必要条件。

(1) 互斥条件。当资源被一个线程使用(占有)时，其他的线程不能使用。

(2) 不剥夺条件。资源请求者不能强制从资源占有者手中夺取资源，资源只能由资源占有者主动释放。

(3) 请求与保持条件。当资源请求者在请求其他资源受阻塞时，对已获得的资源保持不放。

(4) 循环等待条件。存在一个等待队列：P1 占有 P2 的资源，P2 占有 P3 的资源，P3 占有 P1 的资源，即循环等待。

上述 4 个条件都成立时就形成了死锁。下面通过一个例子简单讲解死锁问题。

【例 10-10】两个线程访问资源时出现死锁问题(源代码\ch10\src\DeadLock.java)。

```java
public class DeadLock implements Runnable {
    public int flag = 1;
    public static Object obj1 = new Object();  //创建资源对象，obj1
    public static Object obj2 = new Object();  //创建资源对象，obj2
    public void run() {
        System.out.println("当前执行的线程是: " +
            Thread.currentThread().getName() + "  flag=" + flag);
        if(flag == 1) {
            synchronized(obj1) {    //锁定资源 Obj1
                try {
                    Thread.sleep(500);  //使用资源 1 的线程，睡眠 500 毫秒
                    System.out.println(Thread.currentThread().getName() +
                        ": 执行资源 1，睡眠 500 毫秒，等待资源 2");
                } catch (Exception e) {
                    e.printStackTrace();
                }
                synchronized(obj2) {    //锁定资源 Obj2
                    System.out.println("锁定资源 2");
                }
            }
        }
        if(flag == 0) {
            synchronized(obj2) {    //锁定资源 Obj2
                try {
                    Thread.sleep(500);  //使用资源 2 的线程，睡眠 500 毫秒
                    System.out.println(Thread.currentThread().getName() +
                        ": 执行资源 2，睡眠 500 毫秒，等待资源 1");
                } catch (Exception e) {
                    e.printStackTrace();
                }
                synchronized(obj1) {    //锁定资源 Obj1
```

```java
                    System.out.println("锁定资源1");
                }
            }
        }
    }
    public static void main(String[] args) {
        DeadLock dl1 = new DeadLock();        //创建类对象
        DeadLock dl2 = new DeadLock();
        dl1.flag = 1;
        dl2.flag = 0;
        Thread t1 = new Thread(dl1);          //创建线程
        Thread t2 = new Thread(dl2);
        t1.setName("线程1");
        t2.setName("线程2");
        t1.start();
        t2.start();
    }
}
```

运行上述程序，结果如图 10-8 所示。

【案例剖析】

(1) 在本案例中，使用实现 Runnable 接口的类创建线程，在类中定义成员变量 flag 并重写 run()方法。在 run()方法中，通过判定标记 flag 的值，决定线程执行的资源。当 flag=1 时，锁定资源 obj1，线程调用 sleep()方法，睡眠 500 毫秒；执行完资源 1，线程再执行资源 2。当 flag=0 时，锁定资源 obj2，线程调用 sleep()方法，睡眠 500 毫秒；执行完资源 2，线程再执行资源 1。

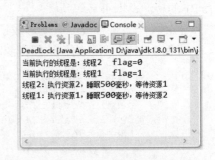

图 10-8 死锁问题

(2) 在程序的 main()方法中，创建实现接口类的对象，然后通过类的对象为成员变量 flag 赋值，即 dl1.flag=1，dl2.flag=0。将 dl1 和 dl2 作为参数，传给 Thread 类的构造方法创建线程 t1 和 t2。对线程 t1 命名为"线程 1"，然后启动线程；对线程 t2 命名为"线程 2"，然后启动线程。

(3) 线程 1 和线程 2 启动后，它们都执行 run()方法，由于线程 1 的 flag=1，所以它首先执行资源 1，睡眠 500 毫秒，执行期间资源锁定，无法被线程 2 执行；当线程 1 睡眠结束时，要执行资源 2，而资源 2 被线程 2 锁定，因此线程 1 等待线程 2 释放资源 2。线程 2 的 flag=0，它先执行资源 2，睡眠 500 毫秒，执行期间资源锁定，无法被线程 1 执行；线程 2 睡眠结束，执行资源 1，而资源 1 被线程 1 锁定，因此线程 2 等待线程 1 释放资源 1。即线程 1 锁定资源 1 等待资源 2，资源 2 锁定资源 2 等待资源 1，这就是死锁。从图 10-5 中看到有个按钮是红色的，它不是灰色的，它表示程序在运行，即死锁。

2. 解决死锁问题

解决死锁的办法是在死锁的情况下，解决产生死锁的任何一个条件。

【例 10-11】解决死锁(源代码\ch10\src\NoDeadLock.java)。

```java
import java.util.Date;
import java.util.concurrent.Semaphore;
import java.util.concurrent.TimeUnit;
public class NoDeadLock implements Runnable {
    public int flag = 1;
    public static Object obj1 = new Object();   //创建资源对象，obj1
    public static Object obj2 = new Object();   //创建资源对象，obj2
    public static final Semaphore s1 = new Semaphore(1);  //一个计数信号量 s1
    public static final Semaphore s2 = new Semaphore(1);  //一个计数信号量 s2
    public void run() {
        System.out.println("当前执行的线程是：" + Thread.currentThread().getName() + "  flag=" + flag);
        if(flag == 1) {
            try {
                while (true) {
                    //时间单位是秒，即1s后尝试获得许可
                    if (NoDeadLock.s1.tryAcquire(1, TimeUnit.SECONDS)) {
                        System.out.println(Thread.currentThread().getName() +
                            ": 锁定资源obj1," + new Date().toString());
                        //时间单位是秒，即1s后尝试获得许可
                        if (NoDeadLock.s2.tryAcquire(1, TimeUnit.SECONDS)) {
                            System.out.println(Thread.currentThread().getName() +
                                ": 锁定资源obj2," + new Date().toString());
                            Thread.sleep(30 * 1000); // 睡眠
                        }else{
                            System.out.println(Thread.currentThread().getName() +
                                ": 锁定资源obj2 失败," + new Date().toString());
                        }
                    }else{
                        System.out.println(Thread.currentThread().getName() +
                            ": 锁定资源obj1 失败," + new Date().toString());
                    }
                    NoDeadLock.s1.release(); // 释放
                    NoDeadLock.s2.release();
                    Thread.sleep(3000); // 马上进行尝试
                }
            } catch (InterruptedException e) {
                e.printStackTrace();
            }
        }
        if(flag == 0) {
            try {
                while (true) {
                    //时间单位是秒，即1s后尝试获得许可
                    if (NoDeadLock.s1.tryAcquire(1, TimeUnit.SECONDS)) {
                        System.out.println(Thread.currentThread().getName()
                            + ": 锁定资源obj2," + new Date().toString());
                        //时间单位是秒，即1s后尝试获得许可
                        if (NoDeadLock.s2.tryAcquire(1, TimeUnit.SECONDS)) {
                            System.out.println(Thread.currentThread().getName() +
                                ": 锁定资源obj1," + new Date().toString());
                            Thread.sleep(30 * 1000); // 睡眠
                        }else{
                            System.out.println(Thread.currentThread().getName() +
```

```
                        ":锁定资源obj1失败," + new Date().toString());
                    }
                }else{
                    System.out.println(Thread.currentThread().getName() +
                        ":锁定资源obj2失败," + new Date().toString());
                }
                NoDeadLock.s1.release(); // 释放
                NoDeadLock.s2.release();
                Thread.sleep(3000); // 马上进行尝试
            }
        } catch (InterruptedException e) {
            e.printStackTrace();
        }
    }
}
public static void main(String[] args) {
    NoDeadLock dl1 = new NoDeadLock();  //创建类对象
    NoDeadLock dl2 = new NoDeadLock();  //创建类对象
    dl1.flag = 1;
    dl2.flag = 0 ;
    Thread t1 = new Thread(dl1);   //创建线程
    Thread t2 = new Thread(dl2);
    t1.setName("线程 1");
    t2.setName("线程 2");
    t1.start();
    t2.start();
}
}
```

运行上述程序，部分结果如图 10-9 所示。

【案例剖析】

在本案例中，通过一个计数信号量来限制可以访问资源的线程数目，即 s1 和 s2。在 run()方法中，当 flag=1 时，在 if 语句中通过 tryAcquire()方法判断是否获得连接资源 obj 的许可，获得许可继续访问资源 obj2，获得许可则访问资源，否则释放获得的资源 obj1 和 obj2 的许可，将其返回给信号量。当 flag=0 时，类似，不再说明。

在程序的 main()方法中，创建实现 Runnable 接口的实现类对象 dl1 和 dl2，并对它们的成员变量 flag 赋值。两个线程 t1 和 t2，对线程重命名，并启动它们。

图 10-9 解决死锁

(1) Semaphore 类通常用于限制可以访问某些资源(物理或逻辑的)的线程数目，即一个计数信号量。

(2) tryAcquire(long timeout,TimeUnit unit)方法指如果在给定的等待时间内，此信号量有可用的许可并且当前线程未被中断，则从此信号量获取一个许可。timeout 是等待许可的最多时间，unit 是 timeout 参数的时间单位。如果获取了许可，则返回

true；如果获取许可前超出了等待时间，则返回 false。

(3) public void release()方法释放一个许可，将其返回给信号量。

(4) TimeUnit 表示给定单元粒度的时间段，它提供在这些单元中进行跨单元转换和执行计时及延迟操作的实用工具方法。它主要用于通知基于时间的方法如何解释给定的计时参数。本案例中使用的是它的枚举常量 SECONDS，即时间单位是秒。

(5) 详细介绍请参考 JDK API。

10.5 线程交互

在介绍了线程的同步之后，下面介绍线程的交互，即线程间的通信。线程之间的通信是通过 Object 类提供的 wait()方法、notify()方法和 notifyAll()方法实现的。

10.5.1 wait()方法和 notify()方法

在 Java 程序执行过程中，当线程调用 Object 类提供的 wait()方法时，当前线程停止执行，并释放所占有的资源，线程从运行状态转换为等待状态。当另外的线程执行某个对象的 notify()方法时，会唤醒在此对象等待池中的某个线程，使该线程从等待状态转换为就绪状态；当另外的线程执行某个对象的 notifyAll()方法时，会唤醒对象等待池中的所有线程，使这些线程从等待状态转换为就绪状态。Object 类提供的 wait()方法、notify()方法及 notifyAll()方法如表 10-1 所示。

表 10-1 Object()方法

返回类型	方法名	说明
void	notify()	唤醒在此对象监视器上等待的单个线程
void	notifyAll()	唤醒在此对象监视器上等待的所有线程
void	wait()	在其他线程调用此对象的 notify()方法或 notifyAll()方法前，当前线程等待
void	wait(long timeout)	在其他线程调用此对象的 notify()方法、notifyAll()方法或超过指定的时间前，当前线程等待
void	wait(long timeout,int nanos)	在其他线程调用此对象的 notify()方法、notifyAll()方法、其他某个线程中断当前线程或已超过某个实际时间量前，当前线程等待

10.5.2 生产者—消费者问题

在 Java 语言中，线程交互的经典问题就是生产者与消费者的问题。这个问题是通过 wait()方法和 notifyAll()方法实现的。

生产者与消费者问题描述：生产者将生产的产品(玩具)放到仓库(栈)中，而消费者从仓库中消费产品。仓库一次存放固定数量的产品，如果仓库满了停止生产，生产者等待消费者消费产品；仓库不满生产者继续生产。如果仓库是空的，消费者停止消费，等仓库有产品了消费者消费。

【例 10-12】生产者与消费者问题(源代码\ch10\src\ ProducerConsumer.java)。

```java
public class ProducerConsumer {
    public static void main(String[] args) {
        Stack s = new Stack();          //创建栈对象 s
        Producer p = new Producer(s);   //创建生产者对象
        Consumer c = new Consumer(s);   //创建消费者对象
        new Thread(p).start();          //创建生产者线程 1
        new Thread(p).start();          //创建生产者线程 2
        new Thread(p).start();          //创建生产者线程 3
        new Thread(c).start();          //创建消费者线程
    }
}
//生产玩具 Rabbit 类
class Rabbit {
    int id;  //小兔子 id
    Rabbit(int id) {
        this.id = id;
    }
    public String toString() {
        return "玩具 : " + id;  //重写 toString()方法,打印玩具的 id
    }
}
//存放生产玩具小兔子的栈
class Stack {
    int index = 0;
    Rabbit[] rabbitArray = new Rabbit[6];         //存放玩具的数组
    public synchronized void push(Rabbit wt)  {   //玩具放入数组栈的方法 push()
        while(index == rabbitArray.length) {
            try {
                this.wait();             //生产的玩具放满栈,等待消费者消费
            } catch (InterruptedException e) {
                e.printStackTrace();
            }
        }
        this.notifyAll();               //唤醒所有生产者进程
        rabbitArray[index] = wt;        //将玩具放入栈
        index ++;
    }
    public synchronized Rabbit pop() {  //将玩具拿出消费的方法 pop()
        while(index == 0) {             //如果栈空
            try {
                this.wait();            //等待生产玩具
            } catch (InterruptedException e) {
                e.printStackTrace();
            }
        }
        this.notifyAll();               //栈不空,唤醒所有消费者进程
        index--;                        //消费,买玩具
        return rabbitArray[index];
    }
}
//生产者类
class Producer implements Runnable {
```

```java
    Stack st = null;
    Producer(Stack st) {                    //构造方法，为类的成员变量 st 赋值
        this.st = st;
    }
    public void run() {                     //线程体
        for(int i=0; i<20; i++) {           //循环生产 20 个玩具
            Rabbit r = new Rabbit(i);       //创建玩具类
            st.push(r);                     //将生产的玩具放入栈
            //输出生产了玩具 r，默认调用玩具类的 toString()
            System.out.println("生产-" + r);
            try {
                Thread.sleep((int)(Math.random() * 200));   //生产完一个，睡眠
            } catch (InterruptedException e) {
                e.printStackTrace();
            }
        }
    }
}
//消费者类
class Consumer implements Runnable {
    Stack st = null;
    Consumer(Stack st) {                    //构造方法，为类的成员变量 st 赋值
        this.st = st;
    }
    public void run() {
        for(int i=0; i<20; i++) {           //循环消费，即买 20 个玩具
            Rabbit r = st.pop();            //从栈中，买一个玩具
            System.out.println("消费-" + r);
            try {
                Thread.sleep((int)(Math.random() * 1000));  //消费一个玩具后，睡眠
            } catch (InterruptedException e) {
                e.printStackTrace();
            }
        }
    }
}
```

运行上述程序，结果如图 10-10 所示。

【案例剖析】

本案例是一个生产者生产玩具小兔子和消费者消费玩具的例子。

（1）在本案例中，定义了生产对象类 Rabbit，它有一个成员变量 id，通过它的构造方法对 id 赋值。

（2）在本案例中，定义了一个存放产品(玩具小兔子)的类 Stack，在类中定义了一个存放 Rabbit 类的数组 rabbitArray，它可以放 6 个玩具。在类中定义了存放玩具的 push()方法和取走玩具的 pop()方法。在 push()方法中，首先判断数组是否已经存满玩具，如果数组已满，则当前生产者线程 wait()；如果数组不满，唤醒所有生产的线程，进行生产。在 pop()方法中，首先判断数组是否为空，如果为空，则当前消费者线程 wait()；如果不为空，唤醒所有消费者线

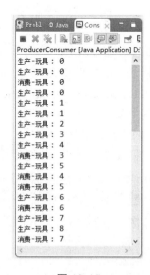

图 10-10

程，进行消费。

(3) 在本案例中，定义了一个继承 Runnable 的实现类，即生产者类 Producer；在它的构造方法中，对存放玩具产品的 Stack 类成员变量赋值；在类的 run()方法中，通过 for 循环循环生产 20 个玩具对象，每一次循环生产一个玩具，然后通过 Stack 类中定义的 push()方法将玩具放入数组中，然后线程 sleep()一段随机时间。

(4) 在本案例中，定义了一个继承 Runnable 的实现类，即消费者类 Consumer；在它的构造方法中，对存放玩具产品的 Stack 类成员变量赋值；在类的 run()方法中，通过 for 循环循环消费 20 个玩具对象，每一次循环通过 Stack 类中定义的 pop()方法，从数组中消费(取出)一个玩具，然后线程 sleep()一段随机时间。

(5) 在程序的 main()方法中，首先创建了 Stack 类对象 s，然后创建生产者对象 p 和消费者对象 c。将生产者对象 p 作为 Thread 类的构造方法参数，创建了 3 个生产者线程，并启动它们；将消费者对象 c 作为 Thread 类的构造方法参数，一个消费者线程，并启动它。

10.6 线程的调度

为了使多线程能够合理地共享 CPU 资源而不产生冲突，Java 虚拟机通过一个线程调度器来决定线程的执行顺序。

10.6.1 线程调度原理

Java 虚拟机提供的线程调度器是监控程序中启动后进入就绪状态的所有线程，它让 Java 虚拟机对多个线程进行协调，从而避免多线程争用有限资源而导致系统死机或崩溃。这个调度器对线程的调度采用的可能是抢占式模式、高优先级优先模式、分时间片模式或先来先服务等模式，具体采用哪种模式，要依据具体的 Java 虚拟机来确定。

10.6.2 线程的优先级

在 Java 语言中，定义了线程的优先级策略，目的是把不同线程对操作系统和用户的重要性区分开。线程的优先级是一个整数，数值越大，优先级越高。优先级高的线程会被优先执行，当其执行完后，才会轮到优先级较低的线程。

在 Thread 类中定义了 3 个表示线程优先级的静态成员变量 MIN_PRIORITY、MAX_PRIORITY 和 NORM_PRIORITY，它们的优先级等级分别是 1、10 和 5。默认情况下，线程优先级是 5。获得或设置线程对象的优先级，一般通过如下方法：

```
void setPriority(int newPriority);    //设置优先级，newPriority 是为线程设置的优先级
int getPriority();                    //获得优先级
```

【例 10-13】线程优先级的使用(源代码\ch10\src\PriorityTest.java)。

```java
public class PriorityTest implements Runnable{
    public void run(){
        System.out.println(Thread.currentThread().getName()+",优先级是: "
```

```
                    + Thread.currentThread().getPriority());
    }
    public static void main(String[] args) {
        PriorityTest p1 = new PriorityTest();
        Thread t1 = new Thread(p1);
        Thread t2 = new Thread(p1);
        Thread t3 = new Thread(p1);
        t1.setName("线程 1");
        t2.setName("线程 2");
        t3.setName("线程 3");
        t1.setPriority(1);          //设置线程 1 的优先级是 1，最低
        t2.setPriority(10);         //设置线程 2 的优先级是 10，最高
        t1.start();
        t2.start();
        t3.start();                 //没有设置优先级，优先级默认
    }
}
```

运行上述程序，结果如图 10-11 所示。

【案例剖析】

在本案例中，定义了实现 Runnable 接口的类，在类中重写 run()方法，打印当前线程的优先级。在程序的 main()方法中，定义了线程 t1、t2 和 t3，并对线程命名，再设置线程的优先级，t1 的优先级是 1，t2 的优先级是 10，t3 没有设置，是默认优先级。调用 start()方法启动线程，线程进入就绪状态等待运行。通过运行结果可以看出，线程 2 先执行，其次是线程 1，最后是线程 3 执行。

图 10-11　线程优先级

 优先级高的线程比优先级低的线程，获得分配处理器资源的机会多，但是线程的优先级不能保证线程执行的顺序。

10.7　大神解惑

小白：wait()方法和 sleep()方法的区别？

大神：wait()方法使当前线程处于"不可运行"状态，即从运行状态转换为等待状态，直到有线程调用 notify()方法，唤醒等待池中的线程，线程才可以从等待状态转换为就绪状态；wait()是 Object 的方法而不是 Thread 类的，调用 wait()方法时，线程释放资源。sleep()方法是 Thread 类的静态方法；它使当前线程在指定的时间处于"非运行"状态，即从运行状态转换为睡眠状态，睡眠时间到即进入就绪状态；它一直持有对象的监视器。

小白：Runnable 接口和 Thread 类创建线程的区别？

大神：使用 Runnable 接口实现类创建线程，避免了继承的局限，一个类可以继承多个接口，使用接口更适合于资源的共享，而且 Thread 类也是实现 Runnable 接口的子类。

小白：Thread.start()与 Thread.run()有什么区别？

大神：Thread 类的 start()方法是启动线程，它是线程进入就绪状态，当 CPU 分配时间执行该线程时，由 Java 虚拟机调度执行 Thread 的 run()方法。

10.8 跟我学上机

练习 1：编写 Java 程序，使用 Runnable 接口创建一个新线程，并启动线程。

练习 2：编写 Java 程序，使用 Thread 类创建一个新线程，并启动线程。

练习 3：编写 Java 程序，创建两个线程，使它们同步访问同一资源。

练习 4：编写 Java 程序，参照生产者与消费者和死锁的例子，解决哲学家就餐的问题。

哲学家就餐问题：有五位哲学家，他们的生活方式是交替地进行思考和进餐，五位哲学家共用一张圆桌，分别坐在周围的五把椅子上，在圆桌上有五只碗和五根筷子，平时哲学家进行思考，饥饿时便试图取其左、右最靠近他的筷子，只有在他拿到两根筷子时才能进餐，进餐完毕，放下筷子又继续思考。

练习 5：编写 Java 程序，创建线程，设置并获取线程的优先级。

第 11 章

编译时再审查——Java 中的泛型

在 JDK1.5 版本中提供了泛型的概念，它可以在编译时期检查数据类型，保证了类型的安全，并且所有的强制转换都是自动和隐式的。本章详细介绍如何使用泛型。

本章要点(已掌握的在方框中打钩)

- ☐ 了解 Java 与 C++ 泛型的区别。
- ☐ 掌握简单的泛型使用。
- ☐ 掌握泛型类和接口。
- ☐ 掌握泛型方法。
- ☐ 掌握类型通配符。

11.1 Java 与 C++中的泛型

泛型是 Java 5 的新特性，泛型的本质是参数化类型，也就是说所操作的数据类型被指定为一个参数，即"类型的变量"。

1. Java 与 C++的泛型

Java 中的泛型与 C++中的类模板，它们的作用相同，但是编译解析的方式不同。Java 泛型类的目标代码只会生成一份，牺牲的是运行速度。

C++的类模板针对不同的模板参数静态实例化，目标代码体积会稍大一些，但是运行速度快。

2. 泛型带来的问题

在 Java 7 之前的版本中，泛型最大的优点是提供了程序的类型安全，同时可以向后兼容。但也带来了相应的问题，即每次定义时都要声明泛型的参数类型。

Java 8 版本可以通过编译器自动推断泛型的参数类型，能够减少这样的情况，并提高了代码的可读性，这就是类型推导。

11.2 简单泛型

JDK5 中引入的泛型，其本质是类型参数化，即所操作的数据类型被指定为一个参数。使用泛型最常用的就是容器类。

【例 11-1】使用泛型的容器类。

step 01 创建动物的实体类(源代码\ch11\src\Animal.java)。

```java
public class Animal {
    public String name;
    public String color;
    public String getName() {
        return name;
    }
    public void setName(String name) {
        this.name = name;
    }
    public String getColor() {
        return color;
    }
    public void setColor(String color) {
        this.color = color;
    }
    public Animal(String name, String color) {
        super();
        this.name = name;
        this.color = color;
```

    }
}
```

step 02 创建测试类(源代码\ch11\src\AnimalTest.java)。

```java
import java.util.*;
public class AnimalTest {
    public static void main(String[] args) {
        List<Animal> list = new ArrayList<>();
        Animal cat = new Animal("小猫", "white");
        Animal dog = new Animal("小狗", "black");
        Animal rabbit = new Animal("兔子", "white");
        list.add(cat);
        list.add(dog);
        list.add(rabbit);
        System.out.println("list的大小: " + list.size());
        for(Animal a : list){
            System.out.println(a.getName()+":"+a.getColor());
        }
    }
}
```

运行上述程序，结果如图 11-1 所示。

【案例剖析】

在本案例中，定义了一个实体类 Animal，在类中定义成员变量 name 和 color，定义它们的 get/set 方法，定义类的带参数的构造方法。在测试类的 main()方法中创建 Animal 类对象 cat、dog 和 rabbit；创建简单泛型类 list，指定 list 容器中的类型是 Animal，即将对象 cat、dog 和 rabbit 添加到容器中；再通过增强 for 循环，打印容器内 Animal 类对象的名称和颜色。

图 11-1　泛型的使用

11.3　类型推导与泛型类和接口

泛型的使用非常灵活，除了作为容器类的对象外，还可以限定类、接口和方法的类型参数。下面详细介绍在接口、类和方法中泛型的使用。

11.3.1　类型推导

在 Java 8 版本中提供的泛型类，不需要再在创建对象时进行显式的类型说明，编译器能够从传入方法中的参数和相应的声明，自动推断出参数类型。例如：

```
List<String> list = new ArrayList<>();
```

在创建对象 list 时，new ArrayList 后的尖括号中不用再写泛型类型，编译器会根据变量声明时的泛型类型，自动推断出实例化 ArrayList 时的泛型类型。但 new ArrayList 后的尖括号必须加上，只有加上这个"<>"才表示是自动类型推断。
```

11.3.2 泛型类

泛型类的定义，一般语法格式如下：

```
class 类名<类型1, 类型2, …>{
    //类体
}
```

"<>"(尖括号)：泛型参数类型列表。

泛型类子类的语法格式如下。

(1) 子类继承泛型类，子类也定义为泛型类：

```
class 类名<类型1, 类型2, …> implements 接口名<类型1, 类型2, …>{
    //类体
}
```

(2) 子类继承泛型类，但是子类不是泛型类：

```
class 类名 implements 接口名<类型1, 类型2, …>{
    //类体
}
```

【例 11-2】泛型类的使用。

step 01 定义泛型类，类型参数是 Animal 和 String 类型(源代码 \ch11\src\GenericClass.java)。

```java
//定义泛型类
public class GenericClass<Animal > {
    private Animal dog;
    public GenericClass(Animal d){
        dog = d;
    }
    public Animal getDog() {
        return dog;
    }
    public void setDog(Animal dog) {
        this.dog = dog;
    }
}
```

step 02 定义测试泛型类的 GenericClassTest 类(源代码\ch11\src\GenericClassTest.java)。

```java
public class GenericClassTest {
    public static void main(String[] args) {
        //泛型
        System.out.println("---泛型类的使用---");
        Animal dog = new Animal("dog", "white");                    //构造方法赋值
        GenericClass<Animal> g = new GenericClass<>(dog);  //尖括号中省略泛型类型
        System.out.println(g.getDog());   //getDog()方法获得 Animal 对象
    }
}
```

运行上述程序，结果如图 11-2 所示。

【案例剖析】

在本案例中，定义了泛型类 GenericClass 和泛型类测试类 GenericClassTest。在泛型类中设置了泛型类型参数 Animal，并在类中定义 Animal 类型的成员变量 dog，通过类的构造方法对它们赋值，并在类中定义它们的 set/get 方法。

在测试类中，创建 Animal 类的对象 dog，再创建泛型类的对象 g。通过泛型类的 get/set 方法获得类的成员变量，即 g.getDog()并在控制台打印。

图 11-2 泛型类

 在创建泛型类对象 g 时，new GenericClass 后的尖括号中不用再写泛型类型。

11.3.3 泛型接口

泛型可以在接口定义时使用，定义接口的语法格式如下：

```
interface 接口名<类型 1，类型 2，...>{
    //接口
}
```

实现泛型接口的子类，语法格式如下。
(1) 子类继承泛型接口，子类也定义为泛型类：

```
class 类名<类型 1，类型 2，...> implements 接口名<类型 1，类型 2，...>{
    //类体
}
```

(2) 子类继承泛型接口，但是子类不是泛型类：

```
class 类名 implements 接口名<类型 1，类型 2，...>{
    //类体
}
```

【例 11-3】定义泛型接口。

step 01 定义泛型接口(源代码\ch11\src\GenericInter.java)。

```java
public interface GenericInter<Animal> {
}
```

step 02 定义泛型接口的子类(源代码\ch11\src\InterfaceClass.java)。

```java
public class InterfaceClass<Animal> implements GenericInter<Animal>{
    private Animal a;
    public InterfaceClass(Animal c){
        super();
        a = c;
    }
}
```

step 03 测试继承泛型接口的泛型子类(源代码\ch11\src\InterfaceTest.java)。

```java
public class InterfaceTest {
    public static void main(String[] args) {
        System.out.println("---泛型接口---");
        Animal c = new Animal("cat", "yellow");
        InterfaceClass<Animal> inter = new InterfaceClass<>(c);
        System.out.println(inter.getCat());
    }
}
```

运行上述程序，结果如图11-3所示。

【案例剖析】

在本案例中，定义了泛型接口，这是一个空的接口。实现泛型接口的子类，也是泛型类。在子类中定义了私有的Animal类型的成员变量cat，定义它的set\get方法，通过类的构造方法对成员变量cat赋值。

在测试类的 main()方法中，创建子类 InterfaceClass 的对象 inter，并将创建的 Animal 对象 c 作为参数传入它的构造方法。最后通过类的对象 inter 调用 getCat()方法在控制台打印 Animal 的信息。

图 11-3　泛型接口

在创建泛型子类对象 inter 时，new InterfaceClass 后的尖括号中不再写泛型类型。

11.4　类型推导与泛型方法

泛型除了可以使用在类和接口之上外，还可以使用在方法上。在 Java 8 版本中提供的泛型方法，不需要再在方法调用中进行显式的类型说明，编译器能够从传入方法中的参数自动推断出参数类型。

泛型方法的声明语法格式如下：

```
[访问修饰符] [static] [final] <类型参数列表> 返回值类型 方法名([形式参数列表]){
    //方法体
}
```

泛型方法声明都有一个类型参数声明部分，由尖括号分隔。类型参数声明部分在方法返回类型的前面，它可以有一个或多个类型参数，参数间使用逗号隔开。类型参数能被用来声明返回值类型，并且能作为泛型方法得到的实际参数类型的占位符。泛型方法体的声明和其他方法一样。

类型参数只能代表引用类型，不能是 char、int、double 这样的类型。

【例 11-4】泛型方法的使用(源代码\ch11\src\GenericMethod.java)。

```
import java.util.ArrayList;
import java.util.List;
public class GenericMethod {
    List<String> list;
//定义泛型方法
    public static <T> void method(List<T> list) {
        for(T t:list){
            System.out.print(t + " ");
        }
        System.out.println();
    }
    public static void main(String[] args) {
        List<String> list = new ArrayList<>();
        list.add("Jsp");
        list.add("Java");
        list.add("C++");
        List<Integer> list2 = new ArrayList<>();   //<>中类型可以不写
        list2.add(12);
        list2.add(34);
        list2.add(52);
        method(list);
        method(list2);
    }
}
```

运行上述程序，结果如图11-4所示。

【案例剖析】

在本案例中，定义类的静态的泛型方法method()，它的类型参数是<T>，形式参数是List<T>，method()方法的作用是使用增强的for循环，输出list容器中的内容。

在程序的main()方法中，创建泛型是String和Integer类型的对象list和list2，并向相应的容器中添加字符串和数值，然后调用静态的泛型方法method()。

图11-4 泛型方法

在创建对象list和list2时，new ArrayList后的尖括号中不用再写泛型类型。编译器会根据变量声明时的泛型类型，自动推断出实例化ArrayList时的泛型类型。但是在new ArrayList后的尖括号必须加上，只有加上这个"<>"才表示是自动类型推断。

11.5 类型通配符

类型通配符"？"代表具体的类型参数。例如，List<？>中的类型通配符可以是String、Integer、double等类型，它是所有List<具体类型实参>的父类。

【例11-5】类型通配符的使用(源代码\ch11\src\ GenTest.java)。

```
import java.util.ArrayList;
import java.util.List;
public class GenTest {
    public static void main(String[] args) {
```

```java
        List<String> str = new ArrayList<String>();
        List<Double> dl = new ArrayList<Double>();
        List<Integer> it = new ArrayList<Integer>();
        List<Character> c = new ArrayList<Character>();
        str.add("hello");
        str.add("world");
        dl.add(12.35);
        it.add(124);
        c.add('j');
        c.add('a');
        System.out.println("---不设置泛型参数上限---");
        getValue1(str);
        getValue1(dl);
        getValue1(c);
        //设置泛型参数类型上限为Number 类型
        System.out.println("---设置泛型参数上限---");
        getValue2(dl);
        getValue2(it);
        //编译报错,Character 类型不是Number 类型的子类
        //getValue2(c);
    }
    public static void getValue1(List<?> l){
        for(int i=0;i<l.size();i++){
            System.out.println("value: "+l.get(i));
        }
    }
    //方法设置参数泛型上限为Number
    public static void getValue2(List<? extends Number> l){
        for(int i=0;i<l.size();i++){
            System.out.println("value: "+l.get(i));
        }
    }
}
```

运行上述程序,结果如图11-5所示。

【案例剖析】

在本案例中,定义了类的静态成员方法 getValue1()和 getValue2()。方法的形参使用类型通配符,即 List<?>和 List<? extends Number>,限制了接受实参的类型。在程序的 main()方法中,创建泛型集合类对象 str、dl、it 和 c,分别添加相应类型的值到集合对象中,即 str.add("hello")、str.add("world")、dl.add(12.35)、it.add(124)、c.add('j')和 c.add('a')。

通过集合对象调用 getValue1()和 getValue2()方法。由于 getValue1()方法的参数是 List 类型的,因此 str、dl、it 和 c 都可以作为这个方法的实参,这就是通配符的作用。

图 11-5 类型通配符

类型通配符的上限也可以通过 List<? extends Number>来定义,这样通配符类型值就只接受 Number 及其子类类型。getValue2()方法就是限制了类型通配符的上限是 Number 类型,因此只有 dl 和 it 可以作为这个方法的实参。

11.6　Java 8 泛型新特性

在 Java 8 中，泛型增加了许多新的特性。使用 "::" 关键字对方法和构造方法进行引用，以及 Lambda 表达式的作用域。

11.6.1　方法与构造方法引用

Java 8 中可以使用 "::" 关键字，传递方法或构造函数引用。

【例 11-6】 引用一个静态方法。

step 01 创建接口(源代码\ch11\src\InterNew.java)。

```java
public interface InterNew<String, Integer> {
    Integer InterNew(String string);
}
```

step 02 创建引用静态方法的类(源代码\ch11\src\FuncNew.java)。

```java
public class FuncNew {
    public static void main(String[] args){
        //引用静态方法 valueOf()
        InterNew<String, Integer> in2 = Integer::valueOf;
        //使用 valueOf()方法，将字符串转换为 Integer 类型
        Integer i2 = in2.InterNew("25");
        System.out.println("方法引用-String -> Integer : " + i2);
    }
}
```

运行上述程序，结果如图 11-6 所示。

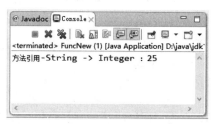

图 11-6　静态方法

【案例剖析】
在本案例中，介绍了 Java 8 中使用 "::" 关键字引用静态方法。

【例 11-7】 构造方法的引用。

step 01 定义一个包含多个构造函数的实体类 Fruit(源代码\ch11\src\Fruit.java)。

```java
public class Fruit {
    private String name;
    private String color;
    public Fruit(String name, String color) {
        super();
```

```
        this.name = name;
        this.color = color;
        System.out.println("name = " + name + ",color = " + color);
    }
    public Fruit() {
        super();
    }
}
```

step 02 创建一个用来指定 Fruit 对象的对象接口(源代码\ch11\src\FruitInter.java)。

```
public interface FruitInter<f extends Fruit>{
        //接口中定义抽象方法 Fruit
        f Fruit(String name,String color);
}
```

step 03 使用构造函数引用将它们关联起来(源代码\ch1\src\FruitNew.java)。

```
FruitInter<Fruit> fi = Fruit::new;   //获取 Fruit 类构造方法的引用
Fruit fruit = fi.Fruit("apple", "red");
//Java 编译器自动根据 fi.Fruit()方法的签名,选择合适的构造函数
```

运行上述程序,结果如图 11-7 所示。

图 11-7 构造方法

【案例剖析】

在本案例中,介绍了 Java 8 中使用 "::" 关键字引用构造方法。

11.6.2 Lambda 作用域

在 Lambda 表达式中,访问外层作用域和以前版本的匿名对象中的方式类似。可以直接访问标记了 final 的外层局部变量,或对象的字段以及静态变量。

1. 访问局部变量

在 Lambda 表达式中,直接访问外层的局部变量。

【例 11-8】 与匿名对象不同的是,变量 number 可以不声明为 final(源代码\ch11\src\Lambda.java)。

```
public class Lambda {
    public static void main(String[] args){
        int number = 6;
        InterNew<Integer, String> inn = (t) -> String.valueOf(t + number);
        System.out.println("访问局部变量: " + inn.InterNew(5));
```

        }
}
```

运行上述程序，结果如图 11-8 所示。

图 11-8　访问局部变量

**【案例剖析】**

在本案例中，定义一个类，在类的 main()方法中，定义局部变量 number，并赋值。通过 Lambda 表达式访问局部变量，然后将运算结果在控制台打印。

注意

number 值不可修改，即隐性地具有 final 的语义。

**2. 访问对象字段与静态变量**

在 Lambda 表达式中修改变量 number 同样是不允许的。与本地变量不同，Lambda 表达式内部对于对象的字段及静态变量是既可读又可写，这与匿名对象是相同的。

**【例 11-9】** 访问对象字段与静态变量(源代码\ch11\src\LambdaS.java)。

```
public class Lambda {
    public static int sNum;
    public int num;
    public void varTest() {
        InterNew<Integer, String> is = (t) -> {
            num = 56;   //成员变量
            return String.valueOf(t);
        };
        System.out.println(is);
        InterNew<Integer, String> is2 = (t) -> {
         sNum = 98;   //静态变量
            return String.valueOf(t);
        };
        System.out.println(is2);
    }
    public static void main(String[] args){
        Lambda l = new Lambda();
        l.varTest();
    }
}
```

运行上述程序，结果如图 11-9 所示。
```

图 11-9　访问对象字段与静态变量

【案例剖析】

在本案例中，定义类的成员变量 num 和静态变量 sNum，类的成员方法 varTest()。在类的方法中，使用 Lambda 表达式访问类的成员变量 num 和静态变量 sNum，并对 num 和 sNum 赋值，再将它们值的字符串形式打印输出。

11.7　大神解惑

小白：Java 8 中泛型与 Java 7 相比有哪些改进？

大神：Java 8 提供了类型推导，即不需要再在声明时进行显式的类型说明，编译器能够通过传入方法中的参数和相应的声明，自动推断出参数类型。

11.8　跟我学上机

练习 1：编写 Java 程序，在类中定义集合类对象，要求集合类使用泛型。

练习 2：编写 Java 程序，定义泛型类。

练习 3：编写 Java 程序，在类中定义泛型方法。

第 12 章

自检更灵活——Java 中的反射

反射是指程序可以访问、检测和修改它本身状态或行为的一种能力。反射使程序的代码能够得到装载到 Java 虚拟机中的类的内部信息，即允许 Java 程序在运行时获得需要的类的内部信息，而不是在编写代码时就必须知道所需要的类的内部信息，这使得反射成为构建灵活应用的主要工具。

本章主要讲解 JDK API 中 java.lang.reflect 包提供的 Class 类、Field 类、Constructor 类、Method 类、Array 类等的使用，以及 ParameterizedType 接口对泛型类、泛型方法的信息获取。

本章要点(已掌握的在方框中打钩)

- ☐ 了解反射概述。
- ☐ 掌握 Java 反射 API。
- ☐ 掌握 Class 类如何获取对象。
- ☐ 掌握 Class 类的常用方法的使用。
- ☐ 掌握如何利用反射生成对象。
- ☐ 掌握封装反射方法的 Method 类。
- ☐ 掌握封装反射属性的 Field 类。
- ☐ 掌握利用反射动态创建数组的 Array 类。
- ☐ 掌握利用反射获取泛型类和泛型方法的信息。

12.1 反射概述

反射是 Java 语言的特征之一，它允许程序在运行状态时，对任意一个类可以获取它的所有属性和方法，对任意一个对象可以调用它的任意一个方法和属性，这种动态获取信息以及动态调用对象方法的功能称为 Java 语言的反射机制。反射即把 Java 的各种成分映射成相应的 Java 类。

Java 的反射机制主要有以下功能。
(1) 在运行时，判断任意一个对象所属的类。
(2) 在运行时，构造任意一个类的对象。
(3) 在运行时，判断任意一个类所具有的成员变量和方法。
(4) 在运行时，调用任意一个对象的方法。
(5) 生成动态代理。

12.2 Java 反射 API

Java 8 提供了反射所需要的类主要有 java.lang.Class 类和 java.lang.reflect 包中的 Field 类、Constructor 类、Method 类、Array 类等。

(1) Class 类。

Class 类的实例表示正在运行的 Java 应用程序中的类和接口。它是 Java 反射的基础，对于任何一个类，首先要产生一个 Class 的对象，然后才可以通过 Class 类获得其他信息。

(2) Field 类。

Field 类提供有关类或接口的单个字段的信息，以及对它的动态访问权限。反射的字段可能是一个类(静态)字段或实例字段。该类封装了反射类的属性。

(3) Constructor 类。

Constructor 类提供关于类的单个构造方法的信息以及对它的访问权限。该类封装了反射类的构造方法。

(4) Method 类。

Method 类提供关于类或接口上单独某个方法的信息。所反映的方法可能是类方法或实例方法(包括抽象方法)。该类是用来封装反射类的方法。

(5) Array 类。

Array 类提供了动态创建和访问 Java 数组的方法。它提供的方法都是静态方法。

12.3 Class 类

Class 类是指 Java 程序运行时，系统对所有对象进行运行时类型标识，Class 类是用来保存类型信息的类。Java 虚拟机为每种类型管理着一个独一无二的 Class 类。即 Java 虚拟机中会有一个 Class 对象，保存运行时的类和接口的类型信息。

Class 类的构造方法是 private 的，是由 Java 虚拟机创建的，它的对象是在加载类时由 Java 虚拟机以及通过调用类加载器中的 defineClass 方法自动构造的。

12.3.1 获取 Class 对象

在 Java 语言中，获取 Class 对象的方式有 3 种，具体介绍如下。

(1) 通过 Object 类提供的 getClass()方法，获得 Class 对象。这是获取 Class 对象最常见的一种方式。

```
Object obj = new Object();      //创建 Object 类对象
Class c1 = obj.getClass();      //调用 Object 类的 getClass()方法获取 Class 类对象
```

obj：Object 类对象。

c1：通过 Object 类的 getClass()方法，获取 Class 类的对象。

(2) 通过 Class 类的静态方法 forName()，获取字符串参数指定的 Class 对象。

```
Class c2 = Class.forName("java.lang.Integer");
```

c2：通过 Class 类的静态方法 forName()，获取 Class 类的对象。

Class.forName()方法参数必须是类或接口的全名，即包含类名(接口名)和包名，并注意捕获 ClassNotFoundException 类型的异常。

(3) 通过"类名.class"获取该类的 Class 对象。

```
Class c3= Integer.class;
```

c3：通过"类名.class"获取 Class 类的对象。

代码参照"源代码\ch12\src\ClassObj.java"。

12.3.2 Class 类常用方法

利用反射获取在运行时的某个实体的信息，首先获取这个实体对应的 Class 对象，然后通过 Class 类提供的方法获取相应的信息。

Class 类提供了大量的方法，用来获取所标识的实体的信息。这些实体可以是类、接口、数组、枚举、注解、基本类型或 void 等。Class 类的常用方法如表 12-1 所示。

表 12-1 Class 类的常用方法

返回类型	方 法 名	说 明
Class	forName(String className)	返回指定字符串名的类或接口的 Class 对象
String	getName()	返回此 Class 对象所表示实体的全限定名

续表

返回类型	方法名	说明
Constructor	getConstructor(Class... parameterTypes)	返回此 Class 对象所表示实体的指定 public 构造方法
Constructor []	getConstructors()	返回所有的 public 构造方法
Constructor	getDeclaredConstructor(Class. parameterTypes)	返回 Class 对象所表示实体的指定构造方法
Constructor[]	getDeclaredConstructors()	返回所有的构造方法
Annotation[]	getDeclaredAnnotations()	返回此元素上存在的所有注解
Field	getField()	返回此 Class 对象所表示类或接口指定的 public 字段
Field[]	getFields()	返回此 Class 对象所表示实体的所有 public 字段
Field[]	getDeclaredFields(String name)	返回此 Class 对象所表示实体的所有字段
Class[]	getInterfaces()	返回此 Class 对象所表示类或接口实现的所有接口 Class 列表
Method	getMethod(String name, Class... parameterTypes)	返回指定的方法。name 是指定方法名称，parameterTypes 是指定方法的参数数据类型
Method[]	getMethods()	返回此 Class 对象表示实体的所有 public 方法
Method[]	getDeclaredMethods()	返回此 Class 对象表示实体的所有方法
Package	getPackage()	返回此类的包
Class	getSuperclass()	返回此 Class 表示实体(类、接口、基本类型或 void)的父类的 Class
T	newInstance()	创建此 Class 对象表示类的一个新实例
String	toString()	将对象转换为字符串

提示　　Class 类提供的更多方法，请参照 JDK API 中提供的 java.lang.Class。

【例 12-1】Class 类的常用方法(源代码\ch12\src\ClassTest.java)。

```java
import java.lang.reflect.*;
public class ClassTest {
    public static void main(String[] args) {
        try {
            //获取指定类的 Class 对象
            Class c = Class.forName("java.util.Date");
            //获取类的包信息
            Package p = c.getPackage();
            //包名
            String pname = p.getName();
            System.out.println("Date 类包信息: " + p);
            System.out.println("Date 类包名: " + pname);
            //获取类的修饰符
```

```java
            int m = c.getModifiers();
            String str = Modifier.toString(m);
            System.out.println("Date 类修饰符: " + str);
            System.out.println("Date 类名: " + c.getName());
            //获取 Date 类的字段
            Field[] f = c.getDeclaredFields();
            System.out.println("---循环输出 Date 类的字段名---");
            for(Field field : f){
                System.out.print(field.getName()+" ");
            }
            System.out.println();
            //获取类的构造方法
            Constructor[] con = c.getDeclaredConstructors();
            System.out.println("---循环输出 Date 类的构造方法信息---");
            for(Constructor cc : con){
                System.out.println(cc.getName() + "的修饰符: " +
                    Modifier.toString(cc.getModifiers()));
                Parameter[] ps = cc.getParameters();
                System.out.println(cc.getName() + "的参数: ");
                for(Parameter pp : ps){
                    System.out.print(pp.getName() + " ");
                }
                System.out.println();
            }
        } catch (ClassNotFoundException e) {
            e.printStackTrace();
        }
    }
}
```

运行上述程序，结果如图 12-1 所示。

图 12-1　Class 常用方法

【案例剖析】

在本案例中，定义一个 ClassTest 类，举例说明 Class 类提供的常用方法的使用。

12.4 生成对象

在 Java 程序中,通常使用 new 关键字调用类的构造方法来创建对象。但是,对于一些特殊情况,例如程序只有在运行时才知道要创建对象的类名,就需要使用 Java 的反射机制来创建对象。使用 Java 的反射机制创建对象有两种方式,即带参数构造方法和无参数构造方法。

12.4.1 无参数构造方法

若使用无参数的构造方法创建对象,首先获得这个类的 Class 对象,然后调用 Class 对象的 newInstance()方法。具体代码如下:

```
Class c2 = Class.forName("java.lang.Integer");    //获得Class类对象
c2.newInstance();    //使用Class对象的newInstance()方法生成对象
```

注意

如果该类或其 null 构造方法是不可访问的,则抛出 IllegalAccessException 类型的异常;如果此 Class 表示一个抽象类、接口、数组类、基本类型或 void 类型的实体或者该类没有 null 构造方法或者由于其他某种原因导致实例化失败,则抛出 InstantiationException 类型的异常。

12.4.2 带参数构造方法

若使用带参数的构造方法,创建对象的具体步骤如下。
(1) 获得指定类的 Class 对象。
(2) 通过反射获取符合指定参数类型的构造方法类(Constructor)对象。
(3) 调用 Constructor 对象的 newInstance()方法传入对应参数值,创建对象。

【例 12-2】使用带参数的构造方法,创建对象(源代码\ch12\src\ClassObj.java)。

```
import java.lang.reflect.*;
public class ClassObj {
    public static void main(String[] args){
//带参数的构造方法,创建对象
        try {
            //第一步,获得指定类的Class对象
            Class c5 = Class.forName("java.lang.Integer");
            //第二步,通过Class对象获得指定符合参数类型的构造方法
            Constructor construct = c5.getConstructor(int.class);
            //第三步,通过Constructor对象的newInstance()方法传入参数,创建对象
            Integer in = (Integer) construct.newInstance(1246);
        } catch (ClassNotFoundException e) {
            e.printStackTrace();
        } catch (NoSuchMethodException e) {
            e.printStackTrace();
        } catch (SecurityException e) {
            e.printStackTrace();
        } catch (InstantiationException e) {
```

```
            e.printStackTrace();
        } catch (IllegalAccessException e) {
            e.printStackTrace();
        } catch (IllegalArgumentException e) {
            e.printStackTrace();
        } catch (InvocationTargetException e) {
            e.printStackTrace();
        }
    }
}
```

【案例剖析】

在本案例中，定义一个类，在类中首先获得 Class 对象 c5，然后通过 Class 对象的 getConstructor()获得指定参数类型是 int 类型的构造方法 construct，再通过 construct 对象的 newInstance()方法传入参数，并创建类的对象 in。

12.5　Method 类

java.lang.reflect 包中的 Method 类的实例，就是使用 Java 的反射机制获得的指定类中指定方法的对象代表，Method 类中的 invoke()方法可以动态调用这个方法。invoke()方法的语法格式如下：

```
public Object invoke(Object obj,Object... args)
    throws IllegalAccessException, IllegalArgumentException,
InvocationTargetException
```

obj：调用方法的对象。

args：为指定方法传递参数值，是一个可变参数。

返回值：动态调用指定方法后的实际返回值。

注意　　通过反射调用类的私有方法时，要先在这个私有方法对应的 Method 对象上调用 setAccessible(true)来取消对这个方法的访问检查，再调用 invoke()方法来真正执行这个私有方法。

【例 12-3】 通过反射来动态调用指定方法。

step 01　创建类 Reflect(源代码\ch12\src\Reflect.java)。

```
public class Reflect{
    private String name;
    private int id;
    public String getName() {
        return name;
    }
    public void setName(String name) {
        this.name = name;
    }

    public int getId() {
        return id;
```

```
    }
    public void setId(int id) {
        this.id = id;
    }
    public Reflect(){
        System.out.println("默认的无参构造方法");
    }
    private void info(){
        System.out.print(getClass().getName() + ":");
        System.out.println( "name = " + name +",id = " + id);
    }
}
```

step 02 使用反射动态调用指定方法(源代码\ch12\src\InvokeMethod.java)。

```java
import java.lang.reflect.*;
public class InvokeMethod {
    public static void main(String[] args) {
        try {
            //获得Class对象c
            Class c = Class.forName("Reflect");
            //利用无参数构造方法，获得类的对象mc
            Reflect mc = (Reflect) c.newInstance();
            //获取名是setName的方法，方法参数类型是String
            Method m1 = c.getDeclaredMethod("setName", String.class);
            //调用Method类的invoke方法,并传递参数值
            Object obj = m1.invoke(mc, "反射调用方法");
            System.out.println("调用invoke方法返回值: " + obj);
            //调用名是printInfo的方法，方法无参数类型
            Method m2 = c.getDeclaredMethod("info",null);
            //取消私有方法的访问检查
            m2.setAccessible(true);
            //使用Method类的invoke方法，动态调用指定方法
            m2.invoke(mc);
        } catch (ClassNotFoundException e) {
            e.printStackTrace();
        } catch (InstantiationException e) {
            e.printStackTrace();
        } catch (IllegalAccessException e) {
            e.printStackTrace();
        } catch (NoSuchMethodException e) {
            e.printStackTrace();
        } catch (SecurityException e) {
            e.printStackTrace();
        } catch (IllegalArgumentException e) {
            e.printStackTrace();
        } catch (InvocationTargetException e) {
            e.printStackTrace();
        }
    }
}
```

运行上述程序，结果如图12-2所示。

图 12-2　Method 类的使用

【案例剖析】

在本案例中，定义一个类 Reflect，在类中定义 String 类型的成员变量 name，int 型的成员变量 id；以及 setName()、getName()、setId()和 getId()方法；类的无参数构造方法；并定义了 info()方法，用于打印 name 的值。

在类 InvokeMethod 中，通过反射获取 setName 和 info 方法，并通过 Method 类的 invoke()方法动态调用这两个方法。其中 info()方法是私有方法，通过 Method 对象调用 setAccessible(true)方法，取消 info()方法的访问检查，再调用 invoke()方法真正执行这个私有方法。

在这里要使用 getDeclaredMethod()方法，返回指定名称所有的方法，包括 private 的和 public 的。

12.6　Field 类

java.lang.reflect 包中 Field 类的实例，是使用反射获得类的成员变量的对象代表。可以使用 Field 类的 getXXX 方法获取指定对象上的值，也可调用它的 setXXX 方法动态修改指定对象上的值。

XXX 表示的是成员变量的数据类型。

【例 12-4】通过反射来动态设置和获取指定对象指定成员变量的值(源代码 \ch12\src\FieldTest.java)。

```java
public class FieldTest {
    public static void main(String[] args) {
        try {
            //获得 Class 对象
            Class c = Class.forName("Reflect");
            //使用无参构造方法，创建对象 r
            Reflect r = (Reflect) c.newInstance();
            //获取指定类的私有属性 name
            Field f = c.getDeclaredField("name");
```

```
            //取消访问检查
            f.setAccessible(true);
            f.set(r, "成员变量");
            System.out.println("name = " + f.get(r));
            //获得私有属性id
            Field fId = c.getDeclaredField("id");
            //取消访问检查
            fId.setAccessible(true);
            fId.setInt(r, 12);
            System.out.println("id = " + fId.getInt(r));
        } catch (ClassNotFoundException e) {
            e.printStackTrace();
        } catch (NoSuchFieldException e) {
            e.printStackTrace();
        } catch (SecurityException e) {
            e.printStackTrace();
        } catch (InstantiationException e) {
            e.printStackTrace();
        } catch (IllegalAccessException e) {
            // TODO Auto-generated catch block
            e.printStackTrace();
        }
    }
}
```

运行上述程序，结果如图 12-3 所示。

图 12-3　Field 类的使用

【案例剖析】

在本案例中，通过类的反射获得指定类 Reflect 的 Class 对象 c，然后调用 newInstance()方法创建 Reflect 类的对象 r。通过 Class 类的 getDeclaredField()方法获得对象 c 所表示的实体所指定的 name 字段，并通过 Field 类的 setAccessible(true)方法，取消对私有成员变量 name 的访问检查。

通过 Field 的 set()方法为对象 r 的 name 字段赋值，并通过它的 get()方法获取 name 字段的值。对于类的 id 字段与 name 字段类似，需要注意的是 setInt()方法为对象 r 的 id 字段赋值，getInt()方法获取 id 字段的值。

12.7 数　　组

java.lang.reflect 包中 Array 类，提供了使用反射动态创建和访问 Java 数组的方法。数组作为一个对象，可以通过反射来查看数组的各个属性信息及数组的类型名。

【例 12-5】 利用反射动态创建数组，并获取属性信息(源代码\ch12\src\ArrayReflect.java)。

```java
import java.lang.reflect.*;
public class ArrayReflect {
    public static void main(String[] args) {
        int[] iArr = new int[10];
        //获得整数数组的 Class 对象 ci
        Class ci = iArr.getClass();
        System.out.println("int 数组的类型名: " + ci.getName());
        //获得整数数组类型的 Class 对象 cia
        Class cia = ci.getComponentType();
        System.out.println("int 数组的类名: " + cia.getName());
        //使用 Array 类，动态创建数组 obj
        Object obj = Array.newInstance(int.class, 10);
        //对数组元素赋值
        for(int i=0;i<10;i++){
            Array.setInt(obj, i, i*3);
        }
        //获取数组元素的值
        System.out.println("---数组元素值---");
        for(int i=0;i<10;i++){
            System.out.print(Array.getInt(obj, i) + " ");
        }
    }
}
```

运行上述程序，结果如图 12-4 所示。

图 12-4　Array 类的使用

【案例剖析】

在本案例中，介绍使用反射获取数组类的信息，即使用数组 iArr.getClass()方法返回 Class 对象 ci。调用 Class 类的 getName()方法获取数组的类型名；ci 调用 getComponentType()方法获取数组类型的 Class 对象 cia，再调用 getName()方法获取数组的全名。

使用 Array 类动态创建整数类型的数组，即 Array.newInstance()方法。再通过 Array 类的

setInt()和 getInt()方法对整数数组元素赋值和取值。

12.8 获取泛型信息

　　java.lang.reflect 包中提供的 ParameterizedType 接口，可以用来获取泛型类、泛型方法、泛型接口等的泛型参数信息。ParameterizedType 接口提供的 getActualTypeArguments()方法是返回表示此类型实际类型参数的 Type 对象的数组。

　　【例 12-6】使用反射获取泛型信息(源代码\ch12\src\ GenericPractice.java)。

```java
import java.lang.reflect.*;
import java.util.List;
public class GenericPractice {
    //定义类的成员变量，类型是泛型类 GenericClass
    private GenericClass<String,Integer,Double> gc;
    public static void main(String args[]){
        try {
            //获取指定类的 Class 对象 c
            Class cf = Class.forName("GenericPractice");
            //利用反射获取泛型类：参数信息
            Field field = cf.getDeclaredField("gc");
            //指定成员变量 gc 的泛型参数类型 t
            Type t = field.getGenericType();
            //若 t 属于 ParameterizedType 接口类型
            if(t instanceof ParameterizedType){
                //获取实际类型参数的对象数组 pt
                System.out.println("---泛型类信息---");
                Type[] pt=((ParameterizedType) t).getActualTypeArguments();
                for(Type tt : pt){
                    System.out.println(tt);
                }
            }
            //利用反射获取泛型方法：返回值泛型参数信息
            Class c = Class.forName("GenericClass");
            System.out.println("---泛型方法信息---");
            Type type=c.getMethod("getMyParams").getGenericReturnType();
            System.out.println(type.toString());
        } catch (NoSuchMethodException e) {
            e.printStackTrace();
        } catch (SecurityException e) {
            e.printStackTrace();
        } catch (ClassNotFoundException e) {
            e.printStackTrace();
        } catch (NoSuchFieldException e) {
            // TODO Auto-generated catch block
            e.printStackTrace();
        }
    }
}
class GenericClass<String,Integer,Double> {
    private List<String> myParams;
    public List<String> getMyParams(){
```

```
        return myParams;
    }
}
```

运行上述程序，结果如图 12-5 所示。

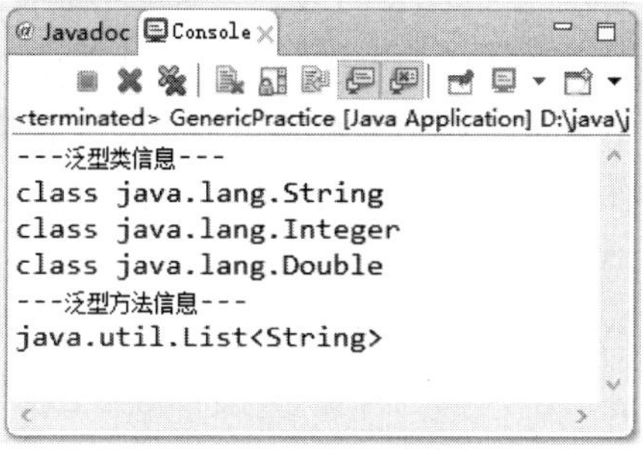

```
---泛型类信息---
class java.lang.String
class java.lang.Integer
class java.lang.Double
---泛型方法信息---
java.util.List<String>
```

图 12-5　反射获取泛型信息

【案例剖析】

在本案例中，定义一个泛型类 GenericClass，它有 3 个泛型类型参数，即 String、Integer 和 Double。在泛型类中定义 List<String>类型的成员变量 myParams 和返回值是 List<String>类型的方法。

在 GenericPractice 类中，定义泛型类型的成员变量 gc，通过 Class 类的 forName()方法获取 GenericPractice 类的 Class 对象 cf，并通过 Class 类的 getDeclaredField()方法获取 GenericClass 类的成员变量 gc 的字段对象 field，再调用 Field 类的 getGenericType()方法获取当前字段的泛型类型 t。如果 t 属于 ParameterizedType 接口类型，则调用 ParameterizedType 接口的 getActualTypeArguments()方法返回实际类型参数的 Type 对象的数组 pt。最后通过增强 for 循环输出数组 pt 的值。

通过 Class 类的 forName()方法获取 GenericClass 类的 Class 对象 c，并通过 Class 类的 getMethod()方法获取 Method 类的对象 m，再调用 Method 类的 getGenericReturnType()方法获取指定方法的返回值类型 type，并在控制台打印。

12.9　大神解惑

小白：如何使用反射获取类的私有方法的信息？

大神：获取类的私有方法，首先获取指定类的 Class 对象 c；然后利用对象 c 调用 Class 类提供的 getMethod()方法，获取指定的私有方法 Method 类的实例 m；最后通过 m 调用 Method 类的 setAccessible(true)取消对方法的访问检查，对象 m 再调用 invoke()方法真正执行这个私有方法。

小白：Class 类的 forName()方法参数有什么要求？

大神：Class 类的 forName()方法的参数必须是字符串格式，而且必须写接口或类的全名，即包括包名。

12.10 跟我学上机

练习 1：编写一个 Java 程序，通过 Java 的反射，使用 3 种方式获取指定类的 Class 对象。

练习 2：编写一个 Java 程序，在程序中定义 String 类型的成员变量 name 和返回值是 void 的成员方法 test，创建有参数 name 和 test 的构造方法。在测试类中通过反射创建对象，对类的成员变量赋值，并调用类的 test() 方法，在方法中打印输出 name 的值。

第 13 章

简化程序的配置——Java 中的注解

Java 5 以上版本中新增的注解,在程序中的作用是说明、配置等。Java 注解在许多框架中得到了广泛的应用,用来简化程序的配置。本章详细介绍 JDK 内置注解的使用、元注解、如何自定义注解以及如何使用反射获取注解的信息。

本章要点(已掌握的在方框中打钩)

- ☐ 了解注解的概念。
- ☐ 掌握 JDK 内置注解的使用。
- ☐ 掌握如何自定义注解。
- ☐ 掌握元注解的使用。
- ☐ 掌握使用反射如何获取注解信息。

13.1 注解概述

注解(Annotation)是 Java 5 以上版本新增加的功能,主要添加到 Java 程序代码的元素上,用来做一些说明和解释。元数据是用来描述数据的一种数据,由于元数据的广泛应用,Java 5 引入了注解的概念来描述元数据。

注解是一种应用于类、方法、参数、变量、构造器及包声明中的特殊修饰符。通常情况下注解不会直接影响代码的执行,虽然有些注解可以用来做到影响代码执行。对于程序中的注解可以通过反射,对注解中的元数据信息进行提取和访问。

13.2 JDK 内置注解

注解使用@标记,后面跟上注解类型的名称。Java 语言的 java.lang 包中有 3 种内置注解,即@Override、@Deprecated 和@SuppressWarnings,这些注解用来为编译器提供指令。

13.2.1 @Override

@Override 用来修饰一个方法,这个方法必须是对父类中的方法进行了重写。如果一个方法没有重写父类中的方法,而使用这个注解时编译器将提示错误。

在子类中重写父类或接口的方法时,@Override 并不是必需的,但是建议使用这个注解。在某些情况下,若修改了父类方法的名字,那么子类的方法将不再属于重写。由于没有@Override,编译器不会发现问题,但是如果有@Overridexiushifu ,编译器则会检测注解的方法是否覆盖了父类的方法。

【例 13-1】使用 Override 注解的方法。

step 01 创建父类(源代码\ch13\src\ SuperOverride.java)。

```
public class SuperOverride {
    public void method(){
        System.out.println("父类方法");
    }
}
```

step 02 创建子类(源代码\ch13\src\ SubOverride.java)。

```
public class SubOverride extends SuperOverride{
    public void Method(){
        System.out.println("子类方法");
    }
}
```

step 03 创建测试类(源代码\ch13\src\ OverrideTest.java)。

```
public class OverrideTest {
    public static void main(String[] args) {
        SuperOverride sover = new SubOverride();
```

```
        sover.method();
    }
}
```

运行上述程序，结果如图 13-1 所示。

【案例剖析】

在本案例中，定义了父类 SuperOverride 和子类 SubOverride，在父类中定义了 method()，要求子类中重写父类的方法 method()。在测试类 OverrideTest 中创建父类引用指定子类对象 sover，然后调用 method()方法。在本案例的程序中可以看出，由于多态的存在，对象 sover 调用的是父类的 method()方法，而不是子类的方法。父类的 method()方法没有被子类重写。

图 13-1　Override 的使用

(1) 如果使用 Override 修饰子类中的 Method()方法，即表示这个方法是重写父类中的方法。由于在父类中找不到这个方法，编译器就会报错，从而避免了上述问题的出现。

(2) 子类代码修改为如下：

```
public class SubOverride extends SuperOverride{
    @Override
    public void Method(){
        System.out.println("子类方法");
    }
}
```

【案例剖析】

在本案例中，使用 Override 修饰子类重写父类的方法，由于父类中不存在该方法，因此编译出错。提示 The method Method() of type SubOverride must override or implement a supertype method。

(3) 被 Override 注解的方法必须在父类中有同样的方法，编译才会通过。代码修改如下：

```
public class SubOverride extends SuperOverride{
    @Override
    public void method(){
        System.out.println("子类方法");
    }
}
```

13.2.2　@Deprecated

@Deprecated 可以用来注解不再使用已经过时的类、方法和属性。如果代码使用了 @Deprecated 注解的类，方法或属性，编译器会进行警告。

当使用@Deprecated 注解时，建议使用对应的@deprecated JavaDoc 符号，来解释说明这个类、方法或属性过时的原因，它的替代方案是什么。

【例 13-2】@Deprecated 注解一个过时的类(源代码\ch13\src\DeprecatedTest.java)。

```
@Deprecated
/**
 @deprecated 这个类存在 bug，使用新的 NewDeprecatedTest 类替代它
*/
public class DeprecatedTest {
    //类体
}
```

13.2.3　@SuppressWarnings

用来抑制编译器生成警告信息。它修饰的元素为类、方法、方法参数、属性和局部变量。当一个方法调用了过时的方法或者进行不安全的类型转换时，编译器会生成警告。可以为这个方法增加@SuppressWarnings 注解，从而抑制编译器生成警告。

```
public class SuWarningsTest {
    public static void main(String[] args) {
        @SuppressWarnings(value = { "deprecation" })
        //引用过时的类
        DeprecatedTest dtest = new DeprecatedTest();
        System.out.print(dtest);
    }
}
```

使用@SuppressWarnings 注解，采用就近原则。例如，一个方法出现警告，尽量使用@SuppressWarnings 注解这个方法，而不是注解方法所在的类。虽然两种方法都能抑制编译器生成警告，但是范围越小越好，范围大了不利于发现该类下其他方法的警告信息。

13.3　自定义注解

注解不仅可以使 Java 程序的可读性增强，而且还允许自定义注解类型。注解使用 @interface 自定义注解，会自动继承 java.lang.annotation.Annotation 接口。

13.3.1　自定义注解

在定义注解时，不可以继承其他的注解或接口。@interface 只用来声明一个注解，注解中的每一个方法实际上是声明了一个配置参数。方法的名称就是参数的名称，返回值类型就是参数的类型。返回值的类型只能是基本类型、Class、String、Enum。可以通过 default 关键字声明参数的默认值。

自定义注解的基本格式如下：

```
public @interface 注解名 {
    //注解体
}
```

注解名：符合 Java 标识符的命名规则。

Annotation 类型里面的参数设置须注意以下几个方面。

第一，访问修饰符只能使用 public 或默认(default)。

第二，参数成员类型只能是 String、Enum、Class、Annotations 和 8 种基本数据类型(byte、short、char、int、long、float、double、boolean)等，以及这一些类型的数组。

第三，如果只有一个参数成员，建议将参数名称设为 value，后加小括号。

13.3.2 注解元素的默认值

注解元素一定要有确定的值，可以在定义注解时，指定它的默认值，也可以在使用注解时指定，非基本类型的注解元素的值不能为 null。因此，经常使用空字符串或 0 作为默认值。

【例 13-3】自定义注解，并对注解的属性设置默认值。

step 01 用户定义枚举(源代码\ch13\src\colorEnum.java)。

```java
public enum colorEnum {
    red,green,blue,black
}
```

【案例剖析】

在本案例中，定义枚举 colorEnum，定义 4 个枚举成员。

step 02 用户自定义注解(源代码\ch13\src\UserAnno.java)。

```java
public @interface UserAnno {
    String value();                                      //定义 String 类型的属性
    colorEnum color() default colorEnum.blue; //定义枚举类型的属性，并设置默认值
}
```

【案例剖析】

在本案例中，定义注解 UserAnno，定义 String 类型的属性 value，并在其后加小括号。在注解中不区分定义访问和修改的方法，而是只定义一个方法，并以属性名命名它，数据类型就是该方法的返回值类型。

step 03 定义使用注解的类(源代码\ch13\src\ UserAnnoTest.java)。

```java
public class UserAnnoTest {
    //使用带默认值的注解，不为 color 显示的指定值，它会使用默认值
    @UserAnno(value = "user define")
    public void method1(){
        System.out.println("用户自定义注解");
    }
    //使用带默认值的注解，并为 color 显示的指定值
    @UserAnno(value = "user define",color = colorEnum.red)
    public void method2(){
        System.out.println("用户自定义注解");
    }
}
```

【案例剖析】

在本案例中，定义一个类，在类中定义两个方法 method1()和 method2()。method1 使用带

默认值的注解，并不为有默认值的 color 属性显示指定值。method2 使用带默认值的注解，但是它为 color 属性显示指定值。

定义了注解，并在需要时给类或类的属性加上注解，如果没有响应的注解信息处理流程，注解就没有任何实用价值。如何让注解发挥作用，主要在于注解的处理方法。

13.4 元 注 解

Java 5 API 中的 java.lang.annotation 包，提供了 4 个标准的元注解类型，即@Target、@Retention、@Documented 和@Inherited。它们的作用是用来对其他 Annotation(注解)类型进行注解。

13.4.1 @Target

指定注解类型所作用的程序元素的种类。若注解类型声明中不存在 Target 元注解，则声明的类型可以用在任一程序元素上。若存在元注解，则编译器强制实施指定的类型限制。

元注解 Target 的作用是描述注解的作用范围。它的取值是枚举 ElementType 的常量，如表 13-1 所示。

表 13-1 ElementType 枚举常量

枚举常量	说 明
ANNOTATION_TYPE	注释类型声明
CONSTRUCTOR	构造方法声明
FIELD	字段(包括枚举常量)声明
METHOD	方法声明
PACKAGE	包声明
PARAMETER	参数声明
TYPE	类、接口(包括注释类型)或枚举声明
LOCAL_VARIABLE	局部变量声明
TYPE_PARAMETER	参数声明
TYPE_USE	用户类型声明

在 JDK1.8 中 ElementType 枚举类增加了 2 个枚举成员，即 TYPE_PARAMETER 和 TYPE_USE，它们都是用来限定哪个类型可以进行注解。

【例 13-4】@Target 的使用。

step 01 定义注解 Method(源代码\ch13\src\Method.java)。

```
import java.lang.annotation.*;
@Target({ElementType.METHOD})
public @interface Method {}
```

【案例剖析】

在本案例中，定义一个注解 Method。注解的值是 ElementType.METHOD，因此注解只能作用于方法之上。

注意　Target 的值使用大括号"{}"是由于它的值可以有多个，多个值之间使用逗号隔开。

step 02　定义类，类的方法使用注解 Method(源代码\ch13\src\TargetTest.java)。

```
//@Method 作用于类，出错。
public class TargetTest {
    @Method   //作用于方法，正确
    public void testTarget(){
    }
}
```

【案例剖析】

在本案例中，定义类 TargetTest，在类中定义 testTarget()方法。将定义的注解 Method 分别作用在类和类的方法上，可发现作用在类上时编译出错，而作用在方法上时编译正确。这是因为注解的值是 ElementType.METHOD，它只能作用于方法之上。

13.4.2　@Retention

定义该注解被保留的时间长短。有些 Annotation 仅出现在源代码中，被编译器丢弃。而有些被编译在 class 文件中，编译在文件中的 Annotation 可能会被虚拟机忽略，也可能在 class 被装载时读取但并不影响 class 的执行。使用这个元注解可以对 Annotation 的"生命周期"进行限制。

元注解 Retention 的作用是表示需要在什么级别保存该注释信息，用于描述注解的生命周期。即被描述的注解在什么范围内有效。它的取值是枚举类 RetentionPolicy 的成员，如表 13-2 所示。

表 13-2　RetentionPolicy 枚举常量

枚举常量	说　明
CLASS	在 class 文件中有效(即 class 保留)
RUNTIME	在运行时有效(即运行时保留)
SOURCE	在源文件中有效(即源文件保留)

【例 13-5】@Retention 的使用(源代码\ch13\src\Runtime.java)。

```
import java.lang.annotation.*;
@Target({ElementType.FIELD})              //作用于字段，大括号指可以有多个值
@Retention(RetentionPolicy.RUNTIME)       //其值只允许有一个，因此不适用大括号
public @interface Runtime {
}
```

【案例剖析】

在本案例中，定义注解 Runtime，使用元注解 Target 指明作用的程序元素是字段类型；使用元注解 Retention 指明注解在运行时保留。

13.4.3 @Documented

指示某一类型的注解将通过 javadoc 和类似的默认工具进行文档化。

【例 13-6】 @Documented 的使用(源代码\ch13\src\Document.java)。

```
import java.lang.annotation.*;
@Target(ElementType.FIELD)            //作用于字段
@Retention(RetentionPolicy.RUNTIME)   //运行时有效
@Documented                            //生成文档
public @interface Document {
}
```

【案例剖析】

在本案例中，定义一个注解 Document，使用元注解 Target 指定要使用注解的程序元素是字段类型，使用元注解 Retention 指定注解在运行时有效，最后使用元注解 Document 则说明注解被工具文档化。

13.4.4 @Inherited

继承是 Java 的一大特征，在类中除了 private 的成员都会被子类继承。那么注解会不会被子类继承呢？在默认情况下，父类注解是不会被子类继承的，只有使用元注解 Inherited 的注解才可以被子类继承。

【例 13-7】 @Inherited 的使用。

step 01 创建注解 Inherite(源代码\ch13\src\Inherite.java)。

```
import java.lang.annotation.*;
@Inherited
public @interface Inherite {
    String inher();
}
```

【案例剖析】

在本案例中，定义一个 Inherite 注解，为注解定义一个属性 inher。

step 02 将创建的注解应用在父类 SuperOverride 类上（源代码\ch13\src\SuperOverride.java）。

```
@Inherite(inher = "继承")
public class SuperOverride {
    public void method(){
        System.out.println("父类方法");
    }
}
```

【案例剖析】

在本案例中，父类 SuperOverride 使用注解 Inherite，它的子类 SubOverride 就会继承这个 Inherite 注解。

13.5 使用反射处理注解

利用反射可以在运行时动态地获取类的相关信息，例如类的所有方法、所有属性、所有构造方法，还可以创建对象，调用方法等。那么利用反射也可以获取注解的相关信息。

反射是在运行时获取相关信息的，因此要使用反射获取注解的相关信息，这个注解必须是用@Retention(RetentionPolicy.RUNTIME)声明的。

在 JDK API 中的 java.lang.reflect.AnnotatedElement 接口中，定义了使用反射读取注解信息的方法，具体如下。

(1) Annotation getAnnotation(Class annotationType)：若存在该元素的指定类型的注解，则返回这些注解，否则返回 null。

(2) Annotation[] getAnnotations()：返回此元素上存在的所有注解。

(3) Annotation[] getDeclaredAnnotations()：返回存在于此元素上的所有注解。

(4) isAnnotationPresent(Class annotationType)：若指定类型的注解存在于此元素上，则返回 true，否则返回 false。

Class 类、Constructor 类、Field 类、Method 类和 Package 类都实现了 AnnotatedElement 接口，可以通过这些类的实例获取作用于其上的注解及相关信息。

【例 13-8】利用反射获取类和方法上的注解信息。

step 01 定义注解(源代码\ch13\src\ UserAnno.java)。

```
import java.lang.annotation.*;
//注解作用于类型和方法的声明上
@Target({ElementType.TYPE,ElementType.METHOD})
//注解在运行时有效
@Retention(RetentionPolicy.RUNTIME)
public @interface UserAnno {
//为注解定义属性 value
    String value() default "user";
}
```

step 02 在类和类中方法上使用注解(源代码\ch13\src\ AnnoClass.java)。

```
@UserAnno
public class AnnoClass {  //在类上使用注解
    @UserAnno("方法-注解")
    public void method(){  //在方法上使用注解
        System.out.println("在方法上使用注解");
    }
}
```

step 03 利用反射获取类和方法上的注解信息(源代码\ch13\src\ReflectAnno.java)。

```
import java.lang.annotation.Annotation;
```

```java
import java.lang.reflect.Method;

//利用反射获取注解的值
public class ReflectAnno {
    public static void main(String[] args){
        try {
            //获取使用注解的类 AnnoClass 的 Class 对象:c
            Class c = Class.forName("AnnoClass");
            //获取注解类 UserAnno 的 Class 对象:cUser
            Class cUser = Class.forName("UserAnno");

            //获取 AnnoClass 类中使用的 cUser 注解: anno
            Annotation anno = c.getAnnotation(cUser);
            //判读注解 anno 是否存在
            if(anno!=null){
                //将注解强制转换为 UserAnno 类型
                UserAnno a = (UserAnno) anno;
                System.out.println("AnnoClass 类上的注解: " + a.value());
            }

            //获取 AnnoClass 类中 method()方法上,对应 Method 实例
            Method m = c.getDeclaredMethod("method");
            Annotation an = m.getAnnotation(cUser);
            if(an!=null){
                UserAnno a = (UserAnno) an;
                System.out.println("method()方法上的注解: " + a.value());
            }
        } catch (ClassNotFoundException e) {
            e.printStackTrace();
        } catch (NoSuchMethodException e) {
            e.printStackTrace();
        } catch (SecurityException e) {
            e.printStackTrace();
        }
    }
}
```

运行上述程序，结果如图 13-2 所示。

【案例剖析】

在本案例中，首先定义一个注解 UserAnno，在注解内声明注解的作用元素类型是 TYPE 和 METHOD；注解在 RUNTIME 时有效；并定义了注解的属性 value，定义它的默认值是 user。然后定义使用注解的类 AnnoClass，在类和类的方法 method()上使用注解；在类上使用注解时，使用注解属性的默认值；在方法上使用注解时显示对注解的属性赋值。最后定义利用反射获取注解信息的处理类 ReflectAnno。

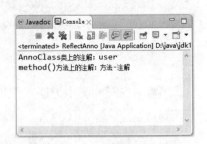

图 13-2　反射获取注解信息

在处理类 ReflectAnno 中，首先使用 Class 类的 forName()方法获取使用注解类 AnnoClass 和注解 UserAnno 的 Class 对象，分别是 c 和 cUser。其次，使用注解类的 Class 对象 c 调用 getAnnotation()方法获取作用于 AnnoClass 类上的注解 anno，通过判定 anno 不是 null，那么在

控制台打印注解属性 value 的值。最后，通过 c.getDeclaredMethod()方法获取 AnnoClass 类中 method()方法上对应的 Method 实例 m，再通过 Method 类提供的 getAnnotation()方法获取指定注解 an，通过 if 语句判断 an 不是 null，在控制台打印注解属性 value 的值。

13.6　JDK1.8 新特性

在 JDK1.8 版本中，注解增加了支持多重注解的功能，同时 ElementType 枚举类增加了两个枚举成员，即 TYPE_PARAMETER 和 TYPE_USE，它们都是用来限定哪个类型可以进行注解。

13.6.1　多重注解

在注解前使用@Repeatable 运行同一类型的注解多次使用。

【例 13-9】定义注解 NewAnnos，放置一组具体的 NewAnno 注解。在 NewAnno 注解前使用@Repeatable，允许同一类型的注解可以多次使用(源代码\ch13\src\NewAnnos.java)。

```
import java.lang.annotation.Repeatable;
public @interface NewAnnos{
    NewAnno[] value();              //定义放置 NewAnno 注解的数组
}
@Repeatable(NewAnnos.class)         //使用@ Repeatable 说明这个注解可以多次使用
@interface NewAnno {                //定义 NewAnno 注解
    String value();                 //定义注解的属性
}
```

【例 13-10】使用包装类当容器来存多个注解(源代码\ch13\NewAnnoClass.java)。

```
@NewAnnos({@NewAnno("NewAnno"), @NewAnno("NewAnno")})
public class NewAnnoClass {
}
```

【例 13-11】使用多重注解(源代码\ch13\NewAnnoClass.java)。Java 编译器会隐性地定义好@NewAnnos 注解。

```
@NewAnno("NewAnno")
@NewAnno("NewAnno")
public class NewAnnoClass {
}
```

13.6.2　ElementType 枚举类

JDK1.8 中的 ElementType 枚举类增加了 TYPE_PARAMETER 和 TYPE_USE 两个枚举成员，二者都是用来限定哪个类型可以进行注解。

```
@Target({ElementType.TYPE_PARAMETER, ElementType.TYPE_USE})
@interface MyAnnotation {}
```

13.6.3 函数式接口

Java 8 引入了 Lambda 表达式，它在 Java 的类型系统中是被当作只包含一个抽象方法的任意接口类型。在这个接口中需要添加@FunctionalInterface 注解，编译器若发现标注这个注解的接口不止一个抽象方法时会报错。

每一个 Lambda 表达式都对应一个类型，通常是接口类型。而"函数式接口"是指只包含一个抽象方法的接口，每一个该类型的 Lambda 表达式都会被匹配到这个抽象方法。由于默认方法不算抽象方法，因此可以给函数式接口添加默认方法。

【例 13-12】使用函数式接口的例子。

step 01 接口 InterNew 中添加@FunctionalInterface 注解(源代码\ch13\src\InterNew.java)。

```
@FunctionalInterface
interface InterNew<String,Integer> {
    Integer InterNew(String t);
}
```

step 02 在 FuncNew 类中，使用 Lambda 表达式(源代码\ch13\src\FuncNew.java)。

```
public class FuncNew {
    public static void main(String[] args){
        //Lambda 表达式，使用函数式接口
        InterNew<String, Integer> in = (t) -> Integer.valueOf(t);
        Integer i = in.InterNew("25");
        System.out.println("Lambda 表达式: String -> Integer : " + i);
    }
}
```

运行上述程序，结果如图 13-3 所示。

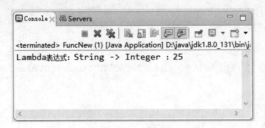

图 13-3 函数式接口

【案例剖析】

在本案例中，在接口中使用@FunctionalInterface 注解，来规定接口只有一个抽象方法。在 FuncNew 类中使用 Lambda 表达式将其匹配到接口抽象方法 InterNew()。

若@FunctionalInterface 没有指定，上面的代码也是对的。

13.7 大神解惑

小白：注解的可用类型有哪些？

大神：注解的可用类型包括：所有基本类型、String、Class、enum、Annotation，以及以上类型的数组形式。

注解属性不能有不确定的值，即要么有默认值，要么在使用注解时提供属性的值。而且属性不能使用 null 作为默认值。

注解在只有一个属性且该属性的名称是 value 的情况下，在使用注解时可以省略"value="，直接写需要的值即可。

小白：使用了元注解 Document，如何生成并查看 doc 文档？

大神：生成 java-doc 的具体步骤如下。

step 01 打开 MyEclipse，选择 Project→Generate Javadoc 菜单命令，如图 13-4 所示。

step 02 打开 Generate Javadoc 对话框，首先选择要生成 java-doc 的项目，这里选择 ch13；其次选择生成 JavaDoc 的是哪些级别的内容，默认为 public，如果选择 private 则会全部内容都生成，这里选择 private；最后选择 java-doc 生成的位置，默认为工程目录下，建议不要修改；然后单击 Next 按钮，进入下一步，如图 13-5 所示。

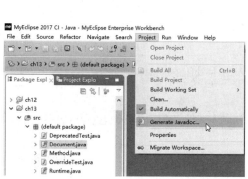

图 13-4　选择 Generate Javadoc 命令　　　图 13-5　选择项目

step 03 单击 Next 按钮，在打开的 Generate Javadoc 对话框中，勾选 Document title 复选框，输入文档标题，如图 13-6 所示。

step 04 单击 Next 按钮，在打开的 Generate Javadoc 对话框中，选择 JRE 的版本，这里选择 JRE1.8，如图 13-7 所示。

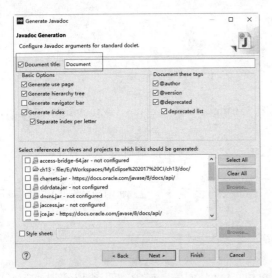

图 13-6 设置 Document title

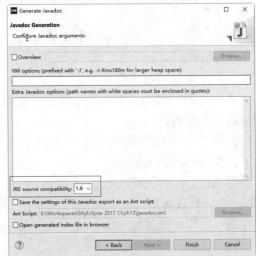

图 13-7 选择 JRE 版本

step 05 单击 Finish 按钮完成操作，在生成 java-doc 的项目下就会产生一个 doc 文件夹，如图 13-8 所示。

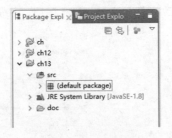

图 13-8 doc 文件夹

13.8 跟我学上机

练习 1：编写一个 Java 程序，使用 JDK 内置注解，对重写方法使用@Override，再对另一方法使用@Deprecated。

练习 2：自定义注解，说明注解作用的程序元素、注解什么时候有效、注解是否被继承、注解是否生成文档。编写一个注解，在 Java 类中应用该注解。

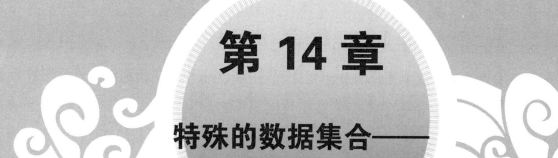

第 14 章

特殊的数据集合——枚举类型

在实际编程中，存在着这样的"数据集"，它们的数值在程序中是稳定的并且个数是有限的。例如，春、夏、秋、冬四个数据元素组成了四季的"数据集"，一月到十二月组成了十二个月份的"数据集"。在 java 语言中使用枚举来表示这些数据。本章介绍如何使用枚举类型。

本章要点(已掌握的在方框中打钩)

- ☐ 掌握枚举的声明。
- ☐ 了解枚举的常用方法。
- ☐ 掌握枚举在 switch 中的使用。
- ☐ 掌握对枚举添加属性和方法。
- ☐ 熟练使用 EnumSet 和 EnumMap 类。

14.1 枚举声明

枚举的本质是类。枚举类型的创建要使用 enum 关键字，它所创建的类型都是 java.lang.Enum 类的子类，而 java.lang.Enum 是一个抽象类。枚举屏蔽了枚举值的类型信息，不像在用 public static final 定义变量时必须指定类型。枚举是用来构建常量数据结构的模板，这个模板可扩展。

枚举的声明格式如下：

```
[修饰符] enum 枚举名{
    枚举成员
}
```

修饰符：public、private、internal。

枚举名：符合 Java 规范的标识符。

枚举成员：任意枚举成员之间不能有相同的名称，多个枚举成员之间使用逗号隔开。

【例 14-1】创建枚举类，并定义枚举成员(源代码\ch14\EnumNew.java)。

```
public enum EnumNew {
    Jan,Feb,Mar,Apr,May,Jun,Jul,Aug,Sep,Oct,Nov,Dec
}
```

【案例剖析】

在本案例中，定义了一个枚举类 EnumNew，在类中定义 12 个月份的常量。

14.2 枚举的使用

在 Java 语言中，每一个枚举类型成员都可以当作一个 Enum 类的实例。由于枚举成员默认被 public、static、final 修饰，所以可以直接使用枚举名称调用它。

14.2.1 枚举类常用方法

所有的枚举实例都可以调用枚举类的方法。常用的枚举类方法如表 14-1 所示。

表 14-1 枚举类常用方法

方 法 名	说 明
compareTo(E o)	比较枚举与指定对象的定义顺序
valueOf(Class<T>enumType,String name)	返回带指定名称的指定枚举类型的枚举常量
values()	以数组的形式返回枚举类型的所有成员
ordinal()	返回枚举常量的索引位置(它在枚举声明中的位置，其中初始常量序数为零)
toString()	返回枚举常量的名称

【例 14-2】 枚举实例方法的使用(源代码\ch14\EnumMethod.java)。

```java
public class EnumMethod {
    //定义颜色枚举类
    public enum Color{
        red,yellow,green,blue,pink,brown,purple
    }
    public static void main(String[] args) {
        //ordinal()方法的使用,获取指定枚举实例的索引
        for(int i=0;i<Color.values().length;i++){
            //循环输出枚举类中，所有枚举常量的索引位置
            System.out.print(Color.values()[i] + "的索引: " +
                Color.values()[i].ordinal() + " ");
        }
        System.out.println();
        //toString()方法的使用，返回枚举常量的名称
        System.out.println("toString()方法的使用: " + Color.blue.toString());
        //compareTo()方法的使用，对两个枚举常量的索引做比较
        System.out.println("compareTo()方法的使用: " +
            Color.blue.compareTo(Color.purple));
        //valueOf()方法的使用，返回指定名称的枚举常量
        System.out.println("valueOf()方法的使用: "+Color.valueOf("pink"));
    }
}
```

运行上述程序，结果如图 14-1 所示。

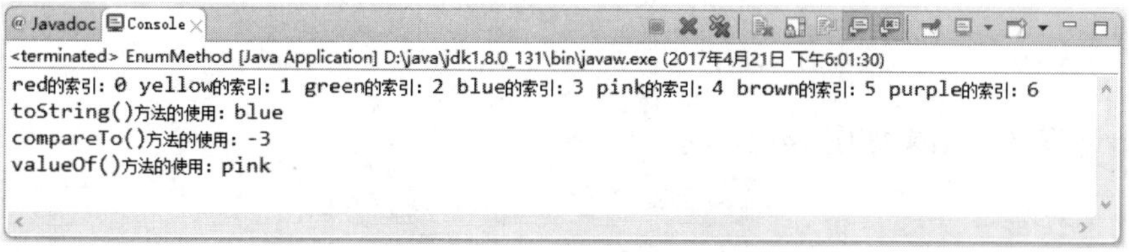

```
red的索引: 0 yellow的索引: 1 green的索引: 2 blue的索引: 3 pink的索引: 4 brown的索引: 5 purple的索引: 6
toString()方法的使用: blue
compareTo()方法的使用: -3
valueOf()方法的使用: pink
```

图 14-1 枚举方法的使用

【案例剖析】

在本案例中，定义了一个枚举类 Color，它有 7 个枚举常量。在类的 main()方法中，使用枚举类的方法。首先，在 for()循环中，使用枚举类的 values()方法返回枚举常量数组，在 for()循环体中使用 ordinal()方法获得枚举常量的索引位置。然后在程序中测试枚举方法 toString()、compareTo()和 valueOf()的使用。

注意

对枚举类型进行遍历使用 for()循环和枚举类的 values()方法。

14.2.2 添加属性和方法

枚举类型除了 Java 提供的方法，还可以定义自己的方法。在枚举类中，必须在枚举实例的最后一个成员后添加分号，并且必须先定义枚举实例。

【例 14-3】 定义枚举类的属性和方法。

step 01 定义枚举类，并声明它的属性和方法(源代码\ch14\EnumProperty.java)。

```java
public enum EnumProperty {
    //枚举成员先定义，且必须以分号结尾
    Jan("January"),Feb("February"),Mar("March"),Apr("April"),May("May"),
        Jun("June"),Jul("July"),Aug("August"),Sep("September"),Oct("October"),
        Nov("November"),Dec("December");
    //定义枚举类的private属性
    private final String month;
    //定义枚举类的private方法
    private EnumProperty(String month){
        this.month = month;
    }
    //定义枚举类的public方法
    public String getMonth(){
        return month;
    }
}
```

step 02 定义测试枚举属性和方法的类(源代码\ch14\PropertyTest.java)。

```java
public class PropertyTest {
    public static void main(String[] args) {
        //使用增强for循环，遍历枚举类型，并输出
        for(EnumProperty en:EnumProperty.values()){
            System.out.println(en + ":" + en.getMonth());
        }
    }
}
```

运行上述程序，结果如图14-2所示。

图14-2 枚举属性和方法

【案例剖析】

在本案例中，定义枚举 EnumProperty，声明它的私有属性 month 和私有 EnumProperty() 方法以及公有方法 getMonth()。EnumProperty()方法作用是为私有属性赋值，getMonth()方法是获取私有属性的值。在测试类中，通过枚举的 values()方法获得枚举的所有成员，再通过增强 for 循环遍历枚举成员。

14.2.3 枚举在 switch 中的使用

枚举类型最常用的地方就是在 switch 语句中使用。那么，如何使用枚举和 switch 语句呢？下面通过一个例子介绍枚举在 switch 语句中的使用。

【例 14-4】枚举在 switch 语句中的使用(源代码\ch14\EnumSwitch.java)。

```java
public class EnumSwitch {
    public static void main(String[] args) {
        EnumNew en = EnumNew.May;
        System.out.print("现在是: ");
        switch(en){
        case Jan:
            System.out.print("一月份");
            break;
        case Feb:
            System.out.print("二月份");
            break;
        case Mar:
            System.out.print("三月份");
            break;
        case Apr:
            System.out.print("四月份");
            break;
        case May:
            System.out.print("五月份");
            break;
        case Jun:
            System.out.print("六月份");
            break;
        case Jul:
            System.out.print("七月份");
            break;
        case Aug:
            System.out.print("八月份");
            break;
        case Sep:
            System.out.print("九月份");
            break;
        case Oct:
            System.out.print("十月份");
            break;
        case Nov:
            System.out.print("十一月份");
            break;
        case Dec:
            System.out.print("十二月份");
            break;
        }
    }
}
```

运行上述程序，结果如图 14-3 所示。

图 14-3 枚举在 switch 语句中的使用

【案例剖析】

在本案例中，定义一个类测试枚举在 switch 语句中的使用。在程序的 main()方法中，声明枚举类型的变量 en，将变量 en 作为 switch 语句的表达式，通过 en 的值来配符 case 语句中常量的值，若相等执行相应的 case 语句。

case 表达式中直接写入枚举值，不用添加枚举类作为限定。

14.3 EnumSet 和 EnumMap

为了更高效地操作枚举类型，java.util 中添加了两个新类：EnumMap 和 EnumSet。下面详细介绍这两个类的使用方法。

1. EnumMap 类

EnumMap 是为枚举类型专门量身定做的 Map 实现。虽然可以使用其他的 Map 实现(如 HashMap)也可以完成枚举类型实例到值的映射，但是使用 EnumMap 的效率会更高。这是因为 EnumMap 只能接收同一枚举类型的实例作为键值，并且由于枚举类型实例的数量相对固定且有限，所以 EnumMap 使用数组来存放与枚举类型对应的值。这使得 EnumMap 的效率非常高。

2. EnumSet 类

EnumSet 是枚举类型的高性能 Set 实现。EnumSet 要求放入它的枚举常量必须属于同一枚举类型，它提供了许多工厂方法以便于初始化，如表 14-2 所示。

表 14-2 EnumSet 常用方法

方法	说明
allOf(Class<E> elementType)	创建一个包含指定枚举类型的所有枚举成员的 EnumSet 对象
complementOf(EnumSet<E> s)	创建一个与指定枚举类型对象 s 相同的 EnumSet 对象，包含指定 s 中不包含的枚举成员
copyOf(EnumSet<E> s)	创建一个与指定枚举类型对象 s 相同的 EnumSet 对象，包含与 s 中相同的枚举成员

续表

方　法	说　明
noneOf(Class<E> elementType)	创建一个具有指定枚举类型的空 EnumSet 对象
of(E first, E... rest)	创建一个包含指定枚举成员的 EnumSet 对象
range(E from, E to)	创建一个包含从 from 到 to 之间的所有枚举成员的枚举 EnumSet 对象

【例 14-5】EnumSet 和 EnumMap 的使用(源代码\ch14\EnumTest.java)。

```java
import java.util.*;
import java.util.Map.Entry;
public class EnumTest {
    public static void main(String[] args) {
        // EnumSet 的使用
        EnumSet<EnumNew> monthSet = EnumSet.allOf(EnumNew.class);
        for (EnumNew month : monthSet) {
            System.out.print(month + " ");
        }
        System.out.println();
        // EnumMap 的使用
        EnumMap<EnumNew, String> monthMap = new EnumMap(EnumNew.class);
        monthMap.put(EnumNew.Jan, "一月份");
        monthMap.put(EnumNew.Feb, "二月份");
        monthMap.put(EnumNew.Mar, "三月份");
        monthMap.put(EnumNew.Apr, "四月份");
        monthMap.put(EnumNew.May, "五月份");
        // 6-12 月份省略
        for (Iterator<Entry<EnumNew, String>> ite =
            monthMap.entrySet().iterator(); ite.hasNext();) {
            Entry<EnumNew, String> entry = ite.next();
            System.out.print(entry.getKey().name() + ":" + entry.getValue() + " ");
        }
    }
}
```

运行上述程序，结果如图 14-4 所示。

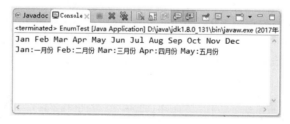

图 14-4　EnumSet 和 EnumMap 的使用

【案例剖析】

在本案例中，定义了一个类，在类中通过 EnumSet 的 allOf()方法获得枚举类 EnumNew 的所有枚举成员，并通过增强的 for 循环打印输出所有枚举成员。

对 EnumMap 的使用，是通过 EnumMap 的构造方法返回一个指定枚举类型的空的枚举映射 monthMap，再通过它的 put()方法将枚举成员依次添加到这个空枚举映射 monthMap 中。最后通过迭代器 Iterator 和 for 循环依次将 EnumMap 的键-值打印输出。

14.4 大神解惑

小白：在 Java 语言中，为什么要使用枚举？

大神：枚举是 Java 1.5 版本以后新增的类型，它用来定义一组取值范围固定的变量。在枚举没增加枚举类型前，定义这样的变量是通过定义一个接口，将不同的变量使用不同的整数赋值。但是这样做有着很明显的缺点：第一，不能保证其定义数值的合法性；第二，无法根据数值大小获取其含义。而通过枚举这些问题将不再存在。

14.5 跟我学上机

练习 1：编写一个 Java 程序，定义一个枚举类，并在程序 main()方法中遍历枚举所有成员。

练习 2：编写一个 Java 程序，在 switch 语句中使用【练习 1】定义的枚举类型。

练习 3：编写一个 Enum 类，并添加它的属性与方法，使用 EnumSet 和 EnumMap 循环打印枚举所有成员。

第 III 篇

高级应用

- 第 15 章　Java 的数据库编程——JDBC 编程
- 第 16 章　设计图形界面设计——Swing 技术
- 第 17 章　多媒体开发技术——AWT 绘图与音频
- 第 18 章　融入互联网时代——Java 的网络编程
- 第 19 章　常用工具类——API 编程技术
- 第 20 章　工程师的秘密——UML 与设计模式
- 第 21 章　连接打印机——Java 的打印技术

第 15 章

Java 的数据库编程
——JDBC 编程

数据库是应用程序开发中非常重要的一部分，但是数据库的种类很多，不同数据库对数据的管理不同。为了方便地开发应用程序，Java 平台提供了一个访问数据库的标准接口，即 JDBC API。

在 Java 语言中使用 JDBC 来连接数据库与应用程序，是最广泛使用的一种技术。本章介绍如何使用 JDBC 连接数据库、获取数据及操作数据等。

本章要点(已掌握的在方框中打钩)

- ☐ 了解 JDBC 原理以及 JDBC 驱动类型。
- ☐ 掌握连接数据库的步骤。
- ☐ 掌握如何加载 JDBC 驱动。
- ☐ 掌握驱动管理器 DriverManager 类的使用。
- ☐ 掌握数据库连接接口 Connection 的使用。
- ☐ 掌握执行 SQL 语句的接口的使用。
- ☐ 掌握结果集接口 ResultSet 的使用。

15.1 JDBC 概述

JDBC(Java Data Base Connectivity，Java 数据库连接)是一种用于执行 SQL 语句的 Java API，可以为多种关系数据库提供统一访问的接口，它是由一组用 Java 语言编写的类和接口组成的。

JDBC 提供了一种标准，根据这个标准可以构建更高级的工具和接口，使数据库开发人员能够编写数据库应用程序，同时 JDBC 也是一个商标名。

15.1.1 JDBC 原理

JDBC 是一个低级接口，即用于直接调用 SQL 命令。JDBC 的主要作用是与数据库建立连接、操作数据库的数据并处理结果。

1. JDBC 接口包括两层

一是面向应用的 API 即 Java API，它是一种抽象接口，供应用程序开发人员使用(连接数据库，执行 SQL 语句，获得结果)。

二是面向数据库的 API 即 Java Driver API，供开发商开发数据库驱动程序使用。

2. JDBC 的作用

JDBC 对 Java 程序员而言是 API，对实现与数据库连接的服务提供商而言是接口模型。作为 API，JDBC 为程序开发提供标准的接口，并为数据库厂商及第三方中间厂商实现与数据库的连接提供了标准方法。JDBC 使用已有的 SQL 标准并支持与其他数据库连接标准，如与 ODBC 之间的桥接。JDBC 实现了所有这些面向标准的目标并且具有简单、严格类型定义且高性能实现的接口。

JDBC 扩展了 Java 的功能。例如，用 Java 和 JDBC API 可以发布含有 Applet 的网页，而该 Applet 使用的信息可能来自远程数据库。企业也可以用 JDBC 通过 Intranet 将所有职员连到一个或多个内部数据库中。随着越来越多的程序员开始使用 Java 编程语言，对从 Java 中便捷地访问数据库的要求也在日益增加。

JDBC API 存在之后，只需要用 JDBC API 编写一个程序向相应数据库发送 SQL 调用即可。同时将 Java 语言和 JDBC 结合起来，可以使程序在任何平台上运行，从而实现 Java 语言"编写一次，处处运行"的优势。

3. 连接 DBMS(数据库管理系统)

首先，装载驱动程序，使用 Class 类提供的 forName()方法。

其次，是建立与 DBMS 的连接。使用 DriverManager 类提供的 getConnection()方法获取与数据库的连接接口 Connection。使用此接口连接创建 JDBC statements 并发送 SQL 语句到数据库。

15.1.2　JDBC 驱动

JDBC 提供了用于与数据库建立连接的接口，这些接口就是由数据库厂商实现的数据库驱动。不同厂商产生不同的数据库驱动包，这些驱动包中包含负责与数据库建立连接的类。下面介绍 Java 语言中的 JDBC 驱动。

JDBC 驱动分为 4 种类型，即 JDBC-ODBC 桥、网络协议驱动、本地 API 驱动和本地协议驱动。

1. JDBC-ODBC 桥

JDBC-ODBC 桥是 sun 公司提供的，是 JDK 提供的标准 API。这种类型的驱动实际上是利用 ODBC 驱动程序提供 JDBC 访问。这种类型的驱动程序最适合于企业网或者是用 Java 编写的三层结构的应用程序服务器代码，因为它将 ODBC 二进制代码加载到使用该驱动程序的每个客户机上。

JDBC-ODBC 桥的执行效率并不高，因此更适合作为开发应用时的一种过渡方案。对于那些需要大量数据操作的应用程序，则应该考虑其他类型的驱动。

2. JDBC 网络纯 Java 驱动程序

这种驱动程序首先将 JDBC 转换为与 DBMS 无关的网络协议，之后这种协议又被某个服务器转换为一种 DBMS 协议。这种网络服务器中间件能够将它的纯 Java 客户机连接到多种不同的数据库上。所用的具体协议取决于提供者。通常，这是最为灵活的 JDBC 驱动程序。

有可能所有这种解决方案的提供者都提供适用于 Intranet 的产品。为了同时也支持 Internet 访问，提供者必须处理 Web 所提出的安全性、通过防火墙的访问等方面的额外要求。

3. 本地 API

本地 API 驱动程序把客户机 API 上的 JDBC 调用转换为 Oracle、Sybase、Informix、DB2 或其他 DBMS 的调用。需要注意的是，像桥驱动程序一样，本地 API 驱动程序要求将某些二进制代码加载到每台客户机上。

由于这种类型的驱动可以把多种数据库驱动都配置在中间层服务器，因此它最适合那种需要同时连接多个不同种类的数据库并且对并发连接要求高的应用。

4. 本地协议纯 Java 驱动程序

这种类型的驱动程序将 JDBC 调用直接转换为 DBMS 所使用的网络协议。允许从客户机上直接调用 DBMS 服务器，是 Intranet 访问的一个很实用的解决方法。由于许多这样的协议都是专用的，因此主要来源是数据库提供者。

这种类型的驱动主要适用于那些连接单一数据库的工作组应用。

15.2　连接数据库

下面介绍使用 JDBC 连接数据库。本书以 MySQL 数据库为例，读者可以到 MySQL 官网下载 MySQL 数据库。下载 Navicat for MySQL 视图化工具，以方便对 MySQL 数据库的操作。

15.2.1 引入 jar 包

在 MySQL 数据库的安装目录(MySQL\Connector.J 5.1)下，找到它的 JDBC 连接驱动，即 mysql-connector-java-5.1.40-bin.jar。

引入 JDBC 驱动 jar 包的方法，具体步骤如下。

step 01 打开 MyEclipse 中的 Java 项目，将 mysql-connector-java-5.1.40-bin.jar 包复制到 Java 项目下，如图 15-1 所示。

step 02 在 MyEclipse 中选择 Window→Preferences 菜单命令，打开 Preferences 窗口，如图 15-2 所示。

图 15-1 复制 jar 包到项目

step 03 选择 Java→Build Path→User Libraries 选项，如图 15-3 所示。

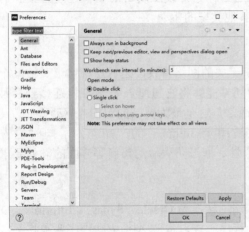

图 15-2 Preferences 窗口

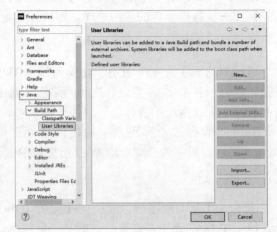

图 15-3 User Libraries 选项

step 04 单击右侧的 New 按钮，弹出 New User Library 对话框，用户 jar 包名称 MySql，如图 15-4 所示。

step 05 单击 OK 按钮，完成用户 jar 包的创建。在 Preferences 窗口，选择 MySql 选项，单击右侧的 Add JARs 按钮，如图 15-5 所示。

step 06 在打开的 JAR Selection 窗口，选择复制到 Java 项目中的 jar 包，单击 OK 按钮，如图 15-6 所示。完成了将 jar 包添加到用户库中。

step 07 在项目中导入 jar 包。右击 Java 项目，在弹出的快捷菜单中选择 Build Path→Add Libraries 命令，如图 15-7 所示。

step 08 打开 Add Library 窗口，选择 User Library 选项，如图 15-8 所示。

step 09 单击 Next 按钮，选择 MySql 选项，并单击 Finish 按钮，引入 jar 包完成，如图 15-9 所示。

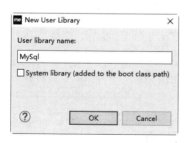

图 15-4　New User Library 对话框

图 15-5　单击 Add JARs 按钮

图 15-6　JAR Selection 对话框

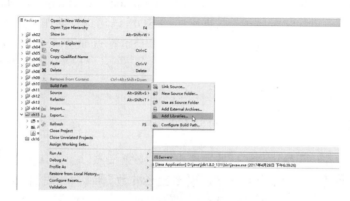

图 15-7　选择 Add Libraries 命令

图 15-8　选择 User Library 选项

图 15-9　选择 MySql 选项

15.2.2 连接数据库步骤

在 MyEclipse 中创建 Java 项目,并创建 Java 类。在类中使用 JDBC 连接和操作数据库。连接数据库的操作步骤一般是固定的,具体如下。

step 01 加入 jar 包。

step 02 加载数据库驱动。使用 Class 类的 forName()方法,将驱动程序加载到虚拟机内存中,只需要在第一次访问数据时加载一次即可。

step 03 为 JDBC 连接数据库提供 URL。URL 中包含连接数据库的协议、子协议、数据库名、数据库账户和密码等信息。

step 04 创建与数据库的连接。通过 java.sql.DriverManager 类提供的 getConnection()方法,获取与 URL 指定数据库的连接接口 Connection 的对象。

step 05 操作数据库。通过 Statement、PreparedStatement、ResultSet 三个接口完成。利用数据库连接对象获得一个 prepareStatement 或 Statement 对象,用来执行 SQL 语句。对连接的数据库通过 SQL 语句进行操作。操作结果一种是执行更新返回本次操作影响到的记录数;另一种是执行查询返回一个结果集(ResultSet)对象。

step 06 关闭 JDBC 对象。在实际开发过程中,数据库资源非常有限,操作完之后必须关闭资源。

15.2.3 JDBC 入门实例

在使用 JDBC 进行数据库连接时必须按照以上的几步完成。

【例 15-1】使用 JDBC 连接 MySql 数据库(源代码\ch15\src\DBTool.java)。

```java
import java.sql.*;
public class DBConnect {
    public static Connection con;
    public static Connection getConnection(){
        //1.项目中加入jar包,及JDBC数据库链接驱动
        try {
            //2.加载数据库驱动
            Class.forName("org.gjt.mm.mysql.Driver").newInstance();
            //3.数据库链接地址,数据库名是:mysql,数据库账户: root/123456
            String url ="jdbc:mysql://localhost/mysql?user=root&password=123456"
                    + "&useUnicode=true&characterEncoding=8859_1&useSSL=true";
            //4.创建与数据库的连接
            con=DriverManager.getConnection(url);
            System.out.println("数据库连接成功! ");

        } catch (Exception e) {
            e.printStackTrace();
        }
        return con;
    }
    public static void main(String[] args) {
        //调用获取数据库连接的方法
        con = getConnection();
```

```
        //5,关闭资源
        try {
            if(con!=null)con.close();
        } catch (SQLException e) {
            e.printStackTrace();
        }
    }
}
```

运行上述程序，结果如图 15-10 所示。

【案例剖析】

在本案例中，定义一个 Java 类，在类中定义静态成员变量 con，静态成员方法 getConnection()获取与 MySql 数据库的连接。在程序的 main()方法中直接调用静态方法建立与数据库的连接。

静态成员方法 getConnection()中建立与数据库连接的步骤如下。

图 15-10 连接数据库

(1) 加入 jar 包。
(2) 通过 Class.forName()加载数据库的驱动程序。
(3) 定义连接的 URL，包括数据库的连接地址、用户名、密码等。
(4) 通过 DriverManager 类获取与数据库的连接接口 Connection 的对象。
(5) 在 main()方法中关闭资源。

15.3 驱动管理器类

JDBC 是一个编程接口集，所定义的接口主要包含在 java.sql 和 javax.sql 包中。java.sql 包主要是 JDBC 的核心包，提供的接口和类主要针对基本的数据库编程。javax.sql 包提供的接口和类主要针对数据库的高级操作。这两个包没有实现具体连接数据库的功能，具体连接数据库的功能主要是由特定的 JDBC 驱动程序实现的。

上一节介绍了使用 JDBC 连接数据库的简单例子，下面介绍如何加载 JDBC 驱动和管理驱动程序的 DriverManager 类。

15.3.1 加载 JDBC 驱动

在访问数据库前，首先加载数据库驱动程序，只在第一次访问数据库时加载一次即可。一般使用 Class 类提供的静态方法 forName()加载数据库驱动。一般语法格式如下：

```
Class.forName(String driver);
```

driver：要加载的数据库驱动。

数据库加载之后，如果成功，则将加载的驱动类注册给 DriverManager 类；如果失败，则会抛出 ClassNotFoundException 异常。

【例 15-2】 加载数据库驱动，代码如下(源代码\ch15\src\DBTool.java)。

```
Class.forName("org.gjt.mm.mysql.Driver").newInstance();
```

【案例剖析】

字符串 org.gjt.mm.mysql.Driver 是要加载的 MySql 数据库驱动，newInstance()方法是创建驱动类的实例。

15.3.2 DriverManager 类

java.sql.Driver 接口是所有 JDBC 驱动程序需要实现的接口。这个接口是提供给数据库厂商使用的，不同数据库厂商提供不同的实现。在程序中不需要直接去访问实现 Driver 接口的类，而是由 DriverManager 类去调用这些 Driver 接口的实现。

JDK1.8 中的 java.sql 包，提供了用来管理数据库中所有驱动程序的 DriverManager 类，它是 JDBC 的管理层，作用于用户和驱动程序之间，跟踪可用的驱动程序，并在数据库的驱动程序之间建立连接。

DriverManager 类中的方法都是静态的，因此在程序中不用进行实例化，可以直接通过类名进行调用。DriverManager 类的常用方法如表 15-1 所示。

表 15-1 DriverManager 类的常用方法

返回类型	方法名	说明
static Connection	getConnection(String url)	建立与指定数据库 URL 的连接
static Connection	getConnection(String url, Properties info)	建立与指定数据库 URL 的连接
static Connection	getConnection(String url,String user, String password)	建立与指定数据库 URL 的连接
static int	getLoginTimeout()	获取驱动程序试图登录到某一数据库时可以等待的最长时间，以秒为单位
static void	println(String message)	将一条消息打印到当前 JDBC 日志流中

【例 15-3】 获取与数据库的连接。(源代码\ch15\src\DBTool.java)

```
String url ="jdbc:mysql://localhost/mysql?user=root&password=123456"
        + "&useUnicode=true&characterEncoding=8859_1&useSSL=true";
con=DriverManager.getConnection(url);
```

【案例剖析】

在本案例中，URL 是指定要连接数据库的地址，其中包括数据库名、数据库账户与密码以及字符编码等。通过 DriverManager 类的 getConnection()方法获取与数据库的连接接口。

(1) 连接数据库的 URL 格式如下：

协议名:子协议名:数据源信息

协议名：JDBC 中只允许是 jdbc。

子协议：表示一个数据库驱动程序的名称。

数据源信息：包含连接数据库的名称，也可能包含用户与口令等信息，这些信息也可以单独提供。

(2) 常见连接数据库的 URL 格式如下。

连接 MySql 数据库：

```
jdbc:mysql://localhost:3306/数据库名
```

连接 Oracle 数据库：

```
jdbc:oracle:thin:@localhost:1521:数据库名
```

连接 SQL Server 数据库：

```
jdbc:microsoft:sqlserver://localhost:1433;databasename=数据库名
```

15.4　数据库连接接口

JDK1.8 中的 java.sql 包提供了代表与数据库连接的 Connection 接口，它在上下文中执行 SQL 语句并返回结果。

15.4.1　常用方法

使用 DriverManager 类的 getConnection()方法返回的就是一个 Connection 接口的对象。一个 Connection 接口的对象代表一个数据库连接。Connection 接口的常用方法如表 15-2 所示。

表 15-2　Connection 类的常用方法

返回类型	方 法 名	说　明
DatabaseMetaData	getMetaData ()	获取一个 DatabaseMetaData 对象，该对象包含当前 Connection 对象所连接的数据库的元数据
Statement	createStatement()	创建一个 Statement 对象，将 SQL 语句发送到数据库
PreparedStatement	prepareStatement(String sql)	创建一个 PreparedStatement 对象，将参数 SQL 语句发送到数据库
void	commit()	使所有上一次提交或回滚后进行的更改成为持久更改，并释放此 Connection 对象当前持有的所有数据库锁
void	rollback()	取消在当前事务中进行的所有更改，并释放此 Connection 对象当前持有的所有数据库锁

15.4.2　处理元数据

Java 通过 JDBC 获得连接以后，得到一个 Connection 接口的对象，可以从这个对象获得有关数据库管理系统的各种信息，包括数据库名称、数据库版本号、数据库登录账户、驱动名称、驱动版本号、数据类型、触发器、存储过程等各方面的信息。这样使用 JDBC，就访问一个事先并不了解的数据库。

Connection 接口提供的 getMetaData()方法，可以获取一个 DatabaseMetaData 类的对象。DatabaseMetaData 类中提供了许多方法用于获得数据源的各种信息，通过这些方法可以非常详细地了解数据库的信息。DatabaseMetaData 类提供的常用方法如表 15-3 所示。

表 15-3 DatabaseMetaData 类的常用方法

返回类型	方 法 名	说 明
String	getURL()	数据库的 URL
String	getUserName()	返回连接当前数据库管理系统的用户名
boolean	isReadOnly()	指示数据库是否只允许读操作
String	getDatabaseProductName()	返回数据库的产品名称
String	getDatabaseProductVersion()	返回数据库的版本号
String	getDriverName()	返回驱动程序的名称
String	getDriverVersion()	返回驱动程序的版本号

【例 15-4】使用 DatabaseMetaData 类处理元数据(源代码\ch15\src\ConnectionTest.java)。

```java
import java.sql.*;
public class ConnectionTest {
    public static void main(String[] args) {
        //获取与mysql 数据库的连接
        Connection con = DBConnect.getConnection();
        Statement stm = null;
        PreparedStatement pstm = null;
        //获取数据库的详细信息类：DatabaseMetaData
        try {
            DatabaseMetaData data = con.getMetaData();
            System.out.println("---数据库信息---");
            System.out.println("登录url: " + data.getURL());
            System.out.println("登录用户名: " + data.getUserName());
            System.out.println("数据库名: " + data.getDatabaseProductName());
            System.out.println("数据库版本: " + data.getDatabaseProductVersion());
            System.out.println("驱动器名称: " + data.getDriverName());
            System.out.println("驱动器版本: " + data.getDriverVersion());
            System.out.println("数据库是否只允许读操作: " + data.isReadOnly());
        } catch (SQLException e) {
            e.printStackTrace();
        } finally {
            //关闭资源
            try {
                if(con!=null){
                    con.close();
                }
            } catch (SQLException e) {
                e.printStackTrace();
            }
        }
    }
}
```

运行上述程序，结果如图 15-11 所示。

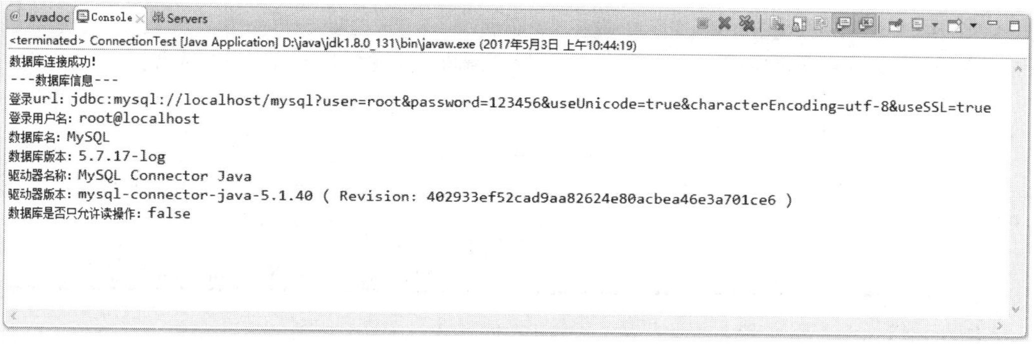

图 15-11 DatabaseMetaData 类方法的使用

【案例剖析】

在本案例中，调用 DBConnect 类自定义的静态方法 getConnection()，获得与 MySql 数据库连接的接口对象 con。

通过 con 调用 getMetaData()方法获取数据库信息类 DatabaseMetaData 的对象 data。通过对象 data 调用 DatabaseMetaData 类提供的方法，用来获得数据源的各种信息。最后关闭所有资源，在关闭资源之前先判定要关闭的资源是否为 null，若不是 null，关闭资源。

15.5 执行 SQL 语句的接口

建立与数据库连接之后，与数据库的通信是通过执行 SQL 语句实现的。但是 Connection 接口不能执行 SQL 语句，需要使用专门的对象。在 JDK 的 java.sql 包中提供了用于在已经建立连接的数据库上，向数据库发送 SQL 语句的 Statement 接口。

Statement 接口分为 3 种，分别是 Statement、PreparedStatement 和 CallableStatement。下面分别介绍这 3 种 Statement 接口的使用。

15.5.1 Statement 接口

Statement 接口的对象用于执行不带参数的 SQL 语句。通过 Connection 接口提供的 CreateStatement()方法创建 Statement 对象。Statement 接口的常用方法如表 15-4 所示。

表 15-4 Statement 接口的常用方法

返回类型	方 法 名	说 明
boolean	execute(String sql)	执行 SQL 语句，该语句可能返回多个结果
ResultSet	executeQuery(String sql)	执行 SQL 语句，该语句返回单个 ResultSet 对象
int	executeUpdate(String sql)	执行给定 SQL 语句，该语句可能为 INSERT、UPDATE 或 DELETE 语句，或者不返回任何内容的 SQL 语句(如 SQL DDL 语句)

续表

返回类型	方法名	说明
ResultSet	getResultSet()	以 ResultSet 对象的形式获取当前结果
Int[]	executeBatch()	将一批命令提交给数据库来执行，如果全部命令执行成功，则返回更新计数组成的数组
void	close()	立即释放 Statement 对象的数据库和 JDBC 资源，而不是等待该对象自动关闭时发生此操作
Connection	getConnection()	获取生成 Statement 对象的 Connection 对象

【例 15-5】Statement 接口执行 SQL 语句的使用。

step 01 使用 MySql 的视图化工具 Navicat，在数据库 mysql 中，创建表 test，表结构如图 15-12 所示。

图 15-12 test 表结构

step 02 通过单击符号"+"，向表 test 中添加数据，添加数据完成后，单击符号"√"，执行向数据库添加数据的操作，如图 15-13 所示。如果删除一条数据，选中要删除的数据行，单击符号"-"删除数据。

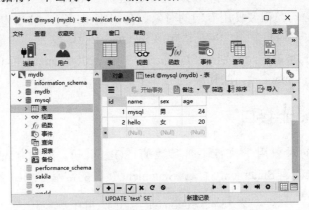

图 15-13 test 表数据

step 03 创建 Statement 对象，对数据库中表 test 操作(源代码\ch15\src\StatementTest.java)。

```java
import java.sql.*;
public class StatementTest {
    public static void main(String[] args) {
        //获取与mysql数据库的连接对象con
        Connection con = DBConnect.getConnection();
        Statement stm = null;
```

```java
            ResultSet rs = null;
            try {
                //获取Statement接口对象
                stm = con.createStatement();
                //定义sql语句
                String sql = "select * from test";
                //execute()方法，返回boolean值
                boolean b = stm.execute(sql);   //存在结果集，返回true
                if(b){
                    System.out.println("execute()：数据库执行成功！");
                }
                //executeQuery()方法，返回查询结果集
                rs = stm.executeQuery(sql);
                if(rs.next()){   //判断结果集中是否有数据
                    System.out.println("executeQuery()：数据库查询成功！");
                }
                //executeUpdate()方法，返回int值
                int i = stm.executeUpdate("update test set name = '张三' where id = '1'");
                //对于SQL数据操作语句，返回行计数；对于什么都不返回的SQL语句，返回 0
                if(i>0){
                    System.out.println("数据库更新成功！");
                }
            } catch (SQLException e) {
                e.printStackTrace();
            }finally {
                try {
                    if(stm!=null){
                        stm.close();
                    }
                    if(rs!=null){
                        rs.close();
                    }
                    if(con!=null){
                        con.close();
                    }
                } catch (SQLException e) {
                    e.printStackTrace();
                }
            }
        }
}
```

运行上述程序，结果如图15-14所示。数据库中表test中数据变化，如图15-15所示。

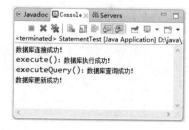

图15-14　Statement接口

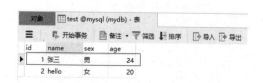

图15-15　test表中的数据

【案例剖析】

在本案例中，通过 Navicat 视图化工具，在数据库 mysql 中创建表 test，并向表中插入数据。通过调用 DBConnect 类提供的静态方法 getConnection()，获取数据库连接接口 Connection 的对象 con。通过 con 调用 createStatement()方法获取 Statement 对象 stm。

对象 stm 分别调用 execute()方法、executeQuery()方法和 executeUpdate()方法执行 SQL 语句。execute()方法返回值类型是 boolean，如果执行 SQL 语句后存在结果集，则返回 true，否则返回 false；executeQuery()方法的返回值类型是 ResultSet 结果集，它的值永远不是 null；executeUpdate()方法返回值类型是整型，对于 SQL 数据操作语句，返回行计数，对于什么都不返回的 SQL 语句，返回 0。最后在 finally 块中，关闭所有资源。

15.5.2 PreparedStatement 接口

Statement 接口每次执行 SQL 语句时，都将 SQL 语句传递给数据库。在多次执行相同 SQL 语句时，效率非常低。因此使用 PreparedStatement 接口，它是 Statement 接口的子接口，采用预处理的方式，是在实际的开发中使用最广泛的一个接口。

PreparedStatement 接口用于执行动态的 SQL 语句，被编译的 SQL 语句保存到 PreparedStatement 对象中，系统可以反复并且高效地执行该 SQL 语句。PreparedStatement 接口的常用方法如表 15-5 所示。

表 15-5 PreparedStatement 接口的常用方法

返回类型	方法名	说明
ResultSet	executeQuery(String sql)	在 PreparedStatement 对象中执行 SQL 查询，并返回该查询生成的 ResultSet 对象
int	executeUpdate(String sql)	在 PreparedStatement 对象中执行 SQL 语句，该语句必须是一个 SQL 数据操作语言语句，比如 INSERT、UPDATE 或 DELETE 语句；或者是无返回内容的 SQL 语句，比如 DDL 语句
void	setInt(int index, int x)	将指定参数值设置为给定 Java int 值。index 值从 1 开始
void	setLong(int index, long x)	将指定参数值设置为给定 Java long 值。index 值从 1 开始

【例 15-6】PreparedStatement 接口的使用(源代码\ch15\src\PreStateTest.java)。

```java
import java.sql.*;
public class PreStateTest {
    public static void main(String[] args) {
        //获取与mysql数据库的连接对象con
        Connection con = DBConnect.getConnection();
        PreparedStatement pstm = null;
        try {
            //定义sql语句
            String sql = "insert into test(name) values(?)";
            //获取PreparedStatement对象,并执行指定的sql语句
            pstm = con.prepareStatement(sql);
            //为test表的name字段赋值
            pstm.setString(1, "sql");
```

```
            //更新sql语句
            pstm.executeUpdate();
        } catch (SQLException e) {
            e.printStackTrace();
        }finally {
            try {
                if(pstm!=null){
                    pstm.close();
                }
                if(con!=null){
                    con.close();
                }
            } catch (SQLException e) {
                e.printStackTrace();
            }
        }
    }
}
```

运行上述程序，在数据库的 test 表中插入数据，如图 15-16 所示。

【案例剖析】

在本案例中，首先通过 DBConnect 类的静态方法 getConnection()获取数据库连接接口 Connection 的对象 con。con 调用 PreparedStatement()方法，获取 PreparedStatement 接口的对象 pstm 并执行指定的 SQL 语句。对象 pstm 调用 setString()方法对数据库 mysql 中的 test 表的 name 字段赋值，再调用 executeUpdate()方法执行 SQL 语句。最后在 finally 块中，关闭所有资源。

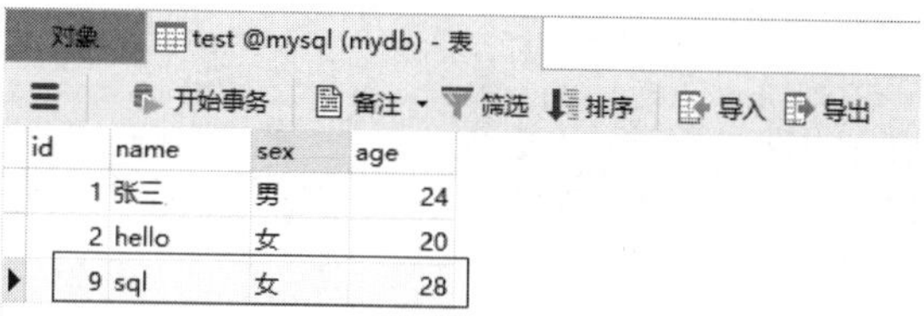

图 15-16 test 表插入数据

15.5.3 CallableStatement 接口

CallableStatement 接口继承了 Statement 接口和 PreparedStatement 接口，可以处理参数和有预编译的功能，参数的处理有 in、out 和 inout 三种。

CallableStatement 接口一般用于对数据库的存储过程的调用，这种调用一般分为带参数和不带参数两种形式。在 JDBC 中调用存储过程的语法格式如下。

(1) 调用不带参数的存储过程：

```
{call 过程名}
```

(2) 调用带参数的存储过程：

```
{call 过程名[(?,?,?...)]}
```

(3) 返回结果参数的存储过程：

```
{? = call 过程名[(?,?,?...)]}
```

【例 15-7】创建和调用存储过程。

step 01 在 MySql 数据库的窗口，创建存储过程 proTest，如图 15-17 所示。

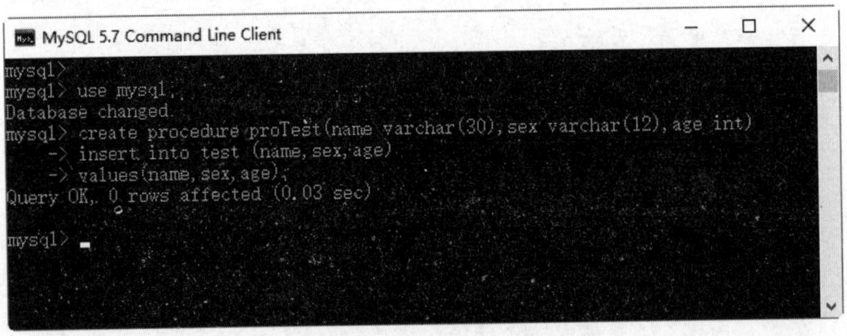

图 15-17 创建存储过程

创建存储过程的具体代码如下。

```
create procedure proTest(name varchar(30),sex varchar(12),age int)
insert into test (name,sex,age)
values(name,sex,age);
```

step 02 通过 Connection 接口获取 CallableStatement 接口的对象，然后调用存储过程 proTest（源代码\ch15\src\CalStateTest.java）。

```java
import java.sql.*;
public class CalStateTest {
    public static void main(String[] args) {
        //获取与mysql数据库的连接对象con
        Connection con = DBConnect.getConnection();
        CallableStatement cal = null;
        try {
            //通过Connection接口，获取CallableStatement对象
            cal = con.prepareCall("{call proTest(?,?,?)}");
            cal.setString(1, "存储");
            cal.setString(2, "男");
            cal.setInt(3, 23);
            cal.executeUpdate();
        } catch (SQLException e) {
            e.printStackTrace();
        } finally {
            try {
                if(cal!=null){
                    cal.close();
                }
                if(con!=null){
                    con.close();
                }
            } catch (SQLException e) {
                e.printStackTrace();
            }
```

                }
            }
        }

运行上述程序，数据库中 test 表中插入一条数据，如图 15-18 所示。

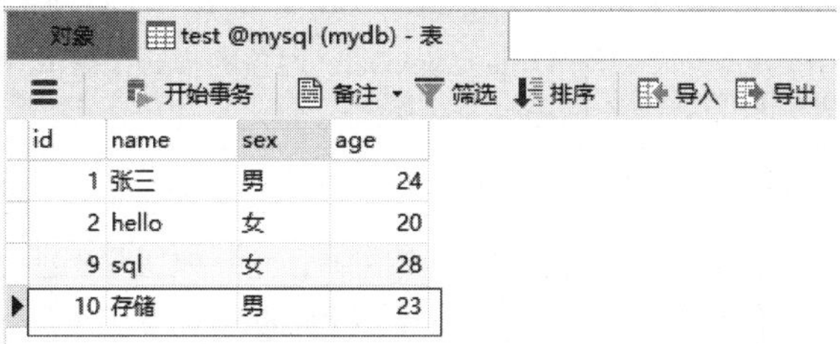

图 15-18 test 表插入数据

【案例剖析】

在本案例中，首先使用 SQL 语句，在 MySql 数据库的窗口，创建存储过程 proTest。存储过程的作用是向 mysql 数据库的 test 表中插入一条数据。

创建 Java 类，在类中使用 Connection 接口的 prepareCall()方法，获取 CallableStatement 接口的对象 cal，并执行指定的 SQL 语句。通过对象 cal 调用 CallableStatement 接口提供的 setXXX()方法为数据库中 test 表的指定字段赋值，再调用 executeUpdate()方法更新。最后将所有的资源关闭。

setXXX()方法中，XXX 是指定数据库表中字段的数据类型。

15.6 结果集接口

ResultSet 接口是数据库中查询结果返回的一种对象。ResultSet 接口类似于一个数据表，通过该接口的对象可以获取结果集。

ResultSet 接口具有指向当前数据行的指针。最初指针指向第一行之前，通过调用该对象的 next()方法，使指针指向下一行。next()方法在 ResultSet 接口的对象中，若存在下一行，则返回 true；若不存在下一行，则返回 false。因此，可以通过 while 循环迭代结果集。

ResultSet 接口的常用方法如表 15-6 所示。

表 15-6 ResultSet 接口的常用方法

返回类型	方 法 名	说 明
boolean	absolute(int row)	将光标移动到指定行
void	close()	立即释放 ResultSet 对象的数据库和 JDBC 资源，而不是等待该对象自动关闭时发生此操作
boolean	getBoolean(int columnIndex)	以 boolean 的形式，获取 ResultSet 对象的当前行中指定列的值

续表

返回类型	方 法 名	说 明
int	getInt(int columnIndex)	以 int 的形式,获取 ResultSet 对象的当前行中指定列的值
long	getLong(int columnIndex)	以 long 的形式,获取 ResultSet 对象的当前行中指定列的值
Date	getDate(int columnIndex)	以 java.sql.Date 对象的形式,获取 ResultSet 对象的当前行中指定列的值
String	getString(int columnIndex)	以 String 的形式,获取 ResultSet 对象的当前行中指定列的值
Object	getObject(int columnIndex)	以 Object 的形式,获取 ResultSet 对象的当前行中指定列的值
boolean	last()	将光标移动到 ResultSet 对象的最后一行
boolean	isFirst()	判断光标是否位于 ResultSet 对象的第一行
boolean	isLast()	判断光标是否位于 ResultSet 对象的最后一行
boolean	next()	将光标从当前行移动到下一行

【例 15-8】ResultSet 结果集的使用(源代码\ch15\src\ResultSetTest.java)。

```java
import java.sql.*;
public class ResultSetTest {
    public static void main(String[] args) {
        //获取与mysql数据库的连接对象con
        Connection con = DBConnect.getConnection();
        //执行sql语句的接口对象
        PreparedStatement pstm = null;
        //查询结果集对象
        ResultSet rs = null;
        try {
            //获取执行sql语句的对象pstm
            pstm = con.prepareStatement("select * from test");
            //获取执行结果集对象rs
            rs = pstm.executeQuery();
            System.out.println("---ResultSet 信息---");
            while(rs.next()){//结果集中存在下一行,执行循环
                System.out.print(rs.getString(2) + "--");//获取name字段的值
                System.out.print(rs.getString("sex") + "--");//获取sex字段的值
                System.out.print(rs.getInt(4));//获取age字段的值
                System.out.println();
            }
        } catch (SQLException e) {
            e.printStackTrace();
        } finally {
            try {
                if(rs!=null){
                    rs.close();
                }
                if(pstm!=null){
                    pstm.close();
                }
                if(con!=null){
                    con.close();
                }
```

```
            } catch (SQLException e) {
                e.printStackTrace();
            }
        }
    }
}
```

运行上述程序，结果如图 15-19 所示。

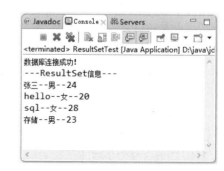

图 15-19　ResultSet 接口

【案例剖析】

在本案例中，通过调用 DBConnect 类定义的静态方法 getConnection()，获取连接数据库的接口对象 con。通过对象 con 调用 prepareStatement()方法，查询表中数据并返回执行 SQL 语句的 PreparedStatement 接口的对象 pstm，对象 pstm 调用 executeQuery()方法返回 ResultSet 接口的对象 rs。

在 while 循环中，对象 rs 通过调用 next()方法，判断是否存在下一行数据，若存在，执行循环体，通过 rs.getString()方法，获取数据库表中指定字段的值，并在控制台打印；若不存在，不执行循环。

注意

test 表中字段有 id、name、sex 和 age，它们顺序依次是 1、2、3、4。因此，getString(2)方法获取的是 name 字段的值。

getString(“name”)方法是根据指定的字段名称获取其值。getString(2)和 getInt(4)是根据字段 name 和 age 的数据类型决定的 getXXX()方法。

15.7　实战——学生信息管理

建立了与数据库的连接之后，便可以对数据库进行增、删、改、查操作了。下面以学生信息管理为例，介绍使用 JDBC 连接数据库的类和接口执行 SQL 语句、查询数据、显示数据等。

15.7.1　创建表 student

step 01 使用 MySql 数据库的视图化工具 Navicat，创建表 student。表结构如图 15-20 所示。

名	类型	长度	小数点	不是 null	
id	int	11	0	☑	1
name	varchar	50	0	☑	
age	int	11	0	☐	
sex	varchar	30	0	☐	
school	varchar	200	0	☐	
grade	varchar	200	0	☐	

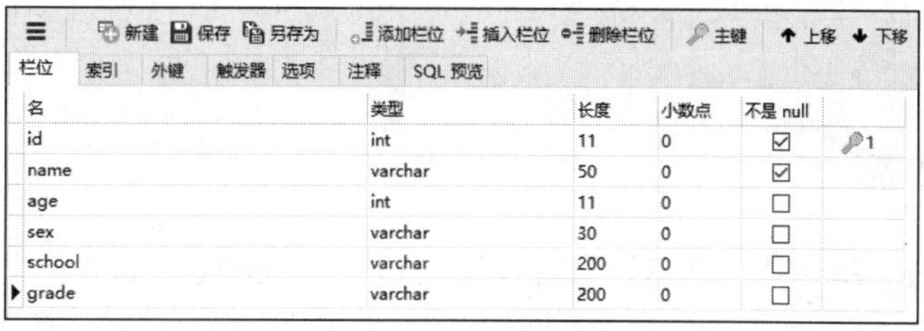

图 15-20　student 表的结构

step 02 在表 student 中添加数据，如图 15-21 所示。

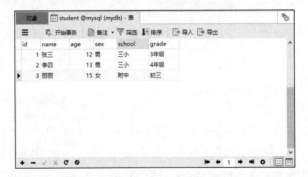

图 15-21 表 student 中的数据

15.7.2 连接数据库

创建连接数据库的类 DBTool(源代码\ch15\DBTool.java)。

```java
import java.sql.*;
public class DBTool {
    public static Connection con;
    public static Connection getConnection(){
        try {
            //加载数据库驱动
            Class.forName("org.gjt.mm.mysql.Driver").newInstance();
            //数据库链接地址,数据库名是:mysql,数据库账户：root/123456
            String url ="jdbc:mysql://localhost/mysql?user=root&password=123456"
                    + "&useUnicode=true&characterEncoding=utf-8&useSSL=true";
            //创建与数据库的连接
            con=DriverManager.getConnection(url);
            System.out.println("数据库连接成功! ");
        } catch (Exception e) {
            e.printStackTrace();
        }
        return con;
    }
}
```

【案例剖析】

在本案例中，创建 Java 类，通过 Class 类的 forName()方法加载数据库驱动；定义连接数据库的 URL，其中包含数据库名、账户登录名、账户密码、编码信息等；通过 DriverManager 类的 getConnection()方法，获取与数据库连接的 Connection 接口对象 con，再在控制台打印"数据库连接成功！"。

15.7.3 插入数据

向数据库的表 student 中插入一条数据(源代码\ch15\InsertTest.java)。

```java
import java.sql.*;
public class InsertTest {
```

```java
    public static void main(String[] args) {
        //获取与mysql数据库的连接对象con
        Connection con = DBTool.getConnection();
        PreparedStatement pstm = null;
        try {
            //定义向数据库插入数据的sql语句
            String sql = "insert into student(name,age,sex,school,grade) values(?,?,?,?,?)";
            //获取pstm对象,并执行sql语句
            pstm = con.prepareStatement(sql);
            //为指定字段赋值
            pstm.setString(1, "洋洋");
            pstm.setInt(2, 15);
            pstm.setString(3, "男");
            pstm.setString(4, "第二小学");
            pstm.setString(5, "初二");
            //更新sql语句
            pstm.executeUpdate();
        } catch (SQLException e) {
            e.printStackTrace();
        } finally {
            try {
                if(pstm!=null){
                    pstm.close();
                }
                if(con!=null){
                    con.close();
                }
            } catch (SQLException e) {
                e.printStackTrace();
            }
        }
    }
}
```

运行上述程序,结果如图15-22所示。

【案例剖析】

在本案例中,调用DBTool类中的getConnection()方法,获取与数据库连接的Connection接口对象con。

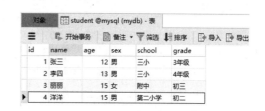

图15-22 插入数据

定义向表student中插入数据的SQL语句,对象con调用prepareStatement()执行SQL语句并返回PreparedStatement对象pstm。

对象pstm调用其setXXX()方法,根据数据库表中字段的数据类型为指定字段赋值。然后对象pstm调用executeUpdate()方法执行SQL语句,完成向表中插入数据的操作。最后在finally块中将所有资源关闭。

15.7.4 删除数据

在数据库的表student中,删除一条指定数据(源代码\ch15\DeleteTest.java)。

```java
import java.sql.*;
public class DeleteTest {
    public static void main(String[] args) {
        //获取与mysql数据库的连接对象con
        Connection con = DBTool.getConnection();
        PreparedStatement pstm = null;
        try {
            //定义删除数据的sql语句
            String sql = "delete from student where id = ?";
            //获取pstm对象，并执行sql语句
            pstm = con.prepareStatement(sql);
            //指定要删除的学生信息id
            pstm.setInt(1,2);
            //更新sql语句
            pstm.executeLargeUpdate();
        } catch (SQLException e) {
            e.printStackTrace();
        } finally {
            try {
                if(pstm!=null){
                    pstm.close();
                }
                if(con!=null){
                    con.close();
                }
            } catch (SQLException e) {
                e.printStackTrace();
            }
        }
    }
}
```

运行上述程序，结果如图15-23所示。

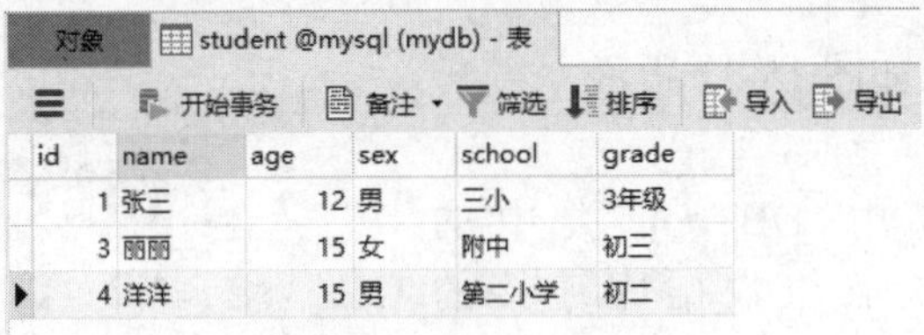

id	name	age	sex	school	grade
1	张三	12	男	三小	3年级
3	丽丽	15	女	附中	初三
4	洋洋	15	男	第二小学	初二

图15-23　删除id=3的数据

【案例剖析】

在本案例中，调用 DBTool 类中的 getConnection()方法，获取与数据库连接的 Connection 接口对象 con。

定义删除表 student 的一条记录的 SQL 语句，对象 con 调用 prepareStatement()执行 SQL 语句并返回 PreparedStatement 对象 pstm。

对象 pstm 调用其 setInt()方法指定要删除的记录的 id；然后对象 pstm 调用 executeUpdate() 方法执行 SQL 语句，删除 student 表中指定的记录；最后在 finally 块中将所有资源关闭。

15.7.5 修改数据

对数据库的表 student，修改指定数据(源代码\ch15\UpdateTest.java)。

```java
import java.sql.*;
public class UpdateTest {
    public static void main(String[] args) {
        //获取与mysql数据库的连接对象con
        Connection con = DBTool.getConnection();
        PreparedStatement pstm = null;
        try {
            //定义向数据库插入数据的sql语句
            String sql = "update student set grade = ? where id = ?";
            //获取pstm对象，并执行sql语句
            pstm = con.prepareStatement(sql);
            //为指定字段赋值
            pstm.setString(1, "初二年级");
            pstm.setInt(2, 4);
            //更新sql语句
            pstm.executeLargeUpdate();
        } catch (SQLException e) {
            e.printStackTrace();
        } finally {
            try {
                if(pstm!=null){
                    pstm.close();
                }
                if(con!=null){
                    con.close();
                }
            } catch (SQLException e) {
                e.printStackTrace();
            }
        }
    }
}
```

运行上述程序，结果如图 15-24 所示。

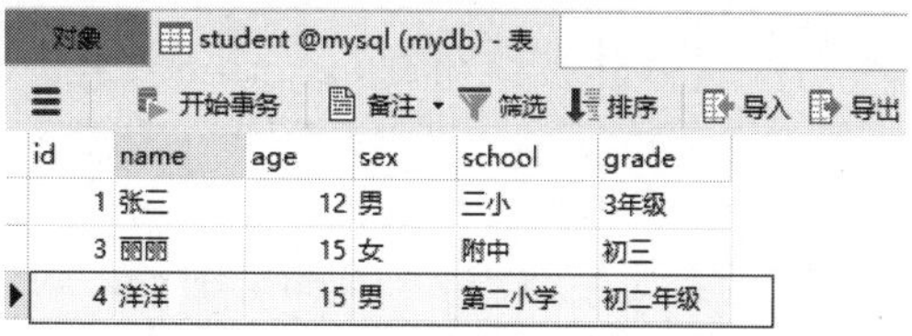

【案例剖析】

在本案例中，调用 DBTool 类中的 getConnection()方法，获取与数据库连接的 Connection 接口对象 con。

定义修改表 student 的一条记录的 SQL 语句，对象 con 调用 prepareStatement()执行 SQL 语句并返回 PreparedStatement 对象 pstm。

图 15-24 修改 id=4 的 grade 字段

对象 pstm 调用其 setInt()方法指定要修改数据的 id，setString()方法设置要修改的值。对象 pstm 调用 executeUpdate()方法执行 SQL 语句，完成对指定 id 记录的修改。最后在 finally 块中将所有资源关闭。

15.7.6 查询数据

对数据库的表 student，查询其所有数据并在控制台显示(源代码\ch15\SelectTest.java)。

```java
import java.sql.Connection;
import java.sql.PreparedStatement;
import java.sql.ResultSet;
import java.sql.SQLException;
public class SelectTest {
    public static void main(String[] args) {
        //获取与mysql数据库的连接对象con
        Connection con = DBTool.getConnection();
        //执行sql语句的接口对象
        PreparedStatement pstm = null;
        //查询结果集对象
        ResultSet rs = null;
        try {
            //获取执行sql语句的对象pstm
            pstm = con.prepareStatement("select * from student");
            //获取执行结果集对象rs
            rs = pstm.executeQuery();
            System.out.println("---student 表中数据信息---");
            while(rs.next()){//结果集中存在下一行，执行循环
                System.out.print(rs.getInt(1) + "--");//获取id字段的值
                System.out.print(rs.getString(2) + "--");//获取name字段的值
                System.out.print(rs.getInt(3));//获取age字段的值
                System.out.print(rs.getString(4) + "--");//获取sex字段的值
                System.out.print(rs.getString(5) + "--"); //获取school字段的值
                System.out.print(rs.getString(6)); //获取grade字段的值
                System.out.println();
            }
        } catch (SQLException e) {
            e.printStackTrace();
        } finally {
            try {
                if(rs!=null){
                    rs.close();
                }
                if(pstm!=null){
                    pstm.close();
                }
                if(con!=null){
                    con.close();
                }
            } catch (SQLException e) {
                e.printStackTrace();
            }
        }
    }
}
```

运行上述程序，查询结果如图 15-25 所示，数据库中数据如图 15-26 所示。

图 15-25　表中数据显示　　　　　　　　图 15-26　test 表中信息

【案例剖析】

在本案例中，调用 DBTool 类中的 getConnection()方法，获取与数据库连接的 Connection 接口对象 con。

定义查询表 student 所有数据的 SQL 语句，对象 con 调用 prepareStatement()方法执行 SQL 语句并返回 PreparedStatement 对象 pstm。

对象 pstm 调用其 executeQuery()方法查询表中记录放入结果集并返回结果集对象 rs。在 while 循环中，通过结果集对象 rs 调用 next()方法判断是否存在下一行记录，若存在，执行循环体，若不存在就跳出循环。在循环体中通过 rs 的 getXXX()方法获取表 student 所有字段的值，并在控制台打印。最后在 finally 块中将所有资源关闭。

 setXXX()方法是根据 student 表中字段的数据类型相对应的。

15.8　大神解惑

小白：Statement 和 PreparedStatement 的区别是什么？

大神：可以分别从执行效率、安全性以及代码的可读性和可维护性 3 个方面，介绍 Statement 和 PreparedStatement 的区别。

1. 执行效率

创建对象语句：

```
Statement statement = conn.createStatement();
PreparedStatement preStatement = conn.prepareStatement(sql);
```

执行语句：

```
ResultSet rSet = statement.executeQuery(sql);
ResultSet pSet = preStatement.executeQuery();
```

从上述语句可以看出，PreparedStatement 有预编译的过程，创建对象时已经绑定 SQL 语句，无论执行多少次，都不会再进行编译。而 Statement 不同，执行多少次，就编译多少次 SQL 语句。因此，PreparedStatement 接口的执行效率比 Statement 接口高。

2. 安全性

PreparedStatement 是有预编译的，可以有效地防止 SQL 注入等问题。因此，它的安全性比 Statement 高。

3. 代码的可读性和可维护性

PreparedStatement 比 Statement 有更高的可读性和可维护性。

小白：怎么使用 JDBC 连接 Oracle、SQL Server 数据库呢？

大神：使用 JDBC 除了可以连接 MySql 数据库外，还可以连接其他数据库，连接方式与 MySql 一样，需要先下载并加入数据库驱动 jar 包，然后设置连接的 URL，最后调用 getConnection()方法创建与数据库的连接。

15.9　跟我学上机

练习 1：编写一个 Java 类，测试与数据库 MySql 是否连接成功。

练习 2：在 MySql 数据库中，创建表 book，字段有 id、name、author、price，其中 id 字段是主键。

练习 3：编写一个 Java 类，在类中定义对表 book 进行插入、删除、修改和查询操作的方法。并在 main()方法中调用这些方法。

第 16 章

设计图形界面设计 ——Swing 技术

图形用户界面(简称 GUI)，在 Java 1.0 中提供了基本 GUI 编程的类库，称为抽象窗口工具集(AWT)。AWT 处理用户界面元素出现在不同平台上的属性和行为会有差异，导致编写的界面平台移植性很差。在 Java 1.1 中 Sun 公司提出了基于 AWT 的新用户界面库，即 Swing。Swing 定义了 Java 语言的所有界面元素，真正地实现了"一次编写，随处运行"。

本章主要讲解 Swing 的容器、组件、布局管理以及事件处理。

本章要点(已掌握的在方框中打钩)

- ☐ 了解 Swing 的基础知识。
- ☐ 掌握 Swing 的主要容器。
- ☐ 掌握 Swing 常用组件的使用。
- ☐ 掌握 AWT 中提供的常用布局管理器类。
- ☐ 熟练掌握事件处理模型。
- ☐ 了解事件类。
- ☐ 熟练掌握事件监听器的使用。
- ☐ 熟练掌握事件适配器的使用。

16.1 Swing 基础

Swing 是 Java 平台的处理用户和计算机之间全部交互的软件。Swing 是 Java 基础类的一部分，它为 Java 的图形界面编程提供一个灵活而强大的 GUI 工具包，它是在 AWT 组件基础上构建的。Swing 对主机控件的依赖性降到了最低，但是由于它无法充分利用硬件 GUI 加速器和专用主机 GUI 操作，因此导致 Swing 程序运行速度比本地 GUI 都慢。

Swing 组件采用了模型—视图—控制器(MVC)结构设计。Swing 组件采用可分离模型架构，即将视图和控制器合并为一个对象，而模型对象则分离出来成为一个独立的对象。

AWT 的两个核心类是 Component 和 Container。Java 的图形用户界面是由组件(Component)组成的，Component 类及其子类的对象用来描述以图形化的方式显示在屏幕上并能与用户进行交互的 GUI 元素，如标签、按钮等。容器(Container)是 Component 的子类，Container 子类的对象可以容纳其他组件和容器。一般 Component 对象是不能独立显示的，必须放在某一 Container 对象中才可以显示。

在 Java 程序中，容器类都是继承自 Container 类。AWT 和 Swing 包中继承 Container 类的容器关系如图 16-1 所示。

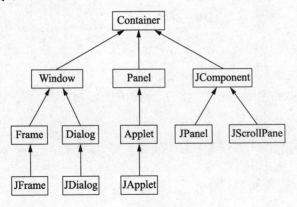

图 16-1 容器类继承关系

16.2 Swing 容器

Swing 中的容器有 JFrame、JDialog、JApplet、JPanel 和 JScrollPane。其中容器 JFrame 和 JPanel 是最常用的容器类，下面主要介绍它们的使用。

16.2.1 JFrame 窗体

JFrame 是 Window 窗体的子类，是 Swing 组件的顶级容器，它继承 AWT 组件的 Frame 类，支持 Swing 体系结构的高级 GUI 属性。JFrame 类或其子类创建的对象是一个窗体。JFrame 的默认布局管理器是 BorderLayout。

JFrame 类的常用构造方法如下。

(1) 创建一个初始时不可见的新窗体：

```
public JFrame()
```

(2) 创建一个指定标题的不可见的新窗体：

```
public JFrame(String title)
```

title：窗体标题。

JFrame 类的常用方法如表 16-1 所示。

表 16-1　JFrame 类的常用方法

返回类型	方法名	说明
void	setVisible(boolean b)	设置窗体是否可见，默认是不可见的
void	setSize(int width,int height)	设置窗体的宽和高。以像素为单位
void	setTitle(String title)	设置窗体的标题
void	setResizable(boolean resizable)	设置窗体是否可以调整大小
void	setLocation(int x, int y);	设置窗体的位置，x、y 是左上角的坐标
void	setBounds(int x, int y, int width,int height)	设置窗体的位置、宽度和高度
void	setLayout(LayoutManager manager)	设置窗体的布局管理器
Component	add(Component comp)	将指定组件添加到容器的尾部

【例 16-1】JFrame 窗体的使用(源代码\ch16\src\JFrameTest.java)。

```java
import java.awt.Color;
import javax.swing.JFrame;
import javax.swing.JLabel;
public class JFrameTest {
    public static void main(String[] args){
        //创建窗体类
        JFrame frame1 = new JFrame();
        //为窗体设置标题
        frame1.setTitle("frame1 窗体");
        //设置窗体的位置
        frame1.setLocation(200, 150);
        //设置窗体的大小
        frame1.setSize(300, 300);
        //设置窗体可以调整大小
        frame1.setResizable(true);
        //设置窗体可以关闭
        frame1.setDefaultCloseOperation(JFrame.EXIT_ON_CLOSE);
        //设置窗体可见
        frame1.setVisible(true);
        JFrame frame2 = new JFrame();
        frame2.setTitle("frame2 窗体");
        frame2.setLocation(500, 150);
        frame2.setSize(300, 300);
        frame2.setResizable(true);
        frame2.setDefaultCloseOperation(JFrame.EXIT_ON_CLOSE);
```

```
            frame2.setVisible(true);
            JFrame frame3 = new JFrame();
            frame3.setTitle("frame3 窗体");
            frame3.setLocation(200, 450);
            frame3.setSize(300, 300);
            frame3.setResizable(true);
            frame3.setDefaultCloseOperation(JFrame.EXIT_ON_CLOSE);
            frame3.setVisible(true);
            JFrame frame4 = new JFrame();
            frame4.setTitle("frame4 窗体");
            frame4.setLocation(500, 450);
            frame4.setSize(300, 300);
            frame4.setResizable(true);
            frame4.setDefaultCloseOperation(JFrame.EXIT_ON_CLOSE);
            frame4.setVisible(true);
        }
}
```

运行上述程序，结果如图 16-2 所示。

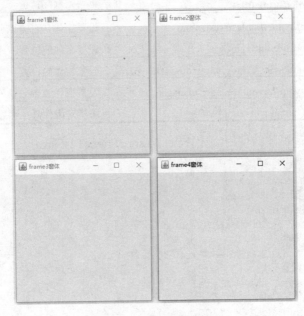

图 16-2　JFrame 窗体

【案例剖析】

在本案例中，创建窗体 JFrame 类的对象 frame1、frame2、frame3 和 frame4，分别设置通过 setSize()方法设置窗体的大小、setLocation()方法设置窗体的位置、setVisible()方法设置窗体是否可见、setTitle()方法设置窗体的标题、setResizable()方法设置窗体是否可以调整大小以及通过 setDefaultCloseOperation(JFrame.EXIT_ON_CLOSE)方法设置窗体可以关闭。

　　setBounds()方法的作用与 setLocation()和 setSize()方法一起设置的作用相同，它们只有在容器的布局管理器是 null 的情况下使用。

16.2.2 JPanel 面板

JPanel 面板是 Swing 的一种中间层容器，它可以容纳组件并使它们组合在一起。JPanel 面板无法单独显示，必须添加到容器中才可以显示。JPanel 的默认布局管理器是 FlowLayout。当把 JPanel 作为一个组件添加到某个容器中后，它仍然可以有自己的布局管理器。

JPanel 常用构造方法如下。

(1) 使用默认布局管理器创建新面板：

`public JPanel ()`

(2) 创建指定布局管理器的新面板：

`public JPanel(LayoutManager layout)`

layout：布局管理器对象。

JPanel 类的常用方法如表 16-2 所示。

表 16-2 JPanel 类的常用方法

返回类型	方 法 名	说 明
void	setBackground(Color c);	设置面板的背景色
void	setFont(Font font);	设置面板的字体
void	setLayout(LayoutManager mgr)	设置面板的布局管理器
Component	add(Component comp)	将指定组件添加到容器的尾部
void	setBounds(int x, int y, int width,int height)	设置面板的位置、宽度和高度

【例 16-2】JPanel 面板的使用(源代码\ch16\src\JPanelTest.java)。

```java
import java.awt.Color;
import javax.swing.*;
public class JPanelTest{
    public static void main(String[] args){
        //创建窗体
        JFrame frame = new JFrame();
        frame.setTitle("JPanel");
        //创建面板
        JPanel panel = new JPanel();
        //设置面板背景色
        panel.setBackground(Color.CYAN);
        //创建标签
        JLabel label = new JLabel("JLabel");
        JLabel label1 = new JLabel("JLabel1");
        JLabel label2 = new JLabel("JLabel2");
        //将标签添加到面板上
        panel.add(label);
        panel.add(label1);
        panel.add(label2);
        //将面板添加到窗体上
        frame.add(panel);
```

```
        //设置窗体
        frame.setBounds(400, 150, 300, 300);
        frame.setVisible(true);
    }
}
```

运行上述程序，结果如图 16-3 所示。

【案例剖析】

在本案例中，通过程序的 main()方法，创建窗体 JFrame 的对象，并设置窗体标题；创建 JPanel 面板对象 panel；创建 3 个 JLabel 标签对象 label、label1、label2。将 3 个标签分别添加到 panel 面板上，并设置面板的背景色是 Color.CYAN，将 panel 面板添加到窗体 frame 上。最后设置窗体大小和位置，并设置窗体可见。

图 16-3　JPanel 面板

16.3　Swing 的组件

Swing 提供了许多图形界面组件，常用组件有按钮、单选按钮、复选框、标签、单行文本框、密码文本框、多行文本框、普通菜单、弹出菜单、组合框和列表框。下面详细介绍 Swing 中的常用组件。

16.3.1　按钮 JButton

按钮是图形界面中最常见的组件。按钮是 JButton 类的对象，在按下按钮时生成一个事件。JButton 类的常用构造方法如下。

(1) 创建空按钮：

```
public JButton()
```

(2) 创建一个带文本的按钮：

```
public JButton(String text)
```

text：按钮的文本内容。

(3) 创建一个带图标的按钮：

```
public JButton(Icon icon)
```

icon：按钮的图标。

(4) 创建一个带文本、带图标的按钮：

```
public JButton(String text,Icon icon)
```

JButton 类的常用方法如表 16-3 所示。

表 16-3　JButton 类的常用方法

返回类型	方 法 名	说　明
void	setBackground(Color c);	设置按钮的背景色
void	setFont(Font font);	设置按钮上的字体样式
void	setBounds(int x,int y,int width,int height)	设置按钮的大小和位置

【例 16-3】JButton 按钮的使用(源代码\ch16\src\JButtonTest.java)。

```java
import java.awt.Color;
import java.awt.Font;
import javax.swing.*;
public class JButtonTest{
    public static void main(String[] args){
        JFrame frame = new JFrame();
        frame.setTitle("JButton");
        frame.setLayout(null);
        JPanel panel = new JPanel();                  //创建面板
        panel.setBounds(50, 50, 200, 200);
        JButton btn1 = new JButton("提交");          //创建按钮
        JButton btn2 = new JButton("重置");
        //设置按钮的背景色
        btn1.setBackground(Color.GRAY);
        btn2.setBackground(Color.GRAY);
        //为按钮文本设置字体
        Font f = new Font("宋体", Font.ITALIC, 15);
        btn1.setFont(f);
        btn2.setFont(f);
        frame.add(panel);     //面板添加到窗体上
        panel.add(btn1);      //按钮添加到面板上
        panel.add(btn2);      //按钮添加到面板上
        //设置窗体
        frame.setBounds(400, 150, 300, 300);
        frame.setVisible(true);
    }
}
```

运行上述程序，结果如图 16-4 所示。

【案例剖析】

在本案例中，创建 JFrame 窗体对象 frame，创建 JPanel 面板对象 panel，设置面板的位置和大小。创建 2 个 JButton，分别是 btn1 和 btn2，按钮上文本内容分别是"提交"和"重置"，设置按钮的背景色是灰色。创建 Font 字体对象 f，设置字体是宋体、斜体，大小是 15。将按钮字体设置为宋体、斜体、大小为 15。

设置窗体 frame 的布局管理器是 null，将 panel 添加到 frame 窗体上，再将 2 个按钮添加到面板 panel 上。最后设置窗体的位置和大小以及窗体可见。

图 16-4　JButton 按钮

16.3.2 标签 JLabel

标签是一种可以包含文本的非交互组件，它是 JLabel 类的对象。JLabel 类的常用构造方法如下。

(1) 创建空标签：

```
public JLabel()
```

(2) 创建一个带文本的标签：

```
public JLabel (String text)
```

text：标签的文本内容。

(3) 创建一个带图标的标签：

```
public JLabel (Icon icon)
```

icon：标签的图标。

(4) 创建带文本的标签，并指定字符串对齐方式：

```
JLabel(String text, int align)
```

align：字符串对齐方式，其值有 3 个，分别是：Label.LEFT(左对齐)、Label.RIGHT(右对齐)、Label.CENTER(居中对齐)。

JLabel 类的常用方法如表 16-4 所示。

表 16-4 JLabel 类的常用方法

返回类型	方法名	说明
void	setText(String text)	设置标签的内容
String	getText()	获取标签的内容
void	setBounds(int x,int y,int width,int height)	设置标签的大小和位置

【例 16-4】JLabel 标签的使用(源代码\ch16\src\JLabelTest.java)。

```java
import javax.swing.*;
public class JLabelTest {
    public static void main(String[] args) {
        JFrame frame = new JFrame();
        frame.setTitle("JLabel");
        JPanel panel = new JPanel();  //创建面板
        panel.setBounds(50, 50, 200, 200);
        //创建标签对象
        JLabel label1 = new JLabel("姓名：");
        JLabel label2 = new JLabel();
        JLabel label3 = new JLabel();
        //设置标签内容
        label2.setText("性别：");
        label3.setText("学历：");
        //设置标签位置
        label1.setBounds(30,20,50,30);
```

```
        label2.setBounds(30,55,50,30);
        label3.setBounds(30,90,50,30);
        //设置面板布局管理器是 null
        panel.setLayout(null);
        //将标签添加到窗体
        panel.add(label1);
        panel.add(label2);
        panel.add(label3);
        //将面板添加到窗体上
        frame.add(panel);
        //设置窗体
        frame.setBounds(400, 150, 300, 300);
        frame.setVisible(true);
    }
}
```

运行上述程序，结果如图 16-5 所示。

【案例剖析】

在本案例中，创建 JFrame 窗体对象 frame，创建面板 panel 并设置面板的位置和大小，设置 panel 的布局管理器都是 null。创建 3 个标签，分别通过构造方法和 setText()方法设置标签内容，并通过标签的 setBounds()方法，分别设置 3 个标签的位置。将标签添加到 panel 上，再将 panel 添加到 frame 上。最后设置窗体的位置和大小以及窗体可见。

图 16-5　JLabel 标签

注意

只有设置 JPanel 的布局管理器是 null 时，设置标签组件的位置和大小的方法才有效，否则无效。

16.3.3　复选框 JCheckBox

复选框有选中和未选中两种状态，它的形状是方形的，可以为复选框指定文本。复选框是 JCheckBox 类的对象，它的常用构造方法如下。

(1) 创建一个没有文本、没有图标并且最初未被选中的复选框：

```
public JCheckBox()
```

(2) 创建一个带文本的、最初未被选中的复选框：

```
JButton(String text) JCheckBox(String text)
```

text：复选框的文本内容。

(3) 创建一个带文本的复选框，并指定其最初是否处于选定状态：

```
JCheckBox(String text, boolean selected)
```

JCheckBox 类的常用方法如表 16-5 所示。

表 16-5 JCheckBox 类的常用方法

返回类型	方 法 名	说 明
void	setText(String text)	设置复选框的内容
boolean	isSelected ()	检查当前复选框是否被选中
void	setBounds(int x,int y,int width,int height)	设置复选框的大小和位置

【例 16-5】JCheckBox 的使用(源代码\ch16\src\JCheckBoxTest.java)。

```java
import javax.swing.*;
public class JCheckBoxTest {
    public static void main(String[] args) {
        JFrame frame = new JFrame();
        frame.setTitle("JCheckBox");
        JPanel panel = new JPanel();
        panel.setLayout(null);
        JLabel label = new JLabel("兴趣：");
        label.setBounds(20, 30, 80, 30);
        JCheckBox box1 = new JCheckBox();
        box1.setText("篮球");
        box1.setBounds(35, 65, 80, 30);
        JCheckBox box2 = new JCheckBox();
        box2.setText("足球");
        box2.setBounds(120, 65, 80, 30);
        JCheckBox box3 = new JCheckBox();
        box3.setText("羽毛球");
        box3.setBounds(205, 65, 80, 30);
        panel.add(label);
        panel.add(box1);
        panel.add(box2);
        panel.add(box3);
        frame.add(panel);
        //设置窗体
        frame.setBounds(400, 150, 300, 300);
        frame.setVisible(true);
    }
}
```

运行上述程序，结果如图 16-6 所示。

【案例剖析】

在本案例中，创建 JFrame 窗体对象 frame，面板对象 panel，设置面板的布局管理器是 null。创建标签对象 label 并赋值"兴趣"，创建 3 个复选框，通过 setText()方法设置文本框内容依次是"篮球""足球"和"羽毛球"，并通过 setBounds()方法设置复选框的位置和大小。将复选框添加到面板上，再将面板添加到窗体上。最后设置窗体的位置和大小以及窗体可见。

图 16-6 JCheckBox 复选框

16.3.4 单选按钮 JRadioButton

单选按钮与复选框类似，也有两种状态，即选中和未选中。与复选框不同的是，一组单选按钮中只能有一个处于选中状态。单选按钮是 JRadioButton 类的对象，JRadioButton 通常位于一个 ButtonGroup 按钮组中，不在按钮组中的单选按钮就失去了单选按钮的意义。

JRadioButton 类的常用构造方法如下。

(1) 创建一个初始化为未选中的单选按钮，其文本未设定：

```
public JRadioButton()
```

(2) 创建一个具有指定文本的状态为未选中的单选按钮：

```
JRadioButton(String text)
```

text：按钮的文本内容。

(3) 创建一个具有指定文本和选择状态的单选按钮：

```
JRadioButton(String text, boolean selected)
```

JRadioButton 类的常用方法如表 16-6 所示。

表 16-6　JRadioButton 常用方法

返回类型	方 法 名	说　明
void	setSelected (boolean b)	设置单选按钮是否被选中
boolean	isSelected ()	检查当前单选按钮是否被选中
void	setBounds(int x,int y,int width,int height)	设置单选按钮的大小和位置

【例 16-6】单选按钮 JRadioButton 的使用(源代码\ch16\src\JRadioButtonTest.java)。

```java
import javax.swing.*;
public class JRadioButtonTest {
    public static void main(String[] args) {
        JFrame frame = new JFrame();
        frame.setTitle("JRadioButton");
        frame.setLayout(null);
        JPanel panel = new JPanel();
        panel.setBounds(20, 80, 200, 150);
        JLabel label = new JLabel("性别：");
        //单选按钮组
        ButtonGroup group = new ButtonGroup();
        //创建单选按钮
        JRadioButton btn1 = new JRadioButton();
        btn1.setText("男");
        JRadioButton btn2 = new JRadioButton();
        btn2.setText("女");
        //设置btn1按钮选中
        btn1.setSelected(true);
        //将单选按钮添加到单选按钮组中
        group.add(btn1);
        group.add(btn2);
```

```
        panel.add(label);
        panel.add(btn1);
        panel.add(btn2);
        frame.add(panel);
        //设置窗体
        frame.setBounds(400, 150, 300, 300);
        frame.setVisible(true);
    }
}
```

运行上述程序，结果如图 16-7 所示。

【案例剖析】

在本案例中，创建 JFrame 窗体对象 frame，设置窗体布局管理器是 null，创建面板对象 panel，通过 setBounds() 方法设置面板的位置和大小。创建标签对象 label 并设置标签显示内容；创建单选按钮组对象 group；创建单选按钮对象 btn1 和 btn2，并设置单选按钮内容。

通过单选按钮的 setSelected()方法将 btn1 设置为选中状态，将单选按钮 btn1 和 btn2 添加到按钮组 group 中。将单选按钮添加到面板 panel 上，再将 panel 添加到 frame 上。最后设置窗体的位置和大小以及窗体可见。

图 16-7　JRadioButton 单选按钮

16.3.5　单行文本框 JTextField

单行文本框是用来读取输入和显示一行信息的组件，单行文本框是 JTextField 类的对象。JTextField 类的常用构造方法如下。

(1) 创建一个单行文本框：

```
public JTextField()
```

(2) 创建一个指定宽度的单行文本框：

```
public JTextField(int columns)
```

columns：指定文本框宽度(列数)。

(3) 创建显示指定字符串的单行文本框：

```
public JTextField(String text)
```

text：指定要显示的字符串。

(4) 创建一个指定宽度并显示指定字符串的单行文本框：

```
public JTextField(String text, int columns)
```

JTextField 类的常用方法如表 16-7 所示。

表 16-7 类的 JTextField 常用方法

返回类型	方 法 名	说 明
void	setColumns(int columns)	设置单行文本框宽度(列数)
int	getColumns()	获取单行文本框宽度(列数)
void	setText(String text)	设置单行文本框要显示的字符串
void	setFont(Font f)	设置文本框的字体
void	setBounds(int x,int y,int width,int height)	设置单行文本框的大小和位置

【例 16-7】JTextField 类的使用(源代码\ch16\src\JTextFieldTest.java)。

```java
import javax.swing.*;
import javax.swing.*;
public class JTextFieldTest {
    public static void main(String[] args) {
        JFrame frame = new JFrame();
        frame.setTitle("JTextField");
        frame.setLayout(null);
        JPanel panel = new JPanel();
        panel.setBounds(10, 30, 200, 200);
        panel.setLayout(null);
        JLabel label = new JLabel("单行文本框：");
        label.setBounds(30, 10, 100,30);
        //创建单行文本框
        JTextField text = new JTextField(6);
        text.setText("单行文本框");
        text.setBounds(30, 50, 100,30);
        panel.add(label);
        panel.add(text);
        frame.add(panel);
        //设置窗体
        frame.setBounds(400, 150, 300, 300);
        frame.setVisible(true);
    }
}
```

运行上述程序，结果如图 16-8 所示。

【案例剖析】

在本案例中，创建 JFrame 窗体对象 frame，设置其布局管理器是 null，设置窗体位置、大小、窗体可见，设置窗体标题。创建面板对象 panel，设置面板的布局管理器是 null，通过 setBounds()方法设置面板在窗体中的位置和大小。

创建标签对象 label 和单行文本框对象 text，通过 setBounds()方法设置它们在面板中的位置和大小。将标签添加到面板，将面板添加到窗体。最后设置窗体的位置和大小以及窗体可见。

图 16-8 JTextField 单行文本框

16.3.6 密码文本框 JPasswordField

密码文本框是专门用来输入密码的，为了输入内容的安全一般不显示原始字符，只显示一种字符，默认为"*"，也可以通过它提供的方法修改。

密码文本框是 JPasswordField 类的对象，JPasswordField 的常用构造方法如下。

(1) 创建空的 JPasswordField：

```
public JPasswordField()
```

(2) 创建一个指定列数的 JPasswordField：

```
public JPasswordField(int columns)
```

columns：指定列数。

(3) 创建一个指定文本的 JPasswordField。

```
JPasswordField(String text)
```

(4) 创建一个指定文本和列的 JPasswordField。

```
JPasswordField(String text, int columns)
```

JPasswordField 类的常用方法如表 16-8 所示。

表 16-8　JPasswordField 类的常用方法

返回类型	方法名	说明
void	setEchoChar(char c)	设置密码文本框的回显字符
char[]	getPassword()	获取密码文本框中的内容
void	setText(String text)	设置密码文本框要显示的字符串
void	setBounds(int x,int y,int width,int height)	设置密码文本框的大小和位置

【例 16-8】JPasswordField 的使用(源代码\ch16\src\ JPasswordFieldTest.java)。

```java
import javax.swing.*;
public class JPasswordFieldTest {
    public static void main(String[] args) {
        JFrame frame = new JFrame();
        frame.setTitle("JPasswordField");
        frame.setLayout(null);
        JPanel panel = new JPanel();   //创建面板
        panel.setBounds(20, 30, 180, 100);
        //创建标签对象
        JLabel label = new JLabel("密码：");
        JPasswordField pass = new JPasswordField("password");
        pass.setColumns(8);
        JLabel label2 = new JLabel("显示密码：");
        JLabel label3 = new JLabel();
        char[] cs = pass.getPassword();
        String str = new String(cs);
        label3.setText(str);
```

```
        //添加组件到面板
        panel.add(label);
        panel.add(pass);
        panel.add(label2);
        panel.add(label3);
        //添加面板到窗体
        frame.add(panel);
        //设置窗体大小、位置、可见
        frame.setBounds(400, 150, 300, 300);
        frame.setVisible(true);
    }
}
```

运行上述程序，结果如图 16-9 所示。

【案例剖析】

在本案例中，创建 Frame 窗体对象 frame，设置窗体标题，设置窗体的布局管理器是 null，以便于在窗体中设置面板的位置。创建面板对象 panel，通过 setBounds()设置面板在窗体中的位置。

创建 3 个标签对象 label1、label2 和 label3，分别用于显示"密码""显示密码"和显示设置的密码内容。通过密码文本框的 getPassword() 方法获取 JPasswordFieldTest 文本框设置的密码。将标签添加到面板上，将面板添加到窗体上，最后设置窗体的位置和大小以及窗体可见。

图 16-9　JPasswordField 密码文本框

16.3.7　多行文本框 JTextArea

多行文本框与单行文本框的主要区别是多行文本框用来接收用户输入的多行文本信息，多行文本框是 JTextArea 类的对象。JTextArea 类的常用构造方法如下。

(1) 创建新的 JTextArea：

```
public JTextArea()
```

(2) 创建具有指定行数和列数的新 JTextArea：

```
public JTextArea(int rows, int columns)
```

rows：文本框的行数。
columns：文本框的列数。

(3) 创建显示指定文本的新 JTextArea：

```
public JTextArea(String text)
```

text：指定文本。

(4) 创建具有指定文本、行数和列数的 JTextArea：

```
public JTextArea(String text, int rows, int columns)
```

JTextArea 类的常用方法如表 16-9 所示。

表 16-9　JTextArea 类的常用方法

返回类型	方法名	说明
void	append(String str)	将指定字符串添加到文本框最后
void	setRows(int rows)	设置文本框的行数
int	getRows()	获取文本框的行数
void	setColumns(int columns)	设置文本框的列数
int	getColumns()	获取文本框的列数
void	insert(String str, int pos)	将指定文本插入指定位置
void	setBounds(int x,int y,int width,int height)	设置文本框的大小和位置

【例 16-9】多行文本框 JTextArea 的使用(源代码\ch16\src\JTextAreaTest.java)。

```java
import javax.swing.*;
public class JTextAreaTest {
    public static void main(String[] args) {
        JFrame frame = new JFrame();
        frame.setTitle("JTextArea");
        JPanel panel = new JPanel();   //创建面板
        panel.setLayout(null);
        //创建标签对象
        JLabel label = new JLabel("多行文本框：");
        //创建多行文本框
        JTextArea area = new JTextArea("多行文本框");
        //设置多行文本框的行数和列数
        area.setRows(5);
        area.setColumns(12);
        //文本框中插入内容
        area.insert("--插入--", 3);
        //多行文本框中追加
        area.append("--追加--");
        //设置标签和多行文本框的位置和大小
        label.setBounds(30, 30, 80, 30);
        area.setBounds(30, 55, 180, 100);
        panel.add(label);
        panel.add(area);
        //添加面板到窗体
        frame.add(panel);
        //设置窗体大小、位置、可见
        frame.setBounds(400, 150, 300, 300);
        frame.setVisible(true);
    }
}
```

运行上述程序，结果如图 16-10 所示。

【案例剖析】

在本案例中，创建 JFrame 窗体对象，并设置窗体标题。创建面板对象 panel，用于添加标签和多行文本框，设置面板的布局管理器是 null，通过 setBounds()方法手动设置标签和多行文本框的位置。

创建多行文本框对象 area，被设置显示内容。通过调用多行文本框的 insert()方法在指定位置插入内容，调用 append()方法在多行文本框的末尾追加内容。将标签和文本框添加到面板后，将面板添加到窗体上，再设置窗体大小和位置，并设置窗体可见。

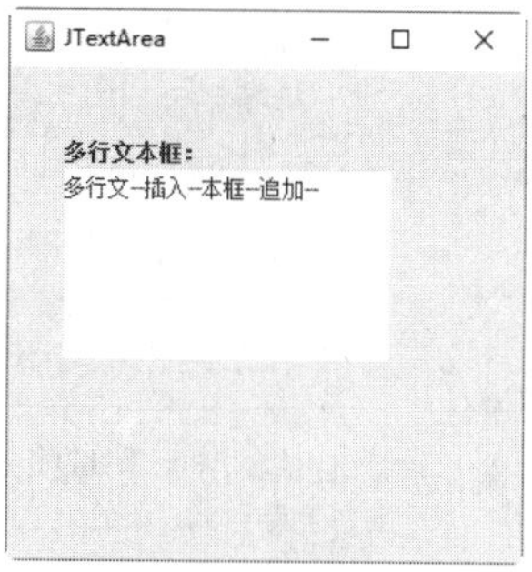

16.3.8 下拉列表 JComboBox

图 16-10 JTextArea 多行文本框

下拉列表的特点是将多个选项折叠在一起，只显示最前面或被选中的一项。下拉列表的右侧有一个下三角按钮，单击它会弹出所有的选项列表。用户可以在列表中进行选择，或者直接输入要选择的选项，也可以输入选项中没有的内容。

下拉列表由 JComboBox 实现，它的常用构造方法如下。

(1) 创建具有默认数据模型的 JComboBox：

```
public JComboBox()
```

(2) 创建一个 JComboBox，其选项取自现有的 ComboBoxModel：

```
public JComboBox(ComboBoxModel aModel)
```

(3) 创建包含指定数组中的元素的 JComboBox：

```
public JComboBox(Object[] items)
```

JComboBox 类的常用方法如表 16-10 所示。

表 16-10 JComboBox 类的常用方法

返回类型	方 法 名	说 明
void	addItem(Object anObject)	为下拉列表添加选项
int	getItemAt(int index)	获取指定索引处的列表项
int	getItemCount()	返回列表的项数
void	removeItem(Object anObject)	从下拉列表中删除指定选项
void	removeItemAt(int anIndex)	从下拉列表中删除指定索引处的项
void	removeAllItems()	删除下拉列表所有项
int	getSelectedIndex()	返回当前选中项的索引
Object	getSelectedItem()	返回当前选中项
void	setBounds(int x,int y,int width,int height)	设置下拉列表框的大小和位置

【例 16-10】JComboBox 下拉列表的使用(源代码\ch16\src\JComboBoxTest.java)。

```
import javax.swing.*;
public class JComboBoxTest {
    public static void main(String[] args) {
        JFrame frame = new JFrame();
```

```
        frame.setTitle("JComboBox");
        JPanel panel = new JPanel();
        JLabel label = new JLabel("省份: ");
        String[] str = {"北京","河北","山东"};
        JComboBox box = new JComboBox(str);
        box.addItem("新疆");
        //设置索引是3的项选中
        box.setSelectedIndex(3);
        box.addItem("内蒙古");
        //显示选中的项,不可以动态改变
        JLabel label1 = new JLabel();
        label1.setText(box.getSelectedItem().toString());
        panel.add(label);
        panel.add(box);
        panel.add(label1);
        frame.add(panel);
        //设置窗体
        frame.setBounds(400, 150, 300, 300);
        frame.setVisible(true);
    }
}
```

运行上述程序,结果如图 16-11 所示。

【案例剖析】

在本案例中,创建 JFrame 窗体对象 frame,设置窗体的标题。创建面板对象 panel,创建标签对象,并设置它的显示内容是"省份"。创建下拉列表对象 box,并设置初始显示内容是字符串数组内容,还可以通过下拉列表的 addItem()方法在列表中添加列表项,通过 JComboBox 类的 getSelectedItem()方法获取选中项的对象并在标签中显示。

将标签、下拉列表添加到面板上,再将面板添加到窗体上。最后设置窗体的大小和位置,并设置窗体可见。

图 16-11 JComboBox 下拉列表

16.3.9 列表框 JList

列表框是将多个文本选项显示在一个区域,当其内容超过列表的高度时,显示滚动条。用户可以选择一项或多项。列表框是 JList 类的对象,它的常用构造方法如下。

(1) 创建一个具有空的、只读模型的 JList:

```
public JList()
```

(2) 创建一个 JList,使其显示指定数组中的元素:

```
public JList(Object[] listData)
```

listData:指定数组。

(3) 根据指定的非 null 模型构造一个显示元素的 JList:

```
public JList(ListModel dataModel)
```

dataModel:指定模型显示 JList。

【例 16-11】JList 列表框的使用(源代码\ch16\src\JListTest.java)。

```java
import java.awt.Color;
import javax.swing.*;
import javax.swing.border.*;
public class JListTest {
    public static void main(String[] args) {
        JFrame frame = new JFrame();
        frame.setTitle("JList");
        JPanel panel = new JPanel();
        JLabel label = new JLabel("兴趣: ");
        String[] str = {"唱歌","旅游","跳舞"};
        JList list = new JList(str);
        //设置列表框宽和高
        list.setFixedCellHeight(30);
        list.setFixedCellWidth(50);
        //设置列表框边框
        Border border = new LineBorder(Color.black);
        list.setBorder(border);
        //设置选中项
        list.setSelectedIndex(1);
        panel.add(label);
        panel.add(list);
        frame.add(panel);
        //设置窗体
        frame.setBounds(400, 150, 300, 300);
        frame.setVisible(true);
    }
}
```

运行上述程序,结果如图 16-12 所示。

【案例剖析】

在本案例中,创建 JFrame 窗体对象 frame,设置窗体的标题。创建面板对象 panel,创建标签对象 label,并设置它的显示内容是"兴趣"。

创建列表框对象 list,并设置初始显示内容是字符串数组 str 内容,还可以通过列表框的 setFixedCellHeight()方法和 setFixedCellWidth()方法设置列表框的宽和高,setBorder()方法设置列表框的边框,setSelectedIndex()设置列表的选中项。

将标签、列表框添加到面板上,再将面板添加到窗体上。最后设置窗体的大小和位置,并设置窗体可见。

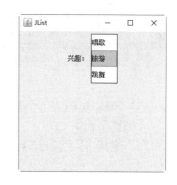

图 16-12　JList 列表框

16.3.10　菜单

桌面应用程序为了方便与用户的操作,提供了菜单。菜单分为放置在菜单栏的普通菜单和弹出式的菜单。

1. 普通菜单

菜单是放置在菜单栏(JMenuBar)上的组件,菜单栏含有一个或多个下拉式菜单名称。菜单项分为普通菜单项、单选按钮菜单项和复选按钮菜单项。菜单项还可以设置快捷键,菜单是 JMenu 类的对象。

【例 16-12】JMenu 菜单的使用(源代码\ch16\src\JMenuTest.java)。

```java
import javax.swing.*;
public class JMenuTest {
    public static void main(String[] args) {
        JFrame frame = new JFrame();
        frame.setTitle("普通菜单");
        //创建 JMenuBar 菜单栏对象
        JMenuBar bar = new JMenuBar();
        //将菜单栏添加到窗体上
        frame.setJMenuBar(bar);
        //创建 JMenu 菜单对象
        JMenu file = new JMenu("文件");
        JMenu edit = new JMenu("编辑");
        JMenu view = new JMenu("查看");
        //将菜单添加到菜单栏上
        bar.add(file);
        bar.add(edit);
        bar.add(view);
        //创建 JMenu 菜单下的子菜单 JMenuItem
        JMenuItem open = new JMenuItem("打开");
        JMenuItem save = new JMenuItem("保存");
        JMenuItem saveAs = new JMenuItem("另存为");
        //子菜单添加到 file 菜单项下
        file.add(open);
        file.add(save);
        file.add(saveAs);
        //设置窗体
        frame.setBounds(400, 150, 300, 300);
        frame.setVisible(true);
    }
}
```

运行上述程序,结果如图 16-13 所示。

【案例剖析】

在本案例中,创建 JFrame 窗体对象 frame,创建菜单栏 JMenuBar 对象 bar,将对象 bar 通过 setJmenuBar()方法添加到窗体 frame 上。创建 JMenu 菜单对象 file、edit 和 view,通过菜单栏的 add()方法将它们添加到菜单栏 bar 上。

创建菜单 file 下的子菜单项,通过 JMenuItem 类创建,创建子菜单对象 open、save 和 saveAs,通过 file 菜单的 add()方法将子菜单添加到 file 菜单下。最后设置窗体的大小和位置,并设置窗体可见。

图 16-13 普通菜单

2. 弹出菜单

在 Swing 中可以创建出弹出式菜单,弹出菜单是 JPopupMenu 类的对象。

【例 16-13】JPopupMenu 弹出菜单的使用(源代码\ch16\src\JPopupMenuTest.java)。

```java
import java.awt.event.*;
import javax.swing.*;
public class JPopupMenuTest {
    public static void main(String[] args) {
        JFrame frame = new JFrame();
        frame.setTitle("JPopupMenu");
        JPanel panel = new JPanel();
        //创建弹出菜单
        JPopupMenu popMenu = new JPopupMenu();
        popMenu.add(new JMenuItem("复制"));
        popMenu.add(new JMenuItem("剪切"));
        popMenu.add(new JMenuItem("粘贴"));
        panel.add(popMenu);
        frame.add(panel);
        //添加面板的右击鼠标事件
        panel.addMouseListener(new MouseAdapter() {
            @Override   //重写右击释放鼠标方法
            public void mouseReleased(MouseEvent event){
                //判断是否单击鼠标右键
                if(event.getButton() == MouseEvent.BUTTON3){
                    //显示弹出式菜单内容
                    popMenu.show(panel, event.getY(), event.getY());
                }
            }
        });
        //设置窗体
        frame.setBounds(400, 150, 300, 300);
        frame.setVisible(true);
    }
}
```

运行上述程序，结果如图 16-14 所示。

【案例剖析】

在本案例中，创建 JFrame 窗体对象 frame，并设置窗体标题，创建面板对象 panel，创建弹出菜单对象 popMenu，通过它的 add()方法添加 3 个 JMenuItem 类对象。将弹出菜单 popMenu 添加到面板上，将面板添加到窗体上。

添加面板的右击事件，重写 mouseReleased()方法，当鼠标右击时，弹出 popMenu 菜单内容。最后设置窗体的大小和位置，并设置窗体可见。

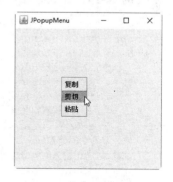

图 16-14 弹出菜单

16.4 布 局 管 理

Java 语言中，提供了布局管理器类的对象管理组件在容器中的布局，不必直接设置组件的大小和位置。每个容器都有一个布局管理器对象，通常是通过调用容器的 setLayout()方法改变容器的布局管理器对象，从而改变容器中某个组件的位置或大小。

JDK1.8 中的 java.awt 包中提供了 5 种布局管理器类，分别是 FlowLayout、BorderLayout、GridLayout、CardLayout、GridBagLayout。

16.4.1 流式布局管理器

FlowLayout 布局管理器(即流式布局管理器)，是 Panel 面板类的默认布局管理器。FlowLayout 布局管理器对组件逐行定位，行内从左到右，一行排满后换行。FlowLayout 布局管理器不改变组件的大小，按照组件原有的尺寸显示组件，可以设置组件之间的间距、行距以及对齐方式。FlowLayout 布局管理器默认的对齐方式是居中。

FlowLayout 的常用构造方法如下。

(1) 构造一个新的 FlowLayout，居中对齐，默认的水平和垂直间距是 5 个单位：

```
FlowLayout()
```

(2) 构造一个新的 FlowLayout，指定对齐方式，默认的水平和垂直间距是 5 个单位：

```
FlowLayout(int align)
```

align：指定的对齐方式。

(3) 创建一个新的 FlowLayout，指定对齐方式，指定水平和垂直间距：

```
FlowLayout(int align, int hgap, int vgap)
```

align：指定的对齐方式。
hgap：指定水平间距。
vgap：指定垂直间距。

【例 16-14】流式布局管理器的使用(源代码\ch16\src\FlowTest.java)。

```java
import java.awt.FlowLayout;
import javax.swing.*;
public class FlowTest {
    public static void main(String[] args) {
        JFrame frame = new JFrame();
        frame.setTitle("流式布局管理器");
        //设置窗体的布局管理器是流式布局管理器
        frame.setLayout(new FlowLayout());
        //创建按钮
        JButton btn1 = new JButton("按钮1");
        JButton btn2 = new JButton("按钮2");
        JButton btn3 = new JButton("按钮3");
        JButton btn4 = new JButton("按钮4");
        //将按钮添加到面板上
        frame.add(btn1);
        frame.add(btn2);
        frame.add(btn3);
        frame.add(btn4);
        //设置窗体的大小
        frame.setVisible(true);
        frame.setBounds(300, 200, 300, 300);
    }
}
```

运行上述程序，结果如图16-15所示。

【案例剖析】

在本案例中，创建JFrame窗体对象frame，设置窗体的标题，并通过窗体的frame.setLayout()方法设置窗体的布局管理器是流式布局管理器。创建4个按钮对象btn1、btn2、btn3和btn4，并设置按钮显示的文本，然后分别将按钮添加到frame上。最后设置窗体可见，并设置窗体的大小和位置。

图16-15 流式布局管理器

16.4.2 边框布局管理器

BorderLayout布局管理器(即边框布局管理器)，是窗体JFrame的默认布局管理器。BorderLayout将整个容器的布局分为东(EAST)、西(WEST)、南(SOUTH)、北(NORTH)、中(CENTER)5个区域，组件只能被添加到指定的区域。

如果不指定组件加入的区域，则默认被加入到CENTER区，每个区域只能加入一个组件，如果加入多个组件，则先前加入的组件被覆盖。

BorderLayout布局管理器尺寸缩放原则是南、北两个区域在水平方向上缩放，东、西两个区域在垂直方向上缩放，中间区域可在水平和垂直两个方向上缩放。BorderLayout的常用构造方法如下。

(1) 创建一个组件之间没有间距的BorderLayout：

```
BorderLayout()
```

(2) 创建一个具有指定组件间距的BorderLayout：

```
BorderLayout(int hgap, int vgap)
```

hgap：指定水平间距。
vgap：指定垂直间距。

【例16-15】 边框布局管理器的使用(源代码\ch16\src\BorderTest.java)。

```java
import java.awt.*;
import javax.swing.*;
public class BorderTest {
    public static void main(String[] args) {
        JFrame frame = new JFrame();
        frame.setTitle("边框布局管理器");
        //设置窗体：边框布局管理器
        frame.setLayout(new BorderLayout());
        //创建按钮
        JButton btn1 = new JButton("东");
        JButton btn2 = new JButton("西");
        JButton btn3 = new JButton("北");
        JButton btn4 = new JButton("南");
        JButton btn5 = new JButton("中");
        //将按钮添加到窗体的指定区域
        frame.add(btn1,BorderLayout.EAST);
        frame.add(btn2,BorderLayout.WEST);
        frame.add(btn3,BorderLayout.NORTH);
```

```
        frame.add(btn4,BorderLayout.SOUTH);
        frame.add(btn5,BorderLayout.CENTER);
        //设置窗体的大小
        frame.setVisible(true);
        frame.setBounds(300, 200, 300, 300);
    }
}
```

运行上述程序，结果如图 16-16 所示。

【案例剖析】

在本案例中，创建 JFrame 窗体对象 frame，设置窗体的标题，并通过窗体的 frame.setLayout()方法设置窗体的布局管理器是边框布局管理器。创建 5 个按钮对象并设置按钮显示的文本，然后指定边框布局管理器的 5 个区域，将按钮添加到窗体指定的区域。最后设置窗体可见，并设置窗体的大小和位置。

图 16-16 边框布局管理器

16.4.3 网格布局管理器

GridLayout 布局管理器(即网格布局管理器)，将空间划分成规则的矩形网格，每个单元格区域大小相等。组件被添加到单元格中的顺序是先从左到右填满一行后换行，再从上到下。

GridLayout 布局管理器的构造方法中指定分割的行数和列数，常用的构造方法如下。

(1) 创建一个具有默认值的 GridLayout，即每个组件占据一行一列：

```
GridLayout()
```

(2) 创建一个具有指定行数和列数的 GridLayout：

```
GridLayout(int rows, int cols)
```

rows：指定行数。
cols：指定列数。

【例 16-16】网格布局管理器的使用(源代码\ch16\src\GridTest.java)。

```
import java.awt.*;
import javax.swing.*;
public class GridTest {
    public static void main(String[] args) {
        JFrame frame = new JFrame();
        frame.setTitle("网格布局管理器");
        //设置窗体：网格布局管理器
        frame.setLayout(new GridLayout(3,2));
        //创建按钮
        JButton btn1 = new JButton("按钮 1");
        JButton btn2 = new JButton("按钮 2");
        JButton btn3 = new JButton("按钮 3");
        JButton btn4 = new JButton("按钮 4");
        JButton btn5 = new JButton("按钮 5");
        JButton btn6 = new JButton("按钮 6");
```

```
        //将按钮添加到窗体
        frame.add(btn1);
        frame.add(btn2);
        frame.add(btn3);
        frame.add(btn4);
        frame.add(btn5);
        frame.add(btn6);
        //设置窗体的大小
        frame.setVisible(true);
        frame.setBounds(300, 200, 300, 300);
    }
}
```

运行上述程序，结果如图 16-17 所示。

【案例剖析】

在本案例中，创建 JFrame 窗体对象 frame，设置窗体的标题，并通过窗体的 frame.setLayout()方法设置窗体的布局管理器是网格布局管理器，并指定是 3 行 2 列的网格。创建 6 个按钮对象并设置按钮显示的文本，然后顺序将按钮添加到窗体上。最后设置窗体可见，并设置窗体的大小和位置。

图 16-17 网格布局管理器

16.4.4 网格组布局管理器

Java 中的布局管理器应用了策略者模式(Strategy)，为不同类型的组件布局提供了很好的模型。而其中的网格组布局管理器(GridBagLayout)被认为是所有布局管理器中最强大的。

GridBagLayout 看作没有任何约束或限制的网格布局(GridLayout)，一个组件可以占据若干行和列，而且大小设定也是自由的。

网格组布局管理器 GridBagLayout 的构造方法的语法格式如下：

```
GridBagLayout();
```

【例 16-17】 网格组布局管理器的使用(源代码\ch16\src\GridBagTest.java)。

```java
import java.awt.Container;
import java.awt.GridBagConstraints;
import java.awt.GridBagLayout;
import java.awt.Insets;
import javax.swing.JButton;
import javax.swing.JFrame;
public class GridBagTest extends JFrame {
    private static final long serialVersionUID = 5558640733909970067L;
    public GridBagTest() {
        //返回当前 JFrame 窗体的对象
        Container frameCon = getContentPane();
        //创建网格组布局管理器对象
        GridBagLayout gbLayout = new GridBagLayout();
        //设置窗体的布局管理器
```

```java
frameCon.setLayout(gbLayout);
//创建按钮
JButton btn1 = new JButton("A");
//创建使用 GridBagLayout 布置的组件的约束类对象
GridBagConstraints gbc1 = new GridBagConstraints();
//指定开始边的单元格,行第一个单元格是 gridx=0
gbc1.gridx = 0;
//指定顶部的单元格,最上边单元格是 gridy=0
gbc1.gridy = 0;
//指定额外空间的分布,将运行窗体缩放可以看到效果
gbc1.weightx = 10;
//加宽组件,使它在水平方向上填满其显示区域,但是不改变高度
gbc1.fill = GridBagConstraints.HORIZONTAL;
//调用添加组件以及其约束条件
frameCon.add(btn1, gbc1);
JButton btn2 = new JButton("B");
GridBagConstraints gbc2 = new GridBagConstraints();
//指定开始边的单元格,行第二个单元格是 gridx=1
gbc2.gridx = 1;
gbc2.gridy = 0;
//insets:指定组件的外部填充,即组件与其显示区域边缘之间间距的最小量
//Insets 构造方法,分别指定顶部、左边、底部、右边大小,它们的默认值是 0
gbc2.insets = new Insets(0, 5, 0, 0);
gbc2.weightx = 20;
gbc2.fill = GridBagConstraints.HORIZONTAL;
frameCon.add(btn2, gbc2);
JButton btn3 = new JButton("C");
GridBagConstraints gbc3 = new GridBagConstraints();
//指定开始边的单元格,行第三个单元格是 gridx=2
gbc3.gridx = 2;
//指定顶部的单元格,第一个单元格是 gridy=0
gbc3.gridy = 0;
//gridheight 占 2 格列单元格
gbc3.gridheight = 2;
gbc3.insets = new Insets(0, 5, 0, 0);
gbc3.weightx = 30;
gbc3.fill = GridBagConstraints.BOTH;
frameCon.add(btn3, gbc3);
JButton btn4 = new JButton("D");
GridBagConstraints gbc4 = new GridBagConstraints();
//指定开始边的单元格,行第四个单元格是 gridx=3
gbc4.gridx = 3;
//指定顶部的单元格,第一个单元格是 gridy=0
gbc4.gridy = 0;
//gridheight 占 3 格列单元格
gbc4.gridheight = 3;
gbc4.insets = new Insets(0, 5, 0, 0);
gbc4.weightx = 40;
gbc4.fill = GridBagConstraints.VERTICAL;
frameCon.add(btn4, gbc4);
JButton btn5 = new JButton("E");
GridBagConstraints gbc5 = new GridBagConstraints();
//指定开始边的单元格,行第一个单元格是 gridx=0
gbc5.gridx = 0;
```

```
                //指定顶部的单元格，第二个单元格是 gridy=1
                gbc5.gridy = 1;
                //gridwidth 占的 2 个行单元格
                gbc5.gridwidth = 2;
                gbc5.insets = new Insets(5, 0, 0, 0);
                gbc5.fill = GridBagConstraints.HORIZONTAL;
                frameCon.add(btn5, gbc5);
                JButton btn6 = new JButton("F");
                GridBagConstraints gbc6 = new GridBagConstraints();
                //指定开始边的单元格，第一个单元格是 gridy=0
                gbc6.gridx = 0;
                //指定顶部的单元格，第三个单元格是 gridy=2
                gbc6.gridy = 2;
                gbc6.gridwidth = 1;
                gbc6.insets = new Insets(5, 0, 0, 0);
                gbc6.fill = GridBagConstraints.HORIZONTAL;
                frameCon.add(btn6, gbc6);
        }
        public static void main(String[] args) {
                //创建网格组布局管理器对象
                GridBagTest frame = new GridBagTest();
                frame.setTitle("网格组布局管理器");
                frame.setLocation(500, 300);
                frame.setVisible(true);
                frame.setDefaultCloseOperation(JFrame.EXIT_ON_CLOSE);
                frame.pack();
        }
}
```

运行上述程序，结果如图 16-18 所示。

【案例剖析】

在本案例中，创建 GridBagTest 类，其继承 JFrame 类，在类的构造方法中，使用 getContentPane()方法获取当前窗体的对象，并设置窗体的布局管理器是网格组。创建按钮，使用 GridBagConstraints 类创建网格组布局管理器的约束，根据具体的约束条件将按钮添加到窗体上。在程序的 main()方法中，创建类的对象，并设置窗体的显示位置、窗体可见、可关闭。

图 16-18 网格布局管理器

GridBagConstraints 类指定使用 GridBagLayout 类布置的组件的约束。

16.4.5 卡片布局管理器

卡片布局管理器(CardLayout)，是容器的布局管理器。卡片布局能够让多个组件共享同一个显示空间，共享空间的组件之间的关系就像一叠牌，组件叠在一起，初始时显示该空间中第一个添加的组件，通过 CardLayout 类提供的方法可以切换该空间中显示的组件。

卡片布局管理器的构造方法如下：

(1) 创建一个间距大小为 0 的新卡片布局管理器：

```
CardLayout()
```

(2) 创建一个指定水平间距和垂直间距的新卡片布局管理器：

```
CardLayout(int hgap, int vgap)
```

卡片布局管理器的常用方法如表 16-11 所示。

表 16-11 CardLayout 类的常用方法

返回类型	方 法	说 明
void	first(Container parent)	翻转到容器的第一张卡片
void	last(Container parent)	翻转到容器的最后一张卡片
void	next(Container parent)	翻转到指定容器的下一张卡片
void	previous(Container c)	翻转到指定容器的前一张卡片

【例 16-18】卡片布局管理器的使用(源代码\ch16\src\CardTest.java)。

```java
import java.awt.*;
import javax.swing.*;
import java.awt.event.*;//引入事件包
//定义类时实现监听接口
public class CardTest extends JFrame{
    //定义构造函数
    public CardTest() {
        super("卡片布局管理器");
        JPanel cardPanel=new JPanel();
        JPanel btnPanel=new JPanel();
        //定义卡片布局对象
        CardLayout card=new CardLayout();
        setSize(400, 400);
        setDefaultCloseOperation(JFrame.EXIT_ON_CLOSE);
        setLocationRelativeTo(null);
        //设置 cardPanel 面板对象为卡片布局
        cardPanel.setLayout(card);
        //循环，在 cardPanel 面板对象中添加 5 个按钮
        //因为 cardPanel 面板对象为卡片布局，因此只显示最先添加的组件
        for (int i = 1; i < 8; i++) {
                cardPanel.add(new JButton("按钮"+i));
        }
        //实例化按钮对象
        JButton next=new JButton("下一张卡片");
        JButton pre=new JButton("上一张卡片");
        //为按钮对象注册监听器
        next.addActionListener(new ActionListener() {
            @Override
            public void actionPerformed(ActionEvent e) {
                //显示下一张卡片
                card.next(cardPanel);
            }
        });
```

```
            pre.addActionListener(new ActionListener() {
                @Override
                public void actionPerformed(ActionEvent e) {
                    //显示前一张卡片
                    card.previous(cardPanel);
                }
            });
        btnPanel.add(pre);
        btnPanel.add(next);
        //获取当前窗体的对象
        Container container=getContentPane();
        //将 cardPanel 面板添加到窗体的中间，窗口默认为边界布局
        container.add(cardPanel,BorderLayout.CENTER);
        //将 btnPanel 面板添加到窗体的南边
        container.add(btnPanel,BorderLayout.SOUTH);
        setVisible(true);
    }
    public static void main(String[] args) {
        CardTest card=new CardTest();
    }
}
```

运行上述程序，结果如图 16-19 所示。

【案例剖析】

在本案例中，创建继承 JFrame 类的 CardTest 类，在类的构造方法中通过卡片布局实现按钮的显示。

在构造方法中创建两个面板 cardPanel 和 btnPanel。cardPanel 用于实现卡片式显示按钮，btnPanel 上是放置按钮，来控制在 cardPanel 中按钮的显示。通过 for 循环将 7 个按钮以卡片布局的格式添加到 cardPanel 中。将 next 按钮和 pre 按钮顺序添加到 btnPanel 中，并添加它们的监听事件。在实现 actionPerformed()抽象方法中，通过调用卡片布局管理器提供的 next()方法和 previous()方法显示下一张和前一张卡片。

图 16-19　卡片布局管理器

16.5　Swing 事件模型

前面几节讲解了图形界面设计各种组件的使用，以及它们在容器中的布局管理器，但是这些组件不能响应用户的任何操作。为了使图形界面可以接收用户的操作，就必须对各个组件添加事件处理。

16.5.1　事件处理模型

事件处理主要有三大要素，分别是事件源、事件、事件监听器。

(1) 事件源(Event Source)：事件发生的场所，通常指各个组件，如按钮、文本框、下拉列表等。单击按钮就是按钮组件上发生的一个单击事件。

(2) 事件(Event)：对组件进行的一个操作就是一个事件，如鼠标操作。

(3) 事件监听器(Event Listener)：负责监听事件源上发生的特定类型的事件，当事件发生时负责处理相应的事件。

在前面介绍菜单时，使用了鼠标右击弹出菜单的例子，下面详细分析它的事件发生过程。

当用户在窗体上右击鼠标时，就会产生一个事件。窗体就是事件源；右击鼠标就发生一个事件，此时 Java 运行时系统就会生成鼠标事件(即 MouseEvent 类)的对象 event，event 中描述了右击鼠标的相关信息。事件监听器将接收到的事件对象 event 并对其进行处理，处理操作一般在监听器的方法中，即 mouseReleased()。事件处理模型如图 16-20 所示。

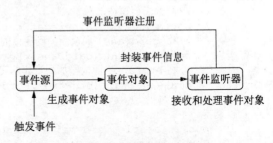

图 16-20　事件处理模型

16.5.2　事件类

所有的事件都放置在 java.awt.event 包中，java.awt.AWTEvent 类是所有与 AWT 相关的事件类的父类。AWT 事件分为低级事件和高级事件两类。

1. 低级事件

低级事件是指形成那些事件的事件。在单击按钮时，包含了按下鼠标、连续移动鼠标、抬起鼠标事件。调整滚动条是一种高级事件，但是拖动鼠标是低级事件。低级事件主要有以下几类。

(1) MouseEvent：鼠标事件，当鼠标单击、释放、拖曳等情况下发生。

(2) KeyEvent：键事件，当按下或释放键盘上的按键时发生。

(3) FoucusEvent：焦点事件，当组件获得或失去焦点时发生。

(4) ComponentEvent：组件事件，当组件位置变化、组件大小改变时发生。

(5) ContainerEvent：容器事件，当容器中添加或删除组件时发生。

(6) WindowEvent：窗口事件，当窗体打开、最小化、最大化、关闭时发生。

2. 高级事件

高级事件是表示用户操作的事件，不与特定的动作关联，主要依赖于触发事件的操作。例如，ActionEvent 在按钮按下时被激活，也可以在 TextField 组件中按下 Enter 键时被激活。高级事件主要有以下几类。

(1) ActionEvent：动作事件，当按钮单击、在 TextField 组件中按下 Enter 键时发生。

(2) AdjustmentEvent：调整事件，当调整滚动条时发生。

(3) TextEvent：文本事件，当文本框中内容发生改变时发生。

(4) ItemEvent：项目事件，当从下拉列表框中进行选择时发生。

16.5.3 事件监听器

Java 语言提供了各种事件的事件监听器，它是一种处理事件的接口，在 java.awt.event 包中，通过实现接口中定义的所有抽象方法来处理事件。当事件被触发后，Java 系统会自动生成触发此事件的类的对象，并通知在当前事件上注册的事件监听器，最后事件监听器中的方法来处理此事件。

AWT 提供的所有事件都有相应的监听接口，每个接口中分别有一个或多个处理事件的方法，如表 16-12 所示。

表 16-12　AWT 事件及监听接口

事件类型	监听接口	说明	抽象方法
ActionEvent	ActionListener	动作事件	actionPerformed(ActionEvent)
ComponentEvent	ComponentListener	组件事件	componentMoved(ComponentEvent)
			componentHidded(ComponentEvent)
			componentResized(ComponentEvent)
			componentShown(ComponentEvent)
ItemEvent	ItemListener	项目事件	itemStateChanged(ItemEvent)
KeyEvent	KeyListener	键事件	keyPressed(KeyEvent)
			keyReleased(KeyEvent)
			keyTyped(KeyEvent)
MouseEvent	MouseListener	鼠标事件	mousetPressed(MouseEvent)
			mousetReleased(MouseEvent)
			mousetEntered(MouseEvent)
			mousetExited(MouseEvent)
			mousetClicked(MouseEvent)
MouseEvent	MouseMotionListener	鼠标移动事件	mouseMoved(MouseEvent)
			mouseDragged(MouseEvent)
WindowEvent	WindowListener	窗口事件	windowClosing(WindowEvent)
			windowClosed(WindowEvent)
			windowOpened(WindowEvent)
			windowActivated(WindowEvent)
			windowIconified(WindowEvent)
			windowDeiconfied(WindowEvent)
			windowDeactivated(WindowEvent)
AdjustmentEvent	AdjustmentListener	调整事件	adjustmentValueChanged(AdjustmentEvent)

续表

事件类型	监听接口	说明	抽象方法
ContainerEvent	ContainerListener	容器事件	componentAdded(ContainerEvent)
			componentRemoved(ContainerEvent)
FocusEvent	FocusListener	焦点事件	focusGained(FocusEvent)
			focusLost(FocusEvent)

【例 16-19】使用事件监听器接口，完成用户注册(源代码\ch16\src\MonitorTest.java)。

```java
import java.awt.event.*;
import javax.swing.*;
public class MonitorTest {
    public static void main(String[] args) {
        JFrame frame = new JFrame();
        frame.setTitle("用户注册");
        JPanel panel = new JPanel();
        panel.setLayout(null);
        //创建标签，并设置标签位置
        JLabel user = new JLabel("用户名：");
        JLabel pwd = new JLabel("密码：");
        JLabel sex = new JLabel("性别：");
        user.setBounds(30, 30, 70, 20);
        pwd.setBounds(30, 55, 50, 20);
        sex.setBounds(30, 80, 70, 20);
        //创建单行文本框，并设置其位置
        JTextField userText = new JTextField();
        JPasswordField pwdText = new JPasswordField();
        userText.setBounds(105, 30, 100, 20);
        pwdText.setBounds(105, 55, 100, 20);
        //创建单选按钮，单选按钮组
        ButtonGroup group = new ButtonGroup();
        JRadioButton men = new JRadioButton();
        men.setText("男");
        JRadioButton women = new JRadioButton();
        women.setText("女");
        //设置按钮位置
        men.setBounds(105, 80, 50, 20);
        women.setBounds(160, 80, 50, 20);
        //设置btn1按钮选中
        men.setSelected(true);
        //将单选按钮添加到单选按钮组中
        group.add(men);
        group.add(women);
        //创建两个按钮，并设置其位置
        JButton regit = new JButton("注册");
        JButton reset = new JButton("重置");
        regit.setBounds(60, 120, 80, 30);
        reset.setBounds(145, 120, 80, 30);
        //显示注册成功还是失败信息
        JLabel viewMss = new JLabel();
        //添加按钮btn1的单击事件
        regit.addMouseListener(new MouseListener() {
```

```java
        @Override
        public void mouseClicked(MouseEvent e) {
            //用户名和密码不为空时
            String name = userText.getText();
            String pass = new String(pwdText.getPassword());
            if(!(name.equals(""))&&!(pass.equals(""))){
                viewMss.setText("注册成功");
            }else{
                viewMss.setText("请填写注册信息");
            }
        }
        @Override
        public void mouseReleased(MouseEvent e) {
        }
        @Override
        public void mousePressed(MouseEvent e) {
        }
        @Override
        public void mouseExited(MouseEvent e) {
        }
        @Override
        public void mouseEntered(MouseEvent e) {
        }
    });
    //重置按钮，情况信息
    reset.addMouseListener(new MouseListener() {
        @Override
        public void mouseClicked(MouseEvent e) {
            //用户名和密码不为空时
            String name = userText.getText();
            String pass = new String(pwdText.getPassword());
            if(!(name.equals(""))&&!(pass.equals(""))){
                userText.setText("");
                pwdText.setText("");
                men.setSelected(true);
                viewMss.setText("信息清空");
            }else{
                viewMss.setText("请填写注册信息");
            }
        }
        @Override
        public void mouseReleased(MouseEvent e) {
        }
        @Override
        public void mousePressed(MouseEvent e) {
        }
        @Override
        public void mouseExited(MouseEvent e) {
        }
        @Override
        public void mouseEntered(MouseEvent e) {
        }
    });
    //设置标签在面板上的位置
    viewMss.setBounds(60, 155, 100, 30);
```

```
        //将组件添加到面板上
        panel.add(user);
        panel.add(userText);
        panel.add(pwd);
        panel.add(pwdText);
        panel.add(sex);
        panel.add(men);
        panel.add(women);
        panel.add(regit);
        panel.add(reset);
        panel.add(viewMss);
        //将面板添加到窗体上
        frame.add(panel);
        //设置窗体
        frame.setBounds(400, 150, 300, 300);
        frame.setVisible(true);
    }
}
```

运行上述程序，只填写用户名，单击【注册】按钮，结果如图 16-21 所示；注册信息填写完成，单击【注册】按钮，结果如图 16-22 所示；单击【重置】按钮，结果如图 16-23 所示。

图 16-21　填写用户名　　　　图 16-22　填写完成　　　　图 16-23　单击【重置】按钮

【案例剖析】

在本案例中，创建 JFrame 窗体对象 frame，设置窗体的标题；创建 JPanel 面板对象 panel，并设置它的布局管理器是 null，用户设置面板上组件的位置和大小。

（1）创建 3 个 JLabel 标签对象 user\pwd 和 sex，设置标签的显示内容依次是"用户名" "密码" "性别"，通过 setBounds()方法设置 3 个标签在面板中的位置和大小。创建用户名输入的单行文本框对象 userText，密码输入的密码文本框对象 pwdText，并设置它们在面板中的位置和大小。

（2）创建单选按钮对象 women 和 men 并设置它们在面板中的位置和大小，创建单选按钮组对象 group，将单选按钮对象 women 和 men 添加到 group 中。创建按钮对象 regit 和 reset 分别设置它们在面板中的位置和大小。创建标签对象 viewMss 用于显示提示信息。

（3）添加【注册】按钮对象 regit 的鼠标单击事件，创建事件监听器接口对象，并重写其所有抽象方法。由于只需要 mouseClicked()方法，因此其他方法都是空方法。在 mouseClicked()方法中，通过单选文本框对象 userText 的 getText()方法获取用户输入的用户名，赋值给 String 类型对象 name；通过密码文本框对象 pwdText 的 getPassword()方法获取用户输入的密码，赋值给 String 类型的对象 pwd。通过 if 语句判断 name 和 pwd 是否都是空字符串，若是空字符串，在标签 viewMss 中提示用户"请填写注册信息"，否则提示用户"注册成功"。

(4) 添加【重置】按钮对象 reset 的鼠标单击事件，与注册按钮类似。不同之处是，通过 if 语句判断 name 和 pwd 是否都是空字符串，若是空字符串，在标签 viewMss 中提示用户"请填写注册信息"；否则将单选文本框对象 userText 设置为空字符串，密码文本框对象 pwdText 也设置为空字符串，将单选按钮恢复默认选项，即 men 选中。最后在标签 viewMss 中提示用户"注册成功"。

16.5.4 事件适配器

事件监听器接口都是抽象类，当发生事件需要实现事件监听器接口时，需要实现该接口中的所有抽象方法，但是在实际应用中，其实只需要实现其中的一个方法。

为此 Java 语言为某些监听器接口提供了 Adapter(适配器)类，此类中的方法都是空方法。当要处理事件时，只要继承该事件所对应的 Adapter 类，重写需要的方法，对于无关的方法不再重写。

适配器大大地减少了工作量，但是由于 Java 语言的单继承机制，当需要多种监听器或该类已有父类时，适配器就无法使用。因此，虽然有了适配器但是监听器接口也不能抛弃。

【例 16-20】使用事件适配器，修改例 16-19 中【注册】按钮和【重置】按钮的单击事件，修改部分代码如下(源代码\ch16\src\AdapterTest.java)。

```java
//显示注册成功还是失败信息
JLabel viewMss = new JLabel();
//添加按钮 btn1 的单击事件
regit.addMouseListener(new MouseAdapter() {
    @Override
    public void mouseClicked(MouseEvent e) {
        //用户名和密码不为空时
        String name = userText.getText();
        String pass = new String(pwdText.getPassword());
        if(!(name.equals(""))&&!(pass.equals(""))){
            viewMss.setText("注册成功");
        }else{
            viewMss.setText("请填写注册信息");
        }

    }
});
//重置按钮，情况信息
reset.addMouseListener(new MouseAdapter() {
    @Override
    public void mouseClicked(MouseEvent e) {
        //用户名和密码不为空时
        String name = userText.getText();
        String pass = new String(pwdText.getPassword());
        if(!(name.equals(""))&&!(pass.equals(""))){
            userText.setText("");
```

```
            pwdText.setText("");
            men.setSelected(true);
            viewMss.setText("信息清空");
        }else{
            viewMss.setText("请填写注册信息");
        }
    }
});
```

【案例剖析】

本案例的功能和运行效果和例 16-19 一样，不同之处是本案例中在处理事件时使用的是适配器类，而例 16-19 使用的是监听器接口。使用 Adapter 时只需实现需要的一个方法即可。

16.6　Swing 高级组件

在 Java 语言中，提供了 Swing 高级组件，主要有 JTable 和 JTree。下面主要来介绍 Swing 的高级组件。

16.6.1　Swing 的表格组件

使用 JTable 类可以将数据以表格的形式显示，并允许用户编辑相应的数据。JTable 并不是包含或缓冲数据，它只是简单地作为数据的显示视图。

创建表格使用 JTable 类的构造方法，该类主要有以下构造方法。

(1) 创建一个默认的 JTable 对象，使用默认的数据模型、默认的列模型和默认的选择模型对其进行初始化。语法格式如下：

```
JTable()
```

(2) 使用 DefaultTableModel 创建具有 numRows 行和 numColumns 列个空单元格的 JTable。语法格式如下：

```
JTable(int numRows, int numColumns)
```

numRows：行数。

numColumns：列数。

(3) 创建一个 JTable 对象，显示二维数组 rowData 中的值，其列名称为二维数组 columnNames。语法格式如下：

```
JTable(Object[][] rowData, Object[] columnNames)
```

rowData：新表的数据。

columnNames：每列的名称。

(4) 创建一个 JTable 对象，显示 Vector 类型所组成的 Vector 类对象 rowData 中的值，其列名称为 columnNames。语法格式如下：

```
JTable(Vector rowData, Vector columnNames)
```

rowData：新表的数据。

columnNames:每列的名称。

1. 创建带滚动条的表格

在使用 JTable 类创建表格时,首先要将表格添加到滚动面板 JScrollPane 中,然后将滚动面板添加到相应的位置即可。

【例 16-21】创建需要在表格中显示的二维数组,创建表格列名称的一维数组,使用表格的构造方法,创建在窗体中显示的表格(源代码\ch16\src\JTableCon.java)。

```java
import java.awt.BorderLayout;
import javax.swing.JFrame;
import javax.swing.JScrollPane;
import javax.swing.JTable;
public class JTableCon extends JFrame{
    public JTableCon(){
        setTitle("表格");
        //创建存放表格数据的二维数组
        String[][] rowData = {{"1","2","3"},{"4","5","6"},{"7","8","9"}};
        //创建表格列名的一维数据
        String[] columnNames = {"A","B","C"};
        //创建表格对象
        JTable table = new JTable(rowData, columnNames);
        //将表格添加到带滚动条的面板中
        JScrollPane scroll = new JScrollPane(table);
        //将滚动面板添加到窗体中
        add(scroll,BorderLayout.CENTER);
        setBounds(300, 400, 400, 400);
        setDefaultCloseOperation(EXIT_ON_CLOSE);
        setVisible(true);
    }
    public static void main(String[] args) {
        new JTableCon();
    }
}
```

运行上述程序,结果如图 16-24 所示。缩小窗体,当无法全部显示表格时,出现滚动条,如图 16-25 所示。

图 16-24 创建表格(1)

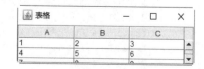

图 16-25 滚动条

【案例剖析】

在本案例中，创建类 JTableCon，在类的构造方法中，设置窗体标题、大小和位置、窗体可关闭、窗体可见，创建需要在表格中显示的二维数组 rowData，创建表格列名的一维数组 columnNames，通过 JTable 类的构造方法创建表格对象 table；再创建滚动面板 JScrollPane 对象 scroll，并将表格对象作为参数传入；最后将滚动面板添加到窗体中。

在程序的 main()方法中，创建类的对象。运行程序效果如图 16-22 所示，当我们放大或缩小窗体时，可以发现表格跟着一起变化。

2. 创建不带滚动条的表格

如果使用表格不需要滚动条时，即需要在窗体中显示出整个表格，这时可以通过 JTable 类提供的 getTableHeader()方法获得 JTableHeader 类的对象，然后将该对象添加到相应的位置，否则表格没有列名。

【例 16-22】 使用 JTable 类的带 Vector 类型参数的构造方法，创建不带滚动条的表格显示数据(源代码\ch16\src\JTableNoScroll.java)。

```java
import java.awt.BorderLayout;
import java.util.Vector;
import javax.swing.JFrame;
import javax.swing.JTable;
import javax.swing.table.JTableHeader;
public class JTableNoScroll extends JFrame{
    public JTableNoScroll(){
        setTitle("表格");
        //创建存放表格数据的二维数组
        Vector rowData = new Vector();
        //一共5行数据
        for(int i=1;i<6;i++){
            Vector v1 = new Vector();
            v1.add("苹果"+i+"斤");
            v1.add("香蕉"+i+"斤");
            v1.add("葡萄"+i+"斤");
            rowData.add(v1);
        }
        //创建表格列名的一维数据
        Vector columnNames = new Vector();
        columnNames.add("第一种水果");
        columnNames.add("第二种水果");
        columnNames.add("第三种水果");
        //创建表格对象
        JTable table = new JTable(rowData, columnNames);
        //将表格添加到窗体中间
        add(table,BorderLayout.CENTER);
        JTableHeader tableHeader = table.getTableHeader();
        //将表格头添加到窗体的 BorderLayout.NORTH
        add(tableHeader,BorderLayout.NORTH);
        setBounds(300, 400, 400, 200);
        setDefaultCloseOperation(EXIT_ON_CLOSE);
        setVisible(true);
    }
}
```

```
public static void main(String[] args) {
    new JTableNoScroll();
}
}
```

运行上述程序，结果如图 16-26 所示。缩小窗体，发现不会显示滚动条，如图 16-27 所示。

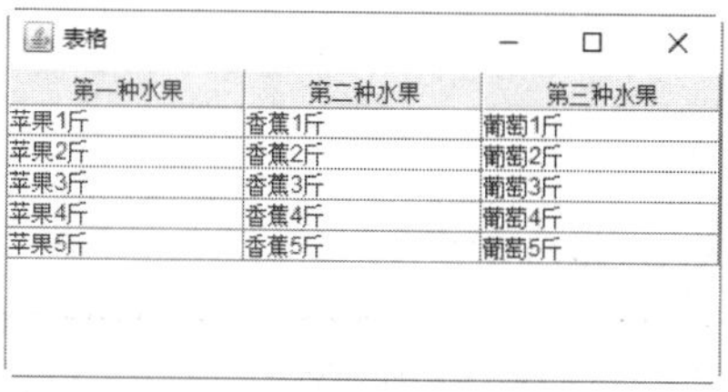

图 16-26　创建表格(2) 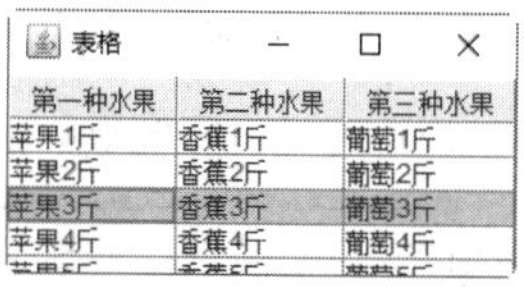　　　　图 16-27　无滚动条

【案例剖析】

在本案例中，定义类，并在构造方法中，首先创建在表格中要显示的数据 rowData 对象，并通过 for 循环赋值，再创建要显示的表格的列名对象 columnNames，将 rowData 和 columnNames 作为 JTable 类构造方法 JTable(Vector rowData,Vector columnNames)的参数传入，从而创建表格对象 table。

16.6.2　Swing 的树组件

使用 JTree 类，可以显示分层节点的数据。一个 JTree 对象并不真正包含数据，它简单地提供数据的一个视图。与任何高级 Swing 组件一样，树也是通过查询其数据模型来获得数据的。

1. JTree 类的构造方法

树状结构是一种常用的信息显示方式，它可以直观地显示出一组信息的层次结构。在 Swing 中是使用 JTree 类来创建树，该类的构造方法如下。

(1) 返回带有示例模型的 JTree：

`JTree()`

(2) 返回 JTree 的一个实例，它显示根节点，使用指定的数据模型创建树：

`JTree(TreeModel newModel)`

(3) 返回 JTree，指定的 TreeNode 作为其根，它显示根节点：

`JTree(TreeNode root)`

2. DefaultMutableTreeNode 类

DefaultMutableTreeNode 类实现了接口 TreeNode，用来创建树的节点。该类提供的构造方法如下。

(1) 创建没有父节点和子节点的树节点，该树节点允许有子节点。语法格式如下：

`DefaultMutableTreeNode()`

(2) 创建没有父节点和子节点、但允许有子节点的树节点，并使用指定的用户对象对它

进行初始化。语法格式如下:

```
DefaultMutableTreeNode(Object userObject)
```

(3) 创建没有父节点和子节点的树节点,使用指定的用户对象对它进行初始化,仅在指定时才允许有子节点。语法格式如下:

```
DefaultMutableTreeNode(Object userObject, boolean allowsChildren)
```

DefaultMutableTreeNode 类的常用方法,如表 16-13 所示。

表 16-13 DefaultMutableTreeNode 类的方法

返回类型	方法名	说明
void	add(MutableTreeNode newChild)	从其父节点移除 newChild,并通过将其添加到此节点的子数组的结尾,使其成为此节点的子节点
TreeNode	getChildAt(int index)	返回此节点的子节点数组中指定索引处的子节点
TreeNode	getFirstChild()	返回此节点的第一个子节点
int	getChildCount()	返回此节点的子节点数
DefaultMutableTreeNode	getFirstLeaf()	查找并返回为此节点后代的第一个叶节点,即此节点或其第一个子节点的第一个叶节点
int	getIndex(TreeNode aChild)	返回此节点的子节点数组中指定子节点的索引
TreeNode	getLastChild()	返回此节点的最后一个子节点
int	getLeafCount()	返回为此节点后代的叶节点总数
DefaultMutableTreeNode	getLastLeaf()	查找并返回为此节点后代的最后一个叶节点,即此节点或其最后一个子节点的最后一个叶节点
DefaultMutableTreeNode	getNextLeaf()	返回此节点后面的叶节点,如果此节点是树中的最后一个叶节点,则返回 DefaultMutableTreeNode null
DefaultMutableTreeNode	getNextNode()	返回在此节点的树的前序遍历中此节点之后的节点
TreeNode	getRoot()	返回包含此节点的树的根

【例 16-23】使用 JTree 类的构造方法创建指定根节点的树,并显示根节点。使用 DefaultMutableTreeNode 类创建节点(源代码\ch16\src\JTreeTest.java)。

```java
import javax.swing.JFrame;
import javax.swing.JTree;
import javax.swing.event.TreeSelectionEvent;
import javax.swing.event.TreeSelectionListener;
import javax.swing.tree.DefaultMutableTreeNode;
public class TreeTest {
    public static void main(String[] args) {
    //创建没有父节点和子节点、但允许有子节点的树节点,并使用指定的用户对象对它进行初始化
        //DefaultMutableTreeNode 类
        DefaultMutableTreeNode soft = new DefaultMutableTreeNode("软件部");
        soft.add(new DefaultMutableTreeNode(new Person("小王")));
        soft.add(new DefaultMutableTreeNode(new Person("小赵")));
        soft.add(new DefaultMutableTreeNode(new Person("小李")));
```

```java
    DefaultMutableTreeNode sales = new DefaultMutableTreeNode("销售部");
    sales.add(new DefaultMutableTreeNode(new Person("小陆")));
    sales.add(new DefaultMutableTreeNode(new Person("小刘")));
    sales.add(new DefaultMutableTreeNode(new Person("小张")));

    DefaultMutableTreeNode top = new DefaultMutableTreeNode("职员管理");
    top.add(new DefaultMutableTreeNode(new Person("总经理")));
    top.add(soft);
    top.add(sales);

    final JTree tree = new JTree(top); //创建树
    JFrame f = new JFrame("JTree");
    f.add(tree);
    f.setSize(300, 300);
    f.setVisible(true);
    f.setDefaultCloseOperation(JFrame.EXIT_ON_CLOSE);

    //添加节点选择事件
    tree.addTreeSelectionListener(new TreeSelectionListener() {
        @Override
        public void valueChanged(TreeSelectionEvent e) {
            DefaultMutableTreeNode node = (DefaultMutableTreeNode) tree
                .getLastSelectedPathComponent();
            if (node == null)
                return;
            Object object = node.getUserObject();
            if (node.isLeaf()) {
                Person user = (Person) object;
                System.out.println("选择：" + user.toString());
                System.out.println("其父节点：" + node.getParent());
            }
        }
    });
  }
}
```

运行上述程序，结果如图 16-28 所示。在控制台打印信息如图 16-29 所示。

图 16-28 树

图 16-29 打印结果

【案例剖析】

在本案例中，使用 DefaultMutableTreeNode 类创建根节点 top，再使用 JTree 的构造方法，创建指定 top 作为其根，显示根节点。创建根节点 top 下的子节点 soft 和 sales，再在 soft

和 sales 节点下创建子节点。并添加选择节点的监听事件,当选择节点时,在控制台打印节点以及其父节点。

16.7 大神解惑

小白:为何设置了组件的大小和位置,显示没有变化?

大神:使用布局管理器时,布局管理器负责各个组件的大小和位置,因此无法设置组件的大小和位置。如果使用组件的 setLocation()、setSize()和 setBounds()等方法修改组件的位置和大小,会被布局管理器覆盖。如果要设置组件的大小和位置,则应该通过 setLayout(null)方法,取消容器的布局管理器。

小白:事件监听器和事件适配器的使用?

大神:事件监听器用来监听指定的事件类型,各种类型的组件都可以产生不同的事件对象,这些事件对象由指定的监听器捕获,并调用指定事件类型的处理方法来处理。监听器中方法有很多,有时只会用到其中的一种方法,其他方法并没有使用到,这样为代码编写工作增加了负担。

解决这个问题的最好办法就是使用适配器。在实际使用中,由于 Java 语言只支持单继承,对于接口和抽象类的选择就需要慎重考虑,同样的一个类只能继承一个适配器。

解决方法:使用类来实现监听器接口,这样的类既可以实现接口又可以继承所对应的适配器类,这就是 Java 中单继承多接口机制的思想所在。

16.8 跟我学上机

练习 1:编写一个 Java 程序,实现计算器窗口。

练习 2:编写一个 Java 程序,对计算器中的组件添加上相应的事件。

练习 3:模拟记事本,创建菜单栏,并添加菜单项,如图 16-30 所示。

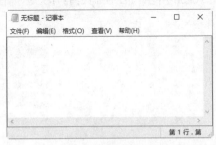

图 16-30 记事本

练习 4:编写一个 Java 程序,使用 JTable 显示二维数组 arrays 中的数据。

```
String[][] arrays = {{"Java语言", "C语言", "C#"}, {"语文", "数学", "英语"},
{"音乐", "美术", "唱歌"}, {"武术", "跆拳道", "射击"}}
```

练习 5:编写一个 Java 程序,使用 JTree 类呈现班级的人员结构关系。

第 17 章

多媒体开发技术——AWT 绘图与音频

使用 Java 语言开发程序，需要掌握 AWT 绘图、图像处理以及音频播放的技术。它们是程序开发必不可少的部分，使用这些技术可以提高程序的可读性，同时还提高了程序的交互能力。

本章主要介绍绘图类的使用，如绘制几何图形、绘制文本、绘制图片等，以及图像的处理和播放音频。

本章要点(已掌握的在方框中打钩)

- ☐ 了解 Java 的绘图类。
- ☐ 学会设置绘图颜色。
- ☐ 学会设置笔画属性。
- ☐ 学会设置字体和绘制文本。
- ☐ 熟练掌握图像处理。
- ☐ 掌握播放音频。

17.1　Java 绘图

绘图是 Java 语言中非常重要的技术，如绘制图片、绘制文本、绘制背景等。在 Java 中主要的绘图类有 Graphics 和 Graphics2D。下面详细介绍绘图类的使用。

17.1.1　绘图方法

在 Java 语言中，Component 类提供了用于 AWT 绘图的 3 个方法，分别是 paint()、update()和 repaint()方法。由于 AWT 和 Swing 组件都直接或间接继承 Component，所以几乎所有的 AWT 和 Swing 组件都有这 3 个方法。

这 3 个方法主要是用于组件的界面绘制，它们的执行顺序是 repaint()、update()、paint()。一般在程序中都会重写 paint()方法，以执行重绘画面的动作。但实际上除了 paint()方法以外，update()方法也执行了一部分工作，这部分工作包括用默认的背景颜色填充、设置前景色等。由于这部分一般都无须用户参考，所以一般 update()方法自动完成，然后调用 paint()方法执行用户自定义的绘制操作。

(1) repaint()方法。

这个方法是用来重新绘制组件的。当组件的外观发生变化时，repaint()方法会被自动调用。这个方法再自动调用 update()方法来更新图形。一般来说不需要重写这个方法。

(2) update()方法。

这个方法用于更新图形。它先清除背景，再设置前景，最后自动调用 paint()方法来绘制组件。一般来说这个方法也不需要重写。

(3) paint()方法。

这个方法用于执行具体绘图操作。Component 类中该方法是空方法，所以具体绘图操作需要在 paint()方法中实现。

17.1.2　Graphics 类

Graphics 类是所有图形上下文的抽象父类，允许应用程序在组件以及闭屏图像上进行绘制。Graphics 对象封装了 Java 支持的基本呈现操作所需的状态信息。

Graphics 类中提供了绘图直线、矩形、多边形、椭圆、圆弧等的方法以及设置绘图颜色、字体等状态属性的方法，如表 17-1 所示。

表 17-1　Graphics 类的常用方法

方 法 名	说　明
setColor(Color c)	将此图形上下文的当前颜色设置为指定颜色
getColor()	获取此图形上下文的当前颜色
setFont(Font font)	将此图形上下文的字体设置为指定字体
getFont()	获取当前字体

续表

方法名	说明
fillRect(int x, int y,int width, int height)	填充指定的矩形
fillOval(int x, int y,int width, int height)	使用当前颜色填充外接指定矩形框的椭圆
drawOval(int x, int y, int width, int height)	绘制椭圆的边框
drawLine(int x1, int y1, int x2, int y2)	在此图形上下文的坐标系中,使用当前颜色在点 (x1, y1) 和 (x2, y2) 之间画一条线
drawRect(int x, int y, int width, int height)	绘制指定矩形的边框

更多 Graphics 类提供的方法的使用,请参考 JDK API 帮助文当。

【例 17-1】使用 Graphics 类绘制图形(源代码\ch17\src\GraphicsTest.java)。

```
import java.awt.Graphics;
import javax.swing.JFrame;
public class GraphicsTest extends JFrame{
    public void launchFrame() {
        //设置窗体标题
        setTitle("Graphics 绘图");
        //设置窗体的位置
        setBounds(600,200,240,280);
        repaint();
        //设置窗体的布局管理器是 null
        setLayout(null);
        //设置可关闭
        setDefaultCloseOperation(EXIT_ON_CLOSE);
        //设置窗体可见
        setVisible(true);
    }
    //重写 paint 方法,执行具体的绘图操作
    public void paint(Graphics g) {
        //绘制窗体中的按钮组件
        g.fillOval(50, 50, 30, 30);
        g.fillRect(80,80,40,40);
        g.drawArc(50, 150, 60, 50, 0, 360);
    }
    public static void main(String[] args) {
        GraphicsTest p = new GraphicsTest();
        p.launchFrame();
    }
}
```

运行上述程序,结果如图 17-1 所示。

【案例剖析】

在本案例中,创建实现 JFrame 窗体的类,在类中定义方法 launchFrame(),在方法中设置窗体的标题、大小、位置、布局管理器、窗体可见等。在类中重写 paint()方法,在方法中首先调用父类的 paint()方法,然后再使用 Graphics 类型的对象 g 绘制圆、正方形和指定度数的圆弧。最后在程序的 main()方法中调用类的 launchFrame()方法,在窗体中绘图。

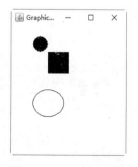

图 17-1 Graphics 绘图

注意：组件第一次显示在屏幕上时，系统会自动触发绘图代码。这里面采用的是回调机制，自动调用 paint 函数，不由手动调用。

17.1.3 Graphics2D 类

Graphics2D 继承 Graphics 类，它扩展了 Graphics 的绘图功能，拥有更强大的二维图形处理能力，提供对几何形状、坐标转换、颜色管理、文字布局等更精确的控制。

Graphics2D 类除继承 Graphics 类的绘图方法外，还增加了许多新方法。新方法用于将几何图形，如线段、圆等，作为一个对象来绘制。

1. Shape 接口

Shape 接口提供一些几何形状的对象的定义，在 java.awt.geom 包中声明的一系列的类，它们实现 Shape 接口，分别用于创建各种几何图形对象。

常用的几何图形类主要有以下几个，它们的具体使用，请参照 JDK1.8 API 文档。

（1）Line2D 类：线段类。
（2）RoundRectangle2D 类：圆角矩形类。
（3）Ellipse2D 类：椭圆类。
（4）Arc2D 类：圆弧类。
（5）QuadCurve2D 类：二次曲线类。
（6）CubicCurve2D 类：三次曲线类。

2. 绘图步骤

使用 Graphics2D 类的新方法画一个图形，具体步骤如下。

（1）在调用重画方法 paintComponent()或 paint()中，把参数对象 g 强制转换成 Graphics2D 对象。

（2）用上述几何图形类，提供的静态内部类构造方法 Double()或 Float()，创建该图形的对象。

（3）以图形对象为参数，调用 Graphics2D 对象的 draw()方法绘制这个图形。

【例 17-2】使用 Graphics2D 类绘制图形(源代码\ch17\src\Graphics2DTest.java)。

```java
import java.awt.Graphics;
import java.awt.Graphics2D;
import java.awt.Shape;
import java.awt.geom.Rectangle2D;
import javax.swing.JFrame;
public class Graphics2DTest extends JFrame{
    public void launchFrame() {
        //设置窗体标题
        setTitle("Graphics2D 绘图");
        //设置窗体的位置
        setBounds(600,200,240,280);
        //repaint();
        //设置窗体的布局管理器是 null
```

```
        setLayout(null);
        //设置可关闭
        setDefaultCloseOperation(EXIT_ON_CLOSE);
        //设置窗体可见
        setVisible(true);
    }
    //重写paint方法,执行具体的绘图操作
    @Override
    public void paint(Graphics g) {
        //强制转换为Graphics2D类型
        Graphics2D g2 = (Graphics2D)g;
        super.paint(g2);
        //创建几何图形对象,分别指定图形的x、y坐标以及宽和高
        Shape rect = new Rectangle2D.Double(50.0, 50.0, 60.0, 60.0);
        //画图
        g2.draw(rect);
        Shape rect2 = new Rectangle2D.Double(140.0, 50.0, 60.0, 60.0);
        g2.fill(rect2);
    }
    public static void main(String[] args) {
        Graphics2DTest p = new Graphics2DTest();
        p.launchFrame();
    }
}
```

运行上述程序，结果如图 17-2 所示。

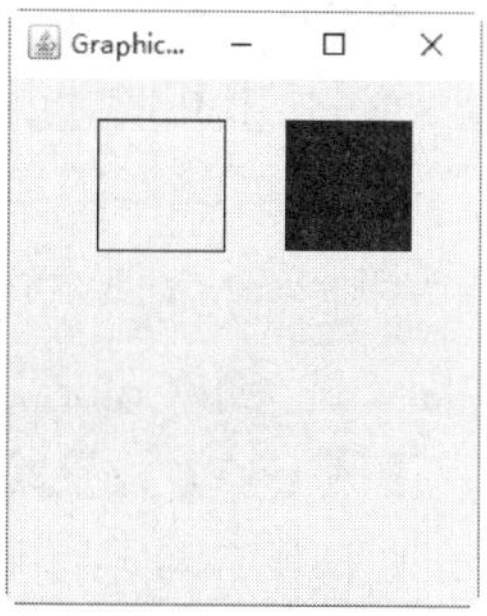

【案例剖析】

本案例中，重写 paint()方法中，首先将 Graphics 强制转换为 Graphics2D 类型，然后调用父类的 paint()方法。创建几何图形对象 rect 和 rect2，通过调用 Graphics2D 提供的 draw()方法绘制矩形，调用 fill()方法填充矩形。

图 17-2　绘制几何图形

17.1.4　设置绘图颜色

在 Java 语言中，通过 Color 类封装了绘制图形时颜色的各种属性，并对颜色进行管理。使用 Color 类创建颜色的对象，由于 Java 以与平台无关的方式支持颜色管理，所以不用担心不同平台对该颜色是否支持。

1. Color 类构造方法

Color 类的常用构造方法如下。

(1) 创建具有指定红色、绿色和蓝色值的不透明的 sRGB 颜色。语法格式如下：

```
Color(int r, int g, int b);
```

r：红色分量，其值的取值范围为 0～255。
g：绿色分量，其值的取值范围为 0～255。
b：蓝色分量，其值的取值范围为 0～255。

(2) 创建具有指定组合的 RGB 值的不透明的 sRGB 颜色。语法格式如下：

```
Color(int rgb);
```

rgb：组合的 RGB 分量。sRGB 值的 17~23 位表示红色分量，8~15 位表示绿色分量，0~7 位表示蓝色分量。

2. Color 类常量

Color 类提供的常用常量如表 17-2 所示。

表 17-2　Color 类的常量

常　　量	说　　明	常　　量	说　　明
BLACK	黑色	WHITE	白色
BLUE	蓝色	RED	红色
CYAN	青色	PINK	粉红色
GREEN	绿色	MAGENTA	洋红色
GRAY	灰色	ORANGE	橘黄色
DARK_GRAY	深灰色	YELLOW	黄色

3. setColor()方法

绘图时一般使用 setColor()方法设置当前颜色，绘图或绘制文本时使用该颜色作为前景色。若再使用其他颜色绘制图形或文本时，需要再次调用 setColor()方法重新设置颜色。

setColor()方法的语法格式如下：

```
void setColor(Color c);
```

c：是一个 Color 对象，指定一个颜色值，如红色、绿色等。

【例 17-3】设置绘图颜色(源代码\ch17\src\ColorTest.java)。

```java
import java.awt.Color;
import java.awt.Graphics;
import java.awt.Graphics2D;
import javax.swing.JFrame;
public class ColorTest extends JFrame{
    public void launchFrame() {
        //设置窗体标题
        setTitle("Graphics2D 绘图");
        //设置窗体的位置
        setBounds(600,200,240,280);
        //设置窗体的布局管理器是 null
        setLayout(null);
        //设置可关闭
        setDefaultCloseOperation(EXIT_ON_CLOSE);
        //设置窗体可见
        setVisible(true);
    }
    //重写 paint 方法,执行具体的绘图操作
    @Override
    public void paint(Graphics g) {
```

```
        //绘制图形
        Graphics2D g2 = (Graphics2D)g;
        super.paint(g2);
        g2.setColor(Color.BLUE); //蓝色
        g2.fillRect(80,80,40,40);
        g2.setColor(Color.PINK); //粉红色
        g2.drawArc(50, 150, 60, 50, 0, 360);
    }
    public static void main(String[] args) {
        ColorTest p = new ColorTest();
        p.launchFrame();
    }
}
```

运行上述程序，结果如图 17-3 所示。

【案例剖析】

在本案例中，在类的重写 paint()方法中，通过 Graphics2D 类的 setColor()方法，设置绘制矩形的颜色是蓝色。绘制圆弧时，再通过 setColor()方法设置颜色是粉红色。

17.1.5 设置笔画属性

Graphics 绘图类使用的笔画属性是粗细为 1 个像素的正方形，使用 Graphics2D 类的 setStroke()方法，设置线条的粗细、使用虚线还是实线、定义线端点的形状等。

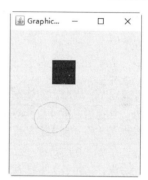

图 17-3　设置绘图颜色

1. setStroke()方法

setStroke()方法设置笔画的属性，其语法格式如下：

```
setStroke(Stroke s);
```

s：用于画 Shape 的 Stroke 对象。

2. Stroke 接口

Stroke 是一个绘图接口，有一个直接实现子类 BasicStroke，通过这个类的不同构造方法，创建笔画属性不同的对象。

BasicStroke 类的构造方法，具体如下。

(1) 创建一个具有所有属性的默认值的 BasicStroke 对象。语法格式如下：

```
BasicStroke();
```

(2) 创建一个具有指定线条宽度以及 cap 和 join 风格的默认值的实心 BasicStroke 对象。语法格式如下：

```
BasicStroke(float width);
```

width：BasicStroke 的宽度。

(3) 创建一个具有指定属性的实心的 BasicStroke 对象。语法格式如下：

```
BasicStroke(float width, int cap, int join);
```

cap：BasicStroke 端点的装饰，有 CAP_BUTT、CAP_ROUND、CAP_SQUARE 三个值。这三个值的效果如图 17-4 所示。

join：应用在路径线段交汇处的装饰，有 JOIN_BEVEL、JOIN_MOTER、JOIN_ROUND 三个值。这三个值的效果如图 17-5 所示。

图 17-4　cap 的值　　　　　　　图 17-5　join 的值

(4) 构造一个具有指定属性的实心的 BasicStroke 对象。语法格式如下：

```
BasicStroke(float width, int cap, int join, float miterlimit);
```

miterlimit：斜接处的剪裁限制。当使用 JOIN_MITER 这种策略来表示连接处形状的时候，由于两根线的连接角度可能很小，那么就会导致延伸出来的那个角特别长，该参数用来限制那个尖角的最大长度。当使用 JOIN_MITER 策略的时候，该参数必须大于 1。该参数的默认值是 10.0f。

(5) 创建一个具有指定属性的 BasicStroke 对象。语法格式如下：

```
BasicStroke(float width, int cap, int join, float miterlimit, float[] dash,
float dash_phase);
```

dash：表示虚线模式的数组。画虚线时，使用这个参数，虚线是由"线+缺口+线+缺口+线+缺口……"组成的。所以该数组参数就是定义的这些线、缺口的长度，即{线的长度,缺口的长度,线的长度,缺口的长度……}。

dash_phase：开始虚线模式的偏移量。该参数是跟 dash[]这个数组配合的参数，表示在画虚线的时候，从一定的偏移量处开始画。

【例 17-4】设置笔画属性(源代码\ch17\src\TestPaint.java)。

```java
import java.awt.*;
import java.awt.geom.Line2D;
import java.awt.geom.Line2D.Double;
import java.awt.geom.Rectangle2D;
import javax.swing.JFrame;
public class TestPaint extends JFrame {
    public void launchFrame() {
        //设置窗体标题
        setTitle("绘图");
        //设置窗体的位置
        setBounds(600,200,440,480);
        //设置窗体背景色
        setBackground(Color.gray);
        //设置窗体的布局管理器是 null
        setLayout(null);
        //设置可关闭
        setDefaultCloseOperation(EXIT_ON_CLOSE);
```

```
        //设置窗体可见
        setVisible(true);
    }
    //重写paint方法,执行具体的绘图操作
    public void paint(Graphics g) {
        Graphics2D g2 = (Graphics2D)g;
        super.paint(g2);
        //创建设置笔画的属性的对象
        Stroke s = new BasicStroke(50, BasicStroke.CAP_BUTT, BasicStroke.JOIN_MITER);
        g2.setStroke(s);//设置笔画的属性
        //设置颜色
        g2.setColor(Color.red);
        //画直线
        Shape line = new Line2D.Double(50, 70, 150,190);
        g2.draw(line);
        //设置画笔颜色
        g2.setColor(Color.GRAY);
        //画矩形
        Shape rect = new Rectangle2D.Double(150, 260, 150, 120);
                g2.draw(rect);
    }
    public static void main(String[] args) {
        TestPaint p = new TestPaint();
        p.launchFrame();
    }
}
```

运行上述程序,根据端点处于线段交汇处取值的不同可以分为以下 3 种情况。

(1) cap = BasicStroke.CAP_BUTT,join = BasicStroke.JOIN_MITER 时,运行结果如图 17-6 所示。

(2) cap = BasicStroke.CAP_ROUND,join = BasicStroke.JOIN_ROUND 时,运行结果如图 17-7 所示。

图 17-6 CAP_BUTT 和 JOIN_MITER

图 17-7 CAP_ROUND 和 JOIN_ROUND

(3) cap = BasicStroke.CAP_SQUARE,join = BasicStroke.JOIN_BEVEL 时,运行结果如

图 17-8 所示。

【案例剖析】

在本案例中，在类中重写 paint()方法，首先通过 Sroke 接口的实现类 BasicStroke 创建设置笔画属性的对象 s，然后通过 Graphics2D 类的提供的 setStroke()方法设置笔画的属性。设置好笔画属性后，在 paint()方法中，创建画直线的对象 line 和画矩形的对象 rect，分别通过 Graphics2D 类提供的 draw()方法画出图形。

在类的 main()方法中，通过调用 launchFrame() 方法，让窗体显示，并自动调用 paint()方法。通过设置笔画属性的不同有 3 种显示结果，可以看到它们的显示效果都不相同。

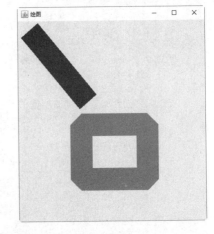

图 17-8 CAP_SQUARE 和 JOIN_BEVEL

17.2 绘 文 本

在 Java 语言中，绘图类除可以绘制图形外，还可以绘制文本，在绘制文本前可以设置字体的样式。下面介绍绘图文本以及设置文本的字体。

17.2.1 设置字体

设置字体是使用 Java 语言提供的 Font 类，这个类在 java.awt 包中，它的构造方法的语法格式如下：

```
Font(String name,int style,int size)
```

name：字体的名称。
style：字体的样式，它的常量值有 BOLD(粗体)、ITALIC(斜体)、PLAIN(普通)。
size：字体的大小。
绘图类的字体一般是通过 Graphics2D 类提供的 setFont()方法设置的，其语法格式如下：

```
setFont(Font f)
```

f：字体类的对象。

17.2.2 绘制文本

绘制文本是使用 Graphics2D 类提供的 drawString()方法实现的。该方法有两种重载形式，它们的语法格式具体如下：

```
drawString(String str, int x, int y)
drawString(String str, float x, float y)
```

str：要绘制的字符串。

x：显示字符串位置的 x 坐标。

y：显示字符串位置的 y 坐标。

【例 17-5】 绘制文本(源代码\ch17\src\TextTest.java)。

```java
import java.awt.Font;
import java.awt.Graphics;
import java.awt.Graphics2D;
import java.text.SimpleDateFormat;
import java.util.Date;
import javax.swing.JFrame;
public class TextTest extends JFrame{
    public void launchFrame() {
        //设置窗体标题
        setTitle("Graphics2D 绘图");
        //设置窗体的位置
        setBounds(600,200,240,200);
        //设置窗体的布局管理器是 null
        setLayout(null);
        //设置可关闭
        setDefaultCloseOperation(EXIT_ON_CLOSE);
        //设置窗体可见
        setVisible(true);
    }
    @Override
    public void paint(Graphics g) {
        //强制转换为 Graphics2D 类型
        Graphics2D g2 = (Graphics2D)g;
        super.paint(g2);
        //创建字体对象
        Font f = new Font("宋体", Font.BOLD, 15);
        //绘图类设置字体
        g2.setFont(f);
        g2.drawString("绘制文本", 30, 70);
        Date date = new Date();//创建当前系统时间对象
        //设置时间的显示格式
        SimpleDateFormat sdf = new SimpleDateFormat("yyyy-MM-dd");
        g2.drawString("当前时间: "+sdf.format(date), 30, 120);
    }
    public static void main(String[] args) {
        TextTest p = new TextTest();
        p.launchFrame();
    }
}
```

运行上述程序，结果如图 17-9 所示。

【案例剖析】

在本案例中，重写 paint()方法，首先将 Graphics 强制转换为 Graphics2D 类型，然后调用父类的 paint()方法。创建 Font 类的对象，设置字体是宋体、粗体、大小是 15 磅，通过 Graphics2D 类提供的 setFont()方法，设置字体的样式。通过 Graphics2D 类提供的 drawString()方法，绘制执行文本字符串，并指定字符串显示的 x、y 坐标。

图 17-9 绘制文本

17.3 绘制图片

绘图类不仅可以绘制图形和文本,还可以绘制图片。绘制图片是使用 Graphics2D 类提供的 drawImage()方法,其语法格式如下:

```
drawImage(Image img,int x,int y,ImageObserver observer)
```

img:要显示的图片。
x:显示图片的 x 坐标。
y:显示图片的 y 坐标。
observer:图像观察者。

【例 17-6】绘制图片(源代码\ch17\src\ImageTest.java)。

```java
import java.awt.Graphics;
import java.awt.Graphics2D;
import java.awt.Image;
import java.io.File;
import java.io.IOException;
import javax.imageio.ImageIO;
import javax.swing.JFrame;
public class ImageTest extends JFrame{
    public void launchFrame() {
        //设置窗体标题
        setTitle("Graphics2D 绘图");
        //设置窗体的位置
        setBounds(600,200,600,400);
        //设置窗体的布局管理器是 null
        setLayout(null);
        //设置可关闭
        setDefaultCloseOperation(EXIT_ON_CLOSE);
        //设置窗体可见
        setVisible(true);
    }
    @Override
    public void paint(Graphics g) {
        //强制转换为 Graphics2D 类型
        Graphics2D g2 = (Graphics2D)g;
        super.paint(g2);
        Image img = null; //声明图片对象
        try {
            //获取图片的对象
            img = ImageIO.read(new File("res/dog.jpg"));
        } catch (IOException e) {
            e.printStackTrace();
        }
        //绘制图片
        g2.drawImage(img,50,60,this);
    }
    public static void main(String[] args) {
```

```
        ImageTest p = new ImageTest();
        p.launchFrame();
    }
}
```

运行上述程序，结果如图 17-10 所示。

【案例剖析】

在本案例中，重写 paint()方法，在方法中首先将 Graphics 类强制转换为 Graphics2D 类型，然后调用父类的 paint()方法。通过 ImageIO 类的 read()方法，读取指定文件路径的图片，并返回 Image 对象。通过 Graphics2D 类的 drawImage()方法将图片绘制出来。

在类的 main()方法中，调用 launchFrame() 方法显示窗体，系统自动调用 paint()方法绘制图片。

图 17-10　绘制图片

17.4　图像处理

在 Java 语言中，对绘制的图像还可以做处理。例如，图像放大缩小、图像倾斜、图像旋转以及图像翻转。下面具体介绍图像处理。

17.4.1　图像放大或缩小

在绘图类中，提供了 drawImage()方法，将图像在窗口绘制。之前介绍的 drawImage()方法是将图像以原始大小显示在窗体中的。如果在窗体中实现图像放大或缩小后显示，则需要使用 drawImage()方法的重载形式。

drawImage()方法重载形式的语法格式如下：

```
drawImage(Image img,int x,int y,int width,int height,ImageObserver observer)
```

img：要显示的图像。
x：显示图像的 x 坐标。
y：显示图像的 y 坐标。
width：图像的宽度。
height：图像的高度。
observer：图像观察者。

17.4.2　图像倾斜

在 Java 语言中，可以使用 Graphics2D 类提供的 shear()方法，设置要绘制图像的倾斜方向和倾斜大小，从而达到使图像倾斜的效果。

shear()方法的一般语法格式如下：

```
shear(double shx, double shy)
```

shx：在水平方向上的倾斜量。

shy：在垂直方向上的倾斜量。

【例 17-7】图像放大缩小和倾斜的使用(源代码\ch17\src\ImageEdit.java)。

```java
import java.awt.Graphics;
import java.awt.Graphics2D;
import java.awt.Image;
import java.io.File;
import java.io.IOException;
import javax.imageio.ImageIO;
import javax.swing.JFrame;
public class ImageEdit extends JFrame {
    public void launchFrame() {
        //设置窗体标题
        setTitle("Graphics2D 绘图");
        //设置窗体的位置
        setBounds(600,200,600,400);
        //设置窗体的布局管理器是null
        setLayout(null);
        //设置可关闭
        setDefaultCloseOperation(EXIT_ON_CLOSE);
        //设置窗体可见
        setVisible(true);
    }
    @Override
    public void paint(Graphics g) {
        //强制转换为Graphics2D 类型
        Graphics2D g2 = (Graphics2D)g;
        super.paint(g2);
        Image img = null; //声明图像对象
        try {
            //获取图像的对象
            img = ImageIO.read(new File("res/dog.jpg"));
        } catch (IOException e) {
            e.printStackTrace();
        }
        //放大缩小：设置图像的大小为宽200、高110
        g2.drawString("图片缩小", 50, 60);
        g2.drawImage(img,50,80,170,100,this);
        //图像倾斜:水平倾斜0.5，垂直倾斜0.2
        g2.drawString("图片倾斜", 300, 190);
        g2.shear(0.5, 0.2);
        //显示倾斜图像：
        g2.drawImage(img,240,170,170,100,this);
    }
    public static void main(String[] args) {
        ImageEdit p = new ImageEdit();
        p.launchFrame();
    }
}
```

运行上述程序，结果如图 17-11 所示。

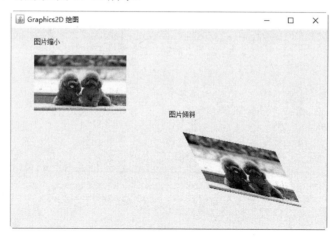

图 17-11 图像缩小和图像倾斜

【案例剖析】

在本案例中，在重写的 paint()方法中，通过 drawImage()方法设置图像的宽度和高度，对图像进行缩小。调用 Graphics2D 类提供的 shear()方法，指定要绘制图像倾斜的水平和垂直大小，然后调用 drawImage()方法在指定位置绘制指定宽度和高度的图像。

17.4.3 图像旋转

在 Java 语言中，图像旋转使用 Graphics2D 类提供的 rotate()方法，根据指定的弧度旋转图像。其语法格式如下：

```
rotate(double d)
```

d：旋转的弧度。

 由于该方法只接收弧度，一般通过 Math 类提供的 toRadians()方法，将角度转换为弧度。toRadians()方法接收的参数是角度值，返回值是弧度值。

【例 17-8】绘制 5 张旋转后的图像，图像旋转 3 度(源代码\ch17\src\ImageEdit2.java)。

```java
import java.awt.Graphics;
import java.awt.Graphics2D;
import java.awt.Image;
import java.io.File;
import java.io.IOException;
import javax.imageio.ImageIO;
import javax.swing.JFrame;
public class ImageEdit2 extends JFrame{
    public void launchFrame() {
        //设置窗体标题
        setTitle("图片旋转");
        //设置窗体的位置
        setBounds(600,200,500,400);
```

```java
        //设置窗体的布局管理器是null
        setLayout(null);
        //设置可关闭
        setDefaultCloseOperation(EXIT_ON_CLOSE);
        //设置窗体可见
        setVisible(true);
    }
    @Override
    public void paint(Graphics g){
        Graphics2D g2 = (Graphics2D) g;
        super.paint(g2);
        Image img = null; //声明图片对象
        try {
            //获取图片的对象
            img = ImageIO.read(new File("res/dog.jpg"));
        } catch (IOException e) {
            e.printStackTrace();
        }
        //图像旋转:5张图片分别旋转3度,
        g2.rotate(Math.toRadians(3));//将角度表示的角转换为弧度表示角
        g2.drawImage(img, 120, 50, 300, 200, this);
        g2.rotate(Math.toRadians(3));
        g2.drawImage(img, 120, 50, 300, 200, this);
        g2.rotate(Math.toRadians(3));
        g2.drawImage(img, 120, 50, 300, 200, this);
        g2.rotate(Math.toRadians(3));
        g2.drawImage(img, 120, 50, 300, 200, this);
        g2.rotate(Math.toRadians(3));
        g2.drawImage(img, 120, 50, 300, 200, this);
    }

    public static void main(String[] args){
        ImageEdit2 p = new ImageEdit2();
        p.launchFrame();
    }
}
```

运行上述程序，结果如图17-12所示。

图17-12　图像旋转

【案例剖析】

在本案中，定义 launchFrame()方法设置窗体的标题、大小、位置、可关闭以及是否可见。重写 paint()方法，在方法中通过 ImageIO 流读取文件，获取图像的对象；调用 Graphics2D 类提供的 rotate()方法，设置图像旋转的弧度；并调用 drawImage()方法绘制旋转的图像。

在程序的 main()方法中，创建类的实例，通过类的实例调用 launchFrame()方法，系统会自动调用 paint()方法。

17.4.4 图像翻转

在 Java 语言中，图像的翻转是使用 Graphics2D 类提供的 drawImage()方法的另一种重载形式来实现的。此方法是以非缩放的形式来呈现的矩形图像，并动态地执行所需的缩放，不使用缓存的缩放图形。这个方法执行图像是从源到目标的缩放，源矩形的第一个坐标被映射到目标矩形的第一个坐标，源矩形的第二个坐标被映射到第二个目标坐标。

drawImage()方法的语法格式如下：

```
drawImage(Image img,int dx1,int dy1,int dx2,int dy2,int sx1,int sy1,int sx2,int sy2,ImageObserver observer)
```

img：要显示的图像对象。

dx1：目标矩形第一个坐标的 x 值。

dy1：目标矩形第一个坐标的 y 值。

dx2：目标矩形第二个坐标的 x 值。

dy2：目标矩形第二个坐标的 y 值。

sx1：源矩形第一个坐标的 x 值。

sy1：源矩形第一个坐标的 y 值。

sx2：源矩形第二个坐标的 x 值。

sy2：源矩形第二个坐标的 y 值。

observer：要通知的图像观察者。

【例 17-9】 在窗体中绘制图像的翻转。单击【水平翻转】按钮，实现图像的水平翻转。单击【垂直翻转】按钮，实现图像的垂直翻转(源代码\ch17\src\ImageEdit3.java)。

```java
import java.awt.*;
import java.awt.event.*;
import java.io.File;
import java.io.IOException;
import javax.imageio.ImageIO;
import javax.swing.JButton;
import javax.swing.JFrame;
import javax.swing.JPanel;
public class ImageEdit3 extends JFrame{
    private int dx1, dy1, dx2, dy2;
    private int sx1, sy1, sx2, sy2;
    //构造方法
    public ImageEdit3(){
```

```java
            dx2 = sx2 = 500;
            dy2 = sy2 = 333;
    }
    //类的成员方法
    public void launchFrame() {
        //设置窗体标题
        setTitle("图片翻转");
        //设置窗体的位置
        setBounds(600,200,500,370);
        //设置窗体的布局管理器是null
        setLayout(new BorderLayout());
        JPanel panel1 = new JPanel();
        JPanel panel2 = new JPanel(new GridLayout(1, 2));
        JButton btn1 = new JButton("水平翻转");
        JButton btn2 = new JButton("垂直翻转");
        //按钮的监听事件
        btn1.addActionListener(new ActionListener() {
            @Override
            public void actionPerformed(ActionEvent e) {
                //水平翻转，改变源矩形两个坐标的x值
                sx1 = Math.abs(sx1 - 500);
                sx2 = Math.abs(sx2 - 500);
                repaint();
            }
        });
        //按钮的监听事件
        btn2.addActionListener(new ActionListener() {
            @Override
            public void actionPerformed(ActionEvent e) {
                //垂直翻转，改变源矩形两个坐标的y值
                sy1 = Math.abs(sy1 - 333);
                sy2 = Math.abs(sy2 - 333);
                repaint();
            }
        });
        //将按钮添加到面板
        panel2.add(btn1);
        panel2.add(btn2);
        //将面板添加到窗体上
        add(panel1,BorderLayout.NORTH);
        add(panel2,BorderLayout.SOUTH);
        //设置可关闭
        setDefaultCloseOperation(EXIT_ON_CLOSE);
        //设置窗体可见
        setVisible(true);
    }
    @Override  //绘制方法
    public void paint(Graphics g){
        Graphics2D g2 = (Graphics2D) g;
        super.paint(g2);
        Image img = null;  //声明图片对象
        try {
            //获取图片的对象
            img = ImageIO.read(new File("res/dog.jpg"));
```

```
        } catch (IOException e) {
            e.printStackTrace();
        }
        //绘制图像翻转
        g2.drawImage(img,dx1, dy1, dx2, dy2, sx1, sy1, sx2, sy2,this);
    }
    public static void main(String[] args){
        ImageEdit3 p = new ImageEdit3();
        p.launchFrame();
    }
}
```

运行上述程序，结果如图 17-13 所示；单击【水平翻转】按钮，如图 17-14 所示；再单击【垂直翻转】按钮，如图 17-15 所示。

  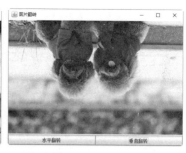

图 17-13　原图　　　　　图 17-14　水平翻转　　　　图 17-15　垂直翻转

【案例剖析】

在本案例中，定义类的私有成员变量，即图片的源坐标和目标坐标。定义类的构造方法，对源图形和目标图形的第二个坐标值赋值。即源图形和目标图形的两个坐标分别是(0,0)和(500,333)。

在类中定义 launchFrame()方法，在方法中设置窗体的标题、大小和位置、是否可关闭以及是否可见。设置窗体布局是边框布局，创建两个面板对象 panel1 和 panel2，并设置 panel2 面板布局格式是一行两列的网格布局，再分别将两个面板添加到窗体的 BorderLayout.NORTH 和 BorderLayout.SOUTH。创建两个按钮对象 btn1 和 btn2，分别将它们添加到 panel2 的面板上。

添加按钮 btn1 的监听事件，由于 btn1 是水平翻转，所以变化的是源矩形的两个坐标的 x 值。将两个坐标的 x 值减去图像的宽度 500 的绝对值，赋值给相应的 x 坐标，即可完成水平翻转。添加按钮 btn2 的监听事件，由于 btn2 是垂直翻转，所以变化的是源矩形的两个坐标的 y 值。将两个坐标的 y 值减去图像的高度 333 的绝对值，赋值给相应的 y 坐标，即可完成垂直翻转。

在程序的 main()方法中，创建类的对象，调用 launchFrame()方法执行程序。在 paint()方法中是通过 ImageIO 读取图像文件获取图像对象，然后调用 Graphics2D 类提供的 drawImage()方法绘制翻转图像。

17.5　播放音频

在 Java 语言中，播放简单音频是通过 AudioClip 接口实现的。一般是通过 Applet 类提供的静态方法 newAudioClip()来获取 AudioClip 接口类型的实例，然后调用 play()方法播放音频。

newAudioClip()方法的语法格式如下：

newAudioClip(URL url)

url：指音频的地址。

【例 17-10】编写 Java 程序播放音频文件，在程序中选择要播放的音频，单击播放按钮时播放音频(源代码\ch17\src\Vedio.java)。

```java
import java.applet.Applet;
import java.applet.AudioClip;
import java.awt.Dimension;
import java.awt.event.*;
import java.io.File;
import java.net.MalformedURLException;
import javax.swing.*;
import javax.swing.filechooser.FileNameExtensionFilter;
public class Vedio extends JFrame{
    private File selectedFile;
    private JTextField filePath = null;
    private AudioClip audioClip;
    //类的成员方法
    public void launchFrame() {
        //设置窗体标题
        setTitle("播放音频");
        //设置窗体的位置
        setBounds(600,200,500,120);
        //创建面板
        JPanel panel = new JPanel();
        //创建按钮对象
        JButton btn1 = new JButton("打开文件");
        JButton btn2 = new JButton("播放");
        //创建保存选择文件路径的文本框
        if (filePath == null) {
            filePath = new JTextField(); //创建文本框对象
            //设置文本框的首选大小，Dimension 类是封装组件大小的类，即文本框宽200、高22
            filePath.setPreferredSize(new Dimension(200, 22));
            filePath.setEditable(false); //设置文本框不可编辑
        }
        //打开文件按钮的监听事件
        btn1.addActionListener(new ActionListener() {
            @Override
            public void actionPerformed(ActionEvent e) {
                //创建文件选择器对象
                JFileChooser fileChooser = new JFileChooser();
                //设置当前文件(即选择的文件)的过滤器
                fileChooser.setFileFilter(new FileNameExtensionFilter(
                    "支持的音频文件","*.mid、*.wav、*.au", "wav","au", "mid"));
                //弹出一个打开文件的文件选择器对话框
                fileChooser.showOpenDialog(Vedio.this);
                //返回选中文件
                selectedFile = fileChooser.getSelectedFile();
                //判断选中文件是否为 null
                if(selectedFile != null){
                    //选中文件不是 null，将文件的绝对路径赋值给文本框
```

```java
                    filePath.setText(selectedFile.getAbsolutePath());
                }
            }
        });
        //播放按钮的监听事件
        btn2.addActionListener(new ActionListener() {
            @Override
            public void actionPerformed(ActionEvent e) {
                //判断选择文件是否是null
                if (selectedFile != null) {
                    try {
                        //选择文件不是null，判断播放音频的接口是否是null
                        if (audioClip != null){
                            //不是null，停止播放
                            audioClip.stop();
                        }
                        //创建播放音频对象
                        audioClip = Applet.newAudioClip
(selectedFile.toURI().toURL());
                        audioClip.play();    //播放音频
                    } catch (MalformedURLException e1) {
                        e1.printStackTrace();
                    }
                }
            }
        });
        //将按钮添加到面板
        panel.add(filePath);
        panel.add(btn1);
        panel.add(btn2);
        //将面板添加到窗体上
        add(panel);
        //设置可关闭
        setDefaultCloseOperation(EXIT_ON_CLOSE);
        //设置窗体可见
        setVisible(true);
    }
    public static void main(String[] args){
        Vedio v = new Vedio();
        v.launchFrame();    //调用方法
    }
}
```

运行上述程序，结果如图 17-16 所示。

图 17-16　播放音频

【案例剖析】

在本案例中，定义方法 launchFrame()，在方法中设置窗体的标题、大小位置、可关闭和可见。创建面板对象 panel，并添加到窗体上。创建两个按钮 btn1 和 btn2，分别显示"打开文件"和"播放"。声明类的私有成员变量 filePath，它是 null 时，创建文本框对象 filePath，并指定文本框的宽为 200、高为 22，设置文本框不可编辑；将文本框和两个按钮分别添加到面板 panel 上。

（1）添加打开文件按钮的监听事件，重写 actionPerformed()方法，在方法中创建文件选择器的对象 fileChooser，通过文件选择器类提供的 setFileFilter()方法指定当前文件的过滤器；文件选择器类提供的 showOpenDialog()方法打开当前系统的文件选择器对话框；getSelectedFile()方法返回选择的文件，并赋值给文件对象 selectedFile。通过 if 语句判断 selectedFile 是否为 null，不是 null，则将选择文件的绝对路径赋值给文本框 filePath。

（2）添加播放按钮的监听事件，重写 actionPerformed()方法，在方法中首先判断 selectedFile 是否是 null，若不是 null，则判断播放音频对象 audioClip 是否是 null，若不是 null 则停止播放，若是 null 则通过 Applet 类提供的静态方法 newAudioClip()，根据指定的 URL(URL 是通过 File 类提供的 toURI()方法返回 URI 对象，再调用 URI 类提供的 toURL()方法返回 URL)获取播放音频的对象，然后 audioClip 对象调用 play()方法播放音频。

在程序的 main()方法中，创建类的对象 v，然后调用 launchFrame()方法。

Dimension 类在 java.awt 包中，封装单个对象中组件的宽度和高度。JFileChooser 类是弹出一个针对用户主目录的文件选择器，为用户选择文件提供了一种简单的机制。

17.6 大神解惑

小白：在 Java 中 Graphics 类的方法是抽象方法。在方法中，为什么可以直接用一个 Graphics 类的对象调用其中的抽象方法呢？

大神：在方法中的参数是 Graphics 类型，但是实际传入的是一个实现抽象类 Graphics 的类的对象。JVM 在方法内部调用方法时，是调用的实现类中的实现方法，而不是表面看到的 Graphics 类的抽象方法。只不过实现类和 Graphics 类都拥有共同的接口，这种情况就是 Java 中的多态。

17.7 跟我学上机

练习 1：编写 Java 程序，实现使用 Graphics 类绘制文本、字体及图片。

练习 2：编写 Java 程序，实现使用 Graphics2D 类绘制几何图形，如矩形、椭圆等，并设置笔画的属性。

练习 3：编写 Java 程序，实现使用 Graphics2D 类绘制图片，并设置图片大小、图片倾斜及图片旋转 8 度。

练习 4：编写 Java 程序，实现对图片在水平和垂直方向上翻转。

第 18 章
融入互联网时代——Java 的网络编程

随着互联网的快速发展以及网络应用程序的大量出现,网络编程技术已成为现代程序的主流技术。本章介绍网络编程的基础知识,以及基于 Java 的 TCP、UDP 编程技术。

本章要点(已掌握的在方框中打钩)

- ☐ 了解网络编程的基础概念。
- ☐ 了解网络协议。
- ☐ 掌握基于 Java 的 TCP 编程。
- ☐ 掌握基于 Java 的 UDP 编程。
- ☐ 了解数据广播。

18.1 网络编程基础

Java 语言作为一门面向互联网的编程语言，对网络编程提供了很好的支持。JDK1.8 的 java.net 包中提供了与网络编程相关的接口和类。下面介绍网络编程的基础概念及常用的网络协议。

18.1.1 网络编程基础概念

网络编程的概念比较多，下面主要介绍计算机网络、网络通信协议、网络通信接口以及网络通信协议的分层思想。

1. 计算机网络

计算机网络是指将分布在不同地理区域的计算机与专门的外部设备，用通信线路互相连成一个规模大、功能强的网络系统，从而使众多计算机可以方便地互相传递信息，共享硬件、软件、数据信息等资源。

计算机网络的主要功能是资源共享、信息传输与集中处理、均衡负荷与分布处理以及综合信息服务。

2. 网络通信协议与接口

网络通信协议是计算机网络中实现通信所必需的一些约定，对速率、传输代码、代码接口、传输控制步骤等制定标准。

网络通信接口是为了使两个节点能够直接进行对话，在它们之间建立的通信工具。网络通信接口使它们能够进行信息交换。接口包括硬件装置和软件装置两部分。其中，硬件装置是实现节点直接的信息传送；软件装置是规定双方进行通信的约定协议。

3. 通信协议的分层思想

由于节点之间非常复杂，在定义协议时，把复杂成分分解为一些简单的成分，再将它们复合起来。最常用的复合方式是层次方式，即同层之间可以通信、上一层可以调用下一层，而与再下一层不发生关系，各层互不影响，有利于系统的开发和扩展。这就是分层的思想。

通信协议分层规定把用户应用程序作为最高层，把物理通信线路作为最底层，其间的协议处理分为多层，规定每层处理的任务和每层的接口标准。

OSI 和 TCP/IP 协议，采用了分层的思想，它们的参考模型如图 18-1 所示。

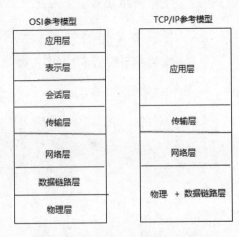

图 18-1 OSI 和 TCP/IP 参考模型

18.1.2　网络协议

下面主要介绍 IP 协议、TCP 协议及 UDP 协议。

1. IP 协议

IP(Internet Protocol)协议是网络层的主要协议，支持网络间互相的数据报之间通信。它的主要功能是无连接数据报传送以及数据报路由选择和差错控制。

IP 协议是用于将多个包交换网络连接起来的，它在源地址和目的地址之间传送一种称之为数据包的东西，它还提供对数据大小的重新组装功能，以适应不同网络对包大小的要求。

2. TCP 协议

TCP(Transmission Control Protocol，传输控制协议)专门设计在不可靠的因特网上提供面向连接的、可靠的、端到端的基于字节流的传输层通信协议。在简化的计算机网络 OSI 模型中，它完成第四层传输层所指定的功能，用户数据报协议(UDP)是同一层内另一个重要的传输协议。在因特网协议族(Internet protocol suite)中，TCP 层是位于 IP 层之上、应用层之下的中间层。不同主机的应用层之间经常需要可靠的、像管道一样的连接，但是 IP 层不提供这样的流机制，而是提供不可靠的包交换。

应用层向 TCP 层发送用于在网间传输的、用 8 位字节表示的数据流，然后 TCP 把数据流分成适当长度的报文段。由 TCP 把结果包传给 IP 层，由它来通过网络将包传送给接收端的 TCP 层。TCP 为了保证不发生丢包，就给每个包一个序号，同时序号也保证了传送到接收端的包的按序接收。接收端对已成功收到的包发回一个相应的确认(ACK)；如果发送端在合理的往返时延(RTT)内未收到确认，那么对应的数据包就被假设为已丢失并将会被进行重传。TCP 用一个校验和函数来检验数据是否有错误；在发送和接收时都要计算校验和。

3. UDP 协议

UDP(User Datagram Protocol)用户数据报协议，是 OSI(Open System Interconnection，开放式系统互联)参考模型中一种无连接的传输层协议，提供面向事务的简单不可靠信息传送服务，IETF RFC 768 是 UDP 的正式规范。UDP 在 IP 报文的协议号是 18。

UDP 在网络中，与 TCP 协议一样用于处理数据包，是一种无连接的协议。在 OSI 模型中的第四层即传输层，处于 IP 协议的上一层。UDP 不提供数据包分组和组装也不能对数据包进行排序。当报文发送之后，是无法得知其是否安全完整到达的。

UDP 协议直接位于 IP(网际协议)协议的顶层。根据 OSI(开放系统互连)参考模型，UDP 和 TCP 都属于传输层协议。UDP 协议的主要作用是将网络数据流量压缩成数据包的形式。一个典型的数据包就是一个二进制数据的传输单位。每一个数据包的前 8 个字节用来包含报头信息，剩余字节则用来包含具体的传输数据。

18.2 TCP 网络编程

TCP 提供可靠的端到端的字节流通信协议，它是一种面向连接的协议。JDK1.8 在 java.net 包中提供了 InetAddress、Socket、ServerSocket 类，用来支持使用 TCP 协议进行网络编程。

18.2.1 InetAdress 类

Java1.8 JDK 的 java.net 包中提供了 InetAddress 类，这个类与互联网协议(IP)地址相关。InetAddress 类没有构造方法，是通过该类提供的静态方法来创建该类的对象，这个类的对象中包含 IP 地址、主机名等信息。

InetAddress 类的常用方法如表 18-1 所示。

表 18-1 InetAddress 类的常用方法

返回类型	方 法 名	说 明
static InetAddress	getByName(String host)	在给定主机名的情况下确定主机的 IP 地址
String	getHostAddress()	返回 IP 地址字符串(以文本表现形式)
String	getHostName()	获取此 IP 地址的主机名
static InetAddress	getLocalHost()	返回本地主机

【例 18-1】InetAddress 类的方法的使用(源代码\ch18\src\InetAddressTest.java)。

```java
import java.net.InetAddress;
import java.net.UnknownHostException;
public class InetAddressTest {
    public static void main(String[] args) {
        try {
            //通过主机名，获取 InetAddress 类的对象
            InetAddress address1 = InetAddress.getByName("www.baidu.com");
            System.out.println("使用域名获取地址：" + address1);
            //通过 ip 地址，获取 InetAddress 类的对象
            InetAddress address2 = InetAddress.getByName("119.75.218.109");
            System.out.println("使用 IP 获取地址：" + address2);
            //获取主机的名称
            String hostName = address2.getHostName();
            System.out.println("getHostName 方法：" + hostName);
            //获取主机的地址
            String hostAddress = address2.getHostAddress();
            System.out.println("getHostAddress 方法：" + hostAddress);
            //获取本机的 InetAddress 类的对象
            InetAddress localHost = InetAddress.getLocalHost();
            System.out.println("getLocalHost 方法：" + localHost);
        } catch (UnknownHostException e) {
            e.printStackTrace();
        }
    }
```

        }
}

运行上述程序，结果如图 18-2 所示。

【案例剖析】

在本案例中，通过 InetAddress 类提供的静态方法 getByName()方法获取 InetAddress 类的对象 address1 和 address2。

对象 address2 调用 InetAddress 类提供的 getHostName()方法，获取此 IP 地址的主机名。对象 address2 调用 InetAddress 类提供的 getHostAddress()方法，以字符串形式返回 IP 地址。InetAddress 类提供的静态方法 getLocalHost()，获取 InetAddress 类的对象，即本机 IP 地址和域名的相关信息。

图 18-2　InetAddress 类方法的使用

18.2.2　Socket 类

套接字(Socket)是支持 TCP/IP 网络通信的基本操作单元，是一个通信端点，是应用程序用来在网络上发送或接收数据包的一个对象。两个应用程序可通过一个双向的网络通信连接实现数据交换，双向链路的一端称为一个 Socket。

Socket 是客户端套接字类，主要用于执行客户端的 TCP 操作。通过 Socket 类的构造方法获取客户端的 Socket 类的对象。Socket 类常用构造方法如下。

(1) 创建一个流套接字并将其连接到指定主机上的指定端口号。语法格式如下：

`Socket(String host, int port)`

host：指定主机。
port：指定端口号。

(2) 创建一个流套接字并将其连接到指定 IP 地址上的指定端口号。语法格式如下：

`Socket(InetAddress address, int port)`

address：指定 IP 地址。
port：指定端口号。

(3) 通过系统默认类型的 SocketImpl 创建未连接套接字。语法格式如下：

`Socket()`

Socket 类提供的常用方法如表 18-2 所示。

表 18-2　Socket 类的常用方法

返回类型	方法名	说明
void	close()	关闭此套接字
InetAddress	getInetAddress()	返回套接字连接的地址

续表

返回类型	方法名	说明
InetAddress	getLocalAddress()	获取套接字绑定的本地地址
int	getLocalPort()	返回此套接字绑定到的本地端口
int	getPort()	返回此套接字连接到的远程端口
InputStream	getInputStream()	返回此套接字的输入流
OutputStream	getOutputStream()	返回此套接字的输出流

18.2.3 ServerSocket 类

ServerSocket 是服务器套接字类，每个服务器套接字运行在服务器特定的端口上，监听在这个端口上的 TCP 连接。当客户端的 Socket 与服务器端指定的端口建立连接时，服务器 ServerSocket 被激活，从而打开客户端与服务器端的连接，连接一旦建立，就可以进行传送数据了。

ServerSocket 类的常用构造方法如下。

(1) 创建非绑定服务器套接字。语法格式如下：

```
ServerSocket()
```

(2) 创建绑定到特定端口的服务器套接字。语法格式如下：

```
ServerSocket(int port)
```

port：指定端口号。

(3) 利用指定的 backlog 创建服务器套接字，并将其绑定到指定的本地端口号。语法格式如下：

```
ServerSocket(int port, int backlog)
```

port：本地端口号。

backlog：队列的最大长度。

(4) 使用指定的端口、侦听 backlog 和要绑定到的本地 IP 地址创建服务器。语法格式如下：

```
ServerSocket(int port, int backlog, InetAddress bindAddr)
```

port：本地端口号。

backlog：队列的最大长度。

bindAddr：要将服务器绑定到的 InetAddress。

ServerSocket 类提供的常用方法如表 18-3 所示。

表 18-3 ServerSocket 类的常用方法

返回类型	方法名	说明
void	close()	关闭此套接字
Socket	accept()	侦听并接收到此套接字的连接

18.2.4　TCP 网络程序

在网络编程中，客户端套接字和服务器端套接字连接成功后，客户端通过输出流发送数据，服务器端则使用输入流接收数据。在这个通信过程中，只有客户端向服务器端发送信息，服务器端不向客户端发送信息，这称为单向通信。

【例 18-2】使用 Socket 和 ServerSocket 类，创建客户端与服务器端的通信。

step 01　创建 Socket 客户端程序(源代码\ch18\src\TCPClient.java)。

```java
import java.net.*;
import java.io.*;
public class TCPClient{
    public static void main(String[] args) throws Exception {
        //建立客户端套接字对象socket
        Socket socket = new Socket("127.0.0.1", 6666);
        //获得字节输出流对象os
        OutputStream os = socket.getOutputStream();
        //创建套接在字节流之上的数据输出流对象dos
        DataOutputStream dos = new DataOutputStream(os);
        //当前主线程睡眠3s
        Thread.sleep(3000);
        //向输出流，写出字符串
        dos.writeUTF("你好，服务器，我是客户端!");
        //刷新缓冲区，将数据输出
        dos.flush();
        //关闭资源
        dos.close();
        socket.close();
    }
}
```

【案例剖析】

在本案例中，创建客户端套接字的对象 socket，并指定要连接的服务器端的 IP 地址和端口号。通过 socket 对象的 getOutputStream()方法获取字节输出流的对象 os，并将其作为参数来创建数据输出流的对象 dos。主线程调用 sleep()方法睡眠 3s，然后再向服务器端输出字符串数据。对象 dos 调用 flush()方法刷新缓冲区，最后再关闭所有资源。

step 02　创建 ServerSocket 服务器端程序(源代码\ch18\src\TCPServer.java)。

```java
import java.net.*;
import java.io.*;
public class TCPServer{
    public static void main(String[] args) throws Exception {
        //创建服务器端套接字对象sServer
        ServerSocket sServer = new ServerSocket(5555);
        //while 死循环
        while(true) {
            //接口客户端请求
            Socket socket = sServer.accept();
            //一个客户端连接上服务器
            System.out.println("一个客户端建立链接!");
            //获取客户端输出的数据信息，
```

```
            DataInputStream dis = new DataInputStream(socket.getInputStream());
            //打印读取的信息
            System.out.println(dis.readUTF());
            //关闭资源
            dis.close();
            socket.close();
        }
    }
}
```

【案例剖析】

在本案例中，创建服务器端套接字的对象 sServer，并指定要连接的客户端端口号。

在 while 循环中，通过 ServerSocket 类提供的 accept()方法，接受客户端的连接，并返回 Socket 类的对象 socket，并在服务器端打印一行字符串，表示服务器与客户端建立了连接。

通过 socket 对象的 getInputStream()方法获取字节输入流对象，并将其作为参数来创建数据输入流的对象 dis，对象 dis 调用 readUTF()方法读取客户端写出的数据，并在服务器端打印。最后将数据输入流关闭，客户端套接字的对象关闭。

注意

服务器端套接字的对象 sServer 不关闭。

step 03 首先运行服务器端程序 TCPServer.java，然后再运行客户端程序 TCPClient.java。运行结果如图 18-3 所示。

图 18-3 服务器端信息

18.2.5 小型聊天室

客户端与服务器端之间不仅可以进行单向通信，还可以进行双向通信。下面介绍一个客户端与服务器端进行双向通信的例子。客户端与服务器端使用 Frame 窗体，模拟一个小型的端对端的聊天室。

【例 18-3】创建小型聊天室。

step 01 创建服务器端(源代码\ch18\src\ChatServer.java)。

```
import java.net.*;
import java.util.*;
import java.io.*;
import java.awt.*;
import java.awt.event.*;
public class ChatServer extends Frame {
    //服务器端文本域
    TextArea area = new TextArea();
    //输入文本框
    TextField field = new TextField();
    //声明服务器端套接字对象
    ServerSocket server = null;
    //定义存放线程的容器
    Collection clients = new ArrayList();
    public ChatServer(int port) {
```

```java
            try {
                //创建绑定到指定端口的服务器套接字对象
                server = new ServerSocket(port);
                //与客户端建立通信连接
                connectClient();
            } catch (IOException e) {
                e.printStackTrace();
            }
        }
        //与客户端通信
        public void connectClient() {
            //设置 area 组件不可编辑
            area.setEditable(false);
            //将组件添加到窗体指定位置
            add(area, BorderLayout.CENTER);
            add(field, BorderLayout.SOUTH);
            //窗体的事件
            this.addWindowListener(new WindowAdapter() {
                //关闭窗体
                public void windowClosing(WindowEvent e) {
                    System.exit(0);
                }
            });
            //设置窗体的位置
            setBounds(0, 0, 400, 300);
            //设置窗体可见
            setVisible(true);
        }
        //启动方法
        public void startServer() {
            while (true) {
                try {
                    //获取客户端的连接套接字对象
                    Socket s = server.accept();
                    //创建线程
                    ClientConn con = new ClientConn(s);
                    //将线程添加到容器中
                    clients.add(con);
                    //在服务器端的文本域中,显示字符串
                    area.append("客户端" + s.getInetAddress() + ":" + s.getPort());
                    area.append(" 建立连接! \n");
                    //文本域事件,向指定客户端发送数据
                    field.addActionListener(new ActionListener() {
                        public void actionPerformed(ActionEvent ae) {
                            try {
                                //获取客户端输入的内容
                                String str = field.getText();
                                //输入内容是空
                                if (str.trim().length() == 0)
                                    return;//是空时,不再执行此方法
                                //输入内容不是空时,发送信息
                                con.sendStr(str);
                                //输入文本框,设置为空
                                field.setText("");
```

```java
                        //输入内容在文本域,显示
                        area.append(str + "\n");
                    } catch (Exception e) {
                        e.printStackTrace();
                    }
                }
            });
        } catch (IOException e) {
            e.printStackTrace();
        }
    }
}
//创建线程类
class ClientConn implements Runnable {
    //声明客户端套接字对象
    Socket s = null;
    //构造方法
    public ClientConn(Socket s) {
        this.s = s;
        //创建当前类线程并启动
        Thread thread = new Thread(this);
        thread.start();
    }
    //发送信息
    public void sendStr(String str) {
        try {
            //创建数据输出流对象
            DataOutputStream dos = new DataOutputStream(s.getOutputStream());
            //输出数据
            dos.writeUTF("server: "+str);
        } catch (IOException e) {
            e.printStackTrace();
        }
    }
    //线程销毁,即关闭当前客户端
    public void dispose() {
        try {
            //若客户端套接字的对象不是null
            if (s != null)
                //关闭客户端套接字对象
                s.close();
            //在容器中的删除当前线程
            clients.remove(this);
            //在文本域显示删除线程信息,即一个客户端退出
            area.append("客户端退出! \n");
        } catch (Exception e) {
            e.printStackTrace();
        }
    }
    //线程体
    public void run() {
        try {
            //数据输入流对象dis
            DataInputStream dis = new DataInputStream(s.getInputStream());
```

```
                //读取数据
                String str = dis.readUTF();
                //判断读取数据
                while (str != null && str.length() != 0) {
                    //在服务器端显示客户端数据
                    area.append(str + "\n");
                }
                    //继续读取数据
                    str = dis.readUTF();
                }
                //关闭当前线程,即客户端
                this.dispose();
            } catch (Exception e) {
                System.out.println("客户端退出!");
                this.dispose();
            }
        }
    }
    public static void main(String[] args) throws Exception {
        //创建当前类对象,并指定要连接的端口
        ChatServer server = new ChatServer(8888);
        server.setTitle("服务器端");
        //启动服务器端
        server.startServer();
    }
}
```

step 02 创建客户端(源代码\ch18\src\ChatClient.java)。

```java
import java.io.*;
import java.net.*;
import java.awt.*;
import java.awt.event.*;
public class ChatClient extends Frame {
    //显示区域
    TextArea area = new TextArea();
    //输入文本框
    TextField field = new TextField();
    //客户端指定TCP操作的套接字
    public Socket s = null;
    //类的构造方法
    public ChatClient(){
        try {
            //创建套接字对象,并将其连接到指定IP的指定端口上
            s = new Socket("127.0.0.1", 8888);
            //与服务器通信的方法
            connectServer();
            //创建自定义类的对象receive,读取数据的线程
            ReceiveThread receive = new ReceiveThread();
            //创建线程类对象thread
            Thread thread = new Thread(receive);
            //启动线程
            thread.start();
        } catch (UnknownHostException e) {
            e.printStackTrace();
```

```java
            } catch (IOException e) {
                e.printStackTrace();
            } catch (Exception e) {
                e.printStackTrace();
            }
    }
    //与服务器通信
    public void connectServer(){
        //设置area组件不可编辑
        area.setEditable(false);
        //将组件添加到窗体指定位置
        add(area, BorderLayout.CENTER);
        add(field, BorderLayout.SOUTH);
        //field文本框，添加事件监听器
        field.addActionListener(new ActionListener() {
            public void actionPerformed(ActionEvent ae) {
                try {
                    //获取客户端输入的内容
                    String str = field.getText();
                    //输入内容是空
                    if (str.trim().length() == 0)
                        return;//是空时,不再执行此方法
                    //输入内容不是空时，发送信息
                    sendStr(str);
                    //输入文本框，设置为空
                    field.setText("");
                    //输入内容在文本域，显示
                    area.append(str + "\n");
                } catch (Exception e) {
                    e.printStackTrace();
                }
            }
        });
        //窗体的事件
        this.addWindowListener(new WindowAdapter() {
            //关闭窗体
            public void windowClosing(WindowEvent e) {
                System.exit(0);
            }
        });
        //设置窗体的位置、大小
        setBounds(300, 300, 400, 300);
        //设置窗体可见
        setVisible(true);
        //设置输入框获得焦点
        field.requestFocus();
    }
    //发送信息的方法
    public void sendStr(String str) {
        try {
            //创建向服务器发送信息的数据输出流对象dos
            DataOutputStream dos = new DataOutputStream(s.getOutputStream());
            //发送数据
            dos.writeUTF("client: "+str);
```

```java
        } catch (IOException e) {
            e.printStackTrace();
        }
    }
    public void disconnect() throws Exception {
        //关闭套接字对象
        s.close();
    }
}
//创建实现 Runnable 接口的类,读取数据
class ReceiveThread implements Runnable {
    //线程体
    public void run() {
        //判断客户端套接字对象是否是 null
        if (s == null)
            return;   //是 null 时不再执行此方法
        try {
            //创建数据输入流对象 dis
            DataInputStream dis = new DataInputStream(s.getInputStream());
            //读取数据
            String str = dis.readUTF();
            //当读取的数据不是 null 时
            while (str != null && str.length() != 0) {
                //在客户端的 area 区域显示读取数据
                area.append(str + "\n");
                //继续读取数据
                str = dis.readUTF();
            }
        } catch (Exception e) {
            e.printStackTrace();
        }
    }
}

    public static void main(String[] args) {
        //创建当前类的对象
        ChatClient client = new ChatClient();
        client.setTitle("客户端");
        //读取用户在键盘输入的字符数据对象 read
        BufferedReader read = new BufferedReader(new InputStreamReader(System.in));
        try {
            //输入数据,按行读取
            String str = read.readLine();
            //输入数据不是 null 时
            while (str != null && str.length() != 0) {
                //客户端发送数据
                client.sendStr(str);
                //继续读取写入数据
                str = read.readLine();
            }
            //关闭客户的连接
            client.disconnect();
        } catch (IOException e) {
            e.printStackTrace();
        } catch (Exception e) {
```

```
                e.printStackTrace();
            }
        }
    }
}
```

step 03 先运行服务器端程序，再运行客户端程序。运行结果如图 18-4 所示。单击关闭客户端的窗体，服务器端如图 18-5 所示。

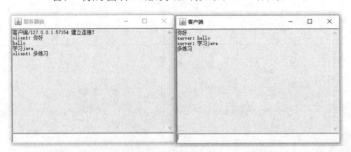

图 18-4 小型聊天室　　　　　　　　　图 18-5 服务器端

【案例剖析】

在本案例中，定义一个继承窗体的类，在类中定义了文本框和文本域，用于输入和显示通信的数据，并对文本框 field 添加操作事件监听器，用于发送通信信息，并通过 area 的 append()方法，将发送的信息在文本域显示。

具体发送信息和接收信息是通过 DataInputStream 和 DataOutputStream 数据流以及线程实现的。

18.3 UDP 网络编程

JDK1.8 API 在 java.net 包中提供了 DatagramSocket 和 DatagramPacket 类，用来支持 UDP 协议进行网络编程。DatagramSocket 类在程序间建立传送数据报的通信连接，DatagramPacket 类则用来表示一个数据报。

18.3.1 DatagramSocket 类

DatagramSocket 类是用来发送和接收数据报文的套接字，是包投递服务的发送或接收点。每个在数据报套接字上发送或接收的包都是单独编址和路由的。从一台机器发送到另一台机器的多个包可能选择不同的路由，也可能按不同的顺序到达。

DatagramSocket 类的常用构造方法如下。

(1) 构造数据报套接字并将其绑定到本地主机上任何可用的端口。语法格式如下：

```
DatagramSocket()
```

(2) 创建数据报套接字并将其绑定到本地主机上的指定端口。语法格式如下：

```
DatagramSocket(int port)
```

port：指定端口。

(3) 创建数据报套接字,将其绑定到指定的主机的指定端口上。语法格式如下:

`DatagramSocket(int port, InetAddress laddr)`

port:指定端口。

laddr:指定主机。

DatagramSocket 类的常用方法如表 18-4 所示。

表 18-4 DatagramSocket 类的常用方法

返回类型	方 法 名	说 明
void	send(DatagramPacket p)	发送数据报包
void	receive(DatagramPacket p)	接收数据报包

注意

数据报包 DatagramPacket 类的对象,使用参数 length 指定了所接收数据报的长度。在使用 receive()方法接收数据报时,如果信息数据的长度大于包的长度,该信息数据被截短,超出部分自动被丢弃。因此,接收者应提供一个有足够大缓冲空间的 DatagramPacket 类的对象,这样就会保证数据不会丢失。

18.3.2 DatagramPacket 类

DatagramPacket 类的对象是用来表示数据报文信息的。每条报文根据该包包含的信息从一台机器路由到另一台机器。从一台机器发送到另一台机器的多个包可能选择不同的路由,也可能按不同的顺序到达,不对包的投递做出保证。

发送信息时,Java 程序创建一个包含待发送信息的 DatagramPacket 类的对象,并将这个对象作为 DatagramSocket 类的 send()方法。接收信息时,Java 程序首先创建一个 DatagramPacket 类的对象,预先分配一些空间,将接收到的信息存放在该空间中,然后将该对象作为参数传给 DatagramSocket 类的 receive()方法。

DatagramPacket 类的常用构造方法如下。

(1) 创建 DatagramPacket 类的对象,用来接收长度为 length 的数据包。语法格式如下:

`DatagramPacket(byte[] buf, int length)`

buf:保存传入数据报的缓冲区。

length:要读取的字节数。

(2) 构造 DatagramPacket 类的对象,用来接收长度为 length 的包,在缓冲区中指定了偏移量。语法格式如下:

`DatagramPacket(byte[] buf, int offset, int length)`

buf:保存传入数据报的缓冲区。

length:读取的字节数。

offset:缓冲区偏移量。

(3) 构造数据报包,用来将长度为 length 的包发送到指定主机上的指定端口号。语法格式如下：

```
DatagramPacket(byte[] buf, int length, InetAddress address, int port)
```

buf：包数据。

length：包长度。

address：目的地址。

port：目的端口号。

(4) 构造数据报包，用来将长度为 length、偏移量为 offset 的包发送到指定主机上的指定端口号。语法格式如下：

```
DatagramPacket(byte[] buf, int offset, int length, InetAddress address, int port)
```

buf：包数据。

offset：包数据偏移量。

length：包数据长度。

address：目的地址。

port：目的端口号。

DatagramPacket 类的常用方法如表 18-5 所示。

表 18-5　DatagramPacket 类的常用方法

返回类型	方 法 名	说 明
void	send(DatagramPacket p)	发送数据报包
void	receive(DatagramPacket p)	接收数据报包

18.3.3　UDP 网络程序

使用 UDP 协议，在客户端与服务器端进行数据报文通信。DatagramPacket 类用来存储要进行传输的数据报文，DatagramSocket 类用来接收和发送数据报文。

【例 18-4】使用 DatagramPacket 和 DatagramSocket 类，在客户端与服务器端传输数据报文。

step 01　创建客户端程序(源代码\ch18\src\UDPClient.java)。

```java
import java.io.IOException;
import java.net.*;
public class UDPClient{
    public static void main(String args[]) {
        //定义要传输的数据报文内容
        String str = "通过 UDP 发送中文数据";
        //定义存放报文的字节数组
        byte[] buf = str.getBytes();
        try {
            //根据主机名获取套接字地址对象
            InetAddress address = InetAddress.getByName("127.0.0.1");
            //创建存放数据报文的对象 packet
```

```java
            DatagramPacket packet = new DatagramPacket(buf, buf.length,address,1234);
            //创建发生和接收数据报文的对象socket
            DatagramSocket socket = new DatagramSocket(3333);
            //发送数据报文
            socket.send(packet);
            //关闭发送数据报文的资源
            socket.close();
        } catch (UnknownHostException e) {
            e.printStackTrace();
        } catch (SocketException e) {
            e.printStackTrace();
        } catch (IOException e) {
            e.printStackTrace();
        }
    }
}
```

【案例剖析】

在本案例中,将向服务器端发送的数据报文定义为字符串格式,然后通过字符串类的 getBytes()方法转换为字节数组 buf。

通过 InetAddress 类的 getByName()方法指定要连接的主机 IP 地址,并将其作为参数传递给 DatagramPacket 类的构造方法。在 DatagramPacket 类的构造方法的参数中,指定数据报文 buf、数据报文长度、接收数据报文目的 IP 以及目的端口号,从而获得存放数据报文的对象 packet。创建发送数据报文的 DatagramSocket 类的对象 socket,通过它的 send()方法将数据报文 packet 发送至服务器。然后关闭发送数据报文对象。

step 02 创建服务器端程序(源代码\ch18\src\UDPServer.java)。

```java
import java.io.IOException;
import java.net.*;
public class UDPServer{
    public static void main(String args[]) {
        //存放数据报文的缓冲区
        byte buf[] = new byte[1024];
        //创建存放接收数据报文的对象packet
        DatagramPacket packet = new DatagramPacket(buf, buf.length);
        try {
            //创建接收数据报文的对象socket
            DatagramSocket socket = new DatagramSocket(1234);
            //死循环
            while(true){
                //接收数据报文
                socket.receive(packet);
                //将接收的数据报文,存放到字符串中
                String str = new String(buf,0,packet.getLength());
                //在服务器端,打印接收的数据报文
                System.out.println("接收数据: " + str);
            }
        } catch (SocketException e) {
            e.printStackTrace();
        } catch (IOException e) {
            e.printStackTrace();
        }
```

    }
}

【案例剖析】

在本案例中,定义字节数组 buf 并指定其大小是 1024。创建存储接收数据报文的对象 packet。创建接收数据报文的对象 socket,并指定端口号。在 while 循环中,通过 socket 对象的 receive()方法接收数据报文,并将接收到的数据报文存放到 packet 对象中。在服务器端打印接收到的数据报文。

图 18-6 服务器端信息

step 03 首先,运行服务器端程序 UDPServer.java。然后,运行客户端程序 UDPClient.java。运行结果如图 18-6 所示。

18.3.4 数据广播

单播是一对一的通信方式,广播是一个发送者多个接收者。广播 UDP 数据与单播数据主要区别是广播使用的是一个广播地址,而不是一个常规的单播 IP 地址。IPv4 的本地广播地址范围是 224.0.0.0~239.255.255.255。

DatagramSocket 只允许数据报发送到一个目的地址,java.net 包中提供的 MulticastSocket 类允许数据报以广播的方式发送给该端口的所有用户。MulticastSocket 类用在客户端是监听从服务器广播来的数据。

【例 18-5】 使用 MulticastSocket 类,实现广播通信。使同时运行的多个客户程序接收到服务器发送的相同信息,并显示在屏幕上。

step 01 创建发广播的线程类(源代码\ch18\src\MultiUDPServer.java)。

```java
import java.net.DatagramPacket;
import java.net.InetAddress;
import java.net.MulticastSocket;

public class MultiUDPServer extends Thread {
    // 设置要广播的信息
    private String weather = "广播:张杰演唱会即将开始,请收听。";
    InetAddress address = null; // 接收广播的地址
    MulticastSocket socket = null; // 声明多播类对象

    public MultiUDPServer() { // 构造方法
        try {
            // 创建广播地址
            address = InetAddress.getByName("226.255.12.0");
            // 创建多播套接字对象
            socket = new MulticastSocket(6666);
            // 通过设置多播数据报的生存事件,指定多播发送的范围,1 指数据报的生存时间
            socket.setTimeToLive(1);
            // 将指定地址加入广播组
            socket.joinGroup(address);
        } catch (Exception e) {
            e.printStackTrace();
```

```
            }
        }
        // 线程体
        public void run() {
            // 死循环
            while (true) {
                byte[] buff = weather.getBytes(); // 将广播信息转换放入字节缓冲区
                // 创建数据包对象
                DatagramPacket packet = new DatagramPacket(buff, buff.length,
                                                address, 6666);
                // 将广播信息在控制台打印
                System.out.println(new String(buff));
                try {
                    // 发送广播信息
                    socket.send(packet);
                    // 睡眠 3s
                    sleep(3000);
                } catch (Exception e) {
                    e.printStackTrace();
                }
            }
        }

        public static void main(String[] args) {
            // 创建当前类的对象
            MultiUDPServer server= new MultiUDPServer();
            server.start(); // 启动线程
        }
    }
```

运行上述程序，结果如图 18-7 所示。

【案例剖析】

在本案例中，创建继承 Thread 类的子类，在类中实现线程体方法。在类的构造方法中，创建广播地址 address；创建多播套接字的对象 socket 并指定端口号，并设置多播数据报的生存事件，从而指定广播的范围。通过 MulticastSocket 类提供的 joinGroup()方法将指定地址 address 加入广播组。

图 18-7　广播数据

在线程的 run()方法的死循环中，创建存放缓冲区数组 buf，并将广播数据放到 buf。创建数据包套接字的对象 packet，并指定数据报的内容、大小、目的地址以及目的端口号。在控制台打印要广播的内容。通过 send()方法发送数据，当前线程睡眠 3s。

最后在程序的 main()方法中，创建当前类的对象 server，并启动线程。

step 02 创建显示广播的窗体类(源代码\ch18\src\MultiUDPClient.java)。

```
import java.awt.*;
import java.awt.event.*;
import java.io.*;
import java.net.*;
import javax.swing.*;
//UDP 广播数据报，加入同一个组中的主机随时都可以接收到信息
//创建类，继承 JFrame 窗体，实现线程接口以及事件监听接口
```

```java
public class MultiUDPClient extends JFrame implements
Runnable,ActionListener{
    // 定义私类的有成员变量
    private static InetAddress group = null; // 多播组
    private JButton begin;          // 开始接收广播按钮
    private JButton stop;           // 结束广播按钮
    private JTextArea area1;        // 显示广播主题
    private JTextArea area2;        // 显示广播内容
    private Thread thread;          // 声明线程
    private MulticastSocket socket = null; // 声明多播对象
    private boolean flag = false;   // 声明是否接收数据报的标志变量，并赋值

    public MultiUDPClient() {   // 构造方法
        setTitle("广播数据");      // 设置窗体的标题
        setDefaultCloseOperation(JFrame.EXIT_ON_CLOSE); // 设置窗体可关闭
        setBounds(100, 80, 450, 420);              // 设置窗体的位置
        JPanel panel = new JPanel(new FlowLayout()); // 创建面板，并设置其布局格式
        begin = new JButton("接收数据");    // 创建按钮组件，并设置显示内容
        panel.add(begin);                   // 将按钮添加到面板
        begin.addActionListener(this);      // 按钮添加事件
        stop = new JButton("停止接收");     // 创建按钮组件，并设置显示内容
        panel.add(stop);                    // 将按钮添加到面板
        stop.addActionListener(this);       // 按钮添加事件
        // 添加面板到窗体的指定位置
        add(panel, BorderLayout.NORTH);
        // 创建面板，并设置其网格布局即一行两列
        JPanel panel1 = new JPanel(new GridLayout(1, 2));
        area1 = new JTextArea();        // 创建文本域
        area1.setLineWrap(true);        // 设置可换行
        panel1.add(area1);              // 添加到面板
        area2 = new JTextArea();        // 创建文本域
        area2.setLineWrap(true);        // 设置可换行
        panel1.add(area2);              // 添加到面板
        // 将面板添加到窗体的指定位置
        add(panel1, BorderLayout.CENTER);
        thread = new Thread(this); // 创建当前对象的线程
        validate();                // 刷新容器内组件
        try {
            // 创建广播地址对象
            group = InetAddress.getByName("226.255.12.0");
            // 创建广播类对象
            socket = new MulticastSocket(6666);
            // 使用 MulticastSocket 类提供的方法，加入多播地址
            socket.joinGroup(group);
        } catch (Exception e) {
            e.printStackTrace();
        }
    }
    @Override
    public void actionPerformed(ActionEvent e) {
        // 判断发生事件是否是开始接收组件
        if (e.getSource() == begin) {
            // 判断当前线程是否处于活动状态
            if (!thread.isAlive()) { // 若不处于活动状态
```

```java
            thread = new Thread(this);  // 创建新线程
            thread.start();  // 启动线程
            flag = false;    // 设置继续接收数据报
        }
        // 判断发生事件是否是结束接收组件
        if (e.getSource() == stop) {
            flag = true;  // 设置停止接收数据报
        }
    }
    @Override  //重写线程体
    public void run() {
        while(true){
            if(flag){  //是否接收标志,是 true 时停止接收
                break;
            }
            byte[] buff = new byte[1024];   //创建缓冲区
            DatagramPacket packet = new DatagramPacket(buff, 0, buff.length);
            //创建数据包
            try {
                //接收数据报,并将数据存储在数据包 packet 中
                socket.receive(packet);
                //将接收的数据转换为字符串
                String message = new String(packet.getData(),0,packet.getLength());
                //文本域 1 显示状态
                area1.setText("正在接收的内容: \n");
                //文本域 2 显示接收的内容
                area2.append(message+"\n");
            } catch (IOException e) {
                e.printStackTrace();
            }
        }
    }
    public static void main(String[] args) {
        // 创建当前类的对象
        MultiUDPClient client = new MultiUDPClient();
        // 设置窗体可见
        client.setVisible(true);
    }
}
```

运行接收广播的程序 MultiUDPClient.java,结果如图 18-8 所示。

【案例剖析】

在本案例中,创建继承 JFrame 窗体实现 Runnable 接口以及事件监听器的类,在类中定义私有的成员变量。

(1) 在类的构造方法中,设置窗体的标题、位置和大小以及窗体可关闭。创建两个按钮 begin 和 stop,用于开始和结束接收数据,并设置它们的显示内容。创建面板 panel 并设置面板是流布局,用于显

图 18-8 接收数据

示开始和结束按钮。

（2）创建面板 panel1 并指导它是一行两列的网格布局，创建两个文本域 area1 和 area2，通过文本域的 setLineWrap()方法设置它们内容可以自动换行，并将它们添加到 panel1 上。然后将面板 panel1 添加到窗体的指定位置 BorderLayout.CENTER。将面板 panel1 添加到窗体的 BorderLayout.NORTH。

（3）创建当前类的线程 thread 用于接收数据报。通过 validate()方法刷新容器内组件的信息。

（4）通过 InetAddress 类的静态方法 getByName()获取广播地址 group，通过 MulticastSocket 类创建指定端口号的广播套接字对象 socket，通过 joinGroup()方法加入多播地址。

（5）在类中实现事件监听器的 actionPerformed()方法。在方法中首先判断事件的操作源，如果操作源是 begin 按钮，继续判断当前线程是否处于活动状态，若处于活动状态，则启动线程，并继续接收数据；若不处于活动状态，则重新创建线程。如果操作源是 stop 按钮，则设置 flag 是 true，停止接收数据。

（6）在线程的方法体即 run()方法的死循环中，创建字节数组缓冲区 buf，大小是 1024。创建数据接收包套接字对象 packet，并指定存放接收数据的数组 buf，以及接收数据的字节数。

（7）通过 MulticastSocket 类提供的 receive()方法接收数据，并将接收的数据存放到 packet 中。通过 packet 提供的 getData()方法将接收的数据转换为字符串形式。在窗体的文本域 area1 中，显示正在接收广播；在 area2 中显示接收的广播内容。通过 flag 标志判断是否继续接收数据。

最后，在类的 main()方法中，创建当前窗体类的对象，并设置其可见。

18.4 大神解惑

小白：TCP 和 UDP 协议的区别是什么？

大神：TCP 和 UDP 的主要区别如下。

（1）TCP 是面向连接的；UDP 是无连接的，即发送数据之前不需要建立连接。

（2）TCP 提供可靠的服务，通过 TCP 连接传送的数据，无差错、不丢失、不重复且按序到达；UDP 不保证交付的可靠性。

（3）TCP 面向字节流；每一条 TCP 连接只能是点到点的；UDP 支持一对一、一对多、多对一和多对多的交互通信。

（4）TCP 首部开销 20 字节；UDP 的首部开销只有 8 个字节。

（5）TCP 逻辑通信信道是全双工的可靠信道，而 UDP 是不可靠通信信道。

18.5 跟我学上机

练习 1：编写 Java 程序，在客户端和服务器端使用 TCP 协议，传送字节流信息。

练习 2：编写 Java 程序，在客户端和服务器端使用 UDP 协议，传送数据报文信息。

第 19 章

常用工具类——API 编程技术

Java 语言中有一些常用的工具类，如 Runtime 类、日期类以及 Java 基本类型的包装类。JDK1.8 API 中的 java.lang 包、java.text 包和 java.util 包提供了常用的工具类，java.lang 包中类会自动被导入到程序中，是最常用的包。本章主要介绍 Runtime 类、Java 基本数据类型的包装、日期类以及日期的操作类。

本章要点(已掌握的在方框中打钩)

- ☐ 掌握 Runtime 类的方法的使用。
- ☐ 掌握 Java 基本数据类型的包装类。
- ☐ 掌握日期类 Date 和 Calendar 类的使用。
- ☐ 掌握日期操作类 DateFormat 和 SimpleDateFormat 的使用。

19.1 Runtime 类

Runtime 类是 JDK1.8 的 java.lang 包中提供的类，它代表 Java 程序的运行时环境，可以访问 JVM 的相关信息，如处理器数量、内存信息。

19.1.1 Runtime 类方法

Java 语言中每个应用程序都有一个 Runtime 类的实例，使应用程序能够与其运行的环境相连接。应用程序不能创建 Runtime 类的实例，但是可以通过静态方法 getRuntime()获取当前运行时应用程序的对象。

Runtime 类的常用方法如表 19-1 所示。

表 19-1 Runtime 类的常用方法

返回类型	方法名	说明
void	addShutdownHook(Thread hook)	注册新的虚拟机来关闭挂钩
int	availableProcessors()	向 Java 虚拟机返回可用处理器的数目
Process	exec(String command)	在单独的进程中执行指定的字符串命令
Process	exec(String[] cmdarray)	在单独的进程中执行指定命令和变量
Process	exec(String[] cmdarray,String[] envp)	在指定环境的独立进程中执行指定命令和变量
Process	exec(String[] cmdarray, String[] envp, File dir)	在指定环境和工作目录的独立进程中执行指定的命令和变量
Process	exec(String command,String[] envp)	在指定环境的单独进程中执行指定的字符串命令
Process	exec(String command, String[] envp, File dir)	在有指定环境和工作目录的独立进程中执行指定的字符串命令
void	exit(int status)	通过启动虚拟机的关闭序列，终止当前正在运行的 Java 虚拟机
long	freeMemory()	返回 Java 虚拟机中的空闲内存量
void	gc()	运行垃圾回收器
static Runtime	getRuntime()	返回与当前 Java 应用程序相关的运行时对象
void	halt(int status)	强行终止目前正在运行的 Java 虚拟机
void	load(String filename)	加载作为动态库的指定文件名
void	loadLibrary(String libname)	加载具有指定库名的动态库

续表

返回类型	方法名	说明
long	maxMemory()	返回 Java 虚拟机试图使用的最大内存量
boolean	removeShutdownHook(Thread hook)	取消注册某个先前已注册的虚拟机关闭挂钩
void	runFinalization()	运行挂起 finalization 的所有对象的终止方法
long	totalMemory()	返回 Java 虚拟机中的内存总量

19.1.2 内存管理

Java 语言提供了垃圾收集机制。Java 会周期性地进行垃圾收集，以便释放内存空间。也可以通过 Runtime 类提供的 gc()方法手动进行垃圾收集。

通过 Runtime 类提供的 totalMemory()方法和 freeMemory()方法，可以获取对象的堆内存的大小和剩余大小。

【例 19-1】Runtime 类的 gc()、totalMemory()和 freeMemory()方法的使用(源代码 \ch19\src\GCTest.java)。

```java
public class GCTest {
    public static void main(String[] args) {
        //获取 Runtime 对象 rt
        Runtime rt = Runtime.getRuntime();
        //定义长整型变量
        long memory = 0;
        Integer ins[] = new Integer[1000];   //创建整型数组
        System.out.println("内存容量: " + rt.totalMemory());
        //获取剩余内存
        memory = rt.freeMemory();
        System.out.println("剩余内存: " + memory);
        //垃圾回收
        rt.gc();
        //获取剩余内存
        memory = rt.freeMemory();
        System.out.println("垃圾回收后，剩余内存: " + memory);
    }
}
```

运行上述程序，结果如图 19-1 所示。

【案例剖析】

在本案例中，定义一个长整型变量 memory，整数型数组 ins。通过 Runtime 类的静态方法 getRuntime()获取类的对象 rt。通过调用 Runtime 类的 totalMemory()方法获取内存的大小，freeMemory()方法获取剩余内存大小，并将内存大小信息在控制台打印。调用 Runtime 类的 gc()方法手动进行垃圾回收。再获取内存的剩余大小，并在控制台打印。

图 19-1 内存管理

19.1.3 ecec()方法

Runtime 类提供的 ecec()方法，有多种形式命名要运行的程序和它的输入参数。ecec()方法返回一个 Process 对象，可以使用这个对象控制 Java 程序与新运行的进程进行交互。ecec()方法依赖于环境。

【例 19-2】使用 ecec()方法的，打开 Windows 的计算器。该程序必须在 Windows 操作系统上运行(源代码\ch19\src\EcecTest.java)。

```java
public class EcecTest {
    public static void main(String args[]) {
        //获取 Runtime 类对象
        Runtime rt = Runtime.getRuntime();
        //声明进程类的对象
        Process pro = null;
        try {
            //windows 中的计算器的英文名是 calc
            //打开计算器，并赋值给进程 pro
            pro = rt.exec("calc");
            //等待子进程结束，即等待计算器这个进程关闭
            pro.waitFor();
        } catch (Exception e) {
            System.out.println("退出异常");
        }
        //pro 进程结束后，打印信息
        System.out.println("关闭 " + pro.exitValue());
    }
}
```

运行上述程序，结果如图 19-2 所示。

【案例剖析】

在本案例中，使用 ecec()方法启动 windows 的计算器 calc，ecec()方法返回 Process 类的对象 pro，打开 calc 后可以使用 Process 类的方法。使用 destroy()方法杀死子进程，waitFor()方法等待程序直到子进程结束，exitValue()方法返回子进程结束时返回的值。如果没有错误，将返回 0，即正常终止，否则返回非 0。

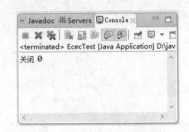

图 19-2 ecec()方法的使用

 注意

当子进程正在运行时，可以对标准输入输出进行读写。getOutputStream()方法和 getInPutStream()方法返回对子进程的标准输入和输出。

19.2 包 装 类

Java 语言是面向对象的语言，但是它的基本数据类型不是面向对象的。因此，Sun 公司在 JDK API 中为每种基本数据类型提供了一个对应的代表类，这些类统称为包装类。

19.2.1 基本数据类型的包装类

Java 语言中的 8 种基本数据类型对应 8 种包装类,包装类的作用是方便开发人员将基本类型的数据以对象的方式来操作处理。

基本数据类型与包装类的对应关系如表 19-2 所示。

表 19-2 基本数据类型与包装类

基本数据类型	包 装 类
byte(字节)	java.lang.Byte
char(字符)	java.lang.Character
short(短整型)	java.lang.Short
int(整型)	java.lang.Integer
long(长整型)	java.lang.Long
float(单精度浮点型)	java.lang.Float
double(双精度浮点型)	java.lang.Double
Boolean(布尔型)	java.lang.Boolean

19.2.2 Boolean 类

在 Java 语言中,Boolean 类是 boolean 类型的封装类,当通过引用传递布尔变量时,一般使用 Boolean。Boolean 类有 3 个常量,即 TRUE、FALSE 和表示布尔类型 Class 实例的 TYPE 常量。

1. Boolean 类的构造方法

Boolean 的构造方法有两种形式,具体如下。
(1) 创建一个值是 b 的 Boolean 对象:

```
Boolean(Boolean b)
```

(2) 创建一个值是 s 的 Boolean 对象:

```
Boolean(String s)
```

注意　如果 String 参数不为 null 且在忽略大小写时等于 true 或 false,则分配一个布尔类型的 Boolean 对象。

2. Boolean 类的常用方法

Boolean 类提供了常用的方法,如表 19-3 所示。

表 19-3 Boolean 类的常用方法

返回类型	方 法 名	说 明
boolean	booleanValue()	将 Boolean 对象的值作为布尔值返回
int	compareTo(Boolean b)	将 Boolean 对象与其他对象进行比较
Huoqu	equals(Object obj)	当且仅当 obj 不是 null，而是一个 Boolean 值的 boolean 对象时，返回 true
static boolean	getBoolean(String str)	当且仅当以 str 命名的系统属性存在，且等于"true"字符串时，返回 true
int	hashCode()	返回 Boolean 对象的哈希码
static boolean	parseBoolean(String s)	将字符串参数解析为 boolean 值
String	toString()	以 String 形式返回布尔值
static Boolean	valueOf(String s)	返回一个用指定的字符串表示值的 Boolean 值

【例 19-3】Boolean 类的使用(源代码\ch19\src\BooleanTest.java)。

```java
public class BooleanTest {
    public static void main(String[] args) {
        //创建 Boolean 对象
        Boolean b1 = new Boolean(false);
        Boolean b2 = new Boolean("true");
        //Boolean 类的方法
        System.out.println("哈希码："+ b1.hashCode());
        System.out.println("b1 与 b2 比较："+b1.compareTo(b2));
        System.out.println("获取指定字符串的布尔值："+ Boolean.getBoolean("true"));
        System.out.println("将字符串转换为布尔类型：" + Boolean.parseBoolean("flase"));
        System.out.println("字符串转换为布尔值："+ Boolean.valueOf("false"));
        //Boolean 类的常量
        System.out.println("TRUE 常量值："+ Boolean.TRUE);
        System.out.println("FLASE 常量值："+ Boolean.FALSE);
        System.out.println("TYPE 值："+ Boolean.TYPE);
    }
}
```

运行上述程序，结果如图 19-3 所示。

【案例剖析】

在本案例中，将 boolean 类型和 String 类型值作为参数创建 Boolean 类型的对象 b1 和 b2。调用 Boolean 类的 hashCode()方法获取对象 b1 的哈希码；b1 调用 compareTo() 方法与 b2 做比较，返回 -1；调用 getBoolean()、parseBoolean()和 valueOf()方法返回字符串的布尔值。通过 Boolean 类获取它的常量表示的值，并在控制台打印。

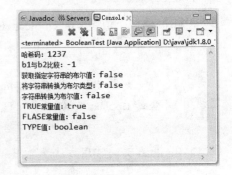

图 19-3 Boolean 类

使用 compareTo()方法做比较时,例如 b1.compareTo(b2)。如果对象 b1 与参数 b2 表示的布尔值相同,则返回零;如果此对象 b1 表示 true,参数 b2 表示 false,则返回一个正值;如果此对象 b1 表示 false,参数 b2 表示 true,则返回一个负值。

19.2.3 Character 类

在 Java 语言中,Character 类是 char 类的简单包装类,它提供了可以将字符当作对象来处理的一些方法。

1. Character 类的构造方法

Character 类的构造方法只有一种形式,它的语法格式如下。
创建一个 Character 类的对象,表示指定的 char 值:

```
Character(char value)
```

value:指定 char 值。

2. Character 类的常用方法

Character 类的常用方法如表 19-4 所示。

表 19-4　Character 类的常用方法

返回类型	方 法 名	说　明
char	charValue()	返回此 Character 对象的值
int	compareTo(Character another)	根据数字比较两个 Character 对象
boolean	equals(Object obj)	将此对象与指定对象比较
static boolean	isDefined(char ch)	确定字符是否被定义为 Unicode 中的字符
static boolean	isDigit(char ch)	确定指定字符是否为数字
static boolean	isLetter(char ch)	确定指定字符是否为字母
static boolean	isLetterOrDigit(char ch)	确定指定字符是否为字母或数字
static boolean	isLowerCase(char ch)	确定指定字符是否为小写字母
static boolean	isUpperCase(char ch)	确定指定字符是否为大写字母
static char	toLowerCase(char ch)	使用取自 UnicodeData 文件的大小写映射信息将字符参数转换为小写
static char	toUpperCase(char ch)	使用取自 UnicodeData 文件的大小写映射信息将字符参数转换为大写

3. Character 类的常量

Character 类提供了一些常用的常量,主要有如下几个。
(1) MAX_RADIX。
与字符串互相转换的最大基数。

(2) MIN_RADIX。

与字符串互相转换的最小基数。

(3) MAX_VALUE。

char 类型表示的最大字符值，即'\uFFFF'。

(4) MIN_VALUE。

char 类型表示的最小字符值，即 '\u0000'。

(5) TYPE。

表示基本类型 char 的 Class 实例。

【例 19-4】 Character 类的使用(源代码\ch19\src\CharacterTest.java)。

```java
public class CharacterTest {
    public static void main(String[] args){
        //创建Character类的对象c1
        Character c1 = new Character('A');
        //Character类的常用方法
        char c = '5'; //定义一个字符
        System.out.print("字符c的值是否是数字：");
        if(Character.isDigit(c)){   //判断字符c是否是数字
            System.out.print("是数字");
        }else{
            System.out.print("不是数字");
        }
        System.out.println();
        //将字符d值转换为大写字母
        System.out.println("字符d转换为大写: " + Character.toUpperCase('d'));
        //将字符R值转换为小写字母
        System.out.println("字符R转换为小写: " +Character.toLowerCase('R'));
        //Character类的常量
        System.out.println("最大基数: " + Character.MAX_RADIX);//最大基数
        System.out.println("最小基数: " + Character.MIN_RADIX);//最小基数
        System.out.println("最大字符: " + Character.MAX_VALUE);//最大值
        System.out.println("最小字符: " + Character.MIN_VALUE);//最小值
        System.out.println("字符的Class类实例: " + Character.TYPE);//字符的Class实例
    }
}
```

运行上述程序，结果如图 19-4 所示。

【案例剖析】

在本案例中，按照指定的字符创建 Character 类的对象 c。通过 Character 类提供的 isDigit()方法判断指定字符是否是数值；toUpperCase()方法和 toLowerCase()方法将指定字符转换为大写和小写。通过 Character 类的常量获取字符的最大基数、最小基数、最大值、最小值和字符的 Class 实例。

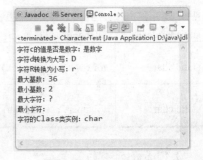

图 19-4　Character 类

19.2.4　整型包装类

在 Java 语言中，有 4 种基本整数类型，即 byte、short、int 和 long，它们对应的包装类分别是 Byte、Short、Integer 和 Long。一般是通过数值或字符串的方式创建这些类的对象。下面以 Integer 类为例,介绍整型包装类的使用,其他请参照 JDK1.8 API 帮助文当。

1. Integer 类的构造方法

Integer 类的构造方法,主要有以下两种形式。

(1) 创建一个 Integer 对象,表示指定的 int 值。语法格式如下:

```
Integer(int value)
```

(2) 创建一个 Integer 对象,表示 String 参数指示的 int 值。语法格式如下:

```
Integer(String s)
```

2. Integer 类的常用方法

Integer 类提供了许多与 int 操作相关的方法,如表 19-5 所示。

表 19-5 Integer 类的常用方法

返回类型	方 法 名	说 明
byte	byteValue()	以 byte 类型返回 Integer 的值
short	shortValue()	以 short 类型返回 Integer 的值
int	int intValue()	以 int 类型返回 Integer 的值
long	longValue()	以 long 类型返回 Integer 的值
float	floatValue()	以 float 类型返回 Integer 的值
double	doubleValue()	以 double 类型返回 Integer 的值
int	compareTo(Integer another)	以数字形式,比较两个 Integer 对象
boolean	equals(Object obj)	比较对象的大小
static int	parseInt(String s)	将字符串转换为整数
String	toString()	以 String 形式返回 Integer 的值
static Integer	valueOf(String s)	返回保存指定的 String 的值的 Integer 对象
int	hashCode()	返回 Integer 的哈希码

3. Integer 类的常量

Integer 类的常量主要有 4 个,具体如下。

(1) MAX_VALUE。
值为 $2^{31}-1$ 的常量,表示 int 类型能够表示的最大值。

(2) MIN_VALUE。
值为 -2^{31} 的常量,表示 int 类型能够表示的最小值。

(3) SIZE。
以二进制补码的形式,表示 int 值的 bit 位数。

(4) TYPE。
表示基本类型 int 的 Class 实例。

【例 19-5】Integer 包装类的使用(源代码\ch19\src\IntegerTest.java)。

```java
public class IntegerTest {
    public static void main(String[] args) {
        //创建 Integer 类对象
        Integer i1 = new Integer(12) ;
        Integer i2 = new Integer("123");
        //Integer 类的方法
        String str = "269";
        int i3 = Integer.parseInt(str);//将字符串转换为整数类型
        System.out.println("String 转换为 int: " + i3);
        //将字符串转换为 Integer 对象
        Integer i4 = Integer.valueOf(str);
        System.out.println("String 转换为 Integer: " + i4);
        int i5 = 856;
        String s = Integer.toString(i5);//将整数转换为字符串
        System.out.println("int 转换为 String: " + s);
        //将整数转换为 Integer 对象
        Integer i6 = Integer.valueOf(i5);
        System.out.println("int 转换为 Integer: " + i6);
        //Integer 类的常量
        System.out.println("Integer 的最大值: " + Integer.MAX_VALUE);
        System.out.println("Integer 的最小值: " + Integer.MIN_VALUE);
        System.out.println("Integer 的 size: " + Integer.SIZE);
        System.out.println("Integer 的 type: " + Integer.TYPE);
    }
}
```

运行上述程序，结果如图 19-5 所示。

【案例剖析】

在本案例中，分别使用数值和字符串作为参数创建 Integer 类的对象 i1 和 i2。使用 Integer 类提供的 parseInt()方法将字符串转换为 int 类型，使用 valueOf()方法将字符串、int 型数据转换为 Integer 类型，使用 toString()方法将 int 型数值转换为 String 类型。使用 Integer 类提供的 4 种常量，打印 Integer 表示的最大值、最小值、bit 位数及 Class 实例。

图 19-5　Integer 类

在将字符串转换为 int 类型数值时，若字符串中有非数值字符，则会出现异常。

19.2.5　Double 和 Float 类

在 Java 语言中，Double 和 Float 分别是 double 和 float 类型的包装类，它们提供了许多与 String 类型进行相互转换的方法。

1. Double 和 Float 类的构造方法

(1) 创建一个值是 double 的 Double 类对象。语法格式如下：

`Double(double value)`

(2) 创建一个 Double 对象，它的值是字符串表示的 double 类型的值 s。语法格式如下：

`Double(String s)`

(3) 创建一个 Float 对象，由参数 double 转换为 Float 对象的值。语法格式如下：

`Float(double value)`

(4) 创建一个 Float 对象，并指定它的值。语法格式如下：

`Float(float value)`

(5) 创建一个 Float 对象，它表示用字符串表示的 float 类型的浮点值。语法格式如下：

`Float(String s)`

2. Double 和 Float 类的常用方法

Double 类和 Float 类提供常用的方法功能类似，这里以 Float 为例，介绍 Float 类提供的常用方法，如表 19-6 所示。

表 19-6 Float 类的常用方法

返回类型	方 法 名	说　明
byte	byteValue()	以 byte 类型返回 Float 的值
float	floatValue()	以 float 类型返回 Integer 的值
double	doubleValue()	以 double 类型返回 Integer 的值
int	compareTo(Float f)	比较两个 Float 对象所表示的数值
static int	compare(float f1, float f2)	比较两个指定的 float 值
boolean	isNaN()	如果 Float 值是一个非数字(NaN)值，则返回 true，否则返回 false
static boolean	isNaN(float v)	如果指定的数是一个非数字(NaN)值，则返回 true，否则返回 false
boolean	isInfinite()	如果 Float 值的大小是无穷大，则返回 true，否则返回 false
static boolean	isInfinite(float v)	如果指定数的数值是无穷大，则返回 true，否则返回 false
static float	parseFloat(String s)	返回一个新的 float 值，该值被初始化为用指定 String 表示的值，这与 Float 类的 valueOf 方法一样
static Float	valueOf(String s)	返回保存用参数字符串 s 表示的 float 值的 Float 对象

3. Double 和 Float 类的常量

Double 类和 Float 类中都定义了一些常用的常量，如表 19-7 所示。

表 19-7 Double 类和 Float 类的常量

常 量 名	说 明	常 量 名	说 明
MAX_EXPONENT	表示的最大指数值	MIN_EXPONENT	表示的最小指数值
MAX_VALUE	最大正数值	MIN_VALUE	最小正数值
MIN_NORMAL	最小正标准值的常量	NaN	表示非数字
POSITIVE_INFINITY	正无穷大值	NEGATIVE_INFINITY	负无穷大值
SIZE	被封装的值的 bit 数	TYPE	double 或 float 的 Class 对象

【例 19-6】Float 类和 Double 类的使用(源代码\ch19\src\FloatTest.java)。

```java
public class FloatTest {
    public static void main(String[] args) {
        //创建 Double 类的对象
        Double d1 = new Double(1.23511);
        Double d2 = new Double("2.245687952");
        System.out.println("d1 = " + d1 + "; d2 = " + d2);
        //创建 Float 类的对象
        Float f1 = new Float(d1);
        Float f2 = new Float(12.351);
        Float f3 = new Float("0.124");
        System.out.println("f1 = " + f1 + "; f2 = " + f2 + "; f3 = " + f3);
        //Float 与 Double 常用方法
        System.out.println("d1 与 d2 比较：" + d1.compareTo(d2));  //d1 与 d2 比较
        System.out.println("f1 与 f2 比较：" + f2.compareTo(f3));  //f2 与 f3 比较
        if(d1.isNaN()&&f1.isNaN()){
            System.out.println("d1 和 f1 都是数值。" );  //判断 d1 与 f1 都是数值
        }
        float f4 = Float.parseFloat("12.55");  //将字符串转换为 float 类型
        System.out.println("String 转换为 float: " + f4);
        Float f5 = Float.valueOf("32.222");   //将字符串转换为 Float 类型
        System.out.println("String 转换为 Float: " + f5);
        double d3 = Double.parseDouble("12.553221");  //将字符串转换为 double 类型
        System.out.println("String 转换为 double: " + d3);
        Double d4 = Double.valueOf("32.22224566");   //将字符串转换为 Double 类型
        System.out.println("String 转换为 Double: " + d4);
        //常量
        System.out.println("Float 的最大基数: "+ Float.MAX_EXPONENT);  //最大基数
        System.out.println("Double 的最大基数: "+ Double.MAX_EXPONENT);
        System.out.println("Float 的最大值: "+ Float.MAX_VALUE);  //最大值
        System.out.println("Double 的最大值: "+ Double.MAX_VALUE);
        System.out.println("Float 的正无穷大: "+ Float.POSITIVE_INFINITY);
        //正无穷大
        System.out.println("Double 的正无穷大: "+ Double.POSITIVE_INFINITY);
        System.out.println("Float 的位数: "+ Float.SIZE);  //bit 位数
        System.out.println("Double 的 Class 实例: "+ Double.TYPE);  //Class 实例
    }
}
```

运行上述程序，结果如图 19-6 所示。

【案例剖析】

在本案例中，创建 Double 和 Float 包装类的对象，并举例说明它们提供的 isNaN()、compareTo()、parseFloat()、parseDouble()和 valueOf()方法的使用。使用 Float 类和 Double 类提供的常量，在控制台输出它们的 bit 位数、Class 实例、正无穷大值、最大基数以及所能表示的最大值。

图 19-6　浮点类

19.3　日期操作类

在 Java 语言中，提供了 Date 类和 Calendar 类来获取日期和时间，它们在 JDK 1.8 API 的 java.util 包中。

19.3.1　Date 类

Date 类是日期和时间的系统信息的封装。java.util 包和 java.sql 包下都有一个 Date 类，但是 java.sql 包下的 Date 类是针对 SQL 语句使用的，只有日期没有时间部分，java.util 中的 Date 类是在除了 SQL 语句的情况下使用。

1．构造方法

(1) 创建 Date 类的对象并初始化，表示分配它的时间(精确到毫秒)。语法格式如下：

`Date()`

(2) 创建 Date 类的对象并初始化，参数 date 表示从 1970 年 1 月 1 日 00:00:00 GMT 以来指定的毫秒数。语法格式如下：

`Date(long date)`

2．常用方法

Date 类提供了与日期和时间有关的方法，创建 Date 类的对象后，可以调用这些方法。这些方法如表 19-8 所示。

表 19-8　Date 类的常用方法

返回类型	方　法　名	说　明
boolean	after(Date d)	测试日期是否在指定日期 d 之后
boolean	before(Date d)	测试日期是否在指定日期 d 之前
int	compareTo(Date anotherDate)	比较两个日期的顺序
void	setTime(long time)	设置 Date 对象，以表示 1970 年 1 月 1 日 00:00:00 GMT 以后 time 毫秒的时间点

【例 19-7】 Date 类的使用(源代码\ch19\src\DateTest.java)。

```java
import java.util.Date;
public class DateTest {
    public static void main(String[] args) {
        Date d1 = new Date(); //创建当前日期和时间
        System.out.println("当前日期: " + d1.toString());
        Date d2 = new Date(800000);//指定一个long值
        System.out.println("自1970年1月1日0点800000ms后的日期: " + d2.toString());
        System.out.println("d1与d2比较: " + d2.compareTo(d1)); //比较两个日期顺序
        System.out.println("当前日期距1970年1月1日0点: " + d1.getTime() + "毫秒");
        if(d1.after(d2)){
            System.out.println("日期d1在日期d2之后");
        }else{
            System.out.println("日期d1在日期d2之前");
        }
    }
}
```

运行上述程序，结果如图 19-7 所示。

图 19-7　Date 类

【案例剖析】

在本案例中，创建无参数的当前日期类的对象 d1，创建指定 long 类型参数的日期类的对象 d2，d2 表示自 1970 年 1 月 1 日 0 点开始加上指定参数后的日期。

通过 Date 类的 compareTo()方法比较两个日期的顺序，如果 d1 等于 d2，则返回值 0；如果 d2 在 d1 之前，则返回大于 0 的值；如果 d2 在 d1 之后，则返回小于 0 的值。通过 Date 类的 getTime()方法获取当前日期对象 d1 距离 1970 年 1 月 1 日的毫秒数。通过 Date 类的 after()方法判断日期对象 d1 是否在日期 d2 之后。

19.3.2　Calendar 类

Calendar 类的对象根据默认的日历系统来解释 Date 类的对象。Calendar 类提供了获取和设置日期与时间的字段和方法，也可以在指定日期基础上增加或减少时间值。

1. 创建 Calendar 对象

Calendar 类是一个抽象类，不能使用 new 关键字创建对象，通过静态方法 getInstance()获取类的一个通用对象。创建 Calendar 类的对象的格式如下：

```
Calendar c = Calendar.getInstance();
```

2. 常用方法

Calendar 类提供了一些用来处理日期和时间的方法，如表 19-9 所示。

表 19-9　Calendar 类的常用方法

常　量	方　法　名	说　明
abstract void	add(int field, int amount)	根据日历的规则，为给定的日历字段添加或减去指定的时间量
boolean	after(Object when)	判断 Calendar 表示的时间是否在指定 Object 表示的时间之后，返回判断结果
boolean	before(Object when)	判断 Calendar 表示的时间是否在指定 Object 表示的时间之前，返回判断结果
int	get(int field)	返回给定日历字段的值
int	getActualMaximum(int field)	给定 Calendar 的时间值，返回指定日历字段可能拥有的最大值
Int	getActualMinimum(int field)	给定 Calendar 的时间值，返回指定日历字段可能拥有的最小值
int	getFirstDayOfWeek()	获取一星期的第一天
long	getTimeInMillis()	返回 Calendar 的时间值，单位是毫秒
abstract void	roll(int field, boolean up)	在给定的时间字段上添加或减去(上/下)单个时间单元，不更改更大的字段
void	roll(int field, int amount)	向指定日历字段添加指定时间量，不更改更大的字段
void	set(int field, int value)	将给定的日历字段设置为给定值
void	set(int year, int month, int date)	设置 YEAR、MONTH 和 DAY_OF_MONTH 值
void	setFirstDayOfWeek(int value)	设置一星期的第一天是哪一天
Date	getTime()	返回表示 Calendar 时间值的 Date 对象
void	setTime(Date date)	使用给定的 Date 设置 Calendar 的时间

3. 常量

Calendar 类中定义了许多常量，分别表示不同的意义，如表 19-10 所示。

表 19-10　Calendar 类的常用常量

常　量	说　明	常　量	说　明
YEAR	年份	DAY_OF_MONTH	一月中的某天
MONTH	月份	DAY_OF_WEEK	指示一个星期中的某天
DATE	日期	DAY_OF_YEAR	当前年中的天数
HOUR	小时	WEEK_OF_MONTH	当前月中的星期数
MINUTE	分钟	WEEK_OF_YEAR	当前年中的星期数
SECOND	秒	HOUR_OF_DAY	一天中的小时

【例 19-8】 Calendar 类的使用(源代码\ch19\src\CalendarTest.java)。

```java
import java.util.Calendar;
import java.util.Date;
public class CalendarTest {
    public static void main(String[] args) {
        //创建 Calendar 类的实例
        Calendar calendar = Calendar.getInstance();
        //设置 Calendar 的时间
        calendar.setTime(new Date());
        System.out.println("当前日期是: " + new Date());
        int year = calendar.get(Calendar.YEAR);              //获取年
        int month = calendar.get(Calendar.MONTH);            //月份
        int day = calendar.get(Calendar.DAY_OF_MONTH);       //月份的第几天
        int week = calendar.get(Calendar.DAY_OF_WEEK);       //星期几
        System.out.println("当前日期是: " + year + "年" + (month+1) + "月" +
                            day + "日，星期" + (week-1));
        //从 1970 年至 2017 年的毫秒数
        long year2017 = calendar.getTimeInMillis();
        //设置年月日
        calendar.set(1987, 6, 19);//与真实的月份之间相差 1
        //获取 1970 年至 1987 年的毫秒数
        long year1987 = calendar.getTimeInMillis();
        //计算 2017—1987 相隔多少天
        long days = (year2017 - year1987) / (1000 * 60 * 60 * 24);
        System.out.println("今天与 1987 年 7 月 19 日相隔" + days + "天。");
        // 获取 1987.7.19 是一年中的第多少天
        System.out.println("一年中的第" + calendar.get(Calendar.DAY_OF_YEAR) + "天");
        // 7 月 19 日是 7 月中的第几天
        System.out.println("这一天是 7 月的第" + calendar.get(Calendar.DAY_OF_MONTH)
+ "天");
        //19 日是星期几
        System.out.println("这一天是星期" +
calendar.get(Calendar.DAY_OF_WEEK));
    }
}
```

运行上述程序，结果如图 19-8 所示。

【案例剖析】

在本案例中，通过 getInstance() 方法获取 Calendar 类的实例。通过类的 setTime()方法将当前系统日期赋值给 calendar。通过 Calendar 类提供的字段常量获取当前日期的年份、月份、当前月份的第几天以及星期几，并在控制台打印。

图 19-8 Calendar 类

19.3.3 DateFormat 类

在 Java 语言中，提供了将日期/时间转换为预先定义的格式的类，最常用的类是 DateFormat 类和 SimpleDateFormat 类。

DateFormat 类在 java.text 包下，它是一个抽象类，通过 getDateInstance()方法获取类的对

象。DateFormat 类提供了许多方法，常用的格式化方法有 format()和 parse()。

1. getDateInstance()方法

getDateInstance()方法有以下几种重载形式。
(1) 获取 DateFormat 类的对象，默认格式化风格。语法格式如下：

```
static DateFormat getDateInstance()
```

(2) 获取 DateFormat 类的对象，指定格式化风格。语法格式如下：

```
static DateFormat getDateInstance(int style)
```

(3) 获取 DateFormat 类的对象，指定语言环境的指定格式化风格。语法格式如下：

```
static DateFormat getDateInstance(int style, Locale aLocale)
```

2. format()方法

format()方法将指定的 Date 格式化为指定风格的日期/时间，并以字符串的形式返回。

3. parse()方法

parse()方法将输入的特定字符串转换为 Date 类的对象。具体介绍如下：
(1) 从指定字符串的开始位置，将其转换为 Date 类型。语法格式如下：

```
Date parse(String source)
```

(2) 从指定的位置，将字符串转换为 Date 类型。语法格式如下：

```
abstract Date parse(String source, ParsePosition pos)
```

【例 19-9】格式化日期 DateFormat 类的使用(源代码\ch19\src\DateFormatTest.java)。

```java
import java.text.DateFormat;
import java.text.ParseException;
import java.util.Date;
public class DateFormatTest {
    public static void main(String[] args) {
        //创建当前日期
        Date date = new Date();
        //获取默认格式化类的对象
    DateFormat df1 = DateFormat.getDateInstance(DateFormat.DEFAULT);
        DateFormat df2 = DateFormat.getDateInstance(DateFormat.FULL);
        DateFormat df3 = DateFormat.getDateInstance(DateFormat.SHORT);
        DateFormat df4 = DateFormat.getDateInstance(DateFormat.LONG);
        DateFormat df5 = DateFormat.getDateInstance(DateFormat.MEDIUM);
        System.out.println("DEFAULT 风格: " + df1.format(date));
        System.out.println("FULL 风格: " + df2.format(date));
        System.out.println("SHORT 风格: " + df3.format(date));
        System.out.println("LONG 风格: " + df4.format(date));
        System.out.println("MEDIUM 风格: " + df5.format(date));
        try {
            //字符串日期，其格式是 df1 格式化时默认的格式
            String str = "2017-5-6";
            //使用默认格式，将字符串转换为 Date
```

```
            Date d = df1.parse(str);
            //打印 Date
            System.out.println("字符串格式转换为 Date 类型：");
            System.out.println(d);
        } catch (ParseException e) {
            e.printStackTrace();
        }
    }
}
```

运行上述程序，结果如图 19-9 所示。

【案例剖析】

在本案例中，通过 DateFormat 类的 getDateInstance() 方法获取格式转换类的对象 df1 和 df2，df1 是使用默认格式转换日期，df2 是使用 DateFormat.FULL 格式转换日期。使用 DateFormat 类提供的 format() 方法将 Date 类型的日期转换为 String 类型。通过 DateFormat 类提供的 parse() 方法将 String 类型的日期转换为 Date 类型。

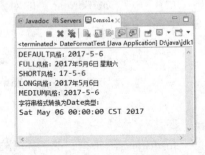

图 19-9　DateForamt 类

 String 指定的字符串日期格式必须与 DateFormat 提供的转换风格相对应。

19.3.4　SimpleDateFormat 类

DateFormat 格式化日期并不方便开发人员的使用，因此 JDK 1.8 提供了 DateFormat 类的子类 SimpleDateFormat 类，它是一个格式化和解析日期的实现类。

1. 构造方法

SimpleDateFormat 类是 DateFormat 类的一个实现类，因此可以使用 new 关键字创建对象。它常用的构造方法有 3 种，具体介绍如下。

(1) 使用默认的模式和默认语言环境的日期格式符号，创建 SimpleDateFormat 对象。语法格式如下：

```
SimpleDateFormat()
```

(2) 使用给定的模式和默认语言环境的日期格式符号，创建 SimpleDateFormat 对象。语法格式如下：

```
SimpleDateFormat(String pattern)
```

(3) 使用给定的模式和给定语言环境的默认日期格式符号，创建 SimpleDateFormat 对象。语法格式如下：

```
SimpleDateFormat(String pattern, Locale locale)
```

2. format()方法

SimpleDateFormat 类提供了多个方法，其中最常用的是 format()方法，它可以用来格式化日期。

3. SimpleDateFormat 类提供字母

在 SimpleDateFormat 类中，提供了许多指定日期/时间格式时会用到的字母，常用字母以及说明如表 19-11 所示。

表 19-11 SimpleDateFormat 类中的常用字母及说明

字 母	说 明
y	年份，一般使用 yyyy 表示 4 位的年份
M	月份，一般使用 MM 表示月份
D	年中的天数，使用 D 表示
d	月份中的天数，一般用 dd 表示
F	月份中的星期
E	星期几
H	一天中的小时数(0～23)，一般用 HH 表示
h	一天中的小时数(1～12)，一般用 hh 表示
m	分钟数，一般用 mm 表示
s	秒数，一般用 ss 表示

【例 19-10】格式化日期的 SimpleDateFormat 类(源代码\ch19\src\SimpleTest.java)。

```
import java.text.SimpleDateFormat;
import java.util.Date;
public class SimpleTest {
    public static void main(String[] args) {
        //创建格式化日期类的对象 sdf
        SimpleDateFormat sdf = new SimpleDateFormat("yyyy-MM-dd HH:mm:ss");
        //将指定的当前日期转换为字符串类型
        String date = sdf.format(new Date());
        System.out.println("当前日期: " + date);
    }
}
```

运行上述程序，结果如图 19-10 所示。

【案例剖析】

在本案例中，创建格式化日期的 SimpleDateFormat 类的对象 sdf，并使用类提供的字母指定转换日期的格式。使用 SimpleDateFormat 类提供的 format()方法，将新创建的日期转换为指定格式，并以字符串形式返回。

图 19-10 SimpleDateFormat 类

19.4 数 学 类

数学类 Math 在 JDK 1.8 API 的 java.lang 包中，它包含 E 和 PI 两个静态常量，以及进行科学计算的类(static)方法，可以直接通过类名调用。

Math 类的常用方法如表 19-12 所示。

表 19-12 Math 类的常用方法

返回类型	方 法 名	说　明
static double	abs(double a)	返回 double 值的绝对值
static double	acos(double a)	返回一个值的反余弦；返回的角度范围在 0.0 到 pi 之间
static double	asin(double a)	返回一个值的反正弦；返回的角度范围在 –pi/2 到 pi/2 之间
static double	atan(double a)	返回一个值的反正切；返回的角度范围在 –pi/2 到 pi/2 之间
static double	cbrt(double a)	返回 double 值的立方根
static double	ceil(double a)	返回最小的(最接近负无穷大)double 值，该值大于等于参数，并等于某个整数
static double	cos(double a)	返回角的三角余弦
static double	exp(double a)	返回欧拉数 e 的 double 次幂的值
static double	floor(double a)	返回最大的(最接近正无穷大)double 值，该值小于等于参数，并等于某个整数
static double	log(double a)	返回 double 值的自然对数(底数是 e)
static double	max(double a,double b)	返回两个 double 值中较大的一个
static double	min(double a, double b)	返回两个 double 值中较小的一个
static double	random()	返回带正号的 double 值，该值大于等于 0.0 且小于 1.0
static double	rint(double a)	返回最接近参数并等于某一整数的 double 值
static long	round(double a)	返回最接近参数的 long

【例 19-11】Math 类常用方法的使用(源代码\ch19\src\MathTest.java)。

```
public class MathTest {
    public static void main(String args[]){
/**
        * abs 求绝对值
        */
        System.out.println("abs(-9.4)方法: " + Math.abs(-9.4)); //9.4
        System.out.println("abs(9.1)方法: " + Math.abs(9.1));   //9.1
/**
        * ceil: 返回大的值，注意一些特殊值
        */
        System.out.println("ceil(-10.1)方法: " + Math.ceil(-10.1)); //-10.0
        System.out.println("ceil(10.7)方法: " + Math.ceil(10.7));   //11.0
        System.out.println("ceil(-0.7)方法: " + Math.ceil(-0.7));   //-0.0
        System.out.println("ceil(0.0)方法: " + Math.ceil(0.0));     //0.0
```

```java
        System.out.println("ceil(-0.0)方法: " + Math.ceil(-0.0));    //-0.0
        /**
         * floor: 返回小的值
         */
        System.out.println("floor(-10.1)方法: " + Math.floor(-10.1)); //-11.0
        System.out.println("floor(10.7)方法: " + Math.floor(10.7));  //10.0
        System.out.println("floor(-0.7)方法: " + Math.floor(-0.7));  //-1.0
        System.out.println("floor(0.0)方法: " + Math.floor(0.0));    //0.0
        System.out.println("floor(-0.0)方法: " + Math.floor(-0.0));  //-0.0
        /**
         * max 两个中返回大的值,min 和 max 相反
         */
        System.out.println("max(-10.1,-10)方法: " + Math.max(-10.1, -10));  //-10.0
        System.out.println("max(10.7,10)方法: " + Math.max(10.7, 10));     //10.7
        System.out.println("max(0.0,-0.0)方法: " + Math.max(0.0, -0.0));    //0.0
        /**
         * random 取得一个 0.0 和 1.0 之间的一个随机数
         */
        System.out.println("random()方法: " + Math.random());
        /**
         * rint 四舍五入，返回 double 值
         * 注意 .5 的时候会取偶数
         */
        System.out.println("rint(10.1)方法: " + Math.rint(10.1));    //10.0
        System.out.println("rint(10.7)方法: " + Math.rint(10.7));    //11.0
        System.out.println("rint(11.5)方法: " + Math.rint(11.5));    //12.0
        System.out.println("rint(10.5)方法: " + Math.rint(10.5));    //10.0
        System.out.println("rint(10.51)方法: " + Math.rint(10.51));  //11.0
        /**
         * round 四舍五入，float 时返回 int 值，double 时返回 long 值
         */
        System.out.println("round(10.1)方法: " + Math.round(10.1));  //10
        System.out.println("round(10.7)方法: " + Math.round(10.7));  //11
        System.out.println("round(10.5)方法: " + Math.round(10.5));  //11
        System.out.println("round(10.51)方法: " + Math.round(10.51)); //11
    }
}
```

运行上述程序，结果如图 19-11 所示。

【案例剖析】

在本案例中，通过调用 Math 类的 abs()方法求绝对值，ceil()方法返回大的值；floor()方法返回小的值；max()方法返回两个数中大的值；min()方法返回两个数中小的值；random()方法返回 0.0 和 1.0 之间的一个随机数；rint()方法作用是四舍五入，返回值的类型是 double；round()方法四舍五入，当该方法参数是 float 类型时，返回值是 int 类型的值，当该方法参数是 double 类型时，返回值是 long 类型的值。

图 19-11　Math 类的常用方法

19.5 高手甜点

小白：在使用 Calendar 类，获取月份时，Calendar.MONTH + 1 的原因？

大神：Java 中的月份遵循了罗马日历中的规则，当时一年中的月份数量是不固定的，第一个月是 JANUARY。

Java 语言中 Calendar.MONTH 返回的数值是当前月份距第一个月有多少个月份的数值，而 JANUARY 在 Java 中返回 "0"，所以需要+1。

小白：在使用 Calendar 类，获取星期几时，Calendar.DAY_OF_WEEK - 1 的原因？

大神：Java 中的 Calendar.DAY_OF_WEEK 表示一周中的第几天，所以它的值会根据第一天是星期几而变化。

有些地区以星期日作为一周的第一天，而有些地区以星期一作为一周的第一天，这两种情况是需要区分的。所以 Calendar.DAY_OF_WEEK 需要根据本地化设置的不同而确定是否需要 "-1"。Java 中设置不同地区的输出可以使用 Locale.setDefault(Locale.地区名)来实现。

小白：在使用 Calendar 类的 Calendar.DAY_OF_MONTH 获取日期时，为何不 + 1 ？

大神：这是因为使用 Calendar 类的 Calendar.DAY_OF_MONTH 获取日期，返回的是一个月中的第几天。

19.6 跟我学上机

练习 1：编写一个 Java 程序，使用 Runtime 提供的方法，获取内存的信息以及使用 ecec() 方法打开 Windows 程序。

练习 2：编写一个 Java 程序，将自定义的字符串类型变量，转换为 Integer 类型、Float 类型和 Double 类型。

练习 3：编写一个 Java 程序，将 Date 类型的日期，使用格式化类 SimpleDateFormat 转换为字符串格式。

练习 4：编写一个 Java 程序，使用 Calendar 类来实现日历的打印功能。例如 2017 年 5 月 6 日，在控制台打印 2017 年 5 月份的日历，如图 19-12 所示。

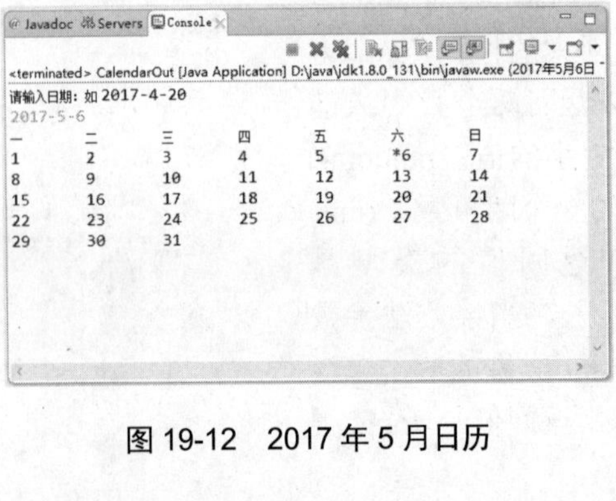

图 19-12　2017 年 5 月日历

第 20 章

工程师的秘密——UML 与设计模式

UML 提供了描述程序模型的一个标准，从而让开发人员、客户能够更好地进行交流。面向对象编程有封装、继承、多态 3 个基本特征，在这 3 个基本特征的基础上，面向对象的设计围绕单一职责原则、里氏替换原则、依赖倒置原则、接口隔离原则、迪米特法则、开放封闭原则这六大设计原则，衍生出了一些常用的设计模式。

本章重点介绍 UML 类图、类与类之间的关系和常见的设计模式的使用。

本章要点(已掌握的在方框中打钩)

- ☐ 了解类图概念。
- ☐ 掌握泛化关系、实现关系、依赖关系和关联关系的使用。
- ☐ 掌握单例设计模式的使用。
- ☐ 掌握工厂设计模式的使用。
- ☐ 掌握代理设计模式的使用。
- ☐ 掌握观察者设计模式的使用。
- ☐ 掌握适配器设计模式的使用。

20.1 UML 类图

UML(Unified Modeling Language)又称统一建模语言或标准建模语言,是一个支持模型化和软件系统开发的图形化语言,为软件开发的所有阶段提供模型化和可视化支持,包括由需求分析到规格,到构造和配置。

面向对象的分析与设计(OOA&D,OOAD)方法在 20 世纪 80 年代末至 90 年代中期出现了一个高潮,UML 正是这个高潮的产物。UML 不仅统一了 Booch、Rumbaugh 和 Jacobson 的表示方法,而且对其做了进一步的发展,并最终统一为大众所接受的标准建模语言。

20.1.1 类图和类之间关系

类图(Class diagram)是软件工程统一建模语言的一种静态结构图,它描述了系统的类集合、类的属性和类之间的关系等。类图不显示暂时性信息,但它简化了对系统的理解,是系统分析和设计阶段的重要产物,也是系统编码和测试的重要模型依据。

1. 类图

在 UML 类图中,类使用包含类名、属性、方法名及其参数并且用分割线分隔的长方形表示。在 UML 类图中,类一般由 3 个部分组成,即类名、类的属性和类的操作。

(1) 类名:每个类都必须有一个名字,即类名。类名是一个合法的 Java 标识符。

(2) 类的属性:属性是指类的性质,即类的成员变量。一个类可以有任意多个属性,也可以没有属性。

UML 规定类的属性表示方式如下:

可见性 名称:类型 [= 默认值]

可见性:表示该属性对类外的元素是否可见,包括 public、private 和 protected 这 3 种,在类图中分别用符号+、-和#表示。

名称:表示属性名,用一个字符串表示。

类型:表示属性的数据类型。

默认值:是一个可选项,即属性的初始值。

(3) 类的操作:操作是类的任意一个对象都可以使用的行为,是类的成员方法。

UML 规定类的成员方法的表示方式如下:

可见性 名称(参数列表) [:返回类型]

可见性:与属性的可见性定义相同。

名称:即方法名,用字符串表示。

参数列表:表示方法的参数,其语法与属性的定义相似。

返回类型:是一个可选项,表示方法的返回值类型。

【例 20-1】定义类 Student,它包含属性 name、age、和 school,以及操作 study()方法(源代码\ch20\src\Student.java)。

```
public class Student{
    private String name;
    private int age;
    private String school;
    public void study(){
        System.out.println();
    }
protected String eat(String name){
        System.out.println();
        return "";
    }
}
```

【案例剖析】

在本案例中，定义一个简单类 Student，它有私有成员变量 name、age 和 school，以及成员方法 study()。Student 类在 UML 类图中的表示如图 20-1 所示。

2. 类与类之间的关系

在软件系统中，类并不是孤立存在的，类与类之间存在各种关系。对于不同类型的关系，UML 提供了不同的表示方式，即泛化(Generalization)关系、实现(Realization)关系、依赖(Dependence)关系、关联(Association)关系、聚合(Aggregation)关系和组合(Composition)关系。

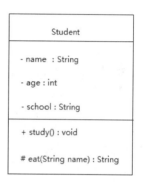

图 20-1 类的 UML 图

20.1.2 泛化关系

泛化(Generalization)关系也称继承关系，用于描述父类与子类之间的关系，父类又称为基类或超类，子类又称为派生类。

在 UML 中，泛化关系用带空心三角形的直线来表示。在代码实现时，使用面向对象的继承机制来实现泛化关系。

【例 20-2】定义父类 Person 类，子类 Teachers 类和 Students 类。

step 01 创建父类 Person(源代码\ch20\src\Person.java)。

```
public class Person{
    private String name;
    private int age;
    public void eat(){
    }
}
```

step 02 创建 Teachers 类，继承父类 Person(源代码\ch20\src\Teachers.java)。

```
public class Teachersextends Person {
    private String teachType;
    public void teachStudent(){

    }
}
```

step 03 创建 Students 类，继承父类 Person(源代码\ch20\src\Students.java)。

```java
public class Students extends Person {
    private String school;
    public void study(){

    }
}
```

【案例剖析】

在本案例中，创建父类 Person，定义属性 name、age 及 eat()方法。Teachers 类继承 Person 类，新增私有成员变量 teachType 指定要教的科目，并定义 teachStudent()方法。Students 类继承 Person 类，新增私有成员变量 school 指定所属学校，并定义 study()方法。

子类 Teachers 和 Students 继承父类 Person，它们的 UML 类图如图 20-2 所示。

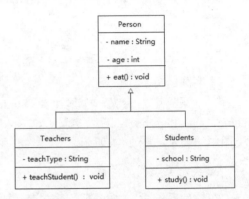

图 20-2　泛化关系

20.1.3　实现关系

在面向对象的语言中，引入了接口的概念。在接口中，通常没有属性，而且所有的操作都是抽象的，只有操作的声明，没有操作的实现。接口之间也可以有与类之间关系类似的继承关系和依赖关系，但是接口和类之间还存在一种关系，即实现(Realization)关系。

在这种实现关系中，类实现了接口，类中的操作实现了接口中所声明的操作。在 UML 中，类与接口之间的实现关系也是用带空心三角形的虚线来表示。

【例 20-3】定义接口以及它的实现类。

step 01 定义接口 Animal(源代码\ch20\src\Animal.java)。

```java
public interface Animal {
    public void cry();
}
```

step 02 定义实现类 Dog(源代码\ch20\src\Dog.java)。

```java
public class Dog  implements Animal {
    @Override
    public void cry() {
        System.out.println("汪汪...");
    }
}
```

step 03 定义实现类 Cat(源代码\ch20\src\Cat.java)。

```java
public class Cat implements Animal {
    @Override
    public void cry() {
        System.out.println("喵喵...");
    }
}
```

【案例剖析】

在本案例中，定义接口 Animal，在接口中声明抽象方法 cry()。创建实现类 Dog 和 Cat，它们分别实现接口的抽象方法 cry()，但是它们的实现方式不同。

Dog 类和 Cat 类实现 Animal 类，它们的 UML 图如图 20-3 所示。

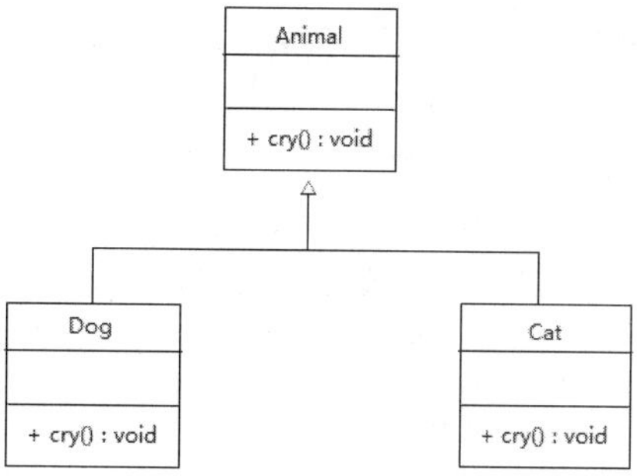

20.1.4 依赖关系

图 20-3 实现关系

依赖(Dependency)关系是一种使用关系，特定事物的改变有可能会影响到使用该事物的其他事物，在需要表示一个事物使用另一个事物时，使用依赖关系。

在系统实施阶段，依赖关系通常有 3 种实现方式。第一种方式是将一个类的对象作为另一个类中方法的参数；第二种方式是在一个类的方法中将另一个类的对象作为其局部变量；第三种方式是在一个类的方法中调用另一个类的静态方法。

在 UML 中，依赖关系用带箭头的虚线表示，由依赖的一方指向被依赖的一方。

【例 20-4】定义书籍类 Book，学习类 Study。学习某本书，在 Study 类的 study()方法中，将书籍类 Book 的对象作为方法的参数。Study 类依赖 Book 类。

step 01 定义 Book 类(源代码\ch20\src\Book.java)。

```java
public class Book {
    private String name;
    private String author;
    public int salesCount(){
        //销售数量
        return 0;
    }
}
```

step 02 定义 Study 类(源代码\ch20\src\Study.java)。

```java
public class Study {
    private String name;
    public void study(Book book){
        System.out.println("学习: " + book);
    }
}
```

【案例剖析】

在本案例中，定义类 Book，它有属性 name、author 及方法 salesCount()。在 Study 类中定义 name 属性和操作方法 study()，方法 study()必须依赖 Book 类。

Study 类依赖于 Book 类，它们的 UML 图如图 20-4 所示。

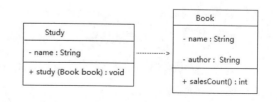

图 20-4 依赖关系

20.1.5 关联关系

关联(Association)关系是类与类之间最常用的一种关系，它是一种结构化关系，表示一类对象与另一类对象之间有联系。

在 UML 类图中，用实线连接有关联关系的两个类。在 UML 类中有单向关联、双向关联、多重性关联、自关联、聚合关系和组合关系 6 种。

1. 单向关联

关联关系也可以是单向的，单向关联关系使用带箭头的实线表示。

【例 20-5】定义 Book2 类和书名 Name 类，Book 类拥有书名(Name)。

step 01 定义书类 Book2(源代码\ch20\src\Book2.java)。

```
public class Book2 {
    private Name name;
}
```

step 02 定义书名类 Name(源代码\ch20\src\Name.java)。

```
public class Name {

}
```

【案例剖析】

在本案例中，定义书类 Book2，书名类 Name。Book 类拥有书名，即设有私有成员变量 name，其类型是 Name，它们之间的联系是单向。

Book2 类包含 Name 类，它们的 UML 图如图 20-5 所示。

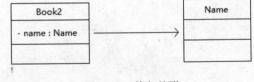

图 20-5　单向关联

2. 双向关联

关联关系在默认情况下是双向关联的，双向关联关系使用一条实线表示。例如，书与作者之间就是双向关联。

【例 20-6】定义作者 Author 类和书 Book3 类。

step 01 定义 Author 类(源代码\ch20\src\Author.java)。

```
public class Author {
    private Book3[] book;
    private int count;
}
```

step 02 定义 Book3 类(源代码\ch20\src\Book3.java)。

```
public class Book3 {
    private Author author;
    private String name;
}
```

【案例剖析】

在本案例中，定义类 Author 和 Book3。在 Author 类中定义 Book3 类型的私有成员变量 book 数组，作者出版书的数量 count。在 Book3 类中定义 Author 类型的私有成员变量 author。

这两个类之间关系是双向关联，它们的 UML 图如图 20-6 所示。

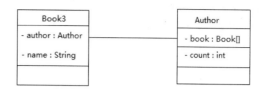

图 20-6 双向关联

3．多重性关联

多重性关联表示两个关联对象在数量上的对应关系。在 UML 中，对象之间的多重性关联可以通过一个数字或一个数字范围在关联直线上表示出来。

常见的多重性关联表示方式如表 20-1 所示。

表 20-1 多重性关联

表示方式	说　　明
1..1	表示另一个类的一个对象只与该类的一个对象有关系
0..*	表示另一个类的一个对象与该类的零个或多个对象有关系
1..*	表示另一个类的一个对象与该类的一个或多个对象有关系
0..1	表示另一个类的一个对象没有或只与该类的一个对象有关系
m..n	表示另一个类的一个对象与该类最少 m、最多 n 个对象有关系 (m≤n)

【例 20-7】桌子有 4 根腿。

step 01 创建桌腿类(源代码\ch20\src\Leg.java)。

```
public class Leg {
}
```

step 02 创建桌面类(源代码\ch20\src\Top.java)。

```
public class Top{
}
```

step 03 创建桌子类(源代码\ch20\src\Desk.java)。

```
public class Desk {
    private Top top;
    private Leg leg;
}
```

【案例剖析】

在本案例中，创建桌面 Top 类、桌腿 Leg 类和 Desk 类，在 Desk 类中，将 Top 类和 Leg 类作为它的私有成员变量。它们的 UML 图如图 20-7 所示。

4．自关联

在 Java 程序中，有些类的成员变量类型可能是该类本身，这种特殊的关联关系称为自关联。

【例 20-8】定义类 Ourself，并声明指向该类自身的私有成员变量(源代码\ch20\src\Ourself.java)。

```
public class Ourself {
    private Ourself our;
}
```

【案例剖析】

在本案例中，定义一个类 Ourself，在类中定义私有成员变量 our，其类型是该类本身。该类的 UML 图如图 20-8 所示。

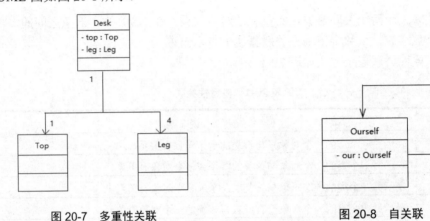

图 20-7 多重性关联　　　　　　　　　图 20-8 自关联

5. 聚合关系

聚合(Aggregation)关系表示整体与部分的关系。在聚合关系中，部分类是整体类的一部分，它可以脱离整体类而独立存在。部分类一般作为方法的参数传到整体类中。在 UML 中，聚合关系用带空心菱形的直线表示。

例如，计算机是由 CPU、显示器、键盘、鼠标等组成，但是它的组成部分又可以独立存在，因此它们与计算机是聚合关系。

【例 20-9】创建键盘类和计算机类。

step 01 创建键盘类(源代码\ch20\src\Key.java)。

```
public class Key {
    private String type;
}
```

step 02 创建计算机类(源代码\ch20\src\Computer.java)。

```
public class Computer {
    private Key key;
    public Computer(Key key){
        this.key = key;
    }
}
```

【案例剖析】

在本案例中，创建计算机类和键盘类。在键盘类中，定义私有属性 type。在计算机类中，定义键盘类 Key 的对象 key 作为成员变量。

Key 类和 Computer 类是聚合关系，它们的 UML 图如图 20-9 所示。

6. 组合关系

组合(Composition)关系也表示类之间整体和部分的关系。但是在组合关系中，用来组成整体类的部分不能独立存在。在 UML 中，组合关系用带实心菱形的直线表示。

例如：桌子由桌面和桌子腿组成的，桌面和桌子腿是桌子的必要组成部分，不能独立存在。在例 20-7 中定义的桌面 Top 类、桌腿 Leg 类和桌子 Desk 类是组合关系，它们的 UML 图如图 20-10 所示。

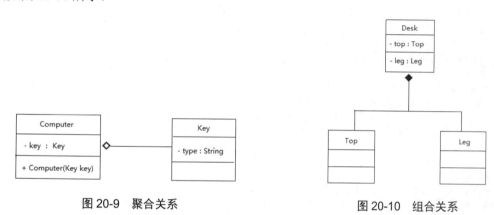

图 20-9　聚合关系　　　　　　　图 20-10　组合关系

20.2　设　计　模　式

设计模式(Design Pattern)是一套被反复使用、多数人知晓、经过分类的代码设计经验的总结。使用它的作用是为了代码可重用性、让代码更容易被他人理解、保证代码可靠性。

20.2.1　设计模式分类

设计模式分为创建型模式、结构型模式和行为型模式三大类。

(1) 创建型模式又分为：单例模式、抽象工厂模式、建造者模式、工厂模式、原型模式。

(2) 结构型模式又分为：适配器模式、装饰模式、代理模式、外观模式、桥接模式、组合模式、享元模式。

(3) 行为型模式又分为：策略模式、模板方法模式、观察者模式、迭代器模式、责任链模式、命令模式、备忘录模式、状态模式、访问者模式、中介者模式、解释器模式。

下面主要介绍常用的 5 种设计模式，即单例模式、工厂模式、代理模式、观察者模式和适配器模式。

20.2.2 单例模式

单例模式确保在 JVM 中，某个类只有一个实例，而且该类自行实例化并向整个系统提供这个实例。单例模式是最常用的设计模式之一。

采用单例模式的类，其具体实现步骤如下。

(1) 采用单例模式的类的构造方法使用 private 修饰。
(2) 在类内部实例化该类的对象，并将其声明为 private static 类型。
(3) 定义一个类的静态方法，返回该类的对象。

【例 20-10】 采用单例模式的类(源代码\ch20\src\SingleTest.java)。

```java
public class SingleTest {
//设置类的静态成员变量，它的值是 null，目的是实现延迟加载
    private static SingleTest single = null;
    //将类的构造方法私有化，防止被实例化
    private SingleTest(){
    }
    //定义静态方法，创建类的实例
    public static SingleTest getInstance(){
        if(single == null){
            single = new SingleTest();
        }
        return single;
    }
    public static void main(String[] args) {
        SingleTest s1 = SingleTest.getInstance();
        System.out.println(s1);
        SingleTest s2 = SingleTest.getInstance();
        System.out.println(s2);
        SingleTest s3 = SingleTest.getInstance();
        System.out.println(s3);
    }
}
```

运行上述程序，结果如图 20-11 所示。

【案例剖析】

在本案例中，定义了类 SingleTest，在类中将类的构造方法私有化，从而保证该类只有一个对象。在类中定义 SingleTest 类型的静态私有成员变量 single，并通过私有的构造方法创建对象。再定义类的静态方法 getInstance()，返回 SingleTest 类的对象。

图 20-11 单例模式

在 main()方法中，通过类的 getInstance()方法获取了 3 个 SingleTest 类的对象，通过它们在控制台的输出结果，可以看出这 3 个对象其实是同一个类的实例。

20.2.3 工厂模式

工厂模式主要是在接口和子类之间加入了一个为创建对象提供的过渡端，通过此过渡端

可以动态地取得实现了共同接口的子类对象,从而将创建对象的具体过程屏蔽隔离起来,达到提高程序灵活性的目的。

【例 20-11】在例 20-3 中定义了 Animal 接口,以及实现接口的子类 Cat 和 Dog。在这里使用工厂模式,创建它们之间的过渡类 FactoryAnimal,通过过渡类实例化对象。

step 01 创建过渡类(源代码\ch20\src\FactoryAnimal.java)。

```java
public class FactoryAnimal {
    public static Animal getInstance(String name){
        //定义动物接口类型的变量
        Animal animal = null;
        //判断类名是否是 Cat,若是则创建 Cat 类的对象
        if("Cat".equals(name)){
            animal = new Cat();
        }
        //判断类名是否是 Dog,若是则创建 Dog 类的对象
        if("Dog".equals(name)){
            animal = new Dog();
        }
        return animal;
    }
}
```

step 02 创建过渡测试类(源代码\ch20\src\FactoryTest.java)。

```java
import java.util.Scanner;
public class FactoryTest {
    public static void main(String[] args) {
        System.out.println("---本例定义接口Animal,实现接口的子类是Dog 和 Cat---");
        System.out.println("请输入要创建对象的子类名:");
        Scanner sc = new Scanner(System.in);
        String name = sc.next();
        //通过工厂类 FactoryAnimal 创建实现 Animal 接口的子类对象
        Animal fa = FactoryAnimal.getInstance(name);
        if(fa!=null){
            fa.cry();
        }
    }
}
```

运行上述程序,结果如图 20-12 所示。

【案例剖析】

在本案例中,根据例 20-3 定义的 Animal 接口,以及实现接口的 Cat 类和 Dog 类,创建对子类进行实例化的过渡类,即工厂类 FactoryAnimal。在类的静态方法 getInstance()中,根据参数 name 使用 if 语句判断要创建对象的子类是 Dog 还是 Cat 类。

图 20-12 工厂模式

在程序的 main()方法中,用户在控制台输入要创建对象的子类类名 name,将 name 传递给 FactoryAnimal 类的 getInstance()方法,从而创建子类对象,再调用子类的 cry()。

20.2.4 代理模式

代理模式是为其他对象提供一种代理以控制对这个对象的访问。使用代理模式可以创建代理对象，让代理对象控制对目标对象的访问，并且可以在不改变目标对象的情况下添加一些额外的功能。目标对象可以是远程的对象、创建开销大的对象或需要安全控制的对象。

例如，秘书就相当于一个代理，老板要开会，那么通知员工开会时间、开会地点、布置会场等与开会相关的工作就可以交给秘书，老板只需要开会就行了。同理，在程序设计中也可使用代理模式，将由一系列无关逻辑组合在一起的代码进行解耦合。Spring 的 AOP 就是典型的动态代理应用。

【例 20-12】 代理模式的使用。

step 01 定义开会的接口(源代码\ch20\src\Work.java)。

```java
//定义工作：开会
public interface Work {
    public void meet();
}
```

step 02 定义实现 Work 类的老板类(源代码\ch20\src\Boss.java)。

```java
//实现 Work 类，老板开会
public class Boss implements Work {
    //具体开会方法
    public void meet(){
        System.out.println("老板：开会...");
    }
}
```

step 03 定义代理类(源代码\ch20\src\Proxy.java)。

```java
//代理类，做开会前准备
public class Proxy implements Work {
    private Boss boss ;
    public Proxy(Boss boss){
        this.boss = boss;
    }
    @Override
    public void meet() {
        System.out.println("代理：开会前准备");
        boss.meet();   //老板开会
        System.out.println("代理：开会结束收尾");
    }
}
```

step 04 定义代理测试类(源代码\ch20\src\ProxyTest.java)。

```java
//使用代理模式的测试类
public class ProxyTest {
    public static void main(String[] args) {
        //创建 Boss 对象和代理对象
        Boss boss = new Boss();
        Proxy pt = new Proxy(boss);
```

```
        //调用代理的开会方法
        pt.meet();
    }
}
```

运行上述程序，结果如图20-13所示。

【案例剖析】

在本案例中，定义开会接口 Work，在接口中定义抽象方法 meet()；定义实现 Work 接口的子类 Boss，在类中实现抽象方法 meet()，老板开会；定义实现接口的类 Proxy，在类中定义 Boss 类型的私有成员变量 boss，通过 Proxy 类的构造方法为 boss 变量赋值，实现接口的抽象方法 meet()，在方法中代理准备开会前工作，然后调用 Boss 类的 meet()方法，开会接收代理再执行会后收尾工作。

图 20-13　代理模式

在程序的 main()方法中，创建 Boss 类和 Proxy 类的对象，调用代理的 meet()方法。

20.2.5 观察者模式

观察者模式定义了一种一对多的依赖关系，让多个观察者对象同时监听某一个被观察者对象。这个被观察者对象在状态上发生变化时，会通知所有观察者对象，让它们能够自动更新。

例如，现在许多购房者都密切观察着房价的变化，当房价变化时，所有购房者都能观察到，以上的购房者属于观察者，这便是观察者模式。

【例 20-13】观察者模式。

step 01 定义被观察者对象的接口。被观察者提供一个接口，可以增加和删除观察者。一般用一个抽象类或接口来实现(源代码\ch20\src\ Observerd.java)。

```
//被观察者接口
public interface Observerd {
    //添加观察者
    public void addObserver(MyObserver observer);
    //删除观察者
    public void removeObserver(MyObserver observer);
    //通知观察者，更新自己
    public void notifyObservers(String str);
}
```

step 02 定义观察者对象接口。为所有具体的观察者定义一个接口，在得到被观察者通知时更新自己(源代码\ch20\src\ MyObserver.java)。

```
//观察者接口
public interface MyObserver {
    public void updateOurself (String str);
}
```

step 03 定义具体被观察者对象。把所有观察者对象的引用保存在一个集合中，每个被观察者对象都可以有任意数量的观察者。在具体被观察者对象内部状态改变时，给所有登记过的观察者发出通知(源代码\ch20\src\ CreateObservered.java)。

```java
import java.util.*;
//创建实现被观察者的类
public class CreateObservered implements Observered{
    // 存放观察者的集合
    private List<MyObserver> list = new ArrayList<MyObserver>();
    @Override
    public void addObserver(MyObserver observer) {
        list.add(observer);//添加观察者
    }
    @Override
    public void removeObserver(MyObserver observer) {
        list.remove(observer);//删除观察者
    }
    @Override
    public void notifyObservers(String str) {
        for(MyObserver observer : list){
            observer.updateOurself(str);//观察者更新自身
        }
    }
}
```

step 04 定义具体观察者角色。该角色实现抽象观察者角色所要求的更新接口，以便使本身的状态与被观察者的状态相协调。通常用一个子类来实现。如果需要，具体观察者角色可以保存一个指向具体被观察者对象的引用(源代码\ch20\src\CreateObserver.java)。

```java
//创建实现观察者的类
public class CreateObserver implements MyObserver{
    @Override
    public void updateOurself(String str) {
        System.out.println("观察者更新: " + str);
    }
}
```

step 05 创建观察者模式测试类(源代码\ch20\src\ObserverMode.java)。

```java
public class ObserverMode {
    public static void main(String[] args) {
        //创建被观察者对象
        Observered observered = new CreateObservered();
        //创建观察者对象
        MyObserver observer1 = new CreateObserver();
        MyObserver observer2 = new CreateObserver();
        MyObserver observer3 = new CreateObserver();
        //被观察者添加观察者对象
        observered.addObserver(observer1);
        observered.addObserver(observer2);
        observered.addObserver(observer3);
        //被观察者更新信息
        observered.notifyObservers("hello");
    }
}
```

运行上述程序，结果如图 20-14 所示。

【案例剖析】

在本案例中，定义观察者接口，并在接口中定义抽象方法 updateOurself()；定义被观察者接口，并在接口中定义抽象方法 addObserver()、removeObserver()和 notifyObservers()。定义实现观察者和被观察者的子类并实现它们的抽象方法。

在程序的 main()方法中，创建被观察者对象 observered，观察者对象 observer1、observer2 和 observer3，通过调用被观察者的 addObserver()方法添加观察者对象，并在被观察者信息发生变化时，调用 notifyObservers()方法通知所有观察者更新自身。

图 20-14　观察者模式

20.2.6　适配器模式

将一个类的接口转换成客户希望的另外一个接口。适配器模式使得原本由于接口不兼容而不能一起工作的那些类可以在一起工作。

适配器模式分为类的适配器模式、对象的适配器模式和缺省适配器模式 3 种。类的适配器模式是采用继承的方式实现的；对象适配器是采用对象组合的方式实现的；缺省适配器采用接口的方式实现的。

1. 类适配器

类的适配器模式把适配类的 API 转换成为目标类的 API。适配器模式中有以下 3 种角色。

(1) 目标接口(Target)：所期待的接口。目标接口不可以是类。

(2) 需要适配的类(Adaptee)：需要适配接口。

(3) 适配器(Adapter)：适配器类是本模式的核心。适配器不可以是接口，而必须是具体类。

【例 20-14】类适配器。

step 01 定义目标接口(源代码\ch20\src\Target.java)。

```
//目标接口
public interface Target {
    //定义方法
    public void method1();
    public void method2();
}
```

step 02 定义需要适配的类(源代码\ch20\src\Adaptee.java)。

```
//源类：需要适配的类
public class Adaptee {
    public void method2(){
     System.out.println("源类：实现方法2...");
    }
}
```

step 03 创建适配器，继承源类 Adaptee，实现接口 Target(源代码\ch20\src\Adapter.java)。

```java
public class Adapter extends Adaptee implements Target {
    // 由于源类中没有实现method1()方法，因此适配器需要实现这个方法
    @Override
    public void method1() {
        System.out.println("适配器类：实现方法1...");
        //调用继承的方法method2()
        method2();
    }
    public static void main(String[] args){
        Target target = new Adapter();
        target.method1();
    }
}
```

运行上述程序，结果如图20-15所示。

【案例剖析】

在本案例中，定义一个接口 Target，在接口中创建抽象方法 method1()和 method2()。定义需要适配的源类 Adaptee，在类中定义具体的方法 method2()。创建适配器类，它继承 Adaptee 类并实现 Target 接口，在类中实现方法 method1()，并在方法中调用继承来的method2()方法。

在程序的 main()方法中，利用多态创建指向适配器类的 Target 类对象，并调用它的method1()方法。

图20-15 类适配器

2. 对象适配器

对象的适配器模式也是把被适配类的 API 转换成为目标类的 API，与类的适配器模式不同的是，对象的适配器模式不是使用继承关系连接到 Adaptee 类，而是使用委派关系连接到 Adaptee 类。

使用对象适配器，修改适配器类代码如下(源代码\ch20\src\Adaptee2.java)。

```java
//适配器：继承源类，实现目标接口
public class Adapter2 extends Adaptee implements Target {
    private Adaptee adaptee;
    public Adapter2(Adaptee adaptee){
        this.adaptee = adaptee;
    }
    //调用源类实现的method2方法
    public void method2() {
        adaptee.method2();
    }
    // 由于源类中没有实现method1()方法，因此适配器需要实现这个方法
    @Override
    public void method1() {
        System.out.println("适配器类：实现方法1...");
        method2();
    }
    public static void main(String[] args){
        Adaptee adaptee = new Adaptee();
        Target target = new Adapter2(adaptee);
```

```
        target.method1();
    }
}
```

3. 缺省适配器

缺省适配(Default Adapter)模式为一个接口提供缺省实现，这样子类可以从这个缺省实现进行扩展，而不必从原有接口进行扩展。

这个缺省的实现是通过设计一个抽象的适配器类来实现接口的所有抽象方法，这个抽象类给提供的方法都是空的方法。

【例20-15】缺省适配器。

step 01 创建实现 Target 接口的缺省适配器类。

```
//创建实现接口的抽象类，实现方法是空方法
public abstract class DefultMode implements Target{
    @Override
    public void method1() {

    }
    @Override
    public void method2() {

    }
}
```

step 02 创建继承缺省类的测试子类。

```
//创建继承缺省类的测试类
public class DefaultTest extends DefultMode{
    //只需要重写需要的方法，不需要的方法可以不再重写
    @Override
    public void method1(){
        System.out.println("--实现需要的方法--");
    }
    public static void main(String[] args){
        DefaultTest dt = new DefaultTest();
        dt.method1();
    }
}
```

运行上述程序，结果如图 20-16 所示。

【案例剖析】

在本案例中，定义实现接口的缺省类 DefaultMode，在类中实现接口的所有抽象方法。这样需要接口中某一个方法的类可以直接继承 DefaultMode 类，只实现有用的方法，不需要实现接口中所有的方法了。DefultTest 类继承 DefaultMode 类，只实现需要的 method1()方法。

在程序的 main()方法中，创建 DefultTest 类的对象，并调用它的实现方法 method1()。

图 20-16　缺省适配器

20.3 大神解惑

小白：使用 UML 的好处有哪些？

大神：使用 UML 的好处可以从以下几个方面来介绍。

（1）开发团队方面，使用 UML 有利于队员在各个开发环节建立沟通的标准，便于系统文档的制定和项目的管理。UML 的简单、直观和标准特性，使得在一个团队中使用 UML 进行交流比用文字说明的文档更方便。

（2）开发项目方面，可以通过 UML 共享开发经验和资源。

（3）UML 只是面向对象分析、设计思想的体现，和具体的实现平台无关。

（4）UML 可以作为系统分析设计使用的表示和体现工具。

（5）对于公司的运营方面，UML 已经是世界标准，使用 UML 方便公司的国际化。

20.4 跟我学上机

练习 1：编写存在泛化关系的 Java 程序，并画出 UML 图。

练习 2：编写存在实现关系的 Java 程序，并画出 UML 图。

练习 3：编写一个单例模式的 Java 程序。

练习 4：编写一个工厂模式的 Java 程序。

第 21 章

连接打印机——Java 的打印技术

在 Java 语言的高级程序开发中,打印功能是必不可少的,它可以控制打印机设备,将程序结果打印在纸张上。JDK1.1 版本便开始引入了打印功能。本章介绍 Java 的打印控制类、打印页面及多页打印。

本章要点(已掌握的在方框中打钩)

- ☐ 掌握 PrinterJob 类的使用方法。
- ☐ 掌握【打印】对话框的使用方法。
- ☐ 掌握打印单页的方法。
- ☐ 掌握多页打印的方法。
- ☐ 掌握打印预览的方法。

21.1 打印控制类

控制打印的主要类是 PrinterJob，Java 程序通过调用这个类提供的方法，实现获取 PrinterJob 类的对象、设置打印任务信息、获取打印信息、打开打印对话框等任务。本节主要介绍打印控制类的使用。

21.1.1 PrinterJob 类的方法

JDK1.8 API 的 java.awt.print 包，提供了 PrinterJob 类的常用方法，如表 21-1 所示。

表 21-1 PrinterJob 类的常用方法

返回类型	方法名	说明
abstract String	getJobName()	获取要打印的文档名称
abstract void	setJobName(StringjobName)	设置要打印的文档名称
static PrinterJob	getPrinterJob()	创建并返回初始化时与默认打印机关联的 PrinterJob 对象
abstract String	getUserName()	获取打印用户的名称
abstract boolean	isCancelled()	如果打印作业正在进行中，而下一次打印作业将被取消，则返回 true；否则返回 false
abstract void	setPrintable(Printablepainter)	调用 painter 以呈现页面
abstract void	setPrintable(Printablepainter, PageFormatformat)	调用 painter，用指定的 format 呈现该页面
abstract boolean	printDialog()	向用户呈现一个对话框，用来更改打印作业的属性
boolean	printDialog(PrintRequestAttributeSet attributes)	为所有服务显示跨平台打印对话框的便捷方法，这些服务能够使用 Pageable 接口打印 2D 图形

【例 21-1】PrinterJob 类的方法的使用(源代码\ch21\src\PrintJobTest.java)。

```java
import java.awt.print.PrinterJob;
public class PrintJobTest {
    public static void main(String[] args) {
        //获取 PrinterJob 对象
        PrinterJob pjob = PrinterJob.getPrinterJob();
        //设置打印任务的名称
        pjob.setJobName("打印文件");
        System.out.println("打印任务名称：" + pjob.getJobName());
        //获取打印状态
        boolean b = pjob.isCancelled();
        if(b){
            System.out.println("正在打印...");
        }else{
            System.out.println("取消打印");
        }
    }
}
```

运行上述程序，结果如图 21-1 所示。

【案例剖析】

在本案例中，使用 PrinterJob 类提供的静态方法 getPrinterJob()获取类的对象 pjob，再通过对象 pjob 调用类的方法。

图 21-1　PrinterJob 类方法的使用

21.1.2 【打印】对话框

用户使用【打印】对话框对打印任务进行设置，如打印纸张、打印方向以及是否彩色打印等。打印对话框是调用 PrinterJob 类的 printDialog()方法实现的，该方法有两种重载形式。一种是不带参数的方法；另一种是带 PrintRequestAttributeSet 类型参数的方法，方法的返回值类型都是 boolean。

PrintRequestAttributeSet 是一个接口，在 javax.print.attribute 包中有这个接口的实现类 HashPrintRequestAttributeSet，可以使用这个实现类的对象作为 printDialog()方法的参数。

1. 使用不带参数的方法

【例 21-2】使用不带参数的方法，打开【打印】对话框(源代码\ch21\src\DialogTest.java)。

```
import java.awt.print.PrinterJob;
public class DialogTest {
    public static void main(String[] args) {
        //获取 PrinterJob 对象
        PrinterJob pjob = PrinterJob.getPrinterJob();
        boolean b = pjob.printDialog();
        if(b){
            System.out.println("用户点击打印");
        }else{
            System.out.println("用户取消打印");
        }
    }
}
```

运行上述程序，结果如图 21-2 所示；用户选择打印，运行结果如图 21-3 所示；用户选择取消，运行结果如图 21-4 所示。

图 21-2　【打印】对话框

图 21-3 打印

图 21-4 取消打印

【案例剖析】

在本案例中，通过 PrinterJob 类的 getPrinterJob()方法获取 PrinterJob 类的对象 pjob，通过对象 pjob 调用不带参数的 printDialog()方法，打开【打印】对话框。根据用户的选择返回 boolean 类型的值，用户选择打印，返回 true；用户选择取消，返回 false。

2．使用带参数的方法

【例 21-3】使用带参数的方法，打开【打印】对话框(源代码\ch21\src\DialogTest2.java)。

```
import java.awt.print.PrinterJob;
import javax.print.attribute.HashPrintRequestAttributeSet;
public class DialogTest2 {
    public static void main(String[] args) {
        //获取 PrinterJob 对象
        PrinterJob pjob = PrinterJob.getPrinterJob();
        //使用带参数的方法，打开【打印】对话框
        HashPrintRequestAttributeSet attributes = new HashPrintRequestAttributeSet();
        boolean bn = pjob.printDialog(attributes);
        if(bn){
            System.out.println("带参数：用户点击打印");
        }else{
            System.out.println("带参数：用户取消打印");
        }
    }
}
```

运行上述程序，结果如图 21-5 所示；用户选择打印，运行结果如图 21-6 所示；用户选择取消，运行结果如图 21-7 所示。

图 21-5 带参数【打印】对话框

图 21-6　打印

图 21-7　取消

【案例剖析】

在本案例中，通过 PrinterJob 类的 getPrinterJob()方法获取 PrinterJob 类的对象 pjob，通过对象 pjob 调用带参数的 printDialog()方法，打开【打印】对话框。根据用户的选择返回 boolean 类型的值，用户选择打印，返回 true；用户选择取消，返回 false。

21.2　打印页面

打印页面是指要执行的打印内容，这些内容可以是文本、图片、网页、图形等。打印内容必须要实现 Printable 接口，这个接口在 java.awt.print 包中。

1. Printable 接口

只有一个 print()方法，将指定索引处的页面用指定格式打印到指定的 Graphics 上下文。PrinterJob 类调用 Printable 接口，以请求将页面呈现到 graphics 指定的上下文。如果请求的页面不存在，那么此方法将返回 NO_SUCH_PAGE；否则返回 PAGE_EXISTS。如果 Printable 对象中止该打印作业，那么它将抛出 PrinterException。

print()方法的语法格式如下：

```
int print(Graphics graphics, PageFormat pageFormat, int pageIndex)
```

graphics：用来绘制页面的上下文。

pageFormat：将绘制的页面的大小和方向。

pageIndex：要绘制的页面从 0 开始的索引。

2. PageFormat 类

PageFormat 类在 java.awt.print 包中用来描述要打印页面的大小和方向，它提供了常用的方法，如表 21-2 所示。

表 21-2　PageFormat 类的常用方法

返回类型	方 法 名	说　明
double	getHeight()	返回页面的高度(以 1/72 英寸为单位)
double	getWidth()	返回页面的宽度(以 1/72 英寸为单位)
double	getImageableHeight()	返回页面可成像区域的高度(以 1/72 英寸为单位)

续表

返回类型	方法名	说明
double	getImageableWidth()	返回页面可成像区域的宽度(以 1/72 英寸为单位)
double	getImageableX()	返回与 PageFormat 相关的 Paper 对象的可成像区域左上方点的 x 坐标
double	getImageableY()	返回与 PageFormat 相关的 Paper 对象的可成像区域左上方点的 y 坐标

【例 21-4】 打印页面(源代码\ch21\src\PrintableTest.java)。

```java
import java.awt.BasicStroke;
import java.awt.Color;
import java.awt.Graphics;
import java.awt.Graphics2D;
import java.awt.print.PageFormat;
import java.awt.print.Printable;
import java.awt.print.PrinterException;
import java.awt.print.PrinterJob;
public class PrintableTest implements Printable {
    @Override
    public int print(Graphics g, PageFormat pf, int page) throws PrinterException {
        //判断页数是否大于 0，大于 0 打印工作结束。NO_SUCH_PAGE 指定不存在页面
        if (page > 0)
            return Printable.NO_SUCH_PAGE;
        //获取打印区域左上角 x 坐标和 y 坐标
        int x = (int) pf.getImageableX();
        int y = (int) pf.getImageableY();
        Graphics2D g2 = (Graphics2D) g;
        g2.setStroke(new BasicStroke(4.0F));
        //设置画笔颜色以及所画矩形位置
        g2.setColor(Color.BLUE);
        g2.drawOval(x +10 , y + 10, 130, 130);
        g2.setColor(Color.GREEN);
        g2.drawOval(x + 30, y + 30, 90, 90);
        g2.setColor(Color.red);
        g2.drawOval(x + 50, y + 50, 50, 50);
        //成功呈现页面返回 PAGE_EXISTS
        return Printable.PAGE_EXISTS;
    }
    public static void main(String[] args) {
        //创建打印控制类对象 job
        PrinterJob job = PrinterJob.getPrinterJob();
        //判断用户是否选择打印，若不是结束程序
        if (!job.printDialog())
            return;
        //创建实现打印页面接口的类的对象 pt
        PrintableTest pt = new PrintableTest();
        //job 对象调用 pt 以呈现页面
        job.setPrintable(pt);
        //设置打印任务名称
        job.setJobName("打印 3 环");
        try {
            //指定打印任务
            job.print();
```

```
        } catch (PrinterException e) {
            e.printStackTrace();
        }
    }
}
```

运行上述程序，结果如图 21-8 所示。由于本机没有连接打印机，因此将要打印的内容输出到 PDF 文件中。在【名称】下拉列表中选择 Microsoft Print to PDF，单击【确定】按钮，在弹出的【将打印输出另存为】对话框中选择要保存打印结果的 PDF 文件，如图 21-9 所示。在 PDF 文件中的运行结果，如图 21-10 所示。

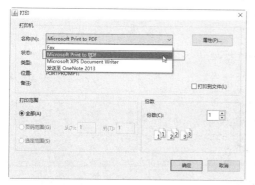

图 21-8 【打印】对话框

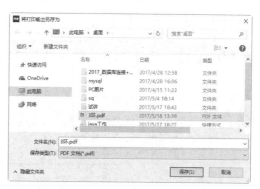

图 21-9 【将打印输出另存为】对话框

【案例剖析】

在本案例中，定义实现 Printable 接口的类，并重写接口中的 print()方法。在程序的 main()方法中，通过 PrinterJob 类提供的静态方法 getPrinterJob()获取类的对象 job，通过对象 job 调用 printDialog()方法，判断用户是否选择打印，打印则继续程序，取消打印则退出程序。创建实现 Printable 接口类的对象 pt，并通过对象 job 调用 setPrintable()方法以呈现页面。对象 job 通过调用 print()方法将具体的打印内容打印到指定地方。

图 21-10 打印 3 环

重写 Printable 中的 print()方法，首先判断参数 page 是否大于 0，若是则结束打印工作。通过 PageFormat 类获取打印区域左上角的 x、y 坐标，将 Graphics 类强转为 Graphics2D，以提供对几何形状、坐标转换、颜色管理和文本布局更为复杂的控制。通过对象 g2 调用具体的方法进行画图。最后并返回成功呈现页面的 PAGE_EXISTS。

注意

NO_SUCH_PAGE 和 PAGE_EXISTS 是 Printable 接口提供的常量。

21.3 多页打印

上一节介绍了使用实现 Printable 接口的类，实现自己的打印页对象。但是在实际程序开发中往往是多页打印，这就需要使用 Book 类对多个打印页进行封装。Book 类在 java.awt.print

包中，可以通过它提供的 append()方法将多个打印页面添加到 Book 类的对象中。

Book 类中的 append()方法介绍如下。

(1) 将单个页面追加到 Book 的尾部。其语法格式如下：

```
void append(Printable painter, PageFormat page)
```

(2) 将多个页面追加到 Book 的尾部。其语法格式如下：

```
void append(Printable painter, PageFormat page, int numPages)
```

painter：呈现页面的 Printable 实例。

page：页面的大小和方向。

numPages：要添加到 Book 的页面数。

【例 21-5】多页打印(源代码\ch21\src\MultiPrint.java)。

```java
import java.awt.*;
import java.awt.print.*;

public class MultiPrint implements Printable {
    public int print(Graphics gp, PageFormat pf,int page) {
        int x = (int) pf.getImageableX();
        int y = (int) pf.getImageableY();
        Graphics2D g2 = (Graphics2D) gp;
        g2.drawString("多页实例打印，第" + (++ page) + "页", x, y + 10);
        return Printable.PAGE_EXISTS;
    }
    public static void main(String[] args) {
        try {
            PrinterJob job = PrinterJob.getPrinterJob();
            if (!job.printDialog())
                return;
            Book pbook = new Book();
            //创建描述打印页大小和方法的类
            PageFormat pf = new PageFormat();
            //将单个页追加到 Book 类的尾部
            pbook.append(new MultiPrint(), pf);
            //将 4 个页追加到 Book 类的尾部
            pbook.append(new MultiPrint(), pf, 4);
            job.setPageable(pbook);
            job.setJobName("多页打印");
            //打印
            job.print();
        } catch (PrinterException e) {
            e.printStackTrace();
        }
    }
}
```

运行上述程序，运行结果如图 21-11 所示，由于本机没有连接打印机，因此这里将打印的内容输出到 PDF 文件中，即在【名称】下拉列表中选择 Microsoft Print to PDF。单击【确定】按钮，打开【将打印输出另存为】对话框，如图 21-12 所示。

选择打印保存的文件，单击【保存】按钮，打开保存打印信息的文件，第一页内容如图 21-13 所示，最后一页内容如图 21-14 所示。

图 21-11　多页打印

图 21-12　【将打印输出另存为】对话框

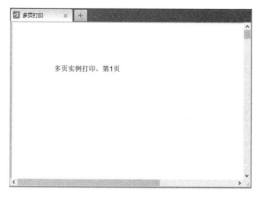

图 21-13　第一页

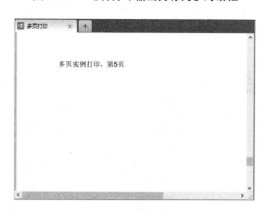

图 21-14　最后一页

【案例剖析】

在本案例中，定义实现 Printable 接口的实现类，在类中重写接口声明的 print()方法，在 print()方法中首先获取打印区域的 x、y 坐标，然后将 Graphics 类型转换为 Graphics2D 类型的对象 g2，使用对象 g2 调用 drawString()方法将指定 page 处的页面，用 pf 格式打印到指定的 gp 上下文。

在程序的 main()方法中，创建 PrinterJob 类的对象 job，判断用户是否选择打印，若没有选择打印，则程序结束。创建 Book 类的对象 pbook，调用 append()方法用来对多个页面进行封装。最后对象 job 调用 print()方法打印页面内容。

21.4　打印预览

在打印文件时会使用打印预览功能，来查看打印内容的格式是否正确，从而避免浪费资源。由于 JDK 中没有提供标准的打印预览组件，因此这个功能需要程序员自己编写。下面介绍如何使用 Java 语言来实现打印预览机制。

在实现打印预览时，会用到 Canvas 类。Canvas 组件表示屏幕上一个空白矩形区域，应用程序可以在该区域内绘图，或可以从该区域捕获用户的输入事件。应用程序必须为 Canvas 类创建子类，以获得有用的功能(如创建自定义组件)。必须重写 paint 方法，以便在 canvas 上执行自定义图形。

【例21-6】编写Java程序，实现打印预览功能(源代码\ch21\src\PreviewTest.java)。

```java
import java.awt.*;
import java.awt.event.ActionListener;
import java.awt.print.*;
import java.io.File;
import java.io.IOException;
import javax.imageio.ImageIO;
import javax.swing.*;
public class PreviewTest extends JFrame implements Printable {
    private Image img;
    private JPanel panel = null;              //面板对象
    private JButton setBtn = null;            //页面设置按钮
    private Canvas canvas = null;             //矩形区对象
    private PageFormat pf;                    //页面格式类对象
    //构造方法：初始化
    public PreviewTest() {
        pf = new PageFormat();
        //显示矩形区域：自动调用paint()方法
        canvas = new MyCanvas();
//设置页面的方向：LANDSCAPE指原点位于纸张的左下方，x的方向从下到上，y的方向从左到右
        pf.setOrientation(PageFormat.LANDSCAPE);
        //获取打印预览图片
        try {
            //获取图片的对象
            img = ImageIO.read(new File("res/dog.jpg"));
        } catch (IOException e) {
            e.printStackTrace();
        }
        launchFrame();
    }
    //页面预览显示方法
    private void launchFrame() {
        this.setSize(new Dimension(840, 700));
        BorderLayout borderLayout = new BorderLayout();
        borderLayout.setHgap(10);
        setLayout(borderLayout);
        //创建页面设置按钮以及添加按钮事件
        if (panel == null) {
            FlowLayout flowLayout = new FlowLayout();
            flowLayout.setVgap(2);
            flowLayout.setHgap(30);
            panel = new JPanel();
            panel.setLayout(flowLayout);
            if (setBtn == null) {
                setBtn = new JButton();
                setBtn.setText("页面设置");
                setBtn.addActionListener(new ActionListener() {
                    public void actionPerformed(java.awt.event.ActionEvent e) {
                        PrinterJob job = PrinterJob.getPrinterJob();
                        pf = job.pageDialog(pf);
                        canvas.repaint();
                    }
                });
            }
```

```java
            }
            panel.add(setBtn);
            add(panel, BorderLayout.SOUTH);
            add(canvas, BorderLayout.CENTER);
            setTitle("打印预览");
            setDefaultCloseOperation(JFrame.EXIT_ON_CLOSE);
            setVisible(true);
    }
    public int print(Graphics graphics, PageFormat pageFormat,
                    int pageIndex) throws PrinterException {
        int x = (int) pageFormat.getImageableX(); //
        int y = (int) pageFormat.getImageableY(); //
        Graphics2D g2 = (Graphics2D) graphics;
        //图片原始宽高
        int imgeW = img.getWidth(this);
        int imgeH = img.getHeight(this);
        //获取页面大小
        Double imgW = pageFormat.getImageableWidth();
        Double imgH = pageFormat.getImageableHeight();
        //页面大小:转换为int型
        int imgWidth = imgW.intValue();
        int imgHeight = imgH.intValue();
        //若图片宽超出范围
        if(imgeW > imgWidth){
            //将宽设置为页面宽度,高还是图片原来高度
            g2.drawImage(img,x,y,imgWidth,imgeH,this);
        }else{
            //按照图片原始大小显示
            g2.drawImage(img,x,y,imgeW,imgeH,this);
        }
        return Printable.PAGE_EXISTS; //
    }
    public static void main(String[] args) {
        PreviewTest pp = new PreviewTest();
    }
}
class MyCanvas extends Canvas {
    public void paint(Graphics g) {
        super.paint(g);
        Graphics2D g2 = (Graphics2D) g;
        //将当前坐标系的原点,平移到当前坐标系的点(10,10)
        g2.translate(10, 10);
        //可成像区域左上方点的x坐标
        int x = (int) (pf.getImageableX() - 1);
        //可成像区域左上方点的y坐标
        int y = (int) (pf.getImageableY() - 1);
        //可成像区域的宽度
        int width = (int) (pf.getImageableWidth() + 1);
        //可成像区域的高度
        int height = (int) (pf.getImageableHeight() + 1);
        //获取打印页面的宽和高
        int mw = (int) pf.getWidth();
        int mh = (int) pf.getHeight();
        //在指定位置画页面大小的矩形
        g2.drawRect(0, 0, mw, mh);
        //设置笔画属性
        g2.setStroke(new BasicStroke(1f, BasicStroke.CAP_ROUND,
                    BasicStroke.JOIN_ROUND, 10f,
```

```
                    new float[] { 5, 5 }, 0f));
            //在可成像区域,画矩形框
            g2.drawRect(x, y, width, height);
            try{
                PreviewTest.this.print(g, pf, 0);//调用 PreviewTest 类的 print()
            } catch (PrinterException e) {
                e.printStackTrace();
            }
        }
    }
}
```

运行上述程序,结果如图 21-15 所示。

【案例剖析】

在本案例中,首先创建 PreviewTest 类的内部类 MyCanvas,它继承 Canvas 类,重写类中的 paint()方法,在方法中调用父类的 paint()方法,并获取要打印预览区域的 x、y 坐标,以及矩形预览区域的宽和高,并根据页面宽和高在 (0,0)处,画实线矩形区域。通过设置 g2 的笔画属性,根据 x、y 坐标以及可成像区域的宽和高,再画虚线的矩形区域。最后调用 PreviewTest 类的 print()方法,实现预览内容。

在 PreviewTest 类中,通过类的构造方法,初始化列的私有成员变量以及获取图像的对象。在列的成员方法 launchFrame()中,创建页面设置按钮,并添加它的监听事件,实现对页面的设置,并对设置后的效果进行预览。最后将面板添加到窗体的 SOUTH,canvas 添加到窗体的中间,用于显示预览内容。

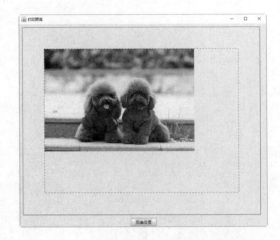

图 21-15 打印预览

21.5 大神解惑

小白:在实现 Printable 接口的类中重写 print()方法,可以在此方法中统计页数吗?

大神:在使用打印时,Printable 接口的 print()方法被多次调用,即使是打印一个页面,这个方法也是被多次访问,所以不能在该方法中进行统计等操作。若要统计当前页码,可以使用 print()方法的参数指定。

21.6 跟我学上机

练习 1:编写一个实现 Printable 接口的类,并重写抽象方法。利用打印控制类 PrinterJob 打印奥运五环。

练习 2:编写一个 Java 程序,实现使用 Book 类进行多页打印。

第 IV 篇

项目开发实战

- 第 22 章　管理开发项目——ANT 工具的使用
- 第 23 章　人工智能应用——开发购物推荐系统
- 第 24 章　游戏休闲应用——开发气球射击游戏
- 第 25 章　娱乐影视应用——开发电影订票系统

第 22 章

管理开发项目——ANT 工具的使用

当开发项目比较大时,每次重新编译、打包、测试等都会变得非常复杂且重复,因此 C 语言中使用 make 脚本来完成这些批量操作。

在 Java 语言中,应用是与平台无关的,因此无法使用与平台相关的 make 脚本来完成这些批处理操作。由 Apache 软件基金会所提供的 ANT 本身就是一个流程脚本引擎,用于自动化调用程序,完成项目的编译、打包、测试等。ANT 除了基于 Java 是平台无关的之外,脚本的格式是基于 XML 的,比 make 脚本要好维护一些。

本章主要介绍 ANT 的基本知识以及 ANT 关键元素、ANT 常用任务以及使用 ANT 构建项目等。

本章要点(已掌握的在方框中打钩)

- ☐ 了解 Ant 的优点。
- ☐ 掌握 Ant 构建文件的创建。
- ☐ 掌握 Ant 关键元素的使用。
- ☐ 掌握 Ant 常用任务的使用。
- ☐ 掌握 Ant 的安装和配置。
- ☐ 使用 Ant 构建项目。

22.1 ANT 简介

Apache ANT 是一个将软件编译、测试、部署等步骤联系在一起加以自动化的一个工具，大多用于 Java 环境中的软件开发。

当创建一个新的 Java 项目时，首先应该编写 ANT 构建文件，它默认名为 build.xml，也可以取其他的名字，只不过在运行时需要将构建文件名当作参数传给 ANT。构建文件一般放在项目根目录中，这样可以使项目简洁、清晰。

22.1.1 ANT 任务类型

ANT 在构建目标时，必须调用其定义的任务，任务中定义了 ANT 实际执行的命令。ANT 中任务分为如下 3 类。

(1) 核心任务：ANT 自带的任务。
(2) 可选任务：来自第三方的任务，因此需要一个附加的 Jar 文件。
(3) 用户自定义的任务：用户自己开发的任务。

22.1.2 项目层次结构

使用 ANT 的 Java 项目，典型的项目层次结构如下。

(1) src：Java 程序。
(2) class：编译后的 class 文件。
(3) lib：第三方 Jar 包。
(4) dist：打包文件，发布以后的代码。

22.1.3 ANT 构建文件

ANT 的构建文件是基于 XML 编写的，默认名称为 build.xml。为了更清楚地了解 ANT，在 E 盘下，编写一个简单的 ANT 程序，初步了解一下 ANT 的功能。

【例 22-1】build.xml 文件，代码如下。

```xml
<?xml version="1.0"?>
<project name="myAnt">
    <target name="AntTest">
        <echo message="Hello,Ant"/>
    </target>
</project>
```

通过命令提示符，进入 E 盘，输入 ant AntTest 命令，运行 build.xml 文件，运行结果如图 22-1 所示。

【案例剖析】

在本案例中，AntTest 是需要执行的任务名称，如果文件名不是 build.xml，而是 test.xml

时，运行同样的命令时，命令窗口会出现，如图 22-2 所示的错误信息。

图 22-1　运行 build.xml

图 22-2　运行 test.xml 错误

由此错误提示可以看出，ant 命令默认寻找 build.xml 文件。若文件名为 test.xml 时，命令应改为 ant -f test.xml AntTest、ant -file test.xml AntTest 或 ant -buildfile test.xml AntTest，运行结果如图 22-3 所示。

 注意　ANT 构建文件，若有 XML 声明，必须在第一行，在 XML 声明前不允许出现空行。XML 对大小写、引号以及正确的标签语法都很敏感。

图 22-3　正确运行 test.xml

22.2　为什么要使用 ANT

Build 工具有很多，如 make、maven 等。那么为什么选择 ANT 呢？ANT 是 Apache 软件基金会 JAKARTA 目录中的一个子项目，它有以下几个优点。

1. 跨平台性

ANT 是纯 Java 语言编写的，ANT 运行时需要一个 XML 文件(构建文件)，并用 XML 文件存储 build 信息。因此，具有很好的跨平台性。

2. 操作简单

ANT 是由一个内置任务和可选任务组成的。ANT 通过调用 target 树，就可以执行各种 task。每个 task 实现了特定接口对象。由于 ANT 构建文件是 XML 格式的文件，所以非常容易维护和书写，而且结构很清晰。

3. ANT 集成到开发环境

由于 ANT 的跨平台性和操作简单的特点，它很容易集成到一些开发环境中去，如

MyEclipse、Eclipse 等。

22.3 下载安装 ANT

使用 ANT 之前，首先下载并安装 ANT，下面详细介绍 ANT 的安装和配置。

22.3.1 下载 ANT

使用 ANT 前首先下载 ANT，下载的具体步骤如下。

step 01 打开 Apache 官网(http://ant.apache.org/)，在 Apache 官网的左侧导航中，选择 Download→Binary Distributions 选项，如图 22-4 所示。

step 02 打开 Binary Distributions 页面，选择 Current Release of Ant 下最新版本的 ANT，即 apache-ant-1.10.1-bin.zip，如图 22-5 所示。

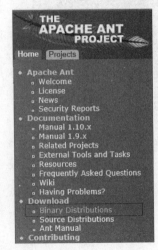

图 22-4 Apache 官网

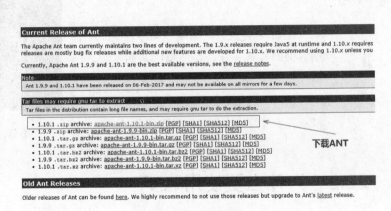

图 22-5 下载 ANT

step 03 单击 apache-ant-1.10.1-bin.zip 文件，然后保存，下载 ANT。

22.3.2 安装 ANT

将 ANT 下载完成之后，安装 ANT 具体步骤如下。

step 01 解压 apache-ant-1.10.1-bin.zip 文件，这里解压到 D 盘根目录下，如图 22-6 所示。

step 02 配置 ANT 的环境变量，即配置 path 和 classpath。配置方法与配置 JDK 类似。将 ANT 的 D:\apache-ant-1.10.1\bin 目录添加到 path 环境变量中，D:\apache-ant-1.10.1\lib 目录添加到 classpath 目录下，如图 22-7 所示。

step 03 配置完成 ANT 后，在命令提示符下测试是否成功。打开【命令提示符】窗口，输入 ant 命令，结果如图 22-8 所示，说明安装成功。

图 22-6 解压后文件夹

图 22-7 配置环境变量

图 22-8 测试安装是否成功

22.4 ANT 关键元素

下面介绍 ANT 的关键元素 project、target、property、jar、java 和 javac 的使用。

1. project 元素

ANT 构建文件是 XML 文件，project 元素是构建文件的根元素。每个构建文件定义一个唯一的 Project 元素，否则会发生错误。每个 project 元素下，可以定义多个 target 元素。

project 元素有多个内在属性，其各个属性的含义分别如下。

(1) default 属性：指定 project 默认的运行目标，即 target 任务。这个属性是必需的。

(2) basedir 属性：指定项目的基路径。该属性不指定时，使用 ANT 构建文件的目录作为基路径。

(3) name 属性：指定 project 元素的名称。

(4) description 属性：表示项目的描述。

每个构建文件都对应于一个项目，但是大型项目经常包含大量的子项目，每一个子项目都可以有自己的构建文件。

【例 22-2】project 元素的使用，修改 build.xml 文件，代码如下：

```xml
<?xml version="1.0" encoding="UTF-8"?>
<project name="myProject" default="ProjectTest" basedir="E:/ant">
    <target name="ProjectTest">
        <echo message="project basedir: ${basedir}"/>
    </target>
</project>
```

在命令提示符下，输入 ant Project 命令，运行结果如图 22-9 所示。

【案例剖析】

在本案例中，定义了 project 元素的 name 属性值是 myProject；定义了 project 元素的 default 属性的值为 ProjectTest，即当运行 ant 命令时，若未指明执行的 target 时，默认执行的 target 是 ProjectTest。还定义了 project 元素的 basedir 属性的值是 E:/ant。

图 22-9　project 元素

(1) project 元素的 basedir 属性的值是 E:/ant，指明项目的存放位置，因此要确定 E 盘下存在 ant 文件夹。

(2) 将 project 元素的 basedir 属性去掉，运行 ant，运行结果如图 22-10 所示。此时 basedir 的值变成了 "E:\"，即 Ant 构建文件的目录。

(3) 在命令提示符下，通过 "ant - projecthelp" 命令，可以得到某个 project 下所有的 target 的名称。本节例子使用 ant - projecthelp 命令，显示 build.xml 中 project 下所有 target，如图 22-11 所示。

图 22-10　无 basedir 属性

图 22-11　project 下所有 target

2. target 元素

target 元素是 ANT 的基本执行单元，它可以包含一个或多个具体的任务。target 中还定义了所要执行的任务序列，多个 target 之间存在相互依赖关系。

Target 的所有属性含义如下。

(1) name 属性：指定 target 元素的名称，这个属性在一个 project 元素中是唯一的。

(2) depends 属性：用于描述 target 之间的依赖关系。若与多个 target 存在依赖关系时，使用逗号(,)隔开。Ant 会依照 depends 属性中 target 出现的顺序依次执行每个 target。在执行之前，首先执行它所依赖的 target。一个 target 只能被执行一次，即使有多个 target 依赖于它。

例如，一个 target 的 name 是 one，one 的 depends 属性是 two；而 two 的 target 的 depends 属性是 three。这 3 个 target 的执行顺序依次是 three，two，one。

(3) if 属性：验证指定的属性是否存在。若存在，则执行；若不存在，则不执行。

(4) unless 属性：验证指定的属性是否存在。若存在，则不执行；若不存在，则执行。

(5) description 属性：项目的描述和说明。

【例 22-3】target 元素的使用，修改 E:\build.xml 文件，代码如下：

```xml
<?xml version="1.0"?>
<project name="myTarget">
    <target name="targetOne" if="ant.java.version">
        <echo message="Java 版本: ${ant.java.version}"/>
    </target>
    <target name="targetTwo" depends="targetOne" unless="gg">
        <echo message="项目的目录: ${basedir}"/>
    </target>
</project>
```

在命令提示符下，输入"E:"，进入 E 盘，输入 ant target 命令，运行结果如图 22-12 所示。

【案例剖析】

在本案例中，定义两个 target，targetTwo 依赖于 targetOne，所以在命令提示符下运行 targetTwo 时，targetOne 首先被执行。由于系统安装了 java 环境，所以 ant.java.version 属性存在，执行 targetOne。

执行完 targetOne，接着执行 targetTwo，由于 gg 属性不存在，而 unless 属性是在不存在时执行，所以执行 targetTwo。由于 project 元素没有指定 basedir 属性值，所以它的值是默认的 build.xml 的目录。

图 22-12　target 元素

$符号是指输出大括号中的内容。

3. property 元素

property 元素可看作参量或参数的定义，project 的属性可以通过 property 元素来设定，也可在 Ant 之外设定。引入外部属性文件时，使用<property file="文件名.properties"/>。

property 元素可作为 target 的属性值。在 target 中是通过将属性名放在 "${" 和 "}" 之间，并放在 target 属性值处来实现的。

ANT 提供了一些内置属性，它能得到的系统属性的列表与 System.getPropertis()方法得到的属性一致。ANT 提供了一些它自己的属性，具体如下。

(1) basedir：project 根目录的绝对路径。

(2) ant.file：buildfile 的绝对路径。

(3) ant.version：ANT 的版本。

(4) ant.project.name：当前指定的 project 的名字，即 project 元素的 name 属性的值。

(5) ant.java.version：ANT 检测到的 JDK 的版本。

【例 22-4】property 元素的使用。修改 E:\build.xml 文件，代码如下：

```xml
<?xml version="1.0"?>
<project name="myProperty" default="PropertyTest">
    <property name="fruit" value="apple"/>
    <property name="color" value="red"/>
    <target name="PropertyTest">
      <echo message="name: ${fruit}, age: ${color}"/>
    </target>
</project>
```

在命令提示符下进入 E 盘，输入 ant 命令，运行结果如图 22-13 所示。

【案例剖析】

在本案例中，通过 <property name="fruit" value="apple"/> 和 <property name="color" value="red"/> 两个语句，设置了名是 fruit 和 color 的两个属性的值，在 target 元素中，通过 ${fruit} 和 ${color} 分别获取它们的值。

图 22-13 property 元素

4. jar 元素

jar 元素是用来生成一个 JAR 文件的，其属性如下。

(1) destfile 属性：JAR 文件名。

(2) basedir 属性：被归档的文件名。

(3) includes 属性：被归档的文件模式。

(4) excludes 属性：被排除的文件模式。

(5) compress 属性：是否压缩。

【例 22-5】使用 jar 元素打包，mainfest 是 jar 包中的 MEAT-INF 中的 MANIFEST.MF 中的文件内容。

```xml
<?xml version="1.0"?>
<project name="myJava" default="JavaTest">
    <target name="JavaTest">
        <jar destfile="E:\antJava\animal.jar" level="9" compress="true"
             encoding="utf-8" basedir="E:\antJava">
          <manifest>
              <attribute name="Implementation-Version" value="Version: 2.2"/>
          </manifest>
        </jar>
    </target>
</project>
```

在命令提示符下进入 E 盘，输入 ant 命令，运行结果如图 22-14 所示。

【案例剖析】

在本案例中，使用 jar 元素将 E 盘下的 Animal 打包为 jar 文件，打包路径是 E:\antJava。

5. javac 元素

javac 元素用于编译一个或一组 java 文件，其属性如下。

(1) srcdir 属性：源程序的目录。
(2) destdir 属性：class 文件的输出目录。
(3) include 属性：被编译的文件模式。
(4) excludes 属性：被排除的文件模式。
(5) classpath 属性：使用类的路径。
(6) debug 属性：包含调试信息。
(7) optimize 属性：是否使用优化。
(8) verbose 属性：提供详细的输出信息。
(9) fileonerror 属性：当碰到错误就自动停止。

图 22-14　jar 元素

6. java 元素

java 元素用来执行编译生成的.class 文件，其属性如下。

(1) classname 属性：要执行的类名。
(2) jar 属性：包含该类的 JAR 文件名。
(3) classpath 属性：所用类的路径。
(4) fork 属性：在一个新的虚拟机中运行该类。
(5) failonerror 属性：当出现错误时自动停止。
(6) output 属性：输出文件。
(7) append 属性：追加或者覆盖默认文件。

【例 22-6】javac 和 java 元素的使用。

step 01 在 E 盘创建 antJava 文件夹，在文件夹中创建 java 文件，代码如下(源代码 \ch22\antJava\Animal.java)。

```
import java.util.*;
public class Animal {
    public String name;
    public String color;
    public String getName() {
        return name;
    }
    public void setName(String name) {
        this.name = name;
    }
    public String getColor() {
        return color;
    }
    public void setColor(String color) {
        this.color = color;
    }
    public Animal(String name, String color) {
        super();
        this.name = name;
```

```
        this.color = color;
    }
    public String toString(){
        return getName()+":"+getColor();
    }
    public static void main(String[] args) {
        List<Animal> list = new ArrayList<Animal>();
        Animal cat = new Animal("cat", "white");
        Animal dog = new Animal("dog", "black");
        Animal rabbit = new Animal("rabbit", "white");
        list.add(cat);
        list.add(dog);
        list.add(rabbit);
        
        System.out.println("list size:" + list.size());
        for(Animal a : list){
            System.out.println(a.getName()+":"+a.getColor());
        }
    }
}
```

step 02 修改 E:\build.xml，代码如下。

```xml
<?xml version="1.0"?>
<project name="myJava" default="JavaTest">
    <target name="JavaTest">
        <javac srcdir="E:\antJava" destdir="E:\antJava" includeantruntime="on"/>
        <java classname="Animal" classpath="E:\antJava"/>
    </target>
</project>
```

在命令提示符下进入 E 盘，输入 ant 命令，运行结果如图 22-15 所示。

【案例剖析】

在本案例中，定义一个 Animal 类，在 Ant 的构建文件 build.xml 中，通过 javac 元素编译 antJava 文件夹下的 Animal.java 类，通过 java 元素运行编译后的 Animal 程序。

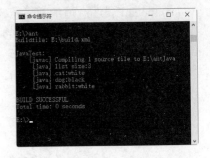

图 22-15 使用 javac 元素和 java 元素

22.5 ANT 常用任务

在 ANT 工具中，每一个 target 中封装了具体要执行的功能，是 ANT 工具的基本执行单位。下面介绍 ANT 常用任务的使用。

1. copy 任务

copy 任务用于文件或文件集的拷贝，其属性如下。

(1) file 属性：源文件。

(2) tofile 属性：目标文件。
(3) todir 属性：目标目录。
(4) overwrite 属性：指定是否覆盖目标文件，默认值是不覆盖。
(5) includeEmptyDirs 属性：指定是否拷贝空目录，默认值为拷贝。
(6) failonerror 属性：指定若目标没有发现，是否自动停止，默认值是停止。
(7) verbose 属性：指定是否显示详细信息，默认值不显示。

【例 22-7】copy 任务的使用。修改 E:\build.xml，内容如下：

```xml
<?xml version="1.0"?>
<project name="myCopy" default="CopyTest">
    <target name="CopyTest">
      <!-- 将 file.txt 文件内容复制到 copy.txt 文件 -->
      <copy file="file.txt" tofile="copy.txt"/>
      <!--将 dir 指定的空目录复制到 todir 指定的目录下-->
      <copy todir="ant/new_dir">
          <fileset dir="ant"/>
      </copy>
      <!-- 将 file.txt 文件复制到 todir 指定的目录下-->
      <copy file="file.txt" todir="ant/dir"/>
    </target>
</project>
```

在 E 盘下，新建一个 file.txt 文件和 ant 目录。在命令提示符下进入 E 盘，输入 ant 命令，运行结果如图 22-16 所示。

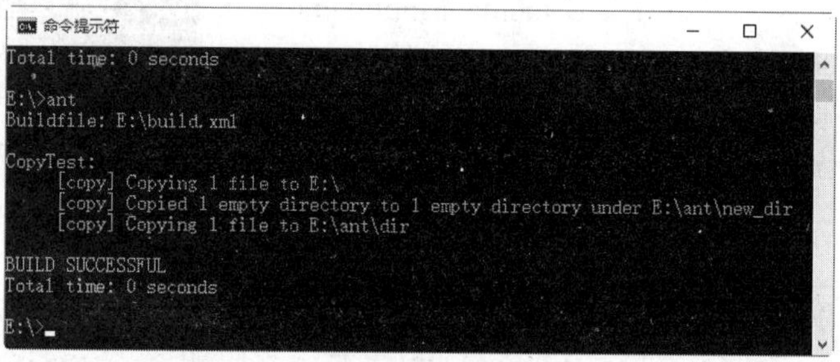

图 22-16   copy 命令

【案例剖析】

在本案例中，通过<copy file="file.txt" tofile="copy.txt"/>语句，将 file.txt 文件内容复制到 copy.txt 文件中，完成文件的复制。

通过<copy todir="ant/new_dir"><fileset dir="ant"/></copy>语句，将 ant 空目录复制到 ant/new_dir 目录下，完成目录的复制。通过<copy file="file.txt" todir="ant/dir"/>语句，将一个文件 file.txt 复制到 ant/dir 目录下，完成将一个文件复制到指定目录。

2. delete 任务

delete 任务用于删除一个文件或一组文件，它的属性如下。
(1) file 属性：要删除的文件。
(2) dir 属性：要删除的目录。

(3) includeEmptyDirs 属性：指定是否要删除空目录，默认值是删除。

(4) failonerror 属性：指定当碰到错误时是否停止，默认值是自动停止。

(5) verbose 属性：指定是否列出所删除的文件，默认值为不列出。

【例 22-8】delete 任务的使用。修改 E:\build.xml，代码如下。

```xml
<?xml version="1.0"?>
<project name="myDelete" default="DeleteTest">
    <target name="DeleteTest">
        <!--删除某个文件 -->
        <delete file="ant\dir\file.txt"/>
        <!--删除某个目录-->
        <delete dir="ant\dir"/>
        <!--删除所有的备份目录或空目录-->
        <delete includeEmptyDirs="true">
            <fileset dir="." includes="**/*.bak"/>
        </delete>
    </target>
</project>
```

在命令提示符下进入 E 盘，输入 ant 命令，运行结果如图 22-17 所示。

【案例剖析】

在本案例中，通过<delete file="ant\dir\file.txt"/>语句，删除指定目录下的文件。通过<delete dir="ant\dir"/>语句，删除指定的目录。通过<delete includeEmptyDirs="true">语句<fileset dir="." includes="**/*.bak"/>删除空目录或.bak 格式的备份，这里没有空目录和 bak 备份文件，所以没有删除记录。

图 22-17　delete 命令

3. mkdir 任务

mkdir 任务用于创建一个目录，它有一个属性 dir，用来指定所创建的目录名。

【例 22-9】mkdir 的使用。修改 E:\build.xml 文件，代码如下。

```xml
<?xml version="1.0"?>
<project name="myMkdir" default="MkdirTest">
    <target name="MkdirTest">
        <mkdir dir="mk\dir"/>
    </target>
</project>
```

在命令提示符下进入 E 盘，输入 ant 命令，运行结果如图 22-18 所示。

4. move 任务

move 任务是移动文件或目录。

【例 22-10】move 任务的使用。修改 E:\build.xml，代码如下。

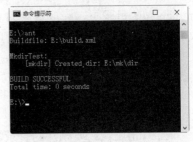

图 22-18　mkdir 任务

```xml
<?xml version="1.0"?>
<project name="myMove" default="MoveTest">
    <target name="MoveTest">
        <!--移动 ant 目录下 new_dir 文件到 mk 文件下-->
        <move file="ant" tofile="mk"/>
        <!--移动单个文件 file.txt 到另一个目录 mk\dir-->
        <move file="file.txt" todir="mk\dir"/>
        <!--移动目录 mk\move 到另一个目录 move 下-->
        <move todir="move2">
            <fileset dir="mk\move1"/>
        </move>
    </target>
</project>
```

在命令提示符下进入 E 盘,输入 ant 命令,运行结果如图 22-19 所示。

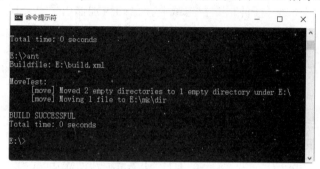

图 22-19 move 任务

【案例剖析】

在本案例中,使用<move file="ant" tofile="mk"/>语句移动一个目录下的文件到另一个目录下,使用<move file="file.txt" todir="mk\dir"/>语句移动单个文件到另一个目录下,使用<move todir="move2"> <fileset dir="mk\move1"/></move>语句移动一个目录到另一个目录下。

5. echo 任务

echo 任务是根据日志或监控器的级别输出信息。它包括 message、file、append、level 这 4 个属性。

【例 22-11】echo 任务的使用。修改 E:\build.xml 文件,代码如下。

```xml
<?xml version="1.0"?>
<project name="myEcho" default="EchoTest">
    <target name="EchoTest">
        <echo message="Ant echo" file="logs/system.log" append="true">
        </echo>
    </target>
</project>
```

在命令提示符下进入 E 盘,输入 ant 命令,运行结果如图 22-20 所示,在 E 盘下创建输出信息的目录 logs 以及 system.log 文件,如图 22-21 所示。

图 22-20　echo 任务

图 22-21　echo 输出信息

【案例剖析】

在本案例中，使用 echo 任务根据日志或监控器的级别输出信息，file 指定输出信息的位置，message 指定输出的信息，append 的值是 true，指可以在输出文档中追加输出信息。

22.6　使用 ANT 构建项目

介绍了 ANT 的安装和使用后，下面介绍在 MyEclipse 中，使用 ANT 插件构建 Java 项目 MyAnt，具体步骤如下。

step 01 在 MyEclipse 中，创建 Java 项目 MyAnt，并创建 Java 程序 AntTest，代码如下(源代码\ch22\MyAnt\src\AntTest.java)。

```
public class AntTest {
    public static void main(String[] args) {
        System.out.println("hello Ant");
    }
}
```

step 02 在 MyAnt 项目根目录下，创建 build.xml 文件(源代码\ch22\MyAnt\build.xml)。

```
<?xml version="1.0" encoding="UTF-8"?>
<project name="myAnt" default="AntTest" basedir=".">
    <target name="AntTest">
        <echo message="my ant : ${basedir}"/>
        <javac srcdir="." destdir="." includeantruntime="on"/>
        <java classname="AntTest" classpath="."/>
    </target>
</project>
```

step 03 在 MyEclipse 中，选择 Window→Show View→Other 菜单命令，如图 22-22 所示。

step 04 打开 Show View 窗口，在搜索栏输入 ANT，如图 22-23 所示。

step 05 单击 OK 按钮，在 MyEclipse 中出现 Ant 窗口，如图 22-24 所示。

step 06 在 Ant 窗口，右击并在弹出的快捷菜单中选择 Add Buildfiles 命令，如图 22-25 所示。

step 07 打开 Buildfile Selection 窗口，选择 MyAnt 项目下的 build.xml 文件，如图 22-26

所示。

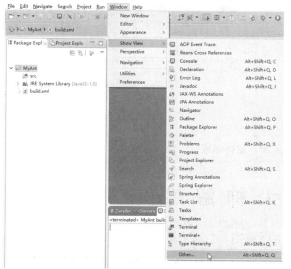

图 22-22　选择 Other 命令

图 22-23　Show View 窗口

图 22-24　Ant 窗口

图 22-25　选择 Add Buildfiles 命令

step 08　单击 OK 按钮，将项目部署到 Ant。

step 09　在 Ant 窗口，右击并在弹出的快捷菜单中选择 Run As→Ant Build 命令，如图 22-27 所示。

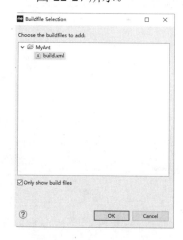

图 22-26　Buildfile Selection 窗口

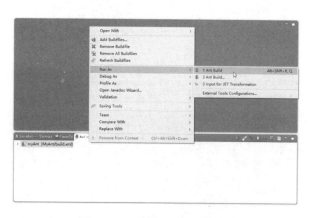

图 22-27　选择 Ant Build 命令

step 10 运行 build.xml 文件，结果如图 22-28 所示。这样就完成了使用 ANT 构建项目。

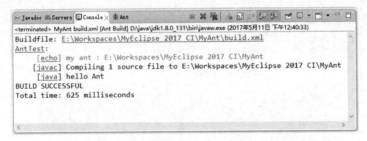

图 22-28 运行结果

22.7 大神解惑

小白：使用 Ant 重新设置 property 的值时报错，怎么办？

大神：Ant 脚本中 property 属性在第一次定义之后，在整个 project 执行过程中，它的值是不会再变的，即 property 属性默认是不能重新设值的。

例如，使用 property 定义变量 test 的值是 ant：

```
<property name="test" value="ant" />
```

使用 var 修改变量 test 的值：

```
<var name="test " value="var test" />
```

22.8 跟我学上机

练习 1：在 MyEclipse 中，使用 ANT 构建一个 Java 项目，在 build.xml 中使用 ANT 关键字创建 project 项目和 target 任务，并运行。

练习 2：在 build.xml 文件中，使用 javac、java、jar 分别编译、运行和打包文件。

第 23 章

人工智能应用——开发购物推荐系统

随着网络的普及,越来越多的人开始使用网络购物,那么各大购物平台是怎么向用户推荐与用户相关的商品的呢?本章介绍的购物推荐系统就是根据用户的购物记录或商品间的相关性,实现向用户推荐商品的功能的。

本章要点(已掌握的在方框中打钩)

- ☐ 了解购物推荐系统的开发背景。
- ☐ 熟悉购物推荐系统的需求分析。
- ☐ 掌握购物推荐系统的功能分析。
- ☐ 掌握系统的各个功能模块。
- ☐ 掌握开发过程中的常见问题。

23.1 开发背景

购物推荐系统介绍的是一个基于简单机器学习算法的系统。近年来，随着阿尔法狗击败了世界顶级的围棋选手，机器学习吸引了越来越多的关注，变得炙手可热，而 Java 语言在机器学习中扮演了非常重要的角色，因此我们开发了该案例。

在开发系统前，首先了解一下本系统要用到的基本概念。

1. 机器学习

机器学习(Machine Learning, ML)是一门多领域交叉学科，涉及概率论、统计学、逼近论、凸分析、算法复杂度理论等多门学科。专门研究计算机怎样模拟或实现人类的学习行为，以获取新的知识或技能，重新组织已有的知识结构，使之不断改善自身的性能。

2. Cosine 相似性

Cosine 相似性，又称为余弦相似性。通过计算两个向量的夹角余弦值来评估它们的相似程度。余弦值的范围是[-1,1]，值越趋近于 1，代表两个向量的方向越接近；越趋近于-1，它们的方向越相反；接近于 0，表示两个向量近乎于正交。

3. Jaccard 相似性

Jaccard index，又称为 Jaccard 相似系数(Jaccard similarity coefficient)，用于比较有限样本集之间的相似性与差异性。Jaccard 系数值越大，样本相似度越高。

4. 协同过滤

协同过滤推荐(Collaborative Filtering recommendation)在信息过滤和信息系统中正迅速成为一项很受欢迎的技术。与传统的基于内容过滤直接分析内容进行推荐不同，协同过滤分析用户兴趣，在用户群中找到指定用户的相似(兴趣)用户，综合这些相似用户对某一信息的评价，形成系统对该指定用户对此信息的喜好程度预测。

基于商品的协同过滤，通过用户对不同商品的评分来评测商品之间的相似性，根据商品相似度做出推荐；基于用户的协同过滤，通过不同用户对商品的评分来评测用户之间的相似性，根据用户相似度做出推荐。

基于协同过滤算法主要分为以下两个步骤。

(1) 计算用户或商品间的相似度。
(2) 根据用户或商品的相似度和用户的历史行为生成推荐列表。

Cosine 相似度：$W_{uv} = \dfrac{|N(u) \cap N(v)|}{\sqrt{|N(u)||N(v)|}}$

Jaccard 相似度：$W_{uv} = \dfrac{|N(u) \cap N(v)|}{|N(u) \cup N(v)|}$

Pearson 相关系数：$sim(u,v) = \dfrac{a \times b^T}{\sqrt{a \times a^T} \times \sqrt{b \times b^T}}$

23.2 需求及功能分析

在许多购物网站的商品推荐中,如 Amazon 网站,都是使用基于协同过滤推荐方法向用户推荐商品的。本系统就是采用协同过滤方法向用户推荐商品的。

23.2.1 需求分析

需求分析是开发购物推荐系统的第一步,这也是软件开发中最重要的步骤。只有将用户的需求了解到位,才能开发出满足需求功能的购物推荐系统。

该系统使用协同过滤推荐方法根据用户的购物记录获得其对商品的喜好。通过分析多个用户对多个商品的喜好,可以从中识别出这些商品之间的相关性,或者是用户之间的相似性。用户在下一次购物时,可以基于这些提前识别出的关联性信息进行推荐。

(1) 基于用户相似性的推荐。

用户 1 喜欢商品 X、Y、Z,用户 2 喜欢商品 X、Y,那么,可以得到用户 1 和 2 可能是相似的,下次用户 2 购物时推荐 Z 给他。

(2) 基于商品相关性的推荐。

用户 1 喜欢商品 X、Y、Z,用户 2 喜欢商品 X、Y,那么可以得出商品 X 和 Y 可能是相关的,因为同时被多人喜欢。对于一个新的用户 3,如果他喜欢 X,那么推荐商品 Y 给用户 3。

根据上述的需求分析,购物推荐系统可以分为 4 个模块。

(1) 主程序模块。调用各个功能模块,并计算对当前用户来说某个商品的推荐强度。

(2) 读取数据模块。该模块读取用户的购物记录,以便记录商品的相似性;读取用于测试的用户与商品数据,从而计算为某一用户推荐商品的相似度。

(3) 计算相似性模块。根据购物历史记录,计算用户间的相似性或商品间的相似性。

(4) 数据模块。用户购物记录、浏览记录及测试数据。

从上述需求分析,购物推荐系统的主要功能如图 23-1 所示。

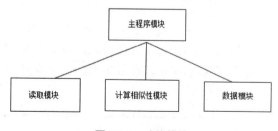

图 23-1 功能模块

23.2.2 功能分析

本系统中实施步骤是根据所有用户的购物记录,计算商品和商品之间的相似度,然后根据当前用户对其他所有商品的购买记录(是否购买),通过商品相似度的加权,计算当前用户对该商品的喜好程度(即推荐强度)。

1. 主程序模块

该模块是推荐系统的主程序。该模块在运行过程中,首先调用机器学习数据模块中的方法，读取用户购买商品的历史记录；其次调用计算相似性模块中的方法，计算用户－用户相似性矩阵以及商品－商品相似性矩阵；最后调用读取测试数据模块中的方法，读取用于测试的用户和商品组合，并将用户与商品分别放入容器中，再在主程序中根据相似度以及购物记录，计算商品的推荐强度。

2. 读取模块

读取模块分为读取用户购买商品的历史记录的模块和读取不同用户和商品组合的列表，即读取机器学习数据模块和读取测试数据模块。

(1) 读取机器学习数据模块。

该模块读取数据文件 train.txt 中用于机器学习的数据，即用户购买商品的历史记录。将与用户相关的商品在二维数组矩阵中做记录，即标注为 1。

(2) 读取测试数据模块。

该模块用于读取测试文件 test.txt 中的数据，即不同用户和商品的组合，并将所有用户和商品分别放入 List 容器中。

3. 计算相似性模块

该模块分为计算行相似性模块和计算数组相似性模块。

(1) 计算行相似性模块。

该模块中的方法计算记录用户购买商品记录的矩阵中任意行之间的相似性，并将计算的相似性值放入另一个二维数组中。

(2) 计算数组相似性模块。

该模块是使用两种常见的方法，即 Cosine 和 Jaccard 相似性，计算一维数组之间的相似性，并将计算的值返回。

4. 数据模块

在该模块中，使用数据库存储用户的购物记录以及用于测试的数据，使用 train.txt 文件存放用户浏览商品的记录，使用 test.txt 存放用户测试数据。

(1) 在数据库中，存放用户购物记录的表结构，如表 23-1 所示。

表 23-1 购物记录

字段名称	字段类型	说　明
user	int	用户
item	int	商品

(2) 在数据库中，存放测试数据的表结构，如表 23-2 所示。

(3) train.txt 文件是用户浏览商品的历史记录，其中第一个数字为用户 id，第二个数字为商品 id。一行代表一次购买。例如第一行里的 1,2 表明用户 1 买了商品 2。文件内容如图 23-2 所示。

(4) test.txt 文件是用户和商品的组合，其中第一个数字为用户 id，第二个数字为商品 id。一行代表一个组合。文件内容如图 23-3 所示。

表 23-2　购物记录

字段名称	字段类型	说　明
user	int	用户
item	int	商品
strength	double	推荐强度

图 23-2　train.txt 文件

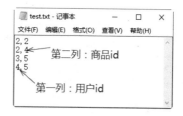

图 23-3　test.txt 文件

本系统各个模块之间的功能结构如图 23-4 所示。

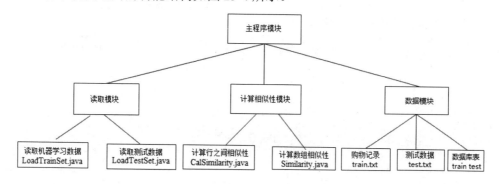

图 23-4　系统结构

23.3　系统代码编写

在购物推荐系统中，根据主程序模块、读取模块和计算相似性模块，本系统主要通过 5 个 Java 程序来实现这些功能。

23.3.1　推荐系统主程序

RecommendMain 类包含推荐系统的主程序。RecommendMain 类的具体代码如下(源代码 \ch23\Recommender\src\RecommendMain.java)。

```
import java.sql.Connection;
import java.sql.DriverManager;
import java.sql.PreparedStatement;
import java.sql.ResultSet;
```

```java
import java.sql.SQLException;
import java.sql.Statement;
import java.text.DecimalFormat;
import java.util.ArrayList;
import java.util.List;

/*
 * 该类包含推荐系统的主程序，包括基于购买历史的推荐和基于浏览记录的推荐
 * 购买历史数据存在数据库里，浏览历史存在日志文件里
 * @author
 * @version
 */
public class RecommendMain {

    //连接数据库的数据库以及url
    static final String JDBC_DRIVER = "com.mysql.jdbc.Driver";
    static final String DB_URL = "jdbc:mysql://localhost:3306/recommender?&useSSL=true";

    //数据库的用户名与密码，需要根据自己的设置
    static final String USER = "root";
    static final String PASS = "123456";

    //基于浏览历史推荐所使用的数据源
    final static String trainFile = "train.txt";     // 用户浏览商品的记录
    final static String testFile = "test.txt";       // 测试数据文件名

    private int numOfUsers;// 用户数量
    private int numOfItems;// 商品数量

    /*
     * class 的 constructor,传入所分析数据的基本参数
     * @param u 用户数
     * @param i 商品数目
     */
    public RecommendMain(int u, int i) {
        this.numOfUsers = u;
        this.numOfItems = i;
    }

    /*
     * 主程序首先从数据源读取用户购买商品的历史或浏览商品的记录
     * 然后再调用 CalSimilarity 里的方法计算用户－用户相似性矩阵或商品－商品相关性矩阵
     * 最后再从数据库中读取用于测试的用户和商品组合，并计算推荐强度
     */
    public static void main(String[] args) {
        // 推荐方法,有两种方法,分别为基于用户的相似性和商品的相似性,该处可以进行修改
        String method = "item";

        //在推荐中，我们假定有 4 个用户和 6 个商品
        RecommendMain recSys = new RecommendMain(4, 6);

        System.out.println("开始基于购买历史进行推荐：");
        //购买历史以及测试数据，在数据库的表中
```

```java
        recommendByDBdata(recSys, method);
        System.out.println("\n开始基于浏览历史进行推荐: ");
        //浏览记录以及测试数据,分别在train.txt和test.txt中
        recommendByLogfile(recSys, method);
    }

    /*
     * 该方法通过分析用户的购买历史,进行推荐
     * */
    public static void recommendByDBdata(RecommendMain recSys, String method){

        int[][] trainData = null;
        if (method.equals("item")) {
            //创建用于存放商品相似性的数组
            trainData = new int[recSys.numOfItems][recSys.numOfUsers];
            for (int i = 0; i < recSys.numOfItems; i++) {
                for (int j = 0; j < recSys.numOfUsers; j++) {
                    trainData[i][j] = 0; //初始化数组为0
                }
            }
        } else {
            //创建用于存放用户相似性的数组
            trainData = new int[recSys.numOfUsers][recSys.numOfItems];
            for (int i = 0; i < recSys.numOfUsers; i++) {
                for (int j = 0; j < recSys.numOfItems; j++) {
                    trainData[i][j] = 0;//初始化数组是0
                }
            }
        }
        //获取数据库中购买记录数据
        Connection conn = null;
        Statement stmt = null;
        try {
            //注册 JDBC 驱动
            Class.forName("com.mysql.jdbc.Driver");
            //获取数据库链接
            conn = DriverManager.getConnection(DB_URL, USER, PASS);
            //获取执行sql语句的对象
            stmt = conn.createStatement();
            //定义查询sql语句
            String sql = "SELECT user, item FROM train";
            //查询,结果放入结果集rs中
            ResultSet rs = stmt.executeQuery(sql);
            //判断rs中是否存在下一条记录
            while (rs.next()) {
                //若存在,获取购买记录的用户和商品
                int user = rs.getInt("user");
                int item = rs.getInt("item");
                if (method.equals("item")) {
                    //根据商品相似性,将值标为1
                    trainData[item - 1][user - 1] = 1;
                } else {
                    //根据用户相似性,将值标为1
                    trainData[user - 1][item - 1] = 1;
```

```java
        }
    }
    //计算相似度矩阵,这里相似度采用cosine相似度,也可以修改为jaccard相似度
    //numOfObjs中存放的是采用用户还是商品相似性
    int numOfObjs = recSys.numOfUsers;
    if (method.equals("item"))
        numOfObjs = recSys.numOfItems;
    //创建计算相似度类的对象
    CalSimilarity calSim = new CalSimilarity(numOfObjs);
    //根据指定的相似度cosine或jaccard,以及购物记录计算相似度
    calSim.calPairwiseSimilarity(trainData, "cosine");
    //获取计算相似度,放入数组simMatrix
    double[][] simMatrix = calSim.getSimMatrix();

    //载入测试数据(即用户和商品的组合),使用数据库
    sql = "SELECT user, item FROM test";
    //查询数据,放入结果集rs中
    rs = stmt.executeQuery(sql);
    //创建存放用户或商品的集合
    List<Integer> userList = new ArrayList<Integer>();
    List<Integer> itemList = new ArrayList<Integer>();
    //获取结果集的下一条记录
    while (rs.next()) {
        //取得记录中的用户和商品
        int user = rs.getInt("user");
        int item = rs.getInt("item");
        //分别将用户和商品添加到集合
        userList.add(user);
        itemList.add(item);
    }
    // 控制double精度,与数据库保持一致
    DecimalFormat df = new DecimalFormat( "0.000000 ");
    // 给定用户u和物品i,计算推荐度
    int testLength = userList.size();
    for (int i = 0; i < testLength; i++) {
        //rec存放计算得到的推荐强度
        double rec = recSys.recommendationStrength(userList.get(i) - 1,
                itemList.get(i) - 1, simMatrix, trainData, method);
        System.out.println("推荐商品" + itemList.get(i) + "给用户"
                + userList.get(i) + "的力度为:" + rec);
        //定义更新数据表的sql语句
        sql = "update test set strength=? where user=? and item=?";
        PreparedStatement pst = conn.prepareStatement(sql);
        pst.setDouble(1, Double.valueOf(df.format(rec)));
        pst.setInt(2, userList.get(i));
        pst.setInt(3, itemList.get(i));
        //将当前商品推荐给用户的推荐强度,添加到数据库
        pst.executeUpdate();
    }
} catch (SQLException se) {
    // 处理JDBC错误
    se.printStackTrace();
} catch (Exception e) {
```

```java
                // 处理 Class.forName 错误
                e.printStackTrace();
            } finally {
                // 关闭资源
                try {
                    if (stmt != null)
                        stmt.close();
                } catch (SQLException se2) {
                }// 什么都不做
                try {
                    if (conn != null)
                        conn.close();
                } catch (SQLException se) {
                    se.printStackTrace();
                }
            }
        }

    /*
     * 该方法通过分析用户的浏览历史，进行推荐
     * */
    public static void recommendByLogfile(RecommendMain recSys, String method){
        //载入训练数据(即用户浏览商品的历史记录)
        LoadTrainSet loadTrain = new LoadTrainSet(trainFile, recSys.numOfUsers,
                                                  recSys.numOfItems);
        //将用户浏览记录存入数组
        loadTrain.loadData(method);
        //获取用户的浏览记录
        int[][] trainData = loadTrain.getTrainData();
        //numOfObjs 中存放的是采用用户还是商品相似性
        int numOfObjs = recSys.numOfUsers;
        if (method.equals("item")) {
            numOfObjs = recSys.numOfItems;
        }
        //计算相似度矩阵，这里相似度采用 cosine 相似度，也可以修改为 jaccard 相似度
        CalSimilarity calSim = new CalSimilarity(numOfObjs);
        calSim.calPairwiseSimilarity(trainData, "cosine");
        //获取根据浏览记录计算的相似度，放入二维数组中
        double[][] simMatrix = calSim.getSimMatrix();
        // 载入测试数据(即用户和商品的组合)，从测试文件读取数据
        LoadTestSet loadTest = new LoadTestSet(testFile);
        loadTest.loadData();
        List<Integer> userList = loadTest.getUserList();
        List<Integer> itemList = loadTest.getItemList();
        //给定用户 u 和物品 i，计算推荐度
        int testLength = userList.size();
        for (int i = 0; i < testLength; i++) {
            //计算推荐强度
            double rec = recSys.recommendationStrength(userList.get(i) - 1,
                    itemList.get(i) - 1, simMatrix, trainData,
                    method);
            System.out.println("推荐商品" + itemList.get(i) + "给用户" +
userList.get(i) + "的力度为" + rec);
        }
```

```java
    }
    /*
     * 该方法计算推荐度，推荐度的计算基于训练数据(即用户浏览或购买商品历史记录)
     *
     * @param u 用户数
     *
     * @param i 商品数目
     *
     * @param similarity 相似度矩阵
     *
     * @param trainData 用于训练的数据
     *
     * @param method 推荐的方法(基于用户相似性或基于商品的相似性)
     *
     * @return
     */
    public double recommendationStrength(int u, int i, double[][] similarity,
            int[][] trainData, String method) {
        // 给定用户u和物品i，计算推荐度
        double rec = 0.0;
        if (method.equals("user")) {
            for (int t = 0; t < this.numOfUsers; t++) {
                rec += similarity[u][t] * trainData[t][i];
            }
        } else if (method.equals("item")) {
            for (int t = 0; t < this.numOfItems; t++) {
                rec += similarity[i][t] * trainData[t][u];
            }
        }
        return rec;
    }
}
```

【案例剖析】

在本案例中，定义项目的主程序类 RecommendMain，在该类中定义连接数据库的驱动以及 url，连接数据库的用户名和密码，基于浏览历史推荐所使用的数据源文件，用户数量和商品数量。在类中定义类的构造方法，方法中初始化用户和商品的数目。

（1）程序的 main()方法中，首先定义基于用户相似性还是商品相似性 method，这里选择用户相似性，method 可以修改。创建类的对象 recSys 从而初始化用户和商品数。在调用类的静态方法 recommendByDBdata()和 recommendByLogfile()，计算商品推荐给用户的强度。

（2）recommendByDBdata()方法通过分析用户的购买记录，计算推荐强度。在该方法中首先判断是基于用户还是基于商品相似性，并将存放相似性的数组初始化为 0；然后连接数据库，获取数据库中用户的购买历史，并将用户购买商品的记录在二维数组中设置其值是 1；再调用 CalSimilarity 类的 calPairwiseSimilarity()方法，计算用户间的相似性存入二维数组，并通过 getSimMatrix()方法获取。再在数据库中获取测试数据，并将测试用户和商品分别存放到 List 集合中，通过 for 循环分别计算推荐商品给该用户的强度。在 for 循环中通过调用类的 recommendationStrength()方法计算推荐强度，并将推荐强度保存到数据库中。

（3）recommendByLogfile()方法是通过分析用户的浏览历史，计算推荐强度。在该方法中通过 LoadTrainSet 类的 loadData()方法加载浏览历史，并存入二维数组中。再创建 CalSimilarity 类的对象，并调用 calPairwiseSimilarity()方法计算浏览历史商品间的相似性，并将计算值放入二维数组中，并通过 getSimMatrix()方法获取。在通过 LoadTestSet 类的 loadData()方法加载测试数据文件，并将用户和商品添加到 List 集合中。在 for 循环中，遍历每个用户，从而通过调用 recommendationStrength()方法，计算该商品推荐给用户的强度。

23.3.2　读取机器学习数据

LoadTrainSet 类的作用是读取用于机器学习的数据，即用户购买商品的历史记录。程序代码如下(源代码\ ch23\Recommender\src\LoadTrainSet.java)。

```java
import java.io.File;
import java.io.FileNotFoundException;
import java.util.Scanner;
/*
 * 该类用于读取用于机器学习的数据(即用户购买商品的历史记录)
 * @author
 * @version
 */
public class LoadTrainSet {
    // 训练数据的文件名
    private String trainFile;
    /*
     * 存储训练数据的矩阵，
     * 用户-商品矩阵(计算用户相关性) 或商品-用户矩阵(计算商品相关性)
     * 即记录用户与商品的相关性
     */
    private int[][] trainData;
    // 用户数量
    private int numOfUsers;
    // 商品数量
    private int numOfItems;

    /*
     * 该函数为类的构造函数，传入的变量用于从文件中提取数据
     * @param trainFile ：文件名
     * @param m ：用户的数目
     * @param n ：商品的数目
     */
    public LoadTrainSet(String trainFile, int m, int n) {
        this.trainFile = trainFile;
        this.numOfUsers = m;
        this.numOfItems = n;
    }

    /*
     * 根据推荐方法的不同，采用不同的方式来读取数据
     * @param method
     * @return
     */
    public void loadData(String method) {
```

```java
        if (method.equals("user")) {
        //当选用用户相似性的推荐方法时,采用以下方式加载数据,以便后面计算用户相似性
            trainData = new int[numOfUsers][numOfItems];
            //将计算用户与商品相关性的二维数组,初始化为0
            for (int i = 0; i < numOfUsers; i++) {
                for (int j = 0; j < numOfItems; j++) {
                    trainData[i][j] = 0;
                }
            }
            
            Scanner scanner = null;
            try {
                //读取trainFile文件数据
                scanner = new Scanner(new File(trainFile));
            } catch (FileNotFoundException e) {
                e.printStackTrace();
                System.exit(0);
            }
            //将读取的数据,将与相应用户相关的商品在数组中赋值1
            while (scanner.hasNextLine()) {
                String textline = scanner.nextLine();
                String[] rows = textline.split(",");
                int userId = Integer.parseInt(rows[0]);
                int itemId = Integer.parseInt(rows[1]);
                this.trainData[userId - 1][itemId - 1] = 1;
            }
            scanner.close();
        } else if (method.equals("item")) {
        //当选用商品相似性的推荐方法时,采用以下方式加载数据,以便后面计算商品相似性
            this.trainData = new int[this.numOfItems][this.numOfUsers];
            for (int i = 0; i < this.numOfItems; i++) {
                for (int j = 0; j < this.numOfUsers; j++) {
                    this.trainData[i][j] = 0;
                }
            }
            
            Scanner scanner = null;
            try {
                scanner = new Scanner(new File(this.trainFile));
            } catch (FileNotFoundException e) {
                e.printStackTrace();
                System.exit(0);
            }
            
            while (scanner.hasNextLine()) {
                String textline = scanner.nextLine();
                String[] rows = textline.split(",");
                int userId = Integer.parseInt(rows[0]);
                int itemId = Integer.parseInt(rows[1]);
                this.trainData[itemId - 1][userId - 1] = 1;
            }
            scanner.close();
        } else {
            System.out.println("类型错误,请重新输入");
```

```
        }
    }
    /*
     * 该方法返回读取的数据
     * @return 训练数据的矩阵
     */
    public int[][] getTrainData() {
        return this.trainData;
    }
}
```

【案例剖析】

在本案例中,该类主要用于读取机器学习的数据,也就是用户购买商品的历史记录。在类中定义私有成员变量 trainFile 指训练数据的文件名,即购物历史记录;定义存储训练数据的矩阵 trainData;定义用户数量 numOfUsers 和商品数量 numOfItems。定义该类的构造方法,并对私有成员变量 trainFile、numOfUsers 和 numOfItems 赋值。

定义 loadData()方法,根据指定的参数 method 采用不同的方式来读取数据。在方法中通过 if 语句判断指定 method 的类型。若是 user 类型,对二维数组 trainData 赋值为 0,并通过 Scanner 类按行读取指定文件 trainFile 中的数据,通过 while 循环将读取的每一行数据通过逗号分隔为字符串数组,再分别将字符串数组 rows 第一行和第二行的值转换为整数后赋值给 userId 和 itemId,最后在二维数组 trainData 中,将 trainData[userId − 1][itemId − 1]赋值为 1,即将用户购买过的商品标记为 1。若是 item 类型,操作类似。

在类中定义 getTrainData()方法,返回存储购物记录的二维数组 trainData。

23.3.3 计算行之间相似性

使用 CalSimilarity 类中的方法计算矩阵中任意行之间的相似性。程序具体代码如下(源代码\ch23\Recommender\src\CalSimilarity.java)。

```
/*
 * 该类包含计算矩阵行之间相似性的基本方法
 * @author
 * @version
 */
public class CalSimilarity {
    //商品或用户数目
    private int numOfObjs;
    //二维数组存放商品间相似性或用户间相似性
    private double[][] simMatrix;
    /*
     * 类的构造方法,传入的变量为商品或用户的数目
     * @param n 商品或用户的数目
     */
    public CalSimilarity(int n) {
        this.numOfObjs = n;
        this.simMatrix = new double[n][n];
        for (int i = 0; i < n; i++) {
            for (int j = 0; j < n; j++) {
```

```
                this.simMatrix[i][j] = 0.0;
            }
        }
    }
    /*
     * 该方法计算 trainData 矩阵任意两行之间的 cosine 或者 jaccard 相似度
     * @param trainData : 训练数据的矩阵
     * @param method : 计算相似度的方法
     * @return void
     */
    public void calPairwiseSimilarity(int[][] trainData, String method) {
        Similarity sim = new Similarity();
        for (int i = 0; i < this.numOfObjs - 1; i++) {
            for (int j = i + 1; j < this.numOfObjs; j++) {
                double s = 0.0;
                if (method.equals("cosine")) {
                    // 使用 cosine 相似度，计算二维数组 trainData i 行与 j 行的相似度
                    s = sim.CosineSimilarity(trainData[i], trainData[j]);
                } else if (method.equals("jaccard")) {
                    // 使用 jaccard 相似度，计算 i 与 j 的相似度
                    s = sim.JaccardSimilarity(trainData[i], trainData[j]);
                }
                this.simMatrix[i][j] = s;
                this.simMatrix[j][i] = s;
            }
        }
    }
    /*
     * 该方法返回存储相似度值的矩阵
     * @return 相似度矩阵
     */
    public double[][] getSimMatrix() {
        return this.simMatrix;
    }
}
```

【案例剖析】

在本案例中，定义计算矩阵中任意行之间的相似性，定义私有成员变量 numOfObjs 指定商品或用户数目，私有成员变量二维数组 simMatrix 用于存储用户间或商品间的相似度。定义类的构造方法，有一个 int 型的参数，在方法中对 numOfObjs 变量赋值，并初始化二维数组 simMatrix 是 0.0。

成员方法 calPairwiseSimilarity()是计算二维数组任意行之间的 cosine 或 jaccard 相似度。在方法中，创建计算数组相似度的类 Similarity 的对象 sim，在双层 for 循环中，通过 if 语句判断当前使用的相似度是 cosine 还是 jaccard，并调用 Similarity 类相应的方法，来计算两个一维数组之间的相似度，并将相似度值返回给变量 s，再通过 s 赋值给二维数组 simMatrix。

成员方法 getSimMatrix()的作用是返回相似度矩阵。

23.3.4 计算数组相似性

Similarity 类包含了两种常见的计算数组相似性的方法。具体代码如下(源代码\ch23\

Recommender\src\Similarity.java)。

```java
/*
 * 这个类描述了两种计算数组相似度的方法(Jaccard 和 Cosine 两种相似度)
 * @author
 * @version
 */
public class Similarity {
/*
 * 该方法计算两个数组之间的 Jaccard 相似度
 * @param obj1 数组 1，表示对象 1 的特征
 * @param obj2 数组 2，表示对象 2 的特征
 * @return 两个对象特征的 Jaccard 相似度
 */
    public double JaccardSimilarity(int[] obj1, int[] obj2) {
        double jacardSim = 0.0;
        double numerator = 0.0;
        double denominator = 0.0;

        for (int i = 0; i < obj1.length; i++) {
            numerator += (obj1[i] & obj2[i]);
            denominator += (obj1[i] | obj2[i]);
        }

        if (denominator == 0.0) {
            jacardSim = 0.0;
        } else {
            jacardSim = numerator * 1.0 / denominator;
        }
        return jacardSim;
    }
    /*
     * 该方程计算两个数组之间的 Cosine 相似度
     * @param obj1 数组 1 表示对象 1 的特征
     * @param obj2 数组 2,表示对象 2 的特征
     * @return 两个对象特征的 Cosine 相似度
     */
    public double CosineSimilarity(int[] obj1, int[] obj2) {
        double cosSim = 0.0;
        double norm1 = 0.0;
        double norm2 = 0.0;
        double prod = 0.0;

        for (int i = 0; i < obj1.length; i++) {
            norm1 += obj1[i] * obj1[i];
            norm2 += obj2[i] * obj2[i];
            prod += obj1[i] * obj2[i];
        }

        if (norm1 == 0.0 || norm2 == 0.0) {
            cosSim = 0.0;
        } else {
            cosSim = prod / (Math.sqrt(norm1 * norm2));
        }
        return cosSim;
    }
}
```

【案例剖析】

在本案例中，定义了两个成员方法，JaccardSimilarity()方法和 CosineSimilarity()方法，用于计算数组相似度。

JaccardSimilarity()方法是计算两个数组之间的 Jaccard 相似度。在 for 循环中，根据 Jaccard 的计算公式，对局部变量 numerator 和 denominator 进行赋值，并通过 if 语句判断 denominator 是否是 0，若是 0，则相似度 jacardSim 是 0，若不是 0，对 jacardSim 进行赋值。最后方法返回相似度 jacardSim 的值。

CosineSimilarity()方法是计算两个数组之间的 Cosine 相似度。在 for 循环中，根据 Cosine 的计算公式，分别对局部变量 norm1、norm2 和 prod 进行赋值，并通过 if 语句判断，若 norm1 或 norm2 中是否有一个是 0.0 或都是 0.0，则 cosSim 是 0.0，否则对 cosSim 进行赋值。

23.3.5 读取测试数据

LoadTestSet 类是用于读取测试数据的，即不同的用户和商品的组合。程序的具体代码如下(源代码\ch23\Recommender\src\LoadTestSet.java)。

```java
import java.io.File;
import java.io.FileNotFoundException;
import java.util.ArrayList;
import java.util.List;
import java.util.Scanner;

/*
 * 该类用于读取测试数据，包含不同的用户和商品的随意组合
 * @author
 * @version
 */
public class LoadTestSet {
    private String testFile;// 测试数据的文件名
    private List<Integer> userList; // 数据中的用户列表
    private List<Integer> itemList; // 数据中的商品列表

    /*
     * 类的构造方法，传入的变量为测试文件的地址
     * @param testFile : 文件地址
     */
    public LoadTestSet(String testFile) {
        this.testFile = testFile;
        this.userList = new ArrayList<Integer>();
        this.itemList = new ArrayList<Integer>();
    }

    //方法从文件中读取用户列和商品列
    public void loadData() {
        Scanner scanner = null;
        try {
            //读取文件数据
            scanner = new Scanner(new File(this.testFile));
        } catch (FileNotFoundException e) {
            e.printStackTrace();
            System.exit(0);
```

```
            }
            //将文件数据返回给 userList 和 itemList
            while (scanner.hasNextLine()) {
                String textline = scanner.nextLine();
                //将每一行中用户与商品使用逗号分隔开
                String[] rows = textline.split(",");
                //读取的用户，添加到容器
                userList.add(Integer.parseInt(rows[0]));
                //读取的商品，添加到容器
                itemList.add(Integer.parseInt(rows[1]));
            }
            scanner.close();
        }
/*
 * 该方法返回所有用户
 * @return 测试数据中的用户
 */
        public List<Integer> getUserList() {
            return userList;
        }
/*
 * 该方法返回所有商品
 * @return 测试数据中的商品
 */
        public List<Integer> getItemList() {
            return itemList;
        }
}
```

【案例剖析】

在本案例中，定义私有成员变量 testFile、userList 和 itemList，定义类的构造方法，传入读取测试文件的地址。定义从文件中读取用户列和商品列的成员方法 loadData()，在方法中通过 Scanner 类按行读取测试文件 test.txt 中的数据，并通过 while 循环将读取的每一行数据使用 split()方法，分隔为字符串数组，并将字符串数组的值分别存入 userList 和 itemList 容器中，即用户列表和商品列表。

通过成员方法 getUserList()和 getItemList()，分别返回所有的用户和商品列表。

23.4 系统运行

购物推荐系统根据基于用户或商品相似性以及采用计算相似性的 cosine 和 jaccard 方法不同，一般分为 4 种情况。分别是基于商品相似性 cosine 的推荐方法、基于商品相似性 jaccard 的推荐方法、基于用户相似性 cosine 的推荐方法和基于用户相似性 jaccard 的推荐方法。

1. 基于商品相似性 cosine 的推荐方法

在 RecommendMain 类的 main()方法中，对 method 赋值 item，calSim 对象调用方法 calPairwiseSimilarity(trainData,"cosine")时，传递的相似性参数是 cosine。

RecommendMain.java 程序运行结果如图 23-5 所示。

2. 基于商品相似性 jaccard 的推荐方法

在 RecommendMain 类的 main()方法中，对 method 赋值 item，calSim 对象调用方法 calPairwiseSimilarity(trainData,"jaccard")时，传递的相似性参数是 jaccard。

RecommendMain.java 程序运行结果如图 23-6 所示。

图 23-5　item 的 cosine

图 23-6　item 的 jaccard

3. 基于用户相似性 cosine 的推荐方法

在 RecommendMain 类的 main()方法中，对 method 赋值 user，calSim 对象调用方法 calPairwiseSimilarity(trainData,"cosine")时，传递的相似性参数是 cosine。

RecommendMain.java 程序运行结果如图 23-7 所示。

4. 基于用户相似性 jaccard 的推荐方法

在 RecommendMain 类的 main()方法中，对 method 赋值 user，calSim 对象调用方法 calPairwiseSimilarity(trainData," jaccard")时，传递的相似性参数是 jaccard。

RecommendMain.java 程序运行结果如图 23-8 所示。

图 23-7　user 的 cosine

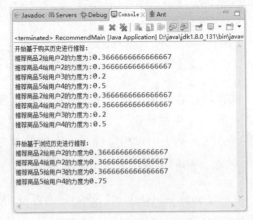

图 23-8　user 的 jaccard

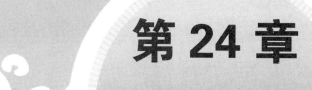

第 24 章

游戏休闲应用——开发气球射击游戏

本章设计一个基于窗体的气球射击游戏，用于巩固图形用户界面中窗体的使用、使用 Graphics 类画图以及 Java 基础知识的使用。

本章要点(已掌握的在方框中打钩)

- ☐ 了解气球射击游戏的简介。
- ☐ 熟悉气球射击游戏的需求分析。
- ☐ 掌握气球射击游戏的功能分析。
- ☐ 掌握项目的各个模块的代码编写。
- ☐ 掌握气球射击游戏的运行。

24.1 游戏简介

本项目是一个射击小游戏。用枪来发射子弹击中不断下落的气球。

游戏开始后，界面会显示得分和所剩时间，初始设计为 1 分钟，界面下方显示枪，并且从枪口不断发射子弹，枪随着鼠标的移动而移动。

界面上方会不断落下气球，子弹击中气球即可得分，一个气球 5 分。时间到后，游戏结束，用户可以单击开始按钮继续新游戏。

在游戏进行过程中，鼠标离开游戏界面，游戏即可立即暂停，移入界面即可重新开始。

24.2 需求及功能分析

在开发气球射击游戏前，首先对该项目进行需求分析，了解该项目要实现的功能效果，并通过功能分析，介绍该项目的各个实现模块。

24.2.1 需求分析

需求分析是开发气球射击游戏的第一步，也是软件开发中最重要的步骤。气球射击游戏是在一个单独的界面中进行的，因此首先需要生成一个窗口。在这个窗口中，包含三部分内容，即提示信息、控制按钮、动态画面。

(1) 提示信息。

主要包括得分和所剩时间，放在游戏界面左上角。得分和时间随着游戏进行即时更新。当设定的游戏时间结束后，在屏幕中央会显示游戏结束的信息。

(2) 控制按钮。

当游戏启动时，游戏界面的中央显示开始按钮，玩家单击该按钮即开始游戏。当游戏开始后，鼠标超出了窗口界限，游戏将自动暂停，屏幕中央会显示暂停按钮。当鼠标回到游戏窗口后，暂停按钮消失，游戏继续。

(3) 动态画面。

枪、子弹和气球承担了动态画面的所有角色。为了不影响视觉效果，本案例用枪管来代替整个枪支，枪管随着鼠标的移动而移动。在枪管移动的过程中，子弹被不间断地从枪口往上发射。与此同时，气球会不间断地从游戏界面上方落下。如果发射的子弹击中一个下落的气球，则当作击中一次，得分更新。

根据上述的需求分析，气球射击游戏可以分为以下 5 个模块。

(1) 主程序模块。该模块是气球射击游戏的主程序，负责整个项目的运行逻辑。通过调用辅助处理模块，实现游戏效果。

(2) 移动的对象模块。该模块主要是通过定义一个抽象类，将游戏中的各种可以移动的对象的共同特征放到这个类中，而让对象类继承这个抽象类。

(3) 辅助处理模块。该模块主要定义对象的画图、对象的移动、气球的变化、检查游戏各种状况以及参数接口类,从而实现游戏的相关功能。

(4) 数据库处理模块。数据库使用 MySql 数据库,使用数据库的视图化工具 Navicat 对数据库进行操作。主要功能是完成将玩家游戏得分存放到数据库。

(5) 图片模块。存放项目中使用到的所有图片。

根据上述需求分析,气球射击游戏的主要模块,如图 24-1 所示。

图 24-1　功能模块

24.2.2　功能分析

通过需求分析,了解了气球射击游戏要实现的功能,具体的实现经由哪些模块呢?主要有主程序模块、移动的对象模块、数据库处理模块、辅助处理模块和图片模块。下面详细介绍各模块的功能以及实现。

1. 主程序模块

该模块是气球射击游戏的主程序,在程序中使用 static 静态库将所用到的资源(图片)载入;通过鼠标监听事件控制游戏的状态,即开始、运行中、暂停或游戏结束;以及一些流程控制,例如生成气球、移动气球和子弹、射击气球、更新分数、删除越界气球和子弹以及检查游戏是否结束。

2. 移动的对象模块

在气球射击游戏中,移动的对象主要有枪、子弹和气球,它们继承抽象类,实现抽象类中定义的方法,例如检查枪、子弹以及气球是否出界的 beyondWindow()方法和移动它们的 move()方法;对抽象类中声明的 protected 成员变量赋值,成员变量一般包括运动物体的坐标、长度、宽度、图标等。移动的对象都继承这个抽象类,它们保存在项目的 com 包中。

3. 辅助处理模块

辅助处理模块主要定义在项目下的 util 包中。它们的作用是定义在游戏中对象如何画图、对象如何移动、气球的产生和消失、检查游戏的运行状况的类,并定义在游戏中经常使用到的参数接口,从而完成游戏界面的显示,游戏中气球、子弹的移动,气球和子弹的产生和消失等功能。

4. 数据库处理模块

数据库处理模块实现与数据库的连接,通过执行 sql 语句将游戏得分保存到数据库,并与历史记录进行比较，从而确定本次游戏的排名。

5. 图片模块

在该模块中，存放了在游戏中要使用到的所有图片，在项目的 images 包中。

本项目中各个模块之间的功能结构如图 24-2 所示。

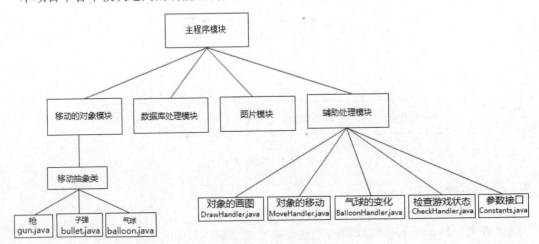

图 24-2　系统结构图

24.3　数据库设计

在完成系统的需求分析及功能分析后，接下来需要进行数据库的分析。在气球射击游戏中，需要将该游戏所有玩家的得分保存到数据库中。

本系统使用的是 MySql 数据库，在数据库中创建数据库 shoot_game，在数据库中创建表 score_history，该表记录了游戏中所有玩家的历史成绩，该表主要有 id、date 和 score 三个字段。该表的字段信息如表 24-1 所示。

表 24-1　score_history

字段名称	字段类型	说　明
id	int	记录 id，主键
date	datetime	插入记录的时间
score	int	玩家得分

24.4　系统代码编写

在气球射击游戏中，根据主程序模块、移动的对象模块、辅助处理模块以及数据库处理模块，本系统主要由以下 Java 程序来完成。

24.4.1 主程序模块

在气球射击游戏中,主程序模块是运行程序的入口,其功能是负责整个游戏的运行逻辑,通过调用辅助处理模块的类来完成气球射击的功能。

主程序的具体代码如下(源代码\ch24\ShootBallGame\game\GameMain.java)。

```java
package game;
import java.awt.Graphics;
import java.awt.event.MouseAdapter;
import java.awt.event.MouseEvent;
import java.awt.image.BufferedImage;
import java.util.ArrayList;
import java.util.List;
import java.util.Timer;
import java.util.TimerTask;
import javax.imageio.ImageIO;
import javax.swing.JFrame;
import javax.swing.JPanel;
import com.Balloon;
import com.Bullet;
import com.Gun;
import util.BalloonHandler;
import util.CheckHandler;
import util.Constants;
import util.DrawHandler;
import util.MoveHandler;
/**
 * 该类是游戏主类,继承面板类,实现自定义接口
 */
public class GameMain extends JPanel implements Constants {
    private static final long serialVersionUID = 1L;
    //声明游戏中存放相关图片的变量
    public static BufferedImage gamewindow;     // 游戏窗体
    public static BufferedImage startIcon;      // 开始
    public static BufferedImage pauseIcon;      // 暂停
    public static BufferedImage gameover;       // 游戏结束
    public static BufferedImage gunIcon;        // 枪
    public static BufferedImage bulletIcon;     // 子弹
    public static BufferedImage balloonIcon;    // 气球
    //在类的静态块中加载游戏图片
    static {
        try {
            gamewindow =
            ImageIO.read(GameMain.class.getResource("/images/gamewindow.png"));
            startIcon = ImageIO.read(GameMain.class.getResource("/images/start.png"));
            pauseIcon = ImageIO.read(GameMain.class.getResource("/images/pause.png"));
            gameover = ImageIO.read(GameMain.class.getResource("/images/gameover.png"));
            balloonIcon = ImageIO.read(GameMain.class.getResource("/images/balloon.png"));
            gunIcon = ImageIO.read(GameMain.class.getResource("/images/gun.png"));
            bulletIcon = ImageIO.read(GameMain.class.getResource("/images/bullet.png"));
        } catch (Exception e) {
            e.printStackTrace();
```

```java
            }
        }
/**
 * 设置游戏里主要的变量
 * 游戏开始 mode 值 = 0
 * 游戏运行 mode 值 = 1
 * 游戏暂停 mode 值 = 2
 * 游戏结束 mode 值 = 3
 */
//游戏运行状态(开始、中止、结束等)，成员变量默认初始值是 0，即游戏处于开始状态
private int mode;
private int score = 0;          // 得分
private int usedTime = 0;       // 记录游戏的进行时间
private Timer runTimer;         // 定时器
//每 20 毫秒检查一下游戏中各对象的状态，重新绘图
private int checkInterval = STATUSCHECKINTERVAL;
private Gun gun = new Gun();                                      //枪对象
private List<Balloon> balloons = new ArrayList<Balloon>();        //气球数组
private List<Bullet> bullets = new ArrayList<Bullet>();           //子弹数组
//运行程序的入口
public static void main(String[] args) {
    JFrame frame = new JFrame("射击气球游戏");
    GameMain game = new GameMain();             //面板对象
    frame.add(game);                            //将面板添加到 JFrame 中
    frame.setSize(1000, 800);                   //设置大小
    frame.setAlwaysOnTop(true);                 //设置其总在最上
    frame.setDefaultCloseOperation(JFrame.EXIT_ON_CLOSE); //默认关闭操作
    frame.setLocationRelativeTo(null);
    //设置窗体初始位置 null，即窗体在屏幕中央显示
    frame.setVisible(true);    // 设置窗体可见
    game.launch();             // 开始运行游戏
}
/**
 * 启动游戏的方法
 */
public void launch() {
    //创建鼠标适配器对象 mouse
    MouseAdapter mouse = createMouseAdapter();
    this.addMouseListener(mouse);              //处理鼠标点击操作
    this.addMouseMotionListener(mouse);        //处理鼠标滑动操作
    runTimer = new Timer();                    // 运行计时器
    runTimer.schedule(new TimerTask() {
        @Override
        public void run() {
            if (mode == GAMERUNMODE) {         //判断是否在运行状态下
                usedTime += checkInterval;     //使用时间+=20ms
                if (usedTime % 400 == 0) {     //每 400ms 添加一个新的气球
                    BalloonHandler.newBalloon(balloons);   // 新的气球进入
                }
                MoveHandler.balloonMove(balloons);  //每 20ms 所有气球走一步
                MoveHandler.bulletMove(bullets);    //每 20m 所有子弹走一步
                MoveHandler.gunMove(gun);           //枪移动至鼠标位置
                if (usedTime % 400 == 0) {          //每 400ms 枪射击新的子弹
                    BalloonHandler.shootBalloon(gun, bullets);  //射击气球
```

```
                    }
                    //检查所有的子弹和气球的碰撞,并更新成绩
                    score = CheckHandler.checkHit(balloons, bullets, score);
                    //检查超出游戏窗口的气球及子弹,并删除
                    CheckHandler.checkBeyond(balloons, bullets);
                    if (CheckHandler.checkGameOver(usedTime))
                        //游戏时间到,将当前得分添加到数据库,
                        //并与历史得分进行比较,获取本次游戏排名信息
                        message = DBHandler.addScore(score);
                        mode = GAMEOVERMODE;// 检查游戏结束
                    }
                repaint(); // 重绘,自动调用 paint ()方法
            }

        }, checkInterval, checkInterval);
    }

    /** 初始化游戏界面 */
    @Override
    public void paint(Graphics g) {
        g.drawImage(gamewindow, 1, 0, null);           //画背景图
        DrawHandler.drawGun(g, gun);                    //初始化枪
        DrawHandler.drawBullets(g, bullets);            //初始化子弹
        DrawHandler.drawBalloons(g, balloons);          //初始化气球
        DrawHandler.drawScore(g, score, usedTime);      //初始化分数
        DrawHandler.drawMode(g, mode);                  //初始化游戏状态
    }
    /**
     * 添加一个鼠标适配器来控制游戏的运行
     * 1) 点击鼠标开始新游戏
     * 2) 游戏结束时,点击鼠标开始新游戏
     * 3) 移动鼠标,枪口随之移动
     * 4) 移动鼠标至游戏窗口外时游戏暂停
     * 5) 暂停后,移动鼠标至窗口内继续游戏
     *
     */
    public MouseAdapter createMouseAdapter() {
        // 创建返回鼠标监听器对象
        return new MouseAdapter() {
            @Override // 重写点击方法
            public void mouseClicked(MouseEvent e) {
                //根据游戏运行状态 mode,执行相应的 case 语句。mode 默认值是 0,即开始状态
                switch (mode) {
                case GAMESTARTMODE: //游戏开始状态下,GAMESTARTMODE 初始值是 0
                    mode = GAMERUNMODE; // 点击继续运行
                    break;
                case GAMEOVERMODE: // 游戏结束
                    balloons = new ArrayList<Balloon>(); // 清空气球
                    bullets = new ArrayList<Bullet>(); // 清空子弹
                    gun = new Gun(); // 重新创建枪
                    usedTime = 0; // 清空所用时间
                    score = 0; // 清空成绩
                    mode = GAMESTARTMODE; // 游戏模式设置为开始
                    break;
```

```java
            }
        }
        @Override // 重写鼠标移动方法
        public void mouseMoved(MouseEvent e) {
            if (mode == GAMERUNMODE) {
                int x = e.getX();
                int y = e.getY();
                gun.moveTo(x, y);
            }
        }

        @Override // 鼠标进入游戏窗口
        public void mouseEntered(MouseEvent e) {
            if (mode == GAMEPAUSEMODE) { // 游戏处于暂停状态
                mode = GAMERUNMODE;  // 继续运行游戏
            }
        }

        @Override // 鼠标移出游戏窗口
        public void mouseExited(MouseEvent e) {
            if (mode == GAMERUNMODE) { // 游戏处于运行状态
                mode = GAMEPAUSEMODE;  // 暂停游戏
            }
        }
    };
}
```

【案例剖析】

在本案例中，首先声明 public 访问权限的变量，它们在游戏中存放相关的图片，并通过 static 块对这些变量进行赋值。声明私有成员 mode 指定游戏的状态，私有成员变量 score 指定得分情况，私有成员变量 usedTime 记录玩游戏的时间，私有成员变量 runTimer。声明私有成员变量 checkInterval 并赋值，它指定绘图周期变量；声明私有成员变量枪的对象并赋值，声明私有成员变量气球和子弹的集合并赋值。

(1) 在类中自定义 createMouseAdapter()方法，在方法中创建鼠标适配器类 MouseAdapter 的对象，并重写这个类中的方法。

① 重写鼠标的 mouseClicked()方法，在方法中通过使用 switch 语句，根据成员变量 mode 的值判断游戏状态，从而进行相应的操作。

② 重写鼠标的 mouseMoved()方法，在方法中通过 if 语句，判断 mode 的值是否是 GAMERUNMODE，若是则获取当前鼠标的坐标，并将其坐标值作为参数传入 moveTo()方法，从而使枪跟随鼠标移动。

③ 重写鼠标的 mouseExited()方法，通过 if 语句判断 mode 的值是否是 GAMERUNMODE，若是则游戏进入暂停状态，mode 的值改为 GAMEPAUSEMODE。

④ 重写鼠标的 mouseEntered()方法，通过 if 语句判断 mode 的值是否是 GAMEPAUSEMODE，若是 mode 值改为 GAMERUNMODE，游戏进入运行状态。

(2) 在类中定义 paint()方法，用于初始化游戏界面。在方法中将 Graphics 类的对象 g 作为参数传入方法，通过对象 g 的 drawImage()方法，将游戏窗口的背景图画出来。再调用

DrawHandler 类中定义的静态方法 drawGun()、drawBullets()、drawBalloons()、drawScore()和 drawMode()分别将枪、子弹、气球、得分和用时以及初始化游戏的状态画出来。

(3) 在类中定义启动游戏的 launch()方法，在方法中首先调用 createMouseAdapter()方法获取鼠标适配器对象 mouse，并在当前鼠标上添加鼠标操作监听器以及鼠标滑动操作监听器，对类的成员变量 runTimer 赋值，并调用它的 schedule()方法，将 TimerTask 类的对象作为参数传入方法。

重写 TimerTask 类中的 run()方法，在方法中首先通过 if 语句根据 mode 的值，判断游戏是否处于运行状态。若游戏处于运行状态，则将使用时间 usedTime 值加 20ms，调用 MoveHandler 类的 balloonMove()方法和 bulletMove()方法让所有子弹和气球走一步；并通过 if 语句控制每隔 400ms 生成一个气球和发射一颗新子弹；检查子弹和气球的碰撞情况并记录得分；检查所有子弹和气球是否越界，若是越界则删除；通过 if 语句判断游戏时间是否到，若游戏时间到，则调用 DBHandler 类提供的静态方法 addScore()，将本次得分添加到数据库，并与数据库中历史得分进行比较，最后通过该方法返回本次游戏的排名信息，并将游戏状态 mode 设置为结束状态。最后调用 repaint()方法重绘游戏界面。

(4) 在程序的 main()方法中，创建窗体 frame，创建面板对象 game，将面板 game 添加到 frame 上。设置 frame 的大小，设置其在最上面，设置窗体默认可以关闭，设置窗体位置在屏幕中央，设置窗体可见。最后调用开始游戏的 launch()方法。

 Timer 类是安排任务执行一次，或者定期重复执行的一种工具。Timer 类的 schedule()方法安排指定的任务从指定的延迟后开始进行重复的固定延迟执行，TimerTask 类的对象是所要安排的任务，checkInterval 是指定任务前的延迟时间，最后一个 checkInterval 是执行后续任务之间的间隔时间，这里的间隔时间都是 20ms。

24.4.2 移动对象的抽象类

该抽象类定义了可移动对象的一些共同特征，包括移动物体的图标、大小、位置、运动以及是否超出边界。

移动对象的抽象类的具体代码如下(源代码\ch24\ShootBallGame\com\Movable.java)。

```
package com;
import java.awt.image.BufferedImage;
/**
 * 定义一个可移动物体的抽象类,包括移动物体的一些共同特征
 * (图标,大小,位置,运动,是否超出边界)
 */
public abstract class Movable {
    protected BufferedImage icon;   //图片
    protected int x;     //x坐标
    protected int y;     //y坐标
    protected int width;     //宽
    protected int height;    //高
    public BufferedImage getIcon() {
        return icon;
    }
```

```java
    public void setIcon(BufferedImage icon) {
        this.icon = icon;
    }
    public int getX() {
        return x;
    }
    public void setX(int x) {
        this.x = x;
    }
    public int getY() {
        return y;
    }
    public void setY(int y) {
        this.y = y;
    }
    public int getWidth() {
        return width;
    }
    public void setWidth(int width) {
        this.width = width;
    }
    public int getHeight() {
        return height;
    }
    public void setHeight(int height) {
        this.height = height;
    }
    /**
     * 检查移动物体是否出界
     */
    public abstract boolean beyondWindow();
    /**
     * 物体移动一步
     */
    public abstract void move();
}
```

【案例剖析】

在本案例中，定义抽象类的 protected 成员变量，包括移动对象的图标、坐标、宽和高，并定义它们的 get 和 set 方法，声明检查移动对象是否出界的 beyondWindow()抽象方法和移动对象的 move()抽象方法。

24.4.3 枪

定义一个实现抽象类 Movable 的枪类 Gun，并实现参数接口 Constants。类的具体实现代码如下(源代码\ch24\ShootBallGame\com\Gun.java)。

```java
package com;

import util.Constants;
import game.GameMain;
```

```java
/**
 * 该类用于定义枪支物体的基本特征和方法
 * 由于枪支是可移动物体，因而继承了 movable 类
 * 实现了接口 Constants
 */
public class Gun extends Movable implements Constants {

    /**
     * 构造函数，用于初始化枪支对象
     */
    public Gun() {
        this.icon = GameMain.gunIcon;// 初始枪的图片
        // 设置枪的大小
        width = GUNWIDTH;
        height = GUNHEIGHT;
        // 设置枪的初始位置
        x = 150;
        y = 400;
    }

    /**
     * 设置枪移动到鼠标指定位置
     * 根据鼠标位置，设置枪的位置
     * 将鼠标位置设置在枪的末尾
     */
    public void moveTo(int x, int y) {
        // 设置枪的 x 值是：鼠标 x 值-枪的宽
        this.x = x - width;
        // 设置枪的 y 值是：鼠标 y 值-枪的高
        this.y = y - height;
    }

    // 空方法
    public void move() {
    }

    /**
     * 发射子弹
     * 在子弹的 y 值距离枪口的 y 值是 yStep 的位置发射子弹
     * 返回：子弹类型
     */
    public Bullet shoot() {
        int yStep = 20;
        Bullet bullet = new Bullet(x, y - yStep);
        return bullet;
    }

    /** 枪的移动是无法超过边界的 */
    @Override
    public boolean beyondWindow() {
        return false;
    }
}
```

【案例剖析】

在本案例中，定义一个移动对象枪的类 Gun，它继承抽象类 Movable，并实现参数接口 Constants。在类中定义类的构造方法，为从抽象类继承的 protected 成员变量赋值。

重写抽象类声明的 move() 方法为空方法；重写是否越界的方法 beyondWindow()，由于枪是无法出界的，因此在方法中直接返回 false。

在类中定义发射子弹的方法 shoot()，在方法中使用子弹类 Bullet 创建一个子弹对象，指定子弹的初始位置，并将子弹对象作为方法的返回值。

在类中定义将枪移动到鼠标指定位置的 moveTo() 方法，鼠标位置坐标作为参数传入方法，将鼠标坐标 x、y 减去枪的宽和长的值，赋值给枪的 x、y 坐标。

24.4.4 子弹

定义一个实现抽象类 Movable 的子弹类 Bullet，并实现参数接口 Constants。子弹类的具体实现代码如下(源代码\ch24\ShootBallGame\com\Bullet.java)。

```java
package com;
import game.GameMain;
import util.Constants;
/**
 * 该类用于定义子弹物体的基本特征和方法
 * 由于子弹是可移动物体，因而继承了movable类
 * 实现接口 Constants
 */
public class Bullet extends Movable implements Constants {
    /**
     * 构造函数，用于初始化子弹对象
     * x： 与枪x相等
     * y： 距离枪口20的位置
     */
    public Bullet(int x, int y) {
        this.icon = GameMain.bulletIcon;
        this.width = BULLETWIDTH;
        this.height = BULLETHEIGHT;
        this.x = x;
        this.y = y;
    }
    /**
     * 根据子弹速度大小纵向移动一步
     */
    @Override
    public void move() {
        y -= BULLETSPEED;
    }
    /**
     * 判断子弹是否超出边界
     * 子弹的y值小于-height时，出界
     */
    @Override
    public boolean beyondWindow() {
        //小于子弹的高度的负值，返回true,否则返回false
```

```
            return y < -height;
        }
}
```

【案例剖析】

在本案例中，定义实现抽象类 Movable 的子弹类 Bullet，并实现接口 Constants。在类的构造方法中，对继承抽象类的 protected 成员变量赋值，构造方法的参数指定子弹的初始位置坐标。

在子弹类中实现抽象类声明的 move()抽象方法，根据参数接口类中定义的子弹的速度 BULLETSPEED，在方法中将 y 坐标向上移动一步，即 y=y- BULLETSPEED。

在子弹类中实现抽象类声明的 beyondWindow()抽象方法，在方法中通过判断子弹的 y 坐标值是否小于子弹高度的负值，若是则出界，若否则没有出界。

24.4.5 气球

定义一个实现抽象类 Movable 的气球类 Balloon，并实现参数接口 Constants。气球类的具体实现代码如下(源代码\ch24\ShootBallGame\com\Balloon.java)。

```java
package com;
import game.GameMain;
import java.util.Random;
import util.Constants;
/**
 * 该类用于定义气球物体的基本特征和方法
 * 由于气球是可移动物体，因而继承了movable 类
 * 实现 Constants 接口
 */
public class Balloon extends Movable implements Constants {
    /**
     * 构造函数，用于初始化气球对象
     * x: 伪随机数，是"0~指定数值"之间均匀分布的 int 值
     * Y: -height, height 气球高度
     */
    public Balloon() {
        this.icon = GameMain.balloonIcon;    //设定气球的图标
        width = BALLOONWIDTH;                //设定气球宽度
        height = BALLOONHEIGHT;              //设定气球高度
        x = (new Random()).nextInt(GAMEWINDOWWIDTH - width);
        y = -height;
    }
    /**
     * 重复移动气球，
     * 注意气球在创建后，
     * 只能垂直方向运动
     * BALLOONSPEED：气球移动大小
     */
    @Override
    public void move() {
        y += BALLOONSPEED;
    }
    /**
```

```java
         * 判断气球是否跨过游戏界面
         * GAMEWINDOWHEIGHT：游戏界面的高度
         */
        @Override
        public boolean beyondWindow() {
            //气球的 y 值大于窗体高度, 出界, 返回 true, 否则返回 false
            return y > GAMEWINDOWHEIGHT;
        }
        /**
         * 判断气球是否被子弹击中
         * bulletX：子弹横向坐标位置定位到子弹中间
         * bulletY：子弹的纵坐标
         */
        public boolean isHit(Bullet bullet) {
            int bulletX = bullet.x + bullet.getWidth() / 2;
            int bulletY = bullet.y;    // 子弹纵坐标
        //判断子弹的中间的 x、y 坐标值是否在气球的大小范围内, 在就可以击中
        if (bulletX > this.x && bulletX < this.x + width && bulletY > this.y &&
            bulletY < this.y + height)
            return true;
        else
            return false;
        }
    }
```

【案例剖析】

在本案例中, 定义实现抽象类 Movable 的气球类, 并实现接口 Constants。在类的构造方法中, 对继承抽象类的 protected 成员变量赋值, 气球的 x 坐标初始值是在窗体宽度范围内的一个随机数, y 坐标初始值是气球高度的负数。

在类中实现抽象类中声明的 move()抽象方法, 根据参数接口类中定义的气球的速度 BALLOONSPEED, 将气球的 y 坐标向下移动一步, 即 y = y + BALLOONSPEED。

在类中实现抽象类中声明的 beyondWindow()抽象方法, 通过判断气球的 y 坐标值是否大于窗体的高度, 若是则气球出界, 若否则没有出界。

在类中新增气球是否被子弹击中的 isHit()方法, 在方法中将子弹作为参数传入, 根据子弹的 x、y 坐标以及它的 width 值, 获取子弹头部中间的位置的坐标, 即 bulletX 和 bulletY。在方法中通过 if 语句判断 bulletX 值是否在气球的 x 坐标与 x+width 之间并且 bulletY 值是否在气球的 y 坐标与 y+height 之间, 若是则击中并返回 true, 否则没有击中并返回 false。这个方法是具体的子弹击中气球的操作方法。

注意

在 x + width 和 y + height 中, width 是指气球的宽度, height 是指气球的高度。

24.4.6 对象的画图

定义一个用于处理游戏中所有对象的画图的类, 在类中初始化游戏的状态, 初始化枪、子弹、气球和分数。它的具体代码如下(源代码\ch24\ShootBallGame\util\DrawHandler.java)。

```java
package util;
import game.GameMain;
import java.awt.Color;
import java.awt.Font;
import java.awt.Graphics;
import java.util.List;
import com.Balloon;
import com.Bullet;
import com.Gun;
import util.Constants;
/**
 * 该类用于处理游戏里所有对象的画图
 */
public class DrawHandler implements Constants {
    /**
     * 初始化游戏状态
     */
    public static void drawMode(Graphics g, int mode) {
        switch (mode) {
        case GAMESTARTMODE: // 启动状态
            g.drawImage(GameMain.startIcon, 410, 270, null);
            break;
        case GAMEPAUSEMODE: // 暂停状态
            g.drawImage(GameMain.pauseIcon, 410, 270, null);
            break;
        case GAMEOVERMODE:  // 游戏终止状态
            g.drawImage(GameMain.gameover, 350, 200, null);
            break;
        }
    }
    /**
     * 初始化枪
     */
    public static void drawGun(Graphics g, Gun gun) {
        g.drawImage(GameMain.gunIcon, gun.getX(), gun.getY(), null);
    }
    /**
     * 初始化子弹
     */
    public static void drawBullets(Graphics g, List<Bullet> bullets) {
        //遍历所有的子弹
        for (int i = 0; i < bullets.size(); i++) {
            Bullet bullet = bullets.get(i);
            //画子弹
            g.drawImage(bullet.getIcon(), bullet.getX(), bullet.getY(), null);
        }
    }
    /**
     * 初始化气球
     */
    public static void drawBalloons(Graphics g, List<Balloon> balloons) {
        //遍历所有的气球
        for (int i = 0; i < balloons.size(); i++) {
            Balloon balloon = balloons.get(i);
```

```java
            //画气球
            g.drawImage(balloon.getIcon(), balloon.getX(), balloon.getY(), null);
        }
    }
    /**
     * 初始化分数
     */
    public static void drawScore(Graphics g, int score, int usedTime) {
        int x = 10; // x坐标
        int y = 25; // y坐标
        Font font = new Font(Font.SANS_SERIF, Font.BOLD, 26); // 字体
        g.setColor(new Color(0xFF8000));
        g.setFont(font); // 设置字体
        g.drawString("射击得分: " + score, x, y); // 画分数
        y = y + 30; // y坐标增20
        g.drawString("还剩下时间: " + (int) (GAMETIME - usedTime) / 1000 +
                "s", x, y); // 画命
    }
}
```

【案例剖析】

在本案例中，定义处理游戏中所有对象的画图的类 DrawHandler，在类中定义初始化游戏状态的 drawMode()方法，将 Graphics 类的对象 g 和 mode 变量作为参数传入方法。在类中使用 switch()方法，根据 mode 的值执行相应的 case 语句，在 case 语句中使用对象 g 调用 drawImage()方法将游戏的状态在指定坐标画出来。

在类中定义初始化枪的 drawGun()方法，将 Graphics 类的对象 g 和 Gun 类的对象作为参数传入方法。在方法中使用对象 g 调用 drawImage()方法将枪在指定位置画出来。

在类中定义初始化子弹的 drawBullets()方法，将 Graphics 类的对象 g 和子弹集合作为参数传入方法。在方法的 for 循环中，通过对象 g 调用 drawImage()方法将子弹在指定位置画出来。

在类中定义初始化气球的 drawBalloons()方法，将 Graphics 类的对象 g 和气球集合作为参数传入方法。在方法的 for 循环中，通过对象 g 调用 drawImage()方法将气球在指定位置画出来。

在类中定义初始化分数的 drawScore()方法，将 Graphics 类的对象 g、分数以及使用时间作为参数传入方法。在方法中指定显示分数的坐标，画笔 g 的颜色和使用的字体，并通过调用对象 g 的 drawString()方法将射击得分和剩余时间，在指定位置画出来。

24.4.7　对象的移动

定义一个用于处理游戏中所有对象的移动的类，在类中移动游戏窗口中所有的气球和子弹，移动游戏窗口中的枪。

对象的移动操作类的具体代码如下(源代码\ch24\ShootBallGame\util\MoveHandler.java)。

```java
package util;
import java.util.List;
import com.Balloon;
import com.Bullet;
```

```java
import com.Gun;
/**
 * 该类用于处理游戏里所有对象的移动
 */
public class MoveHandler {
    /**
     * 移动游戏窗口里所有气球
     */
    public static void balloonMove(List<Balloon> balloons) {
        //遍历游戏中的所有气球，对其进行移动
        for (int i = 0; i < balloons.size(); i++) {
            Balloon balloon = balloons.get(i);
            balloon.move();//调用气球类的移动方法
        }
    }
    /**
     * 移动游戏窗口里所有子弹
     */
    public static void bulletMove(List<Bullet> bullets) {
        //遍历游戏中的所有子弹，对其进行移动
        for (int i = 0; i < bullets.size(); i++) {
            Bullet bullet = bullets.get(i);
            bullet.move();//调用子弹类的移动方法
        }
    }
    /**
     * 移动游戏窗口里的枪
     */
    public static void gunMove(Gun gun) {
        gun.move();//空方法
    }
}
```

【案例剖析】

在本案例中，定义处理游戏中对象的移动的类 MoveHandler，在类中定义移动游戏窗口中所有气球的 balloonMove()方法，气球集合作为参数传入，在方法中通过 for 循环遍历所有气球，并在 for 循环中调用气球类的 move()方法，让每一个气球向下移动一步。

在类中定义移动游戏中所有子弹的方法 bulletMove()，子弹集合作为参数传入，在方法中使用 for 循环遍历所有子弹，并在 for 循环中调用子弹类的 move()方法，让每一个子弹向上移动一步。

在类中定义移动枪的 gunMove()方法，枪作为参数传入，在方法中直接调用枪的 move()方法。枪是伴随鼠标移动的，不能自己移动，因此实际上没有任何操作。

24.4.8 气球的变化

定义一个用于处理游戏中气球的变化的类，该类定义产生气球和设计气球的方法。气球的变化操作类的具体代码如下(源代码\ch24\ShootBallGame\util\BalloonHandler.java)。

```java
package util;
import java.util.List;
```

```java
import com.Balloon;
import com.Bullet;
import com.Gun;
/**
 * 该类用于处理游戏里气球的产生和消失
 */
public class BalloonHandler {
    /**
     * 在游戏区域的上边框生成新的气球
     */
    public static void newBalloon(List<Balloon> balloons) {
        Balloon balloon = new Balloon(); // 随机生成一个气球
        balloons.add(balloon);
    }
    /**
     * 开始射击
     * 创建新的子弹
     */
    public static void shootBalloon(Gun gun, List<Bullet> bullets) {
        Bullet bulletNew = gun.shoot(); // 生成新的子弹
        bullets.add(bulletNew);
    }
}
```

【案例剖析】

在本案例中，定义处理气球产生和消失的类，在类中定义生成新气球的 newBalloon()方法，将气球集合作为参数传入方法，在方法中生成一个气球类对象，并通过 List 集合的 add()方法将该气球添加到气球集合中。

在类中定义射击气球的 shootBalloon()方法，将枪和子弹集合作为参数传入方法，在方法中首先调用枪的 shoot()方法生成新的子弹，并将子弹添加到子弹集合中，此方法并没有进行具体的射击操作。

24.4.9 检查游戏状况

定义一个用于检查游戏中各种状况的类，该类中定义检查子弹与气球是否碰撞的方法、碰撞得分的方法、子弹和气球是否出界的方法和游戏是否结束的方法。

检查游戏状况类的具体代码如下(源代码\ch24\ShootBallGame\util\CheckHandler.java)。

```java
package util;
import java.util.List;
import com.Balloon;
import com.Bullet;
/**
 * 该类用于检查游戏里各种状况(是否碰撞，是否出界，游戏是否结束)
 */
public class CheckHandler implements Constants {
    /**
     * 检查子弹与气球碰撞，碰撞即加分
     */
    public static int checkHit(List<Balloon> balloons, List<Bullet> bullets,
```

```java
        int score) {
    // 遍历所有子弹
    for (int i = 0; i < bullets.size(); i++) {
        Bullet b = bullets.get(i);
        //调用 isHit()方法，判断是否击中
        if (isHit(b, balloons)) {
            score += HITBALLAWARD;//击中，得分
        }
    }
    return score;
}
/**
 * 子弹和气球之间的碰撞检查
 */
private static boolean isHit(Bullet bullet, List<Balloon> balloons) {
    int id = -1;
    //遍历所有的气球
    for (int i = 0; i < balloons.size(); i++) {
        Balloon balloon = balloons.get(i);
        //调用气球类的 isHit()方法，判断是否击中
        if (balloon.isHit(bullet)) {
            id = i;   //击中，将 i 赋值给 id
            break;   //跳出 for 循环
        }
    }
    //有击中的气球
    if (id >= 0) {
        //根据 id 将击中的气球移除
        balloons.remove(id);
        return true;
    }
    return false;
}
/**
 * 检查气球和子弹是否出界，
 * 从列表中删除出界的气球及子弹
 */
public static void checkBeyond(List<Balloon> balloons, List<Bullet> bullets) {
    //遍历所有的气球
    for (int i = 0; i < balloons.size(); i++) {
        Balloon balloon = balloons.get(i);
        //调用气球类的方法，判断气球是否出界
        if (balloon.beyondWindow()) {
            balloons.remove(i);  //出界，移除
        }
    }
    //遍历所有的子弹
    for (int i = 0; i < bullets.size(); i++) {
        Bullet bullet = bullets.get(i);
        //调用子弹类的方法，判断子弹是否出界
        if (bullet.beyondWindow()) {
            bullets.remove(i);//出界，移除
        }
    }
```

```
    }
    /**
     * 检查游戏是否结束
     */
    public static boolean checkGameOver(int usedTime) {
        //判断使用时间 usedTime 是否小于游戏规定时间 GAMETIME
        if (usedTime < GAMETIME) {
            return false;//小于,游戏不结束
        } else {
            return true;  //大于,游戏结束
        }
    }
}
```

【案例剖析】

在本案例中,定义用于检查游戏中各种状况的类,在类中定义 checkHit()方法用于检查气球与子弹是否碰撞,并返回得分,气球集合和子弹集合作为参数传入方法。在方法中通过 for 循环遍历所有的子弹。在遍历过程中使用 if 语句调用 isHit()方法判断子弹是否击中气球,将子弹和所有气球集合传入方法,若是子弹有击中气球,则 score 加分,并将其值返回,否则继续遍历子弹。

在类中定义子弹和气球是否碰撞的方法 isHit(),传入子弹和气球集合。在方法中,通过 for 循环遍历所有气球,并在遍历过程中通过 if 语句调用气球类 Balloon 的 isHit()方法判断是否击中气球,若气球类的 isHit()方法返回 true,则击中气球,将 i 的值赋给 id,并跳出循序,否则继续执行循环。在方法中通过 if 语句判断 id 的值是否大于等于 0,若是则表示有气球被击中,则将该气球从气球集合中删除,并返回 true。

在类中定义检查气球和子弹是否出界的 checkBeyond()方法,在方法中将气球和子弹的集合作为参数传入。在方法中通过 for 循环遍历所有子弹,并调用子弹类的 beyondWindow()方法,在 if 语句中判断是否出界,若出界则在子弹集合中将该子弹删除。检查气球是否出界与子弹操作类似。

在类中定义检查游戏是否结束的 checkGameOver()方法,在方法中通过传入参数 usedTime,判断当前游戏使用时间是否小于游戏规定的时间 GAMRTIME,若是则返回 false,游戏不结束,否则返回 true,游戏结束。

注意

在这里,子弹是一次只能击中 1 个气球,子弹的发射是每隔 20 毫秒发射 1 枚。

24.4.10 参数接口

定义一个参数接口,用来定义一些在游戏中经常使用的数据,以方便其他类的调用。参数接口的具体代码如下(源代码\ch24\ShootBallGame\util\Constants.java)。

```
package util;
/**
 * 该 interface 定义了游戏中主要参数
 */
```

```java
public interface Constants {
    //设定游戏窗口的大小
    public static int GAMEWINDOWIDTH = 1000;    //游戏界面宽度
    public static int GAMEWINDOWHEIGHT = 800;   //游戏界面长度
    //设定游戏的状态(开始、运行、中止、结束)
    public static int GAMESTARTMODE = 0;    //开始
    public static int GAMERUNMODE = 1;      //运行
    public static int GAMEPAUSEMODE = 2;    //暂停
    public static int GAMEOVERMODE = 3;     //结束
    //设定气球的大小和速度
    public static int BALLOONWIDTH = 50;
    public static int BALLOONHEIGHT = 75;
    public static int BALLOONSPEED = 6;     //气球速度
    //设定子弹的大小和速度
    public static int BULLETWIDTH = 20;
    public static int BULLETHEIGHT = 50;
    public static int BULLETSPEED = 6;      //子弹速度
    //设定枪的大小和速度
    public static int GUNWIDTH = 20;
    public static int GUNHEIGHT = 78;
    //设定子弹击中气球后的奖励分数
    public static int HITBALLAWARD = 5;     //击中气球奖励5分
    //设定游戏运行的时间
    public static int GAMETIME = 60000;     //设定游戏时间为60秒（60000毫秒）
    //设定游戏页的更新周期
    public static int STATUSCHECKINTERVAL = 20; //每20ms游戏界面重新绘图
    // JDBC 驱动名及数据库 URL
    static final String JDBCDRIVER = "com.mysql.jdbc.Driver";
    static final String DATABASEURL = "jdbc:mysql://localhost:3306/shoot_game?&useSSL=true";_中华人民共和国
    //mysql数据库的用户名与密码，需要根据自己的设置
    static final String USERNAME = "root";
    static final String PASSWORD = "124456";
}
```

【案例剖析】

在本案例中，定义一个接口，接口中定义了游戏中需要用到的主要参数。这些参数是游戏界面宽度和长度、游戏状态参数(开始、运行、暂停、结束)、气球大小和速度、子弹大小和速度、枪的大小和速度、得分、游戏运行时间以及游戏窗口界面的更新周期。

在该类中还定义了连接数据库的 JDBC 驱动、数据库 url、mysql 数据库名以及密码。

24.4.11 数据库类

定义一个操作数据库的类，用来保存玩家的成绩，并与数据库中的历史成绩进行比较，从而获得本次的成绩排名。

数据库类的具体代码如下(源代码\ch24\ShootBallGame\util\DBHandler.java)。

```java
package util;
import java.sql.Connection;
import java.sql.DriverManager;
import java.sql.ResultSet;
```

```java
import java.sql.SQLException;
import java.sql.Statement;
//该类将玩家的成绩保存到数据库，并与数据库里的历史成绩进行比较以获得排名
public class DBHandler implements Constants{
    public static String addScore(int score){
        String message = "";            //存放排名提示信息
        Connection conn = null;         //连接数据库接口
        Statement stmt = null;          //执行sql语句的对象
        try {
            // 注册 JDBC 驱动
            Class.forName("com.mysql.jdbc.Driver");
            // 获得连接数据库的 Connection 接口
            conn = DriverManager.getConnection(DATABASEURL, USERNAME, PASSWORD);
            // 获取 Statement 对象
            stmt = conn.createStatement();
            //定义查询数据库中表中数据的sql语句
            String sql = "SELECT COUNT(*) FROM score_history";
            //执行查询，返回结果集
            ResultSet rs = stmt.executeQuery(sql);
            //定义变量，存放玩游戏的次数
            int gameCnt = 0;
            //获取第一条查询结果
            if (rs.next()) {
                //以前玩游戏的次数
                gameCnt = rs.getInt(1);
            }
            gameCnt++; //id自增1
            //将本次游戏的成绩保存到数据库
            sql = "INSERT INTO score_history (id, score) VALUES ("+gameCnt+",
            "+sCore+")";
            //执行插入sql语句
            stmt.executeUpdate(sql);
            //查询数据表中得分大于当前分数的记录数
            sql = "SELECT COUNT(*) FROM score_history WHERE score > "+score;
            //执行查询操作
            rs = stmt.executeQuery(sql);
            //定义变量存放比当前分数大的记录数
            int gameRank = 0;
            //读取结果集的数据
            if (rs.next()) {
                //记录数加1，是本次游戏的排名
                gameRank = rs.getInt(1) + 1;
            }
            //将排名信息存放到变量message中。
            message = "当前得分在所有"+gameCnt+"次游戏中排名第"+gameRank;
        } catch (SQLException se) {
            // 处理 JDBC 错误
            se.printStackTrace();
        } catch (Exception e) {
            // 处理 Class.forName 错误
            e.printStackTrace();
        }
        return message;
    }
}
```

【案例剖析】

在本案例中，定义实现 Constants 接口的 DBHandler 类，在类中定义静态方法 addScore()，并将得分作为参数传入方法。

（1）在静态方法中，定义局部变量 message 用来存放排名信息，局部变量 conn 获取连接数据库的接口对象，局部变量 stmt 执行 sql 语句的对象。首先通过 Class 类的 forName()方法连接 JDBC 驱动，然后通过 DriverManager 类提供的 getConnection()方法，获取连接数据库的接口并赋值给变量 conn。

（2）通过 conn 调用 createStatement()方法获取 Statement 对象，定义查询表中记录数的 sql 语句，通过 stmt 对象调用 executeQuery()方法执行 sql 语句，并返回结果集，放入结果集对象 rs 中。在 if 语句中调用结果集对象 rs 的 next()方法判断有无下一条记录，若有则将其赋值给变量 gameCnt，并使 gameCnt 自增 1。

（3）定义插入数据库中数据的 sql 语句，将本次游戏得分存入数据库，通过 stmt 调用 executeUpdate()执行插入数据的 sql 语句。定义统计数据库中分数大于本次游戏得分的记录数的 sql 语句，通过 stmt 调用 executeQuery ()执行查询操作，并将查询结果存入结果集对象 rs 中。

（4）定义一个变量 gameRank，用于存放分数比本次游戏得分高的记录数，初值是 0，通过 if 语句判断是否存在下一条记录，存在则将统计的数目加 1 后赋值给 gameRank。最后将游戏次数以及本次游戏的排名情况以字符串的形式赋值给 message，并将 message 的值返回。

24.5 系统运行

在开发工具 MyEclipse 中，运行气球射击游戏项目的主程序 GameMain.java，运行结果分为以下几种情况。

1. 开始状态

启动气球射击游戏的主程序，进入开始游戏的界面，如图 24-3 所示。

2. 运行状态

在开始状态下，单击开始按钮，游戏进入运行状态，如图 24-4 所示。

图 24-3　开始状态

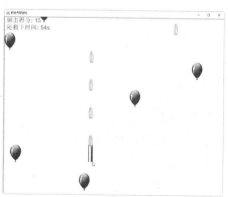

图 24-4　运行状态

3. 暂停状态

在运行状态下，将鼠标移出游戏窗口，游戏进入暂停状态，如图 24-5 所示。在暂停状态下，将鼠标移入游戏窗口，暂停按钮消失，游戏再次进入运行状态。

4. 结束状态

在运行状态下，等游戏时间到，游戏进入结束状态，如图 24-6 所示。

图 24-5　暂停状态

图 24-6　结束状态

第 25 章

娱乐影视应用——开发电影订票系统

本章设计一个基于窗体的电影订票系统。通过该案例的学习,读者可以熟悉 Java 编程的基本操作,提升自身的编程技能。学习使用 Java 构建综合信息系统的一般方法;学会根据场景来设计管理系统的结构和功能;熟悉数据库的链接和操作方法;了解不同类的"对象"之间数据的逻辑关联和相互影响;了解 java 页面的 ui 设计;等等。

本章要点(已掌握的在方框中打钩)

- ☐ 了解本项目的需求分析和功能分析。
- ☐ 熟悉数据库设计。
- ☐ 掌握系统对象模块。
- ☐ 掌握欢迎界面模块。
- ☐ 掌握前台订票模块。
- ☐ 后台管理模块。
- ☐ 数据库模块。
- ☐ 辅助处理模块。

25.1 需求分析

在开发电影订票系统前，首先对该项目进行需求分析，了解该项目要实现的功能效果，并通过功能分析，介绍该项目的各个实现模块。需求分析是开发电影订票系统的第一步，也是软件开发中最重要的步骤。

电影订票系统介绍的是一个影院的综合订票管理系统，包括前台订票功能和后台管理功能两部分。开始运行项目主程序后，会显示一个欢迎界面。普通顾客可以单击【开始订票】按钮进入订票界面；系统管理人员通过输入账户和密码，进入后台界面进行各种管理操作。

在订票系统前台界面，首先会显示影院当前上映电影的场次，包括电影的名称、放映时间、票价等基本信息。用户选定要上映电影的场次后，会在左侧显示对应放映厅的座位图，其中已选座位会被标出，用户根据该放映厅座位图选定座位。系统允许用户切换放映场次，选多个座位(即一次订多张票)。在选定座位后，当前用户选定的所有座位信息会在窗体中以表格的形式显示。最后用户输入个人信息后提交订单，这时订单信息会保存到数据库中，放映场次的已选座位的数据也会在数据库中同步更新。

在订票系统管理后台界面，用户会根据自己的权限看到对应的管理菜单项。这些菜单项主要涉及数据库信息的查询、添加、修改、删除功能，选择菜单项进入对应的管理页面。用户可以添加电影和放映场次，也可以查询已有的电影和放映场次，并进行修改或删除。此外，用户还可以查看和删除订单。当订单被删除时，订单所关联的座位会被重新设置为可用状态。如果用户具有根权限，还可以添加新的管理员，删除老的管理员或者修改管理员的信息。此外，用户可以修改自己的个人登录密码。

25.2 功能分析

通过需求分析，了解了电影订票系统需要实现的功能。本系统将要实现的功能主要包括：系统对象模块、欢迎界面模块、前台订票模块、后台管理模块、数据库模块、辅助处理模块等。下面详细介绍各模块的功能以及实现。

1. 系统对象模块

系统对象模块主要是定义在电影订票系统中会用到的对象实例，一般有电影、电影放映场次、订单、电影票、管理员5个对象。

2. 欢迎界面模块

欢迎界面是主程序运行后进入的首界面，该界面显示欢迎信息、用户开始订票的入口以及管理后台的入口。这是由 ui 包中的 Welcome.java 实现的。

3. 前台订票模块

在用户进入订票系统的界面后，该界面显示电影放映信息、放映厅座位信息，用户选择所要看的电影，再根据放映厅的座位图选择座位，当前用户的所有购票信息会在界面显示。当用户选好电影和座位信息后，填写用户信息，并提交订单，完成在线订票。

这部分的功能主要是由 ui 包中的 OrderWindow.java 类调用其他辅助类实现的。

4. 后台管理模块

在管理员进入后台管理界面后，根据当前用户的角色(即权限)，显示用户可以操作的菜单。当用户是根用户时，会显示电影管理、放映场次管理、订单管理、用户管理和账号管理可用。当用户是完全管理权限时，会显示电影管理、放映场次管理、订单管理、用户管理和账号管理可用。当用户只有电影管理权限时，只会显示电影管理和账号管理可用。当用户只有放映场次管理权限时，只会显示放映场次管理和账号管理可用。当用户只有订单管理权限时，只会显示订单管理和账号管理可用。当用户无管理权限时，只显示账号管理可用。

该模块主要是由 ui 包中的 AdminWindow.java 类调用其他类实现的。

5. 数据库模块

数据库处理模块实现与数据库的连接，通过执行 sql 语句将前台用户的订单保存到数据库，将后台添加的电影、电影放映信息和用户保存到数据库中。

6. 辅助处理模块

该模块主要用来做用户输入合法性的检查，日期的界面显示用于管理员选择日期，以及定义日期格式的类。

本项目中各个模块之间的功能结构如图 25-1 所示。

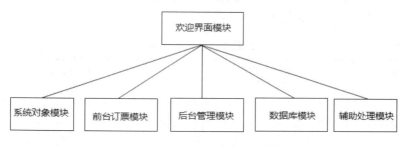

图 25-1　系统结构

25.3　数据库设计

在完成系统的需求分析及功能分析后，接下来需要进行数据库的分析。在电影订票系统中，为了更加贴近现实情况，我们设计了一个稍微复杂的场景，具体如下。

(1) 放映厅和电影是多对多的对应关系，即一部电影可以在多个放映厅放映，而一个放映厅可以在不同时段放映不同电影。

(2) 用户可以一次下单买多张电影票。这些电影票可以来自不同电影的不同时间段。

(3) 同一部电影在不同时间段的票价是可以不同的。

为了实现上述设定，在 MySql 数据库中创建数据库 cinema_tickets，并在数据库中创建 4

个数据库表,分别是电影信息表 movies、电影放映信息表 shows、用户订单信息表 orders、管理员账号表 staff。

25.3.1 电影信息

表 movies 记录当前上映的电影信息,该表主要有 mid、name、type、director、source、publisher 和 release_date 这 7 个字段。该表的具体字段信息如表 25-1 所示。

表 25-1 movies 字段

字段名称	字段类型	说　明
mid	int(11)	mid 自动增长,主键
name	varchar(200)	电影名称
type	varchar(50)	类型
director	varchar(100)	导演
source	varchar(50)	来源国家
publisher	varchar(100)	发行公司
release_date	varchar(30)	上映日期

25.3.2 放映信息

表 shows 用于存储电影放映信息,该表主要有 id、mid、hall、time、price、seats_used 这 6 个字段。该表的具体字段信息如表 25-2 所示。

表 25-2 shows 字段

字段名称	字段类型	说　明
id	int(11)	id 自动增长,主键,场次编号
mid	int(11)	电影编号
hall	int(11)	放映厅
time	varchar(50)	放映时间
price	double	票价
seats_used	varchar(2000)	已经预订的座位

注意

其中已经预订的位置会随着顾客的订票完成而同步更新。

25.3.3 用户订单信息

表 orders 用于存储用户订单信息,该表主要有 id、name、phone、data 和 place_time 这 5 个字段。该表的具体字段信息如表 25-3 所示。

表 25-3　orders 字段

字段名称	字段类型	说　明
id	int(11)	订单编号 id，自动增长，主键
name	varchar(50)	用户姓名
phone	varchar(11)	电话号码
data	varchar(1000)	订单内容
place_time	datetime	下单时间，数据库自动生成

25.3.4　管理员账号

表 staff 用于存储管理员账号信息，该表主要有 4 个字段，分别是 uid、username、password 和 role。这里设置了 6 种权限，分别是：无管理权限，管理电影权限，管理放映权限，管理订单权限，管理电影、放映、订单权限，以及根管理权限。该表的具体字段信息如表 25-4 所示。

表 25-4　staff 字段

字段名称	字段类型	说　明
uid	int(11)	用户 id，主键，自动增长
username	varchar(20)	管理员名
password	varchar(20)	管理员密码
role	int(11)	角色

从以上表格的结构中我们可以看出，放映厅和电影是多对多的对应关系，是通过 shows 表格进行关联的。用户可以一次下单买多张电影票是通过 orders 表格进行关联的。

25.4　系统代码编写

在电影订票系统中，对于系统对象模块、欢迎界面模块、前台订票模块、后台管理模块、数据库模块等，本系统主要由以下 Java 程序来完成。

25.4.1　系统对象模块

在电影订票系统中，主要定义了电影、放映场次、订单、后台管理员和电影票 5 个不同的对象。它们的实现类，主要在系统的 com 包中。

1. 电影

电影的对象类是 Movie.java，其具体实现代码如下(源代码\ch25\CinemaTicketSystem\

src\com\Movie.java)。

```java
package com;
public class Movie {

    private int mid;                    //电影编号
    private String name;                //电影名称
    private String type;                //电影类别
    private String director;            //导演
    private String source;              //来源国家
    private String publisher;           //发行公司
    private String releaseDate;         //上映时间

    public int getMid() {
        return mid;
    }
    public void setMid(int mid) {
        this.mid = mid;
    }
    public String getName() {
        return name;
    }
    public void setName(String name) {
        this.name = name;
    }
    public String getType() {
        return type;
    }
    public void setType(String type) {
        this.type = type;
    }
    public String getDirector() {
        return director;
    }
    public void setDirector(String director) {
        this.director = director;
    }
    public String getSource() {
        return source;
    }
    public void setSource(String source) {
        this.source = source;
    }
    public String getPublisher() {
        return publisher;
    }
    public void setPublisher(String publisher) {
        this.publisher = publisher;
    }
    public String getReleaseDate() {
        return releaseDate;
    }
    public void setReleaseDate(String releaseDate) {
        this.releaseDate = releaseDate;
    }
}
```

【案例剖析】

在本案例中，定义私有成员变量电影编号 mid、电影名称 name、电影类型 type、导演 director、来源国家 source、发行公司 publisher 和上映时间 releaseDate，并定义它们 public 权限的 get 和 set 方法。

2. 放映场次

放映场次的对象类是 Show.java，其具体实现代码如下(源代码\ch25\CinemaTicketSystem\src\com\Show.java)。

```java
package com;

public class Show {

    private int id;                  // 放映编号
    private int mid;                 // 放映的电影编号
    private int hall;                // 放映厅编号
    private double price;            // 票价 (同一电影不同时间放映价格可能不同)
    private String time;             // 放映时间
    private String seatsUsed;        // 该次放映已经被预订的座位，多个座位间以空格隔开

    public int getId() {
        return id;
    }
    public void setId(int id) {
        this.id = id;
    }
    public int getMid() {
        return mid;
    }
    public void setMid(int mid) {
        this.mid = mid;
    }
    public int getHall() {
        return hall;
    }
    public void setHall(int hall) {
        this.hall = hall;
    }
    public double getPrice() {
        return price;
    }
    public void setPrice(double price) {
        this.price = price;
    }
    public String getTime() {
        return time;
    }
    public void setTime(String time) {
        this.time = time;
    }
```

```
    public String getSeatsUsed() {
        return seatsUsed;
    }
    public void setSeatsUsed(String seatsUsed) {
        this.seatsUsed = seatsUsed;
    }
}
```

【案例剖析】

在本案例中,定义放映场次的 id、放映电影编号 mid、放映厅编号、票价 price、放映时间 time 和该次放映被预订的座位,以及它们的 public 权限的 get 和 set 方法。

3. 订单

订单的对象类是 Order.java,其具体实现代码如下(源代码\ch25\CinemaTicketSystem\src\com\Order.java)。

```
package com;

public class Order {
    private int id;
    private String name;          // 订票人姓名
    private String phone;         // 订票人电话
    //订单数据(包含多张票的信息,票之间用分号隔开,每张票的信息包括放映场次 id,
    //电影名称,放映时间、价格座位等)
    private String data;
    private String datetime;  // 订单生成时间

    public int getId() {
        return id;
    }
    public void setId(int id) {
        this.id = id;
    }
    public String getName() {
        return name;
    }
    public void setName(String name) {
        this.name = name;
    }
    public String getPhone() {
        return phone;
    }
    public void setPhone(String phone) {
        this.phone = phone;
    }
    public String getData() {
        return data;
    }
    public void setData(String data) {
        this.data = data;
    }

    public String getDatetime() {
```

```
        return datetime;
    }
    public void setDatetime(String datetime) {
        this.datetime = datetime;
    }
}
```

【案例剖析】

在本案例中,定义私有成员变量订单编号 id、订票人姓名 name、订票人电话 phone、订单数据 data 和订单生成时间,以及它们的 public 权限的 get 和 set 方法。

4. 后台管理员

后台管理员的对象类是 Staff.java,其具体实现代码如下(源代码\ch25\CinemaTicketSystem\src\com\Staff.java)。

```
package com;
public class Staff {
    private int uid;
    private String username;      // 登录用户名
    private String password;      // 登录密码
    private int role;             // 权限,具体参考Constant.java 文件里的定义

    public int getUid() {
        return uid;
    }
    public void setUid(int uid) {
        this.uid = uid;
    }
    public String getUsername() {
        return username;
    }
    public void setUsername(String username) {
        this.username = username;
    }
    public String getPassword() {
        return password;
    }
    public void setPassword(String password) {
        this.password = password;
    }
    public int getRole() {
        return role;
    }
    public void setRole(int role) {
        this.role = role;
    }
}
```

【案例剖析】

在本案例中,定义私有成员变量管理员编号 uid、登录用户名 username、登录密码

password 和权限 role，以及定义它们的 public 权限的 get 和 set 方法。

5. 电影票

电影票的对象类是 Ticket.java，其具体实现代码如下(源代码\ch25\CinemaTicketSystem\src\com\Ticket.java)。

```java
package com;

public class Ticket {
    private int id;
    private int show;            //放映编号
    private String movie;        //电影编号
    private String time;         //放映时间
    private int seatRow;         //座位行数
    private int seatColumn;      //座位列数
    private double price;        //票价

    public int getId() {
        return id;
    }
    public void setId(int id) {
        this.id = id;
    }
    public int getShow() {
        return show;
    }
    public void setShow(int show) {
        this.show = show;
    }

    public String getMovie() {
        return movie;
    }
    public void setMovie(String movie) {
        this.movie = movie;
    }
    public String getTime() {
        return time;
    }
    public void setTime(String time) {
        this.time = time;
    }

    public int getSeatRow() {
        return seatRow;
    }
    public void setSeatRow(int seatRow) {
        this.seatRow = seatRow;
    }
    public int getSeatColumn() {
        return seatColumn;
    }
    public void setSeatColumn(int seatColumn) {
```

```
        this.seatColumn = seatColumn;
    }
    public double getPrice() {
        return price;
    }
    public void setPrice(double price) {
        this.price = price;
    }
}
```

【案例剖析】

在本案例中，定义电影票的编号 id、放映编号 show、电影编号 movie、放映时间 time、座位行数 seatRow、座位列数 seatColumn 和票价 price，以及它们的 public 权限的 set 和 get 方法。

25.4.2 欢迎界面模块

在电影订票系统中，欢迎界面模块是运行程序的入口，它的功能是负责整个系统的运行。该模块是用户订票模块和后台管理模块的入口，通过用户订票模块实现用户订票功能，通过后台管理模块实现管理员后台的管理功能。

欢迎界面模块是由 Welcome.java 实现的，其具体代码如下(源代码 \ch25\CinemaTicketSystem\src\ui\Welcome.java)。

```java
package ui;
import java.awt.*;
import java.awt.event.ActionEvent;
import java.awt.event.ActionListener;
import java.awt.event.WindowAdapter;
import java.awt.event.WindowEvent;

import javax.swing.JButton;
import javax.swing.JFrame;
import javax.swing.JLabel;
import javax.swing.JOptionPane;
import javax.swing.JPanel;
import javax.swing.JPasswordField;
import javax.swing.JTextField;
import javax.swing.SwingConstants;
import javax.swing.border.EmptyBorder;

import com.Staff;

import util.GlobalVars;
import database.StaffDao;

public class Welcome extends JFrame {
    private JLabel userLabel;
    private JTextField userField;
    private JLabel passLabel;
```

```java
    private JPasswordField passField;
    private JButton orderButton;
    private JButton submitButton;

    public Welcome() {
        //调用私有的初始化方法
        initUI();
    }
    private void initUI() {
        //设置窗体的标题
        setTitle("电影订票系统");
        //获取当前窗体对象
        Container welcomePane = getContentPane();
        //设置当前窗体的布局管理器是：3 行 1 列的网格布局
        welcomePane.setLayout(new GridLayout(3, 1));
        //创建顶端面板
        JPanel topPane = new JPanel();
        //设置面板的 Insets 值：顶、左、底、右。设置面板与当前窗体的顶端距离是 60
        topPane.setBorder(new EmptyBorder(60, 0, 0, 0));
        //创建标签并指定显示信息
        JLabel welcomeLabel = new JLabel("欢迎光临影院在线订票系统");
        //设置标签的字体信息
        welcomeLabel.setFont(new Font("Serif", Font.PLAIN, 20));
        //将标签添加到面板上
        topPane.add(welcomeLabel);
        //创建中间面板和底端面板
        JPanel midPane = new JPanel();
        JPanel btmPane = new JPanel();
        //设置中间面板的布局是 1 行 2 列的网格布局
        midPane.setLayout(new GridLayout(1, 2));
        //设置面板的距离左边 100，右边 100
        midPane.setBorder(new EmptyBorder(0, 100, 0, 100));
        //创建用户订票面板 custPane
        JPanel custPane = new JPanel();
        //设置 custPane 面板的 insets 值
        custPane.setBorder(new EmptyBorder(40, 0, 40, 50));
        //这个面板是 2 行 1 列的网格布局
        custPane.setLayout(new GridLayout(2, 1));

        JLabel helloLabel = new JLabel("顾客，您好！");
        custPane.add(helloLabel);   //标签添加到面板上
        orderButton = new JButton("开始订票");
        //按钮的单击事件
        orderButton.addActionListener(new ActionListener() {
            public void actionPerformed(ActionEvent e) {
                //用户单击【开始订票】按钮的处理方法
                orderButtonActionPerformed(e);
            }
        });
        custPane.add(orderButton);              //按钮添加到面板 custPane
        midPane.add(custPane);                  //custPane 面板添加到中间面板

        JPanel adminPane = new JPanel();        //管理员登录面板
        adminPane.setBorder(new EmptyBorder(40, 0, 40, 0));
```

```java
        adminPane.setLayout(new GridLayout(3, 2));
        // 添加用户名标签
        userLabel = new JLabel("用户名: ");
        //设置沿 x 轴，右对齐
        userLabel.setHorizontalAlignment(SwingConstants.RIGHT);
        adminPane.add(userLabel);//将标签添加到管理员面板
        // 添加用户名输入框
        userField = new JTextField();
        adminPane.add(userField);
        // 添加密码标签
        passLabel = new JLabel("密    码: ");
        passLabel.setHorizontalAlignment(SwingConstants.RIGHT);
        adminPane.add(passLabel);
        // 添加密码输入框
        passField = new JPasswordField();
        adminPane.add(passField);

        adminPane.add(new JLabel());
        // 添加提交按钮
        submitButton = new JButton("管理员登录");
        //单击【管理员登录】按钮的事件
        submitButton.addActionListener(new ActionListener() {
            public void actionPerformed(ActionEvent e) {
                //管理员登录处理方法
                submitButtonActionPerformed(e);
            }
        });
        //按钮添加到面板
        adminPane.add(submitButton);
        midPane.add(adminPane);//管理员面板添加到中间面板
        //将顶端、中间、底端面板添加到主面板中
        welcomePane.add(topPane);
        welcomePane.add(midPane);
        welcomePane.add(btmPane);
        //设置窗体大小
        setSize(800, 600);
        //getOwner()返回此窗体的所有者，即设置该窗体相对于它自己的位置
        setLocationRelativeTo(getOwner());
        //添加窗口监听
        this.addWindowListener(new WindowAdapter() {
            public void windowClosing(WindowEvent e) {
                dispose();//关闭窗体时，不显示当前窗体
            }
        });
    }
    //【登录提交】按钮单击响应事件
    private void submitButtonActionPerformed(ActionEvent e) {
        String username = userField.getText(); // 获得用户名
        String password = String.valueOf(passField.getPassword()); // 获得密码
        //在没有输入用户名时，提示用户名为空
        if (username.equals("")) {
            JOptionPane.showMessageDialog(this, "用户名不允许为空! ");
            return;
```

```java
        }
        try {
            //根据用户名,在数据库中查询用户是否存在
            Staff user = StaffDao.getUserByCredential(username, password);
            if (user == null) {  //是 null,说明用户不存在
                //信息提示框,提示用户名或密码不正确
                JOptionPane.showMessageDialog(this, "用户名或密码不正确!");
                return;
            }
            //将登录的管理员id、管理员名和密码,存入GlobalVars类中
            GlobalVars.userId = user.getUid();           // 记录当前用户id
            GlobalVars.userName = user.getUsername();    // 记录当前用户名
            GlobalVars.userRole = user.getRole();        // 记录当前用户角色
            //进入管理员后台管理界面
            AdminWindow main = new AdminWindow();
            //根据管理员的权限,设置当前登录管理员可以进行的操作
            main.setViewVisable(user.getRole());
            this.dispose();//当前窗体不显示
        } catch (Exception ex) {
            ex.printStackTrace();
        }
    }
    //【开始订票】按钮单击响应事件
    private void orderButtonActionPerformed(ActionEvent e) {
        try {
            // 进入订票主界面
            OrderWindow orderWindow = new OrderWindow();
            //设置用户订票界面可见
            orderWindow.setVisible(true);
            this.dispose();//当前窗体不可见
        } catch (Exception ex) {
            ex.printStackTrace();
        }
    }
    public static void main(String args[]) {
        Welcome wel = new Welcome();
        wel.setVisible(true);
    }
}
```

【案例剖析】

在本案例中,在该类中定义前台用户订票的入口,即【开始订票】按钮,用户单击时进入前台订票界面。定义后台管理员的入口,即管理员输入用户名和密码,查询到数据库中该管理员的权限,在后台管理界面显示其可以操作的具体功能。

25.4.3 前台订票模块

前台订票模块是用来处理用户的订票信息的,该模块的 Java 程序(OrderWindow.java)通过调用 MovieDao.java、ShowDao.java、OrderDao.java 程序,用来获取数据库中电影放映信息、显示电影订票座位信息、向数据库中插入用户订单。

前台用户订票界面的实现代码具体如下(源代码\ch25\CinemaTicketSystem\src\ui\

OrderWindow.java)。

```java
package ui;

import java.awt.BorderLayout;
import java.awt.Color;
import java.awt.Container;
import java.awt.Dimension;
import java.awt.GridLayout;
import java.awt.event.ActionEvent;
import java.awt.event.ActionListener;
import java.awt.event.WindowAdapter;
import java.awt.event.WindowEvent;
import java.util.ArrayList;
import java.util.List;

import javax.swing.DefaultCellEditor;
import javax.swing.JButton;
import javax.swing.JFrame;
import javax.swing.JLabel;
import javax.swing.JOptionPane;
import javax.swing.JPanel;
import javax.swing.JScrollPane;
import javax.swing.JTable;
import javax.swing.JTextField;
import javax.swing.SwingConstants;
import javax.swing.border.EmptyBorder;
import javax.swing.event.ListSelectionEvent;
import javax.swing.event.ListSelectionListener;
import javax.swing.table.DefaultTableModel;

import util.CheckHandler;
import util.Constant;

import com.Movie;
import com.Order;
import com.Show;
import com.Ticket;

import database.MovieDao;
import database.OrderDao;
import database.ShowDao;

public class OrderWindow extends JFrame {
    private JTable showTable;
    private JLabel seatMatrix;
    private JLabel ticketTable;
    private List<Ticket> ticketList;
    private Container contentPane;
    private JPanel mainPane;
    private JPanel bottomPane;
    private JTextField seatRowVal;  //座位行数
    private JTextField seatColVal;  //座位列数
    private JTextField userNameVal;
```

```java
    private JTextField userPhoneVal;
    private Ticket ticketTmp;

    //类的构造方法
    public OrderWindow() {
        //创建存放电影票的List容器
        ticketList = new ArrayList<Ticket>();
        ticketTmp = new Ticket();  //创建电影票类的对象
        initUI();
    }

    //该方法用于生成用户界面
    public void initUI() {
        setTitle("在线订票系统前台");
        contentPane = getContentPane();
        contentPane.setLayout(new BorderLayout());

        //1.设置主要的展示区域(页面上半部分)
        mainPane = new JPanel();
        mainPane.setBorder(new EmptyBorder(10, 10, 10, 10));

        //(1) 展示放映场次表格,用户选择后显示座位信息
        final JPanel showPane = new JPanel();
        //设置showPane面板的首选大小
        showPane.setPreferredSize(new Dimension(300, 350));
        final BorderLayout bdLayout = new BorderLayout();
        bdLayout.setVgap(5);  //设置边框布局管理器的组件之间的垂直间距是5
        showPane.setLayout(bdLayout);
        final JScrollPane scrollPane = new JScrollPane();
        showPane.add(scrollPane);//将滚动条添加到showPane面板上

        showTable = new JTable();//创建显示数据的表格
        JTextField tf = new JTextField();
        tf.setEditable(false);      //设置文本域不可编辑
        //创建一个文本字段的编辑器editor
        DefaultCellEditor editor = new DefaultCellEditor( tf );
        showTable.setDefaultEditor(Object.class, editor);   // 设置表格无法编辑
        showTable.setRowSelectionAllowed(true);             // 设置表格项可以选择
        //将表格showTable添加到滚动条面板上
        scrollPane.setViewportView(showTable);
        paintShowTable("", "");//调用用户显示当前场次列表的方法
        showTable.getSelectionModel().addListSelectionListener( // 更新座位信息
                new ListSelectionListener() {
                    public void valueChanged(ListSelectionEvent event) {
                        //显示放映厅座位图的方法
                        paintSeatMatrix((int) showTable.getValueAt(
                                showTable.getSelectedRow(), 0), "");
                    }
                });
        //将显示面板添加到主面板的west
        mainPane.add(showPane, BorderLayout.WEST);

        //(2) 展示该场次的座位信息,用户选择场次和座位后生成的电影票会添加到订单中
        seatMatrix = new JLabel();
```

```java
seatMatrix.setPreferredSize(new Dimension(200, 350));
seatMatrix.setVerticalAlignment(SwingConstants.TOP);
paintSeatMatrix(0, "");                          //放映厅座位图
//座位图放到 mainPane 面板的 center
mainPane.add(seatMatrix, BorderLayout.CENTER);
seatMatrix.setOpaque(true);                      //绘制边界内所有像素
seatMatrix.setBackground(Color.WHITE);  //设置标签背景色是白色

//(3)展示订单信息
ticketTable = new JLabel();
ticketTable.setPreferredSize(new Dimension(350, 350));
ticketTable.setBorder(new EmptyBorder(0, 20, 0, 0));;
//设置订单信息沿 y 轴的对齐方式，顶部对齐
ticketTable.setVerticalAlignment(SwingConstants.TOP);
paintTicketTable(); //显示订单信息的方法
//订单信息放到主面板的 east
mainPane.add(ticketTable, BorderLayout.EAST);

//2、 设置主要的功能区域(页面下半部分)
bottomPane = new JPanel();
bottomPane.setLayout(new BorderLayout());
bottomPane.setBorder(new EmptyBorder(10, 10, 10, 10));

//(1)选择座位功能区域
JPanel selectPane = new JPanel();
selectPane.setLayout(new BorderLayout());
selectPane.setPreferredSize(new Dimension(300, 100));
JLabel selectDesc = new JLabel("请输入所选座位的行和列：");
//将提示标签 selectDesc 添加到 selectPane 面板的 NORTH
selectPane.add(selectDesc, BorderLayout.NORTH);
JPanel inputPane = new JPanel();
inputPane.setLayout(new GridLayout(1, 4));
JLabel seatRowName = new JLabel("行数");
JLabel seatColName = new JLabel("列数");
//设置提示列和行标签沿 x 轴的对齐方式是右对齐
seatRowName.setHorizontalAlignment(SwingConstants.RIGHT);
seatColName.setHorizontalAlignment(SwingConstants.RIGHT);
seatRowVal = new JTextField(); //座位行：输入文本框
seatColVal = new JTextField(); //座位列：输入文本框
//将行和列的标签以及文本框添加到 inputPane
inputPane.add(seatRowName);
inputPane.add(seatRowVal);
inputPane.add(seatColName);
inputPane.add(seatColVal);
//将输入部分的面板 inputPane 添加到 selectPane
selectPane.add(inputPane, BorderLayout.CENTER);      // 添加选择输入框
JButton selectBtn = new JButton("选定座位");          //选定座位的按钮
selectBtn.setPreferredSize(new Dimension(300, 50));
selectBtn.addActionListener(new ActionListener() { //座位选定后提交
    public void actionPerformed(ActionEvent e) {
        //选定提交后的座位信息处理
        btnSelectSeatActionPerformed(e);
    }
});
```

```java
//选定作为提交按钮添加到面板的south
selectPane.add(selectBtn, BorderLayout.SOUTH);  //添加选择提交按钮
//selectPane面板添加到bottomPane的west
bottomPane.add(selectPane, BorderLayout.WEST);

//(2) 订单提交功能区域
JPanel orderPane = new JPanel();
orderPane.setLayout(new BorderLayout());
orderPane.setPreferredSize(new Dimension(300, 100));
JLabel orderDesc = new JLabel("请输入个人信息：");
orderPane.add(orderDesc, BorderLayout.NORTH);
JPanel inputPane1 = new JPanel();
//输入用户信息的面板
inputPane1.setLayout(new GridLayout(1, 4));
JLabel userName = new JLabel("姓名");
JLabel userPhone = new JLabel("手机号");
//姓名和手机号沿X轴对齐方式是右对齐
userName.setHorizontalAlignment(SwingConstants.RIGHT);
userPhone.setHorizontalAlignment(SwingConstants.RIGHT);
userNameVal = new JTextField();
userPhoneVal = new JTextField();
//将输入信息的标签和文本框添加到面板上
inputPane1.add(userName);
inputPane1.add(userNameVal);
inputPane1.add(userPhone);
inputPane1.add(userPhoneVal);
//将inputPane1添加到orderPane的中间
orderPane.add(inputPane1, BorderLayout.CENTER);
JButton placeBtn = new JButton("提交订单");
placeBtn.setPreferredSize(new Dimension(300, 50));
placeBtn.addActionListener(new ActionListener() {  //开始订单提交
    public void actionPerformed(ActionEvent e) {
        //提交订单的处理方法
        btnPlaceOrderActionPerformed(e);
    }
});
//将提交订单按钮添加到orderPane的south
orderPane.add(placeBtn, BorderLayout.SOUTH);
//将orderPane添加到bottomPane的east
bottomPane.add(orderPane, BorderLayout.EAST);

//将展示区mainPane和功能区bottomPane添加到主页面contentPane
contentPane.add(mainPane, BorderLayout.NORTH);
contentPane.add(bottomPane, BorderLayout.SOUTH);
setSize(900, 600);
setResizable(false);
//getOwner()返回此窗体的所有者
setLocationRelativeTo(getOwner());
setVisible(true);

//设置关闭主页面时中止主程序
this.addWindowListener(new WindowAdapter() {
    public void windowClosing(WindowEvent e) {
        dispose();  //当前窗体不可见
```

```java
        }
    });
}

//该方法用于所选座位提交后的处理
private void btnSelectSeatActionPerformed(ActionEvent e) {
    if(ticketTmp.getShow()==0) { // 尚未选择放映场次
        JOptionPane.showMessageDialog(this, "请先选择电影!");
        return;
    }
    Ticket ticket = new Ticket();
    //所选座位格式错误
    try{
    ticket.setMovie(ticketTmp.getMovie());
    ticket.setShow(ticketTmp.getShow());
    ticket.setTime(ticketTmp.getTime());
    ticket.setPrice(ticketTmp.getPrice());
    ticket.setSeatRow(Integer.parseInt(seatRowVal.getText()));
    ticket.setSeatColumn(Integer.parseInt(seatColVal.getText()));
    }catch (NumberFormatException ex) {
        //错误信息提示框
        JOptionPane.showMessageDialog(this, "输入为空或格式不正确,请重新输入!");
        return;
    }
    //所选座位超出放映厅的范围
    if(ticket.getSeatRow()<1 || ticket.getSeatRow()>Constant.HALL_ROW_NUM
 || ticket.getSeatColumn() <1 || ticket.getSeatColumn()>Constant.HALL_COLUMN_NUM){
        JOptionPane.showMessageDialog(this, "输入的座位位置有误,请重新输入!");
        return;
    }
    //检查该场次所选座位是否已经被别人预订(或者已经在自己订单中),
    //没被预订返回true,已被预订返回false
    boolean paintSuccess = paintSeatMatrix(ticket.getShow(),
                ticket.getSeatRow()+","+ticket.getSeatColumn());
    if(!paintSuccess){
        JOptionPane.showMessageDialog(this, "该座位无法预订,请重新选择!");
        return;
    }
    ticketList.add(ticket);
    paintTicketTable();  // 更新该场次放映厅座位图
}

// 该方法用于订单提交后的处理
private void btnPlaceOrderActionPerformed(ActionEvent e) {
    String userName = userNameVal.getText().trim();
    String userPhone = userPhoneVal.getText().trim();
    if(ticketList.size()==0){
        JOptionPane.showMessageDialog(this, "你的当前订单为空,无法提交!");
        return;
    }
    if(userName.length()==0 || userPhone.length()==0 ){
        JOptionPane.showMessageDialog(this, "姓名或手机为空,请重新输入!");
        return;
```

```java
            }else if(CheckHandler.containsDigit(userName)||
CheckHandler.containsChar(userName)){
                JOptionPane.showMessageDialog(this, "输入的姓名包含非中文信息,请修改!");
                return;
            }else if(!CheckHandler.isValidMobile(userPhone)){
                JOptionPane.showMessageDialog(this, "输入的手机号格式不正确(应为11位整数,"
                                                    + "第1位为1,第2位为3,4,5,7,8中一个)!");
                return;
            }
            //创建用户订单类对象,并保存用户信息
            Order order = new Order();
            order.setName(userName);
            order.setPhone(userPhone);
            String data = "";
            String seat = "";
            //记录用户订单数据。为了简单演示,此处每张票的内部数据采用竖线隔开,
            //不同票的数据采用分号隔开。该数据也可采用json方式来存储。
            for(Ticket ticket : ticketList){
                seat = ticket.getSeatRow()+","+ticket.getSeatColumn();
                if(data.length()>0) data += ";";
                data += ticket.getShow()+" "+seat+"|"+ticket.getMovie()+"|"+ticket.getTime();
                Show show = ShowDao.getShow(ticket.getShow());
                String seatsUsed = show.getSeatsUsed()+" "+seat;
                show.setSeatsUsed(seatsUsed.trim());
                ShowDao.updateShow(show);
            }
            order.setData(data);
            boolean addSuccess = OrderDao.addOrder(order);
            JOptionPane.showMessageDialog(this, addSuccess?"恭喜,订票成功。为了方便你继续"
                                                + "订购,订单区将被清空!":"对不起,下单失败!");
            if(addSuccess){ // 完成提交后,清理订单界面数据,方便用户继续订票
                ticketList = new ArrayList<Ticket>();
                paintTicketTable();
                seatRowVal.setText("");
                seatColVal.setText("");
                userNameVal.setText("");
                userPhoneVal.setText("");
            }
        }

    //该方法用户显示当前场次列表
    private void paintShowTable(String field, String value) {
        DefaultTableModel model = new DefaultTableModel();
        showTable.setModel(model);
        // 执行查询操作,将查询结果显示到界面
        Object[][] tbData = null;
        int i = 0;
        String[] labels = { "放映场次", "电影名称", "放映时间", "票价(元)" };
        //查询数据库中所有的电影放映信息
        List<Show> shows = ShowDao.getShows(field, value);
        tbData = new Object[shows.size()][labels.length];
        for (Show show : shows) {
            //根据放映mid查询电影信息
```

```java
            Movie movie = MovieDao.getMovie(show.getMid());
            //如果无法查到对应电影信息,则不显示该场次,以防管理员输入错误
            if (movie == null)
                continue;
            tbData[i][0] = show.getId();
            tbData[i][1] = movie.getName();
            tbData[i][2] = show.getTime();
            tbData[i][3] = show.getPrice();
            i++;
    }
    model.setDataVector(tbData, labels);
}

//该方法用于显示放映厅座位图,checkSeat 为用户所选座位
private boolean paintSeatMatrix(int showId, String checkSeat) {
    String usedSeats = "";
    String seatHtml = "";
    Show show = ShowDao.getShow(showId);
    if (show != null) { //已选放映场次
        usedSeats = show.getSeatsUsed();
        ticketTmp.setMovie(MovieDao.getMovie(show.getMid()).getName());
        ticketTmp.setPrice(show.getPrice());
        ticketTmp.setShow(show.getId());
        ticketTmp.setTime(show.getTime());
        seatHtml += "<p>该场安排在<font color=red>" + show.getHall()
            + "</font>号放映厅,座位情况如下(X 为已选,O 为未选):</p>";
        for (Ticket ticket : ticketList) {
            if (ticket.getShow() == showId)
                usedSeats += " " + ticket.getSeatRow() + ","
                    + ticket.getSeatColumn();
        }
    }else{ //尚未选放映场次
        seatHtml += "<p>请选择电影,座位情况如下(X 为已选,O 为未选):</p>";

    }
    usedSeats = " " + usedSeats.trim() + " ";
    //所选座位被占用,无法完成当前座位的提交
    if(checkSeat.length()>0 && usedSeats.indexOf(" "+checkSeat+" ")>=0) {
        return false;
    //所选座位未被占用,完成当前座位的提交,并将当前座位信息添加到已选定座位列表信息中
    }else if(checkSeat.length()>0){
        usedSeats += checkSeat + " ";
    }else;

    //打印出所有列的标记
    seatHtml += "<table><tr><th></th>";
    for (int j = 0; j < Constant.HALL_COLUMN_NUM; j++) {
        seatHtml += "<th>" + (j + 1) + "</th>";
    }
    seatHtml += "</tr>";
    //执行循环打印出座位图
    String curSeat;
    for (int i = 0; i < Constant.HALL_ROW_NUM; i++) {
        for (int j = 0; j < Constant.HALL_COLUMN_NUM; j++) {
```

```java
            if (j == 0)
                seatHtml += "<tr><th>" + (i + 1) + "</th>"; // 打印出当前行的标记
            curSeat = " " + (i + 1) + "," + (j + 1) + " ";
            if (usedSeats.indexOf(curSeat) >= 0)    // 判断该座位是否已被预订
                seatHtml += "<td><font color=red>X</font></td>";
            else
                seatHtml += "<td>O</td>";
            if (j == Constant.HALL_COLUMN_NUM - 1)
                seatHtml += "</tr>";
        }
    }
    seatHtml += "</table>";
    seatHtml = "<html>" + seatHtml + "</html>";

    seatMatrix.setText(seatHtml);
    return true;
}

//该方法用于显示订单中的电影票列表
private void paintTicketTable() {
    String ticketHtml = "";
    double priceTotal = 0;
    ticketHtml += "<table width=320 border=1><tr>";
    for (String label : Constant.ticketLabels) {
        ticketHtml += "<th>" + label + "</th>";
    }
    int i=0;
    for (Ticket ticket : ticketList) {
        ticketHtml += "<tr><td>" + (i+1) + "</td>";
        ticketHtml += "<td>" + ticket.getMovie() + "</td>";
        ticketHtml += "<td>" + ticket.getTime();
        ticketHtml += "<td>" + ticket.getPrice() + "</td>";
        ticketHtml += "<td>" + ticket.getSeatRow() + "行"
                + ticket.getSeatColumn() + "列</td></tr>";
        priceTotal += ticket.getPrice();
        i++;
    }

    ticketHtml += "<tr><td colspan=5>总计: " + priceTotal +
                                    "元</td></tr></table>";
    String title = "<p>你的当前订单 ("+(i>0?("包含"+i+"张电影票"):"订单为空")+"): </p>";
    ticketHtml = "<html>" + title + ticketHtml + "</html>";
    ticketTable.setText(ticketHtml);
}
}
```

【案例剖析】

在本案例中，定义该类的作用是在窗体的左上角使用 JTable 显示放映场次信息，当用户选择要放映的场次后，在中间使用标签显示该放映厅的座位图，用户通过在左下角输入行数和列数选定座位，单击【选定座位】按钮后，会提交该电影票的订单信息，并在窗体的右上角显示。当用户选择多张电影票后，在右下角输入用户名和电话，单击【提交订单】按钮，完成订单的在线预订。

25.4.4 后台管理模块

后台管理模块主要实现管理员登录界面后，根据管理员权限的不同，对后台进行管理。后台主要包括电影管理、放映场次管理、订单管理、用户管理和账号管理。

1. 后台主界面

管理员登录后，进入的界面主要由 AdminWindow.java 实现，其具体代码如下(源代码 \ch25\CinemaTicketSystem\src\ui\AdminWindow.java)。

```java
package ui;

import java.awt.*;
import java.awt.event.*;

import javax.swing.*;

import util.Constant;
import util.GlobalVars;

public class AdminWindow extends JFrame {
    public Container contentPane;
    private JMenuBar menuBar;

    private JMenu movieMenu;
    private JMenuItem addMovie;
    private JMenuItem updateMovie;
    private JMenuItem deleteMovie;
    private JMenuItem queryMovie;

    private JMenu showMenu;
    private JMenuItem addShow;
    private JMenuItem updateShow;
    private JMenuItem deleteShow;
    private JMenuItem queryShow;

    private JMenu orderMenu;
    private JMenuItem deleteOrder;
    private JMenuItem queryOrder;

    private JMenu userMenu;
    private JMenuItem queryUser;
    private JMenuItem addUser;
    private JMenuItem updateUser;
    private JMenuItem deleteUser;

    private JMenu accountMenu;
    private JMenuItem updatePass;
    private JMenuItem exitAccount;
    public AdminWindow() {
        initUI();
    }
```

```java
    private void initUI() {
        menuBar = new JMenuBar();

        movieMenu = new JMenu();                // 电影管理菜单
        addMovie = new JMenuItem();             // 添加电影菜单项
        updateMovie = new JMenuItem();          // 修改电影菜单项
        deleteMovie = new JMenuItem();          // 删除电影菜单项
        queryMovie = new JMenuItem();           // 查询电影菜单项
        showMenu = new JMenu();                 // 放映场次管理菜单
        addShow = new JMenuItem();              // 添加放映场次菜单项
        updateShow = new JMenuItem();           // 修改放映场次菜单项
        deleteShow = new JMenuItem();           // 删除放映场次菜单项
        queryShow = new JMenuItem();            // 查询放映场次菜单项

        orderMenu = new JMenu();                // 订单管理菜单
        deleteOrder = new JMenuItem();          // 删除订单菜单项
        queryOrder = new JMenuItem();           // 查询订单菜单项

        userMenu = new JMenu();                 // 用户管理菜单
        queryUser = new JMenuItem();            // 查询订单菜单项
        addUser = new JMenuItem();              // 添加用户菜单项
        updateUser = new JMenuItem();           // 修改用户菜单项
        deleteUser = new JMenuItem();           // 删除用户菜单项

        accountMenu = new JMenu();              // 系统管理菜单项
        updatePass = new JMenuItem();           // 修改密码菜单项
        exitAccount = new JMenuItem();          // 退出系统菜单项

        setTitle("在线订票系统管理后台");
        contentPane = getContentPane();
        contentPane.setLayout(new BorderLayout());

        // 主菜单
        {
            // 电影菜单,添加删除修改电影
            {
                movieMenu.setText("电影管理");

                queryMovie.setText("查询");
                queryMovie.addActionListener(new ActionListener() {
                    public void actionPerformed(ActionEvent e) {
                        queryMovieActionPerformed(e);
                    }
                });
                movieMenu.add(queryMovie);

                addMovie.setText("添加");
                addMovie.addActionListener(new ActionListener() {
                    public void actionPerformed(ActionEvent e) {
                        addMovieActionPerformed(e);
                    }
                });
                movieMenu.add(addMovie);
```

```java
        updateMovie.setText("修改");
        updateMovie.addActionListener(new ActionListener() {
            public void actionPerformed(ActionEvent e) {
                updateMovieActionPerformed(e);
            }
        });
        movieMenu.add(updateMovie);

        deleteMovie.setText("删除");
        deleteMovie.addActionListener(new ActionListener() {
            public void actionPerformed(ActionEvent e) {
                deleteMovieActionPerformed(e);
            }
        });
        movieMenu.add(deleteMovie);
    }
    menuBar.add(movieMenu);

    // 放映菜单，添加删除修改放映场次
    {
        showMenu.setText("放映场次管理");

        queryShow.setText("查询");
        queryShow.addActionListener(new ActionListener() {
            public void actionPerformed(ActionEvent e) {
                queryShowActionPerformed(e);
            }
        });
        showMenu.add(queryShow);

        addShow.setText("添加");
        addShow.addActionListener(new ActionListener() {
            public void actionPerformed(ActionEvent e) {
                addShowActionPerformed(e);
            }
        });
        showMenu.add(addShow);

        updateShow.setText("修改");
        updateShow.addActionListener(new ActionListener() {
            public void actionPerformed(ActionEvent e) {
                updateShowActionPerformed(e);
            }
        });
        showMenu.add(updateShow);

        deleteShow.setText("删除");
        deleteShow.addActionListener(new ActionListener() {
            public void actionPerformed(ActionEvent e) {
                deleteShowActionPerformed(e);
            }
        });
        showMenu.add(deleteShow);
```

```java
        }
        menuBar.add(showMenu);

        // 订单菜单,添加和删除订单项
        {
            orderMenu.setText("订单管理");

            queryOrder.setText("查询");
            queryOrder.addActionListener(new ActionListener() {
                public void actionPerformed(ActionEvent e) {
                    queryOrderActionPerformed(e);
                }
            });
            orderMenu.add(queryOrder);

            deleteOrder.setText("删除");
            deleteOrder.addActionListener(new ActionListener() {
                public void actionPerformed(ActionEvent e) {
                    deleteOrderActionPerformed(e);
                }
            });
            orderMenu.add(deleteOrder);
        }
        menuBar.add(orderMenu);

        // 用户菜单,添加、删除、修改用户
        {
            userMenu.setText("用户管理");

            queryUser.setText("查询");
            queryUser.addActionListener(new ActionListener() {
                public void actionPerformed(ActionEvent e) {
                    queryUserActionPerformed(e);
                }
            });
            userMenu.add(queryUser);

            addUser.setText("添加");
            addUser.addActionListener(new ActionListener() {
                public void actionPerformed(ActionEvent e) {
                    addUserActionPerformed(e);
                }
            });
            userMenu.add(addUser);

            updateUser.setText("修改");
            updateUser.addActionListener(new ActionListener() {
                public void actionPerformed(ActionEvent e) {
                    updateUserActionPerformed(e);
                }
            });
            userMenu.add(updateUser);
```

```java
                deleteUser.setText("删除");
                deleteUser.addActionListener(new ActionListener() {
                    public void actionPerformed(ActionEvent e) {
                        deleteUserActionPerformed(e);
                    }
                });
                userMenu.add(deleteUser);
            }
            menuBar.add(userMenu);

            // 账号管理菜单，密码修改和退出系统
            {
                accountMenu.setText("账号管理");

                updatePass.setText("密码更改");
                updatePass.addActionListener(new ActionListener() {
                    public void actionPerformed(ActionEvent e) {
                        updatePassActionPerformed(e);
                    }
                });
                accountMenu.add(updatePass);

                exitAccount.setText("退出系统");
                exitAccount.addActionListener(new ActionListener() {
                    public void actionPerformed(ActionEvent e) {
                        exitAccountActionPerformed(e);
                    }
                });
                accountMenu.add(exitAccount);
            }
            menuBar.add(accountMenu);
        }
        setJMenuBar(menuBar); // 添加主菜单到页面顶部
        setSize(800, 600);
        setResizable(false);
        setLocationRelativeTo(getOwner());

    // 设置用户登录后主页面所显示的信息
    if (GlobalVars.userRole == Constant.MOVIE_ADMIN_ROLE) //电影管理权限显示电影列表
        new RecordQuery(this.contentPane, "电影", this);
    if (GlobalVars.userRole == Constant.SHOW_ADMIN_ROLE) //放映管理权限显示放映场次列表
        new RecordQuery(this.contentPane, "场次", this);
    if (GlobalVars.userRole == Constant.ORDER_ADMIN_ROLE) //订单管理权限显示订单列表
        new RecordQuery(this.contentPane, "订单", this);
    if (GlobalVars.userRole == Constant.FULL_ADMIN_ROLE // 所有管理权限显示电影列表
            || GlobalVars.userRole == Constant.ROOT_ADMIN_ROLE)
        new RecordQuery(this.contentPane, "电影", this);
setVisible(true);
this.addWindowListener(new WindowAdapter() {
    public void windowClosing(WindowEvent e) {
        dispose();
    }
    });
}
```

```java
//该方法在主页面显示"查询电影"功能的界面
private void queryMovieActionPerformed(ActionEvent e) {
    new RecordQuery(this.contentPane, "电影", this);
    setVisible(true);
}

//该方法在主页面显示"添加电影"功能的界面
private void addMovieActionPerformed(ActionEvent e) {
    new RecordAdd(this.contentPane, "电影", this);
    setVisible(true);
}

//该方法在主页面显示"更新电影"功能的界面
private void updateMovieActionPerformed(ActionEvent e) {
    new RecordUpdate(this.contentPane, "电影", this);
    setVisible(true);
}

//该方法在主页面显示"删除电影"功能的界面
private void deleteMovieActionPerformed(ActionEvent e) {
    new RecordDelete(this.contentPane, "电影", this);
    setVisible(true);
}

//该方法在主页面显示"查询放映场次"功能的界面
private void queryShowActionPerformed(ActionEvent e) {
    new RecordQuery(this.contentPane, "场次", this);
    setVisible(true);
}

//该方法在主页面显示"添加放映场次"功能的界面
private void addShowActionPerformed(ActionEvent e) {
    new RecordAdd(this.contentPane, "场次", this);
    setVisible(true);
}

//该方法在主页面显示"更新放映场次"功能的界面
private void updateShowActionPerformed(ActionEvent e) {
    new RecordUpdate(this.contentPane, "场次", this);
    setVisible(true);
}

//该方法在主页面显示"删除放映场次"功能的界面
private void deleteShowActionPerformed(ActionEvent e) {
    new RecordDelete(this.contentPane, "场次", this);
    setVisible(true);
}

//该方法在主页面显示"查询订单"功能的界面
private void queryOrderActionPerformed(ActionEvent e) {
    new RecordQuery(this.contentPane, "订单", this);
    setVisible(true);
}

//该方法在主页面显示"删除订单"功能的界面
private void deleteOrderActionPerformed(ActionEvent e) {
    new RecordDelete(this.contentPane, "订单", this);
    setVisible(true);
}

//该方法在主页面显示"查询管理员"功能的界面
private void queryUserActionPerformed(ActionEvent e) {
```

```java
        new RecordQuery(this.contentPane, "用户", this);
        setVisible(true);
    }
    //该方法在主页面显示"添加管理员"功能的界面
    private void addUserActionPerformed(ActionEvent e) {
        new RecordAdd(this.contentPane, "用户", this);
        setVisible(true);
    }
    //该方法在主页面显示"更新管理员"功能的界面
    private void updateUserActionPerformed(ActionEvent e) {
        new RecordUpdate(this.contentPane, "用户", this);
        setVisible(true);
    }
    //该方法在主页面显示"删除管理员"功能的界面
    private void deleteUserActionPerformed(ActionEvent e) {
        new RecordDelete(this.contentPane, "用户", this);
        setVisible(true);
    }
    //该方法在主页面显示"更新当前用户密码"功能的界面
    private void updatePassActionPerformed(ActionEvent e) {
        new UpdatePassword(this.contentPane);
        setVisible(true);
    }
    //该方法在主页面显示"退出系统"功能的界面
    private void exitAccountActionPerformed(ActionEvent e) {
        dispose();
    }

    //该方法根据用户权限设置菜单项是否可用
    public void setViewVisable(int role) {
        if (role == Constant.VISITOR_ROLE) {
            menuBar.setEnabled(false);
            return;
        }
        if (role != Constant.MOVIE_ADMIN_ROLE
                && role < Constant.FULL_ADMIN_ROLE) {
            movieMenu.setEnabled(false);
        }
        if (role != Constant.SHOW_ADMIN_ROLE && role < Constant.FULL_ADMIN_ROLE) {
            showMenu.setEnabled(false);
        }
        if (role != Constant.ORDER_ADMIN_ROLE
                && role < Constant.FULL_ADMIN_ROLE) {
            orderMenu.setEnabled(false);
        }
        if (role < Constant.ROOT_ADMIN_ROLE) {
            userMenu.setEnabled(false);
        }
    }
}
```

【案例剖析】

在本案例中，定义 AdminWindow 类的主要功能是实现后台界面显示。在窗体中添加菜单栏，再在菜单栏上分别添加电影管理、放映场次管理、订单管理、用户管理和账号管理。根据登录管理员的权限不同，该类会判断哪些功能可以让当前管理员操作。

2. 操作数据库类

定义操作数据库与管理员操作界面之间的中间类(RecordQuery.java、RecordUpdate.java、RecordAdd.java、RecordDelete.java)，它们的作用分别是查询、修改、添加、删除数据库中的记录。

(1) 查询。

该类通过调用 database 文件下的 XxxDao 类，实现查询功能。该类的具体代码如下(源代码\ch25\CinemaTicketSystem\src\ui\RecordQuery.java)。

```java
package ui;

import java.awt.BorderLayout;
import java.awt.Container;
import java.awt.Dimension;
import java.awt.GridLayout;
import java.awt.event.ActionEvent;
import java.awt.event.ActionListener;
import java.util.List;

import javax.swing.JButton;
import javax.swing.JComboBox;
import javax.swing.JFrame;
import javax.swing.JOptionPane;
import javax.swing.JPanel;
import javax.swing.JScrollPane;
import javax.swing.JTable;
import javax.swing.JTextField;
import javax.swing.border.EmptyBorder;
import javax.swing.table.DefaultTableModel;

import util.CheckHandler;
import util.Constant;

import com.Movie;
import com.Order;
import com.Show;
import com.Staff;

import database.MovieDao;
import database.OrderDao;
import database.ShowDao;
import database.StaffDao;

public class RecordQuery {
    private JTable recordTable;
    private JPanel contentPane;
    private JComboBox<String> queryBox;
    private JTextField queryValue;
    private String recordType;
```

```java
public RecordQuery(Container mainContent, String type, JFrame frame) {
    recordType = type;
    initUI(mainContent);    //传入主页面的内容区
}

// 初始化用户操作界面
public void initUI(Container mainContent) {
    mainContent.removeAll();
    contentPane = new JPanel();
    contentPane.setBorder(new EmptyBorder(50, 50, 50, 50));

    // 添加查询功能模块区域
    final JPanel queryPane = new JPanel();
    queryPane.setLayout(new GridLayout(1, 3));
    String[] fields = null;
    if (recordType.equals("电影"))
        fields = Constant.movieLabels;
    if (recordType.equals("场次"))
        fields = Constant.showLabels;
    if (recordType.equals("订单"))
        fields = Constant.orderLabels;
    if (recordType.equals("用户"))
        fields = Constant.staffLabels;

    // 添加查询功能模块区域
    queryBox = new JComboBox<String>(fields);
    queryValue = new JTextField();
    JButton queryBtn = new JButton("查询"); // 添加查询按钮
    queryBtn.addActionListener(new ActionListener() {
        public void actionPerformed(ActionEvent e) {
            btnQueryActionPerformed(e);
        }
    });
    JButton resetBtn = new JButton("重置"); // 添加查询重置按钮
    resetBtn.addActionListener(new ActionListener() {
        public void actionPerformed(ActionEvent e) {
            btnResetActionPerformed(e);
        }
    });
    queryPane.add(queryBox);
    queryPane.add(queryValue);
    queryPane.add(queryBtn);
    queryPane.add(resetBtn);
    contentPane.add(queryPane);

    // 添加查询结果显示表格
    final JPanel resultPane = new JPanel();
    resultPane.setPreferredSize(new Dimension(600, 400));
    recordTable = new JTable();
    final BorderLayout bdLayout = new BorderLayout();
    bdLayout.setVgap(5);
    resultPane.setLayout(bdLayout);
    contentPane.add(resultPane);
```

```java
        final JScrollPane scrollPane = new JScrollPane();
        resultPane.add(scrollPane);
        paintTable("", "");
        scrollPane.setViewportView(recordTable);

        // 点击表格内的记录,将弹出编辑框
        recordTable.addMouseListener(new java.awt.event.MouseAdapter() {
            @Override
            public void mouseClicked(java.awt.event.MouseEvent evt) {
                int row = recordTable.rowAtPoint(evt.getPoint());
                int col = recordTable.columnAtPoint(evt.getPoint());
                if (row >= 0 && col >= 0) {
                    int itemId = (int) recordTable.getValueAt(row, 0);
                    new RecordEditDialog(recordType, itemId, recordTable, row);
                }
            }
        });
        //显示当前内容区(包含展示区和功能区),并添加到传入的主页面内容container
        contentPane.setVisible(true);
        mainContent.add(contentPane, BorderLayout.CENTER);
    }

    /**
     * 该方法处理在数据库表格中查询不同类型的数据
     */
    private void btnQueryActionPerformed(ActionEvent e) {
        String field = "";
        if (recordType.equals("电影"))
            field = Constant.movieDBFields[queryBox.getSelectedIndex()];
        if (recordType.equals("场次"))
            field = Constant.showDBFields[queryBox.getSelectedIndex()];
        if (recordType.equals("订单"))
            field = Constant.orderDBFields[queryBox.getSelectedIndex()];
        if (recordType.equals("用户"))
            field = Constant.staffDBFields[queryBox.getSelectedIndex()];

        String value = queryValue.getText();
        if (value.length() == 0) {
            JOptionPane.showMessageDialog(this.contentPane, "请输入关键词后再检索!");
            return;
        }
        paintTable(field, value);
    }

    /**
     * 该方法重新加载数据库表格所有记录
     */
    private void btnResetActionPerformed(ActionEvent e) {
        paintTable("", "");
    }

    /**
     * 该方法获取数据库里符合特定要求的所有记录,并显示在表格里
     */
```

```java
private void paintTable(String field, String value) {
    // 设置数据加载方式
    DefaultTableModel model = new DefaultTableModel();
    recordTable.setModel(model);
    recordTable.setEnabled(false);

    // 执行查询操作，将查询结果显示出来
    Object[][] tbData = null;
    int i = 0;
    if (recordType.equals("电影")) {
        List<Movie> movies = MovieDao.getMovies(field, value);
        tbData = new Object[movies.size()][Constant.movieLabels.length];
        for (Movie movie : movies) {
            tbData[i][0] = movie.getMid();
            tbData[i][1] = movie.getName();
            tbData[i][2] = movie.getType();
            tbData[i][3] = movie.getDirector();
            tbData[i][4] = movie.getSource();
            tbData[i][5] = movie.getPublisher();
            tbData[i][6] = movie.getReleaseDate();
            i++;
        }
        model.setDataVector(tbData, Constant.movieLabels);
    }

    if (recordType.equals("场次")) {
        List<Show> shows = ShowDao.getShows(field, value);
        tbData = new Object[shows.size()][Constant.showLabels.length];
        for (Show show : shows) {
            tbData[i][0] = show.getId();
            tbData[i][1] = MovieDao.getMovie(show.getMid()).getName();
            tbData[i][2] = show.getHall();
            tbData[i][3] = show.getTime();
            tbData[i][4] = show.getPrice();
            i++;
        }
        model.setDataVector(tbData, Constant.showLabels);
    }

    if (recordType.equals("订单")) {
        List<Order> orders = OrderDao.getOrders(field, value);
        tbData = new Object[orders.size()][Constant.movieLabels.length];
        for (Order order : orders) {
            tbData[i][0] = order.getId();
            tbData[i][1] = order.getName();
            tbData[i][2] = order.getPhone();
            tbData[i][3] = order.getData();
            tbData[i][4] = order.getDatetime();
            i++;
        }
        model.setDataVector(tbData, Constant.orderLabels);
    }

    if (recordType.equals("用户")) {
```

```
            List<Staff> users = StaffDao.getUsers(field, value);
            tbData = new Object[users.size()][Constant.movieLabels.length];
            for (Staff user : users) {
                tbData[i][0] = user.getUid();
                tbData[i][1] = user.getUsername();
                tbData[i][2] = user.getPassword();
                //检查数据库里的权限数据是否有效
                int index = CheckHandler.geSelectIndexById(user.getRole());
                if(index>=0)
                tbData[i][3] = Constant.userRoleDescs[index];
                else tbData[i][3] = "";
                i++;
            }
            model.setDataVector(tbData, Constant.staffLabels);
        }
    }
}
```

【案例剖析】

在本案例中，定义 RecordQuery 类主要功能是通过调用 XxxDao 类，实现查询数据库中已有的电影、放映场次、订单和管理员信息。当管理员单击电影、放映场次、订单和用户的【查询】菜单时，调用该类。并将查询的信息显示在窗体中，当选择显示列表中的某一条数据时，会调用 RecordEditDialog 类，并打开编程界面对当前信息进行修改。

(2) 修改。

该类主要功能是对电影、放映场次和用户的数据进行修改，其实现代码具体如下(源代码\ch25\CinemaTicketSystem\src\ui\RecordUpdate.java)。

```
package ui;

import java.awt.BorderLayout;
import java.awt.Color;
import java.awt.Container;
import java.awt.Dimension;
import java.awt.GridBagConstraints;
import java.awt.GridBagLayout;
import java.awt.GridLayout;
import java.awt.Insets;
import java.awt.event.ActionEvent;
import java.awt.event.ActionListener;
import java.util.ArrayList;
import java.util.List;

import javax.swing.JButton;
import javax.swing.JComboBox;
import javax.swing.JFrame;
import javax.swing.JLabel;
import javax.swing.JOptionPane;
import javax.swing.JPanel;
import javax.swing.JTextField;
import javax.swing.SwingConstants;
import javax.swing.border.EmptyBorder;
```

```java
import org.jdatepicker.impl.JDatePickerImpl;

import util.CheckHandler;
import util.Constant;
import util.DateHandler;

import com.Movie;
import com.Show;
import com.Staff;

import database.MovieDao;
import database.ShowDao;
import database.StaffDao;

public class RecordUpdate {

    private String recordType; // movies, show, order, user
    private JLabel idLabel;
    private JTextField idField;
    private JPanel contentPane;
    private JPanel queryPane;
    private JComboBox<String> roleBox;
    private JComboBox<String> hourBox;
    private JComboBox<String> minBox;
    private JComboBox<String> movieBox;
    private JDatePickerImpl datePicker;
    private JPanel combinedPane;
    private JPanel recordPane;
    private JPanel buttonBar;
    private JButton btnSave;

    private List<JTextField> textFields;
    private List<Integer> movieIds;

    public JFrame mainFrame;

    public RecordUpdate(Container mainContent, String type, JFrame frame) {
        recordType = type;
        textFields = new ArrayList<JTextField>();
        movieIds = new ArrayList<Integer>();
        mainFrame = frame;
        initUI(mainContent); //传入主页面的内容区
    }

    // 初始化用户操作界面
    private void initUI(Container mainContent) {
        mainContent.removeAll();
        contentPane = new JPanel();
        contentPane.setLayout(new BorderLayout());

        // 添加查询功能模块区域
        queryPane = new JPanel();
        recordPane = new JPanel();
        idLabel = new JLabel();
```

```java
        idField = new JTextField();
        buttonBar = new JPanel();
        btnSave = new JButton();
        queryPane.setLayout(new GridLayout(1, 3));
        idLabel = new JLabel(recordType + "编号: ");
        idLabel.setHorizontalAlignment(SwingConstants.RIGHT);
        idField = new JTextField();
        JButton queryBtn = new JButton("查询");
        queryBtn.addActionListener(new ActionListener() {
            public void actionPerformed(ActionEvent e) {
                btnQueryActionPerformed(e);
            }
        });
        queryPane.add(idLabel);
        queryPane.add(idField);
        queryPane.add(queryBtn);

        //添加查询结果展示区，根据数据类型的不同，在界面上设置不同数目的网格和边框大小
        String[] currLabels = new String[0];
        if (recordType.equals("电影")) {
            currLabels = Constant.movieLabels;
            recordPane.setLayout(new GridLayout(7, 2, 6, 6));
            contentPane.setBorder(new EmptyBorder(50, 150, 100, 300));
        }
        if (recordType.equals("场次")) {
            currLabels = Constant.showLabels;
            recordPane.setLayout(new GridLayout(6, 2, 6, 6));
            contentPane.setBorder(new EmptyBorder(100, 150, 150, 250));
        }
        if (recordType.equals("用户")) {
            currLabels = Constant.staffLabels;
            recordPane.setLayout(new GridLayout(4, 2, 6, 6));
            contentPane.setBorder(new EmptyBorder(100, 150, 200, 300));
        }

        for (int i = 0; i < currLabels.length; i++) {
            JLabel entryLabel = new JLabel();
            entryLabel.setText(currLabels[i] + ": ");
            entryLabel.setHorizontalAlignment(SwingConstants.RIGHT);
            JTextField entryField = new JTextField();
            if (i == 0){
                entryField.setEnabled(false);
                entryField.setBackground(new Color(230, 230, 230));
            }
            recordPane.add(entryLabel);
            // 采用输入框展示数据的项目
            if (recordType.equals("场次") && currLabels[i].equals("电影名称")) {
                List<Movie> movies = MovieDao.getMovies("", "");
                String[] movieNames = new String[movies.size()];
                for(int m=0; m<movies.size(); m++){
                    movieNames[m] = movies.get(m).getName();
                    movieIds.add(movies.get(m).getMid());
                }
                movieBox = new JComboBox<String>(movieNames);
```

```java
            recordPane.add(movieBox);
        }else if (recordType.equals("电影") && currLabels[i].equals
            ("上映日期")) {
            combinedPane = new JPanel();
            datePicker = DateHandler.getDatePicker();
            datePicker.setPreferredSize(new Dimension(160, 30));
            combinedPane.add(datePicker);
            recordPane.add(combinedPane);
        }else if (recordType.equals("场次") && currLabels[i].equals
            ("放映时间")) {
            datePicker = DateHandler.getDatePicker();
            datePicker.setPreferredSize(new Dimension(160, 30));
            recordPane.add(datePicker);
            combinedPane = new JPanel();
            hourBox = new JComboBox<String>(Constant.timeHours);
            JLabel sepLabel1 = new JLabel("时");
            JLabel sepLabel2 = new JLabel("分");
            minBox = new JComboBox<String>(Constant.timeMinutes);
            combinedPane.add(hourBox);
            combinedPane.add(sepLabel1);
            combinedPane.add(minBox);
            combinedPane.add(sepLabel2);
            JLabel timeLabel = new JLabel("");
            recordPane.add(timeLabel);
            timeLabel.setHorizontalAlignment(SwingConstants.RIGHT);
            recordPane.add(combinedPane);
        }else if (recordType.equals("用户") && currLabels[i].equals("权限")) {
            roleBox = new JComboBox<String>(Constant.userRoleDescs);
            recordPane.add(roleBox);
        }else{
            recordPane.add(entryField);
            textFields.add(entryField);
        }
    }
}
contentPane.add(queryPane, BorderLayout.NORTH);
contentPane.add(recordPane, BorderLayout.CENTER);

//添加底部按钮行
buttonBar.setBorder(new EmptyBorder(15, 5, 5, 5));
buttonBar.setLayout(new GridBagLayout());
((GridBagLayout) buttonBar.getLayout()).columnWeights = new double[] {
        1.0, 0.0, 0.0 };
((GridBagLayout) buttonBar.getLayout()).columnWidths = new int[]
        { 0, 80, 75 };

btnSave.setText("保存修改");
btnSave.addActionListener(new ActionListener() {
    public void actionPerformed(ActionEvent e) {
        btnSaveActionPerformed(e);
    }
});
buttonBar.add(btnSave, new GridBagConstraints(1, 0, 1, 1, 0.0, 0.0,
        GridBagConstraints.CENTER, GridBagConstraints.BOTH, new Insets(
                0, 0, 0, 5), 0, 0));
```

```java
            contentPane.add(buttonBar, BorderLayout.SOUTH);

        //显示当前内容区(包含展示区和功能区)，并添加到传入的主页面内容container
        contentPane.setVisible(true);
        mainContent.add(contentPane, BorderLayout.CENTER);
    }

    /**
     * 该方法处理更新不同类别的数据到对应的数据库表格
     */
    private void btnSaveActionPerformed(ActionEvent e) {
        if(textFields.get(0).getText().length()==0){
            return;
        }
        int itemId = Integer.parseInt(textFields.get(0).getText());
        boolean success = false;
        if (recordType.equals("电影")) {
            Movie movie = new Movie();
            movie.setMid(itemId);
            movie.setName(textFields.get(1).getText());
            movie.setType(textFields.get(2).getText());
            movie.setDirector(textFields.get(3).getText());
            movie.setSource(textFields.get(4).getText());
            movie.setPublisher(textFields.get(5).getText());
            String totalContent = textFields.get(1).getText() +
                    textFields.get(2).getText()
                     + textFields.get(3).getText() + textFields.get(4).getText();
            if (CheckHandler.containsDigit(totalContent)) {
                JOptionPane.showMessageDialog(this.contentPane,
                        "你的输入中包含了数字，请只输入文字内容！");
                return;
            }

movie.setReleaseDate(datePicker.getJFormattedTextField().getText());
            success = MovieDao.updateMovie(movie);

        }
        if (recordType.equals("场次")) {

            Show show = new Show();
            show.setId(itemId);

            show.setMid(movieIds.get(movieBox.getSelectedIndex()));

            if(!CheckHandler.isNumeric(textFields.get(1).getText())){
                JOptionPane.showMessageDialog(this.contentPane,
                                    "输入的放映厅号码必须为整数！");
                return;
            }
            else
                show.setHall(Integer.parseInt(textFields.get(1).getText()));

            String time = datePicker.getJFormattedTextField().getText();
            String hour = hourBox.getSelectedItem().toString();
```

```java
            String minute = minBox.getSelectedItem().toString();
            time += " "+ hour+":"+ minute;
            show.setTime(time);

            if(!CheckHandler.isNumeric(textFields.get(2).getText())){
                JOptionPane.showMessageDialog(this.contentPane,
                                            "输入的价格必须为数字！");
                return;
            }else
                show.setPrice(Double.parseDouble(textFields.get(2).getText()));

            success = ShowDao.updateShow(show);

        }
        if (recordType.equals("用户")) {

            Staff user = new Staff();
            user.setUid(itemId);
            user.setUsername(textFields.get(1).getText());
            user.setPassword(textFields.get(2).getText());
            user.setRole(Constant.userRoleIds[roleBox.getSelectedIndex()]);
            success = StaffDao.updateUser(user);

        }

        if (success) {
            JOptionPane.showMessageDialog(this.contentPane, "修改成功");
            new RecordQuery(contentPane, recordType, mainFrame);

            contentPane.setBorder(new EmptyBorder(0, 50, 100, 50));
            mainFrame.setVisible(true);
        }
    }

    /**
     * 该方法处理在数据库表格查询不同类型的数据
     */
    private void btnQueryActionPerformed(ActionEvent e) {
        int itemId = -1;
        boolean queryFail = false;
        try {
            String idVal = idField.getText();
            if (idVal.length() == 0) {
                JOptionPane.showMessageDialog(this.contentPane, "请输入编号后再查询!");
                return;
            }
            itemId = Integer.parseInt(idVal);
        } catch (NumberFormatException ex) {
            JOptionPane.showMessageDialog(this.contentPane,
                                        "输入格式不正确，需要是整数!");
            return;
        }
        itemId = Integer.parseInt(idField.getText());
```

```java
        if (recordType.equals("电影")) {
            Movie movie = MovieDao.getMovie(itemId);
            if (movie != null) {
                textFields.get(0).setText(movie.getMid() + "");
                textFields.get(1).setText(movie.getName());
                textFields.get(2).setText(movie.getType());
                textFields.get(3).setText(movie.getDirector());
                textFields.get(4).setText(movie.getSource());
                textFields.get(5).setText(movie.getPublisher());
                datePicker.getJFormattedTextField().setText(movie.getReleaseDate());
            }else queryFail = true;
        }

        if (recordType.equals("场次")) {
            Show show = ShowDao.getShow(itemId);
            if (show != null) {
                textFields.get(0).setText(show.getId() + "");
                textFields.get(1).setText(show.getHall() + "");
                textFields.get(2).setText(show.getPrice() + "");
                String[] timeMeta = show.getTime().split(" ");
    movieBox.setSelectedItem(MovieDao.getMovie(show.getMid()).getName());
                datePicker.getJFormattedTextField().setText(timeMeta[0]);
                String[] timeMeta1 = timeMeta[1].split(":");
                hourBox.setSelectedItem(timeMeta1[0]);
                minBox.setSelectedItem(timeMeta1[1]);
            }else queryFail = true;
        }

        if (recordType.equals("用户")) {
            Staff user = StaffDao.getUser(itemId);
            if (user != null) {
                textFields.get(0).setText(user.getUid() + "");
                textFields.get(1).setText(user.getUsername());
                textFields.get(2).setText(user.getPassword());
                int index = CheckHandler.geSelectIndexById(user.getRole());
                if(index>=0) roleBox.setSelectedIndex(index);
                else roleBox.setSelectedIndex(0);
            }else queryFail = true;
        }
        textFields.get(0).setEnabled(false);
        if(queryFail){
            JOptionPane.showMessageDialog(this.contentPane,
                                          "未检索到数据,请调整编号!");
            return;
        }
    }
}
```

【案例剖析】

在本案例中,定义 RecordUpdate 类,当管理员单击电影、放映场次和用户的【修改】菜单时,调用该类。

根据用户选择的是电影、放映场次或是用户的不同，在窗体中显示不同类型对象的空信息。根据用户输入不同类型的编号，调用 XxxDao 类中查询数据库的方法，获取对象的信息并在当前窗体中显示。再对其中的信息进行修改，最后单击【保存修改】按钮，将修改的信息通过 XxxDao 类的修改方法，保存到数据库中。

(3) 添加。

该类主要功能是实现电影、放映场次和用户的添加，其具体实现代码如下(源代码\ch25\CinemaTicketSystem\src\ui\RecordAdd.java)。

```java
package ui;

import java.awt.BorderLayout;
import java.awt.Color;
import java.awt.Container;
import java.awt.Dimension;
import java.awt.GridBagConstraints;
import java.awt.GridBagLayout;
import java.awt.GridLayout;
import java.awt.Insets;
import java.awt.event.ActionEvent;
import java.awt.event.ActionListener;
import java.text.DateFormat;
import java.text.SimpleDateFormat;
import java.util.ArrayList;
import java.util.Date;
import java.util.List;

import javax.swing.JButton;
import javax.swing.JComboBox;
import javax.swing.JFrame;
import javax.swing.JLabel;
import javax.swing.JOptionPane;
import javax.swing.JPanel;
import javax.swing.JTextField;
import javax.swing.SwingConstants;
import javax.swing.border.EmptyBorder;

import org.jdatepicker.impl.JDatePickerImpl;

import util.CheckHandler;
import util.Constant;
import util.DateHandler;

import com.Movie;
import com.Show;
import com.Staff;

import database.MovieDao;
import database.ShowDao;
import database.StaffDao;

public class RecordAdd {
```

```java
    private String recordType;
    private JPanel contentPane;
    private JPanel recordPane;
    private JComboBox<String> roleBox;
    private JComboBox<String> hourBox;
    private JComboBox<String> minBox;
    private JComboBox<String> movieBox;
    private JDatePickerImpl datePicker;
    private JPanel combinedPane;
    private JPanel btnBar;
    private JButton btnSave;
    private JFrame mainFrame;

    private List<JTextField> textFields;
    private List<Integer> movieIds;

    public RecordAdd(Container mainContent, String type, JFrame frame) {
        recordType = type;
        textFields = new ArrayList<JTextField>();
        movieIds = new ArrayList<Integer>();
        mainFrame = frame;
        initUI(mainContent); // 传入主页面的内容区
    }

    // 初始化用户操作界面
    private void initUI(Container mainContent) {
        mainContent.removeAll(); // 清空主页面的内容区
        contentPane = new JPanel();
        contentPane.setLayout(new BorderLayout());

        recordPane = new JPanel();
        btnBar = new JPanel();
        btnSave = new JButton();

        // 根据数据类型的不同，在界面上设置不同数目的网格和边框大小
        String[] currLabels = new String[0];
        if (recordType.equals("电影")) {
            currLabels = Constant.movieLabels;
            recordPane.setLayout(new GridLayout(6, 2, 6, 6));
            contentPane.setBorder(new EmptyBorder(100, 150, 150, 300));
        }
        if (recordType.equals("场次")) {
            currLabels = Constant.showLabels;
            recordPane.setLayout(new GridLayout(5, 2, 6, 6));
            contentPane.setBorder(new EmptyBorder(100, 150, 200, 250));
        }
        if (recordType.equals("用户")) {
            currLabels = Constant.staffLabels;
            recordPane.setLayout(new GridLayout(3, 2, 6, 6));
            contentPane.setBorder(new EmptyBorder(150, 150, 250, 300));
        }

        for (int i = 1; i < currLabels.length; i++) {
            JLabel entryLabel = new JLabel();
```

```java
            JTextField entryField = new JTextField();
            entryLabel.setText(currLabels[i] + ": ");
            entryLabel.setHorizontalAlignment(SwingConstants.RIGHT);

            recordPane.add(entryLabel);
            // 采用输入框展示数据的项目
            if (recordType.equals("场次") && currLabels[i].equals("电影名称")) {
                List<Movie> movies = MovieDao.getMovies("", "");
                String[] movieNames = new String[movies.size()];
                for (int m = 0; m < movies.size(); m++) {
                    movieNames[m] = movies.get(m).getName();
                    movieIds.add(movies.get(m).getMid());
                }
                movieBox = new JComboBox<String>(movieNames);
                recordPane.add(movieBox);
            } else if (recordType.equals("电影") && currLabels[i].equals
                    ("上映日期")) {
                combinedPane = new JPanel();
                datePicker = DateHandler.getDatePicker();
                datePicker.setPreferredSize(new Dimension(160, 30));
                combinedPane.add(datePicker);
                recordPane.add(combinedPane);
            } else if (recordType.equals("场次") && currLabels[i].equals
                    ("放映时间")) {
                datePicker = DateHandler.getDatePicker();
                datePicker.setPreferredSize(new Dimension(160, 30));
                recordPane.add(datePicker);
                combinedPane = new JPanel();
                hourBox = new JComboBox<String>(Constant.timeHours);
                JLabel sepLabel1 = new JLabel("时");
                JLabel sepLabel2 = new JLabel("分");
                minBox = new JComboBox<String>(Constant.timeMinutes);
                combinedPane.add(hourBox);
                combinedPane.add(sepLabel1);
                combinedPane.add(minBox);
                combinedPane.add(sepLabel2);
                JLabel timeLabel = new JLabel("");
                recordPane.add(timeLabel);
                timeLabel.setHorizontalAlignment(SwingConstants.RIGHT);
                recordPane.add(combinedPane);
            } else if (recordType.equals("用户") && currLabels[i].equals("权限")) {
                roleBox = new JComboBox<String>(Constant.userRoleDescs);
                recordPane.add(roleBox);
            } else {
                recordPane.add(entryField);
                textFields.add(entryField);
            }

        }
        contentPane.add(recordPane, BorderLayout.CENTER);

        // 添加底部按钮行
        btnBar.setBorder(new EmptyBorder(12, 0, 0, 0));
        btnBar.setLayout(new GridBagLayout());
```

```java
            ((GridBagLayout) btnBar.getLayout()).columnWidths = new int[] { 0, 85,
                    80 };
            ((GridBagLayout) btnBar.getLayout()).columnWeights = new double[] {
                    1.0, 0.0, 0.0 };

            // 添加【保存】按钮
            btnSave.setText("添加" + recordType);
            btnSave.addActionListener(new ActionListener() {
                public void actionPerformed(ActionEvent e) {
                    btnSaveActionPerformed(e);
                }
            });
            btnBar.add(btnSave, new GridBagConstraints(1, 0, 1, 1, 0.0, 0.0,
                    GridBagConstraints.CENTER, GridBagConstraints.BOTH, new Insets(
                            0, 0, 0, 5), 0, 0));
            contentPane.add(btnBar, BorderLayout.SOUTH);

            // 显示当前内容区(包含展示区和功能区)，并添加到传入的主页面内容container
            contentPane.setVisible(true);
            mainContent.add(contentPane, BorderLayout.CENTER);
            // 将添加表格放入主页面的内容区
        }

        /**
         * 该方法处理添加不同类别的数据到对应的数据库表格
         */
        private void btnSaveActionPerformed(ActionEvent e) {
            if (CheckHandler.checkEmptyField(textFields)) {
                JOptionPane.showMessageDialog(this.contentPane, "有些项为空，请填入内容!");
                return;
            }
            boolean success = false;
            if (recordType.equals("电影")) {
                Movie movie = new Movie();
                movie.setName(textFields.get(0).getText());
                movie.setType(textFields.get(1).getText());
                movie.setDirector(textFields.get(2).getText());
                movie.setSource(textFields.get(3).getText());
                movie.setPublisher(textFields.get(4).getText());
                String totalContent = textFields.get(1).getText()
                        + textFields.get(2).getText()+ textFields.get(3).getText()
                        + textFields.get(4).getText();
                if (CheckHandler.containsDigit(totalContent)) {
                    JOptionPane.showMessageDialog(this.contentPane,
                            "你的输入中包含了数字，请只输入文字内容! ");
                    return;
                }
                movie.setReleaseDate(datePicker.getJFormattedTextField().getText());
                success = MovieDao.addMovie(movie);
            }
            if (recordType.equals("场次")) {

                Show show = new Show();
                show.setMid(movieIds.get(movieBox.getSelectedIndex()));
```

```java
        if (!CheckHandler.isNumeric(textFields.get(0).getText())) {
            JOptionPane.showMessageDialog(this.contentPane,
                    "输入的放映厅号码必须为整数!");
            return;
        } else
            show.setHall(Integer.parseInt(textFields.get(0).getText()));

        String time = datePicker.getJFormattedTextField().getText();
        String hour = hourBox.getSelectedItem().toString();
        String minute = minBox.getSelectedItem().toString();
        time += " " + hour + ":" + minute;
        show.setTime(time);

        if (!CheckHandler.isNumeric(textFields.get(1).getText())) {
            JOptionPane.showMessageDialog(this.contentPane,
                    "输入的价格必须为数字!");
            return;
        } else
            show.setPrice(Double.parseDouble(textFields.get(1).getText()));
        show.setSeatsUsed("");
        success = ShowDao.addShow(show);
    }
    if (recordType.equals("用户")) {

        Staff user = new Staff();
        user.setUsername(textFields.get(0).getText());
        user.setPassword(textFields.get(1).getText());
        user.setRole(Constant.userRoleIds[roleBox.getSelectedIndex()]);
        success = StaffDao.addUser(user);
    }
    if (success) { // 未检测到数据库返回的错误,则添加成功
        JOptionPane.showMessageDialog(this.contentPane, "添加成功");
        new RecordQuery(contentPane, recordType, mainFrame);
        contentPane.setBorder(new EmptyBorder(0, 50, 100, 50));
        mainFrame.setVisible(true);
    }
  }
}
```

【案例剖析】

在本案例中,当管理员单击电影、放映场次和用户的【添加】菜单时,调用该类。该类的主要功能是添加电影、放映场次和用户信息,当单击【添加】按钮时,会调用 XxxDao 类的 add 方法将信息添加到数据库中。

(4) 删除。

该类的主要功能是删除数据库中的电影、放映场次、订单和用户。其具体实现代码如下(源代码\ch25\CinemaTicketSystem\src\ui\RecordDelete.java)。

```java
package ui;

import java.awt.BorderLayout;
import java.awt.Color;
import java.awt.Container;
```

```java
import java.awt.GridBagConstraints;
import java.awt.GridBagLayout;
import java.awt.GridLayout;
import java.awt.Insets;
import java.awt.event.ActionEvent;
import java.awt.event.ActionListener;
import java.util.ArrayList;
import java.util.List;

import javax.swing.JButton;
import javax.swing.JComboBox;
import javax.swing.JFrame;
import javax.swing.JLabel;
import javax.swing.JOptionPane;
import javax.swing.JPanel;
import javax.swing.JTextField;
import javax.swing.SwingConstants;
import javax.swing.border.EmptyBorder;

import util.CheckHandler;
import util.Constant;

import com.Movie;
import com.Order;
import com.Show;
import com.Staff;

import database.MovieDao;
import database.OrderDao;
import database.ShowDao;
import database.StaffDao;

public class RecordDelete {
    private String recordType;
    private JPanel contentPane;
    private JPanel queryPane;
    private JLabel idLabel;
    private JTextField idField;
    private JPanel recordPane;
    private JButton btnQuery;
    private JPanel buttonBar;
    private JButton btnDel;
    private JFrame mainFrame;

    private List<JTextField> textFields;

    public RecordDelete(Container mainContent, String type, JFrame frame) {
        recordType = type;
        textFields = new ArrayList<JTextField>();
        mainFrame = frame;
        initUI(mainContent);  //传入主页面的内容区
    }

    // 初始化用户操作界面
```

```java
private void initUI(Container mainContent) {
    mainContent.removeAll();
    contentPane = new JPanel();
    contentPane.setLayout(new BorderLayout());

    // 添加查询功能模块区域
    queryPane = new JPanel();
    recordPane = new JPanel();
    idLabel = new JLabel();
    idField = new JTextField();
    btnQuery = new JButton();
    btnDel = new JButton();
    queryPane.setLayout(new GridLayout(1, 3));
    idLabel.setText("输入" + recordType + "编号: ");
    idLabel.setHorizontalAlignment(SwingConstants.RIGHT);
    queryPane.add(idLabel);
    queryPane.add(idField);

    btnQuery.setText("查询");
    btnQuery.addActionListener(new ActionListener() {
        public void actionPerformed(ActionEvent e) {
            btnQueryActionPerformed(e);
        }
    });
    queryPane.add(btnQuery);
    contentPane.add(queryPane, BorderLayout.NORTH);

    // 添加查询结果展示区，根据数据类型的不同，在界面上设置不同数目的网格和边框大小
    String[] currLabels = new String[0];
    if (recordType.equals("电影")) {
        currLabels = Constant.movieLabels;
        recordPane.setLayout(new GridLayout(7, 2, 6, 6));
        contentPane.setBorder(new EmptyBorder(50, 150, 100, 300));
    }
    if (recordType.equals("场次")) {
        currLabels = Constant.showLabels;
        recordPane.setLayout(new GridLayout(5, 2, 6, 6));
        contentPane.setBorder(new EmptyBorder(100, 150, 150, 300));
    }
    if (recordType.equals("订单")) {
        currLabels = Constant.orderLabels;
        recordPane.setLayout(new GridLayout(4, 2, 6, 6));
        contentPane.setBorder(new EmptyBorder(100, 150, 200, 300));
    }
    if (recordType.equals("用户")) {
        currLabels = Constant.staffLabels;
        recordPane.setLayout(new GridLayout(4, 2, 6, 6));
        contentPane.setBorder(new EmptyBorder(100, 150, 200, 300));
    }

    for (int i = 0; i < currLabels.length; i++) {
        JLabel entryLabel = new JLabel();
        entryLabel.setText(currLabels[i] + ": ");
        entryLabel.setHorizontalAlignment(SwingConstants.RIGHT);
```

```java
        JTextField entryField = new JTextField();
        entryField.setEditable(false);
        entryField.setBackground(new Color(230, 230, 230));
        recordPane.add(entryLabel);
        if(!(recordType.equals("订单") && currLabels[i].equals("订单数据"))){
            recordPane.add(entryField);
        }
        textFields.add(entryField);
    }

    if (recordType.equals("订单")) {
        JButton viewButton = new JButton("点击查看");
        viewButton.addMouseListener(new java.awt.event.MouseAdapter() {
            @Override
            public void mouseClicked(java.awt.event.MouseEvent evt) {
                String orderData = textFields.get(3).getText();
                if(orderData.length()>0)
                    new OrderShowDialog(orderData);
            }
        } );
        recordPane.add(viewButton);
    }


    contentPane.add(recordPane, BorderLayout.CENTER);

    //添加底部按钮行
    buttonBar = new JPanel();
    buttonBar.setBorder(new EmptyBorder(15, 5, 5, 5));
    buttonBar.setLayout(new GridBagLayout());
    ((GridBagLayout) buttonBar.getLayout()).columnWeights = new double[] {
            1.0, 0.0, 0.0 };
    ((GridBagLayout) buttonBar.getLayout()).columnWidths = new int[] { 0, 80,
            75 };

    btnDel.setText("删除"+ recordType);
    btnDel.addActionListener(new ActionListener() {
        public void actionPerformed(ActionEvent e) {
            btnDelActionPerformed(e);
        }
    });
    buttonBar.add(btnDel, new GridBagConstraints(1, 0, 1, 1, 0.0, 0.0,
            GridBagConstraints.CENTER, GridBagConstraints.BOTH, new Insets(
                    0, 0, 0, 5), 0, 0));
    contentPane.add(buttonBar, BorderLayout.SOUTH);

    //显示当前内容区(包含展示区和功能区)，并添加到传入的主页面内容container
    contentPane.setVisible(true);
    mainContent.add(contentPane, BorderLayout.CENTER);
}

private void btnQueryActionPerformed(ActionEvent e) {
    int itemId = -1;
    boolean queryFail = false;
```

```java
        try {
            String idVal = idField.getText();
            if (idVal.length() == 0) {
                JOptionPane.showMessageDialog(null, "请输入编号后再查询!");
                return;
            }
            itemId = Integer.parseInt(idVal);
        } catch (NumberFormatException ex) {
            JOptionPane.showMessageDialog(null, "输入格式不正确,需要是整数!");
            return;
        }
        if (recordType.equals("电影")) {
            Movie movie = MovieDao.getMovie(itemId);
            if (movie != null) {
                textFields.get(0).setText(movie.getMid()+"");
                textFields.get(1).setText(movie.getName());
                textFields.get(2).setText(movie.getType());
                textFields.get(3).setText(movie.getDirector());
                textFields.get(4).setText(movie.getSource());
                textFields.get(5).setText(movie.getPublisher());
                textFields.get(6).setText(movie.getReleaseDate() + "");
            }else queryFail = true;
        }

        if (recordType.equals("场次")) {
            Show show = ShowDao.getShow(itemId);
            if (show != null) {
                textFields.get(0).setText(show.getId() + "");
                textFields.get(1).setText(MovieDao.getMovie
                                    (show.getMid()).getName() + "");
                textFields.get(2).setText(show.getHall() + "");
                textFields.get(3).setText(show.getTime() + "");
                textFields.get(4).setText(show.getPrice() + "");
                textFields.get(4).setHorizontalAlignment(SwingConstants.LEFT);
            }else queryFail = true;
        }

        if (recordType.equals("订单")) {
            Order order = OrderDao.getOrder(itemId);
            if (order != null) {
                textFields.get(0).setText(order.getId()+"");
                textFields.get(1).setText(order.getName());
                textFields.get(2).setText(order.getPhone());
                textFields.get(3).setText(order.getData());
                textFields.get(3).setVisible(false);
            }else queryFail = true;
        }

        if (recordType.equals("用户")) {
            Staff user = StaffDao.getUser(itemId);
            if (user != null) {
                textFields.get(0).setText(user.getUid()+"");
                textFields.get(1).setText(user.getUsername());
                textFields.get(2).setText(user.getPassword());
```

```java
                int index = CheckHandler.geSelectIndexById(user.getRole());
                if(index>=0) textFields.get(3).setText
                    (Constant.userRoleDescs[index]);
            }else queryFail = true;
        }
        textFields.get(0).setEnabled(false);

        if(queryFail){
            JOptionPane.showMessageDialog(this.contentPane, "未检索到数据，请调整编号！");
            return;
        }
    }

    /**
     * 该方法处理在数据库表格中删除不同类别的数据
     */
    private void btnDelActionPerformed(ActionEvent e) {
        if(textFields.get(0).getText().length()==0) return;
        int itemId = (int) Integer.parseInt(textFields.get(0).getText());
        // 获取上次查询所用的编号
        boolean success = false;
        if (recordType.equals("电影"))
            success = MovieDao.deleteMovie(itemId);
        if (recordType.equals("场次"))
            success = ShowDao.deleteShow(itemId);
        if (recordType.equals("订单")){
            String orderData = textFields.get(3).getText();
            List<String> usedSeats = CheckHandler.getSeats(orderData);
            //将该订单中所涉及的座位重新释放到放映场次中
            ShowDao.removeUsedSeats(usedSeats);
            success = OrderDao.deleteOrder(itemId); //删除订单记录
            }
        if (recordType.equals("用户"))
            success = StaffDao.deleteUser(itemId);
        if (success) {
            JOptionPane.showMessageDialog(null, "删除成功");
            new RecordQuery(contentPane, recordType, mainFrame);
            contentPane.setBorder(new EmptyBorder(0, 50, 100, 50));
            mainFrame.setVisible(true);
        }
    }
}
```

【案例剖析】

在本案例中，当管理员单击电影、放映场次、订单和用户的【删除】菜单时，调用该类。该类主要是显示电影、放映场次、订单和用户的空信息，并设置出编号外的文本框不可编辑。当用户数据要删除信息的编号，通过调用 XxxDao 的查询方法，将查询的数据在当前窗体显示，用户若确定要删除时则单击【删除】按钮，此时会调用 XxxDao 中的 delete 方法，将指定信息从数据库中删除。

3. 修改密码

在后台管理界面，UpdatePassword.java 类的作用是修改当前用户的密码。其具体实现代码如下(源代码\ch25\CinemaTicketSystem\src\ui\UpdatePassword.java)。

```java
package ui;
import java.awt.BorderLayout;
import java.awt.Container;
import java.awt.GridBagConstraints;
import java.awt.GridBagLayout;
import java.awt.GridLayout;
import java.awt.Insets;
import java.awt.event.ActionEvent;
import java.awt.event.ActionListener;

import javax.swing.JButton;
import javax.swing.JLabel;
import javax.swing.JOptionPane;
import javax.swing.JPanel;
import javax.swing.JPasswordField;
import javax.swing.SwingConstants;
import javax.swing.border.EmptyBorder;

import util.GlobalVars;
import database.StaffDao;

public class UpdatePassword {

    private JPanel contentPane;
    private JPanel updatePane;
    private JLabel pwdLabel1;
    private JPasswordField pwdField1;
    private JLabel pwdLabel2;
    private JPasswordField pwdField2;
    private JPanel buttonBar;
    private JButton submitBtn;

    public UpdatePassword(Container mainContent) {
        initUI(mainContent);  //传入主页面的内容区
    }

    // 初始化用户操作界面
    private void initUI(Container mainContent) {
        mainContent.removeAll();
        contentPane = new JPanel();
        contentPane.setBorder(new EmptyBorder(150, 200, 300, 300));
        contentPane.setLayout(new BorderLayout());

        updatePane = new JPanel();
        pwdLabel1 = new JLabel();
        pwdField1 = new JPasswordField();
        pwdLabel2 = new JLabel();
        pwdField2 = new JPasswordField();
        buttonBar = new JPanel();
```

```java
        submitBtn = new JButton();

        updatePane.setLayout(new GridLayout(2, 2));

        pwdLabel1.setText("请输入新密码: ");
        pwdLabel1.setHorizontalAlignment(SwingConstants.RIGHT);
        updatePane.add(pwdLabel1);
        updatePane.add(pwdField1);

        pwdLabel2.setText("请再次输入新密码: ");
        pwdLabel2.setHorizontalAlignment(SwingConstants.RIGHT);
        updatePane.add(pwdLabel2);
        updatePane.add(pwdField2);

        contentPane.add(updatePane, BorderLayout.CENTER);

        buttonBar.setBorder(new EmptyBorder(12, 0, 0, 0));
        buttonBar.setLayout(new GridBagLayout());
        ((GridBagLayout) buttonBar.getLayout()).columnWidths = new int[] { 0,
                85, 80 };
        ((GridBagLayout) buttonBar.getLayout()).columnWeights = new double[] {
                1.0, 0.0, 0.0 };

        submitBtn.setText("提交修改");
        submitBtn.addActionListener(new ActionListener() {
            public void actionPerformed(ActionEvent e) {
                submitButtonActionPerformed(e);
            }
        });
        buttonBar.add(submitBtn, new GridBagConstraints(1, 0, 1, 1, 0.0, 0.0,
                GridBagConstraints.CENTER, GridBagConstraints.BOTH, new Insets(
                        0, 0, 0, 5), 0, 0));
        contentPane.add(buttonBar, BorderLayout.SOUTH);
        //显示当前内容区(包含展示区和功能区),并添加到传入的主页面内容container
        contentPane.setVisible(true);
        mainContent.add(contentPane, BorderLayout.CENTER);
    }

    private void submitButtonActionPerformed(ActionEvent e) {
        String pwdVal1 = String.valueOf(pwdField1.getPassword()); // 输入密码的值
        String pwdVal2 = String.valueOf(pwdField2.getPassword());
        // 再次输入密码的值

        if (!pwdVal1.equals(pwdVal2)) {
            JOptionPane.showMessageDialog(null, "密码输入不一致,请重新输入! ");
            pwdField1.setText("");
            pwdField2.setText("");
            return;
        }

        if (pwdVal1.length() < 6) {
            JOptionPane.showMessageDialog(null, "密码太短,请重新输入,最小长度为6! ");
            return;
        }
```

```java
        boolean success = StaffDao.updateUserPass(GlobalVars.userId, pwdVal1);
        if (success) {
            JOptionPane.showMessageDialog(this.contentPane, "密码修改成功！");
        }
    }
}
```

【案例剖析】

在本案例中，定义根据当前管理员的 id 修改其密码的类。在该类中定义输入两次密码，并规定两次密码必须相同，在单击【提交修改】按钮时，调用 StaffDao 类中的 updateUserPass()方法，修改管理员的密码。

4. 编辑查询列表中信息的类

对查询的电影、放映场次、订单和用户列表中的信息，进行编辑(修改或者删除)的实现类是 RecordEditDialog.java。点击电影、放映场次、订单和用户列表中的记录将打开该编辑页面。该类的实现代码具体如下(源代码\ch25\CinemaTicketSystem\src\ui\RecordEditDialog.java)。

```java
package ui;
import java.awt.BorderLayout;
import java.awt.Color;
import java.awt.Container;
import java.awt.Dimension;
import java.awt.GridBagConstraints;
import java.awt.GridBagLayout;
import java.awt.GridLayout;
import java.awt.Insets;
import java.awt.event.ActionEvent;
import java.awt.event.ActionListener;
import java.util.ArrayList;
import java.util.List;
import javax.swing.JButton;
import javax.swing.JComboBox;
import javax.swing.JDialog;
import javax.swing.JLabel;
import javax.swing.JOptionPane;
import javax.swing.JPanel;
import javax.swing.JTable;
import javax.swing.JTextField;
import javax.swing.SwingConstants;
import javax.swing.border.EmptyBorder;
import javax.swing.table.DefaultTableModel;
import org.jdatepicker.impl.JDatePickerImpl;
import util.CheckHandler;
import util.Constant;
import util.DateHandler;
import com.Movie;
import com.Order;
import com.Show;
import com.Staff;
import database.MovieDao;
import database.OrderDao;
import database.ShowDao;
```

```java
import database.StaffDao;
public class RecordEditDialog extends JDialog {
    private String recordType; // movies, show, order, user
    private JPanel dialogPane;
    private JComboBox<String> roleBox;
    private JComboBox<String> hourBox;
    private JComboBox<String> minBox;
    private JComboBox<String> movieBox;
    private JDatePickerImpl datePicker;
    private JPanel combinedPane;
    private JPanel recordPane;
    private JPanel buttonBar;
    private JButton btnSave;
    private JButton btnDelete;
    private JButton btnClose;
    private JTable srcTable;
    private int srcRowId;

    private List<JTextField> textFields;
    private List<Integer> movieIds;

    public RecordEditDialog(String type, int itemId, JTable dataTable, int rowId) {
        recordType = type; // 数据类型
        textFields = new ArrayList<JTextField>();
        movieIds = new ArrayList<Integer>();
        srcTable = dataTable;
        srcRowId = rowId;
        initUI();                             // 初始化弹出框界面
        setInitialData(itemId);               // 初始化弹出框里表格的数据
    }

    // 初始化用户操作界面
    private void initUI() {
        dialogPane = new JPanel();
        dialogPane.setLayout(new BorderLayout());
        recordPane = new JPanel();
        buttonBar = new JPanel();
        btnSave = new JButton();
        btnDelete = new JButton();
        btnClose = new JButton();

        setTitle(recordType.equals("订单") ? "删除" : "编辑/删除" + recordType);
        setResizable(false);
        Container contentPane = getContentPane();

        String[] currLabels = new String[0];
        if (recordType.equals("电影")) {
            currLabels = Constant.movieLabels;
            recordPane.setLayout(new GridLayout(7, 2, 6, 6));
            dialogPane.setBorder(new EmptyBorder(5, 5, 5, 5));
        }
        if (recordType.equals("场次")) {
            currLabels = Constant.showLabels;
            recordPane.setLayout(new GridLayout(6, 2, 6, 6));
```

```java
            dialogPane.setBorder(new EmptyBorder(5, 5, 5, 5));
        }
        if (recordType.equals("订单")) {
            currLabels = Constant.orderLabels;
            recordPane.setLayout(new GridLayout(4, 2, 6, 6));
            dialogPane.setBorder(new EmptyBorder(5, 5, 5, 5));
        }

        if (recordType.equals("用户")) {
            currLabels = Constant.staffLabels;
            recordPane.setLayout(new GridLayout(4, 2, 6, 6));
            dialogPane.setBorder(new EmptyBorder(5, 5, 5, 5));
        }

        for (int i = 0; i < currLabels.length; i++) {
            JLabel entryLabel = new JLabel();
            entryLabel.setText(currLabels[i] + ": ");
            entryLabel.setHorizontalAlignment(SwingConstants.RIGHT);
            JTextField entryField = new JTextField();
            if (recordType.equals("订单") || i == 0) {
                entryField.setEnabled(false);
                entryField.setBackground(new Color(230, 230, 230));
            }
            recordPane.add(entryLabel);
            // 采用输入框展示数据的项目
            if (recordType.equals("场次") && currLabels[i].equals("电影名称")) {
                List<Movie> movies = MovieDao.getMovies("", "");
                String[] movieNames = new String[movies.size()];
                for (int m = 0; m < movies.size(); m++) {
                    movieNames[m] = movies.get(m).getName();
                    movieIds.add(movies.get(m).getMid());
                }
                movieBox = new JComboBox<String>(movieNames);
                recordPane.add(movieBox);
            } else if (recordType.equals("电影") && currLabels[i].equals
                                    ("上映日期")) {
                combinedPane = new JPanel();
                datePicker = DateHandler.getDatePicker();
                datePicker.setPreferredSize(new Dimension(160, 30));
                combinedPane.add(datePicker);
                recordPane.add(combinedPane);
            } else if (recordType.equals("场次") && currLabels[i].equals
                                    ("放映时间")) {
                datePicker = DateHandler.getDatePicker();
                datePicker.setPreferredSize(new Dimension(140, 20));
                datePicker.setBorder(new EmptyBorder(10, 0, 0, 20));
                recordPane.add(datePicker);
                combinedPane = new JPanel();
                hourBox = new JComboBox<String>(Constant.timeHours);
                JLabel sepLabel1 = new JLabel("时");
                JLabel sepLabel2 = new JLabel("分");
                minBox = new JComboBox<String>(Constant.timeMinutes);
                combinedPane.add(hourBox);
                combinedPane.add(sepLabel1);
```

```java
            combinedPane.add(minBox);
            combinedPane.add(sepLabel2);
            JLabel timeLabel = new JLabel("");
            recordPane.add(timeLabel);
            timeLabel.setHorizontalAlignment(SwingConstants.RIGHT);
            recordPane.add(combinedPane);
        } else if (recordType.equals("用户") && currLabels[i].equals("权限")) {
            roleBox = new JComboBox<String>(Constant.userRoleDescs);
            recordPane.add(roleBox);
        } else if(recordType.equals("订单") && currLabels[i].equals("订单数据")){
            textFields.add(entryField);
        }else{
            recordPane.add(entryField);
            textFields.add(entryField);
        }
    }

    if (recordType.equals("订单")) {
        JButton viewButton = new JButton("点击查看");
        viewButton.addMouseListener(new java.awt.event.MouseAdapter() {
            @Override
            public void mouseClicked(java.awt.event.MouseEvent evt) {
                String orderData = textFields.get(3).getText();
                if(orderData.length()>0)
                    new OrderShowDialog(orderData);
            }
        } );
        recordPane.add(viewButton);
    }

    dialogPane.add(recordPane, BorderLayout.CENTER);

    buttonBar.setBorder(new EmptyBorder(15, 5, 5, 5));
    buttonBar.setLayout(new GridBagLayout());
    ((GridBagLayout) buttonBar.getLayout()).columnWeights = new double[] {
            1.0, 0.0, 0.0 };
    ((GridBagLayout) buttonBar.getLayout()).columnWidths = new int[] { 0,
            80, 75 };

    if (!recordType.equals("订单")) {
        btnSave.setText("保存修改");
        btnSave.addActionListener(new ActionListener() {
            public void actionPerformed(ActionEvent e) {
                btnSaveActionPerformed(e);
            }
        });
        buttonBar.add(btnSave, new GridBagConstraints(1, 0, 1, 1, 0.0, 0.0,
                GridBagConstraints.CENTER, GridBagConstraints.BOTH,
                new Insets(0, 0, 0, 5), 0, 0));
    }

    btnDelete.setText("删除" + recordType);
    btnDelete.addActionListener(new ActionListener() {
        public void actionPerformed(ActionEvent e) {
```

```java
                        btnDeleteActionPerformed(e);
                    }
                });
            buttonBar.add(btnDelete, new GridBagConstraints(2, 0, 1, 1, 0.0, 0.0,
                    GridBagConstraints.CENTER, GridBagConstraints.BOTH, new Insets(
                            0, 0, 0, 5), 0, 0));

            btnClose.setText("关闭");
            btnClose.addActionListener(new ActionListener() {
                    public void actionPerformed(ActionEvent e) {
                        btnCloseActionPerformed(e);
                    }
                });
            buttonBar.add(btnClose, new GridBagConstraints(3, 0, 1, 1, 0.0, 0.0,
                    GridBagConstraints.CENTER, GridBagConstraints.BOTH, new Insets(
                            0, 0, 0, 5), 0, 0));
        dialogPane.add(buttonBar, BorderLayout.SOUTH);
        contentPane.add(dialogPane, BorderLayout.CENTER);
        setSize(500, 400);
        setLocationRelativeTo(getOwner());
        setVisible(true);
    }
    /**
     * 该方法处理更新不同类别的数据到对应的数据库表格
     */
    private void btnSaveActionPerformed(ActionEvent e) {
        if (textFields.get(0).getText().length() == 0) {
            return;
        }
        int itemId = Integer.parseInt(textFields.get(0).getText());
        boolean success = false;
        if (recordType.equals("电影")) {
            Movie movie = new Movie();
            movie.setMid(itemId);
            movie.setName(textFields.get(1).getText());
            movie.setType(textFields.get(2).getText());
            movie.setDirector(textFields.get(3).getText());
            movie.setSource(textFields.get(4).getText());
            movie.setPublisher(textFields.get(5).getText());
            String totalContent = textFields.get(1).getText()
                            + textFields.get(2).getText()
                            + textFields.get(3).getText()
                            + textFields.get(4).getText();
            if (CheckHandler.containsDigit(totalContent)) {
                JOptionPane.showMessageDialog(this,
                        "你的输入中包含了数字，请只输入文字内容！");
                return;
            }
            movie.setReleaseDate(datePicker.getJFormattedTextField().getText());
            success = MovieDao.updateMovie(movie);
        }
        if (recordType.equals("场次")) {
            Show show = new Show();
            show.setId(itemId);
```

```java
        show.setMid(movieIds.get(movieBox.getSelectedIndex()));
        if (!CheckHandler.isNumeric(textFields.get(1).getText())) {
            JOptionPane.showMessageDialog(this, "输入的放映厅号码必须为整数!");
            return;
        } else
            show.setHall(Integer.parseInt(textFields.get(1).getText()));
        String time = datePicker.getJFormattedTextField().getText();
        String hour = hourBox.getSelectedItem().toString();
        String minute = minBox.getSelectedItem().toString();
        time += " " + hour + ":" + minute;
        show.setTime(time);
        if (!CheckHandler.isNumeric(textFields.get(2).getText())) {
            JOptionPane.showMessageDialog(this, "输入的价格必须为数字!");
            return;
        } else
            show.setPrice(Double.parseDouble(textFields.get(2).getText()));
        System.out.println(show.getHall() + " " + show.getPrice());
        success = ShowDao.updateShow(show);
    }
    if (recordType.equals("用户")) {
        Staff user = new Staff();
        user.setUid(itemId);
        user.setUsername(textFields.get(1).getText());
        user.setPassword(textFields.get(2).getText());
        user.setRole(Constant.userRoleIds[roleBox.getSelectedIndex()]);
        success = StaffDao.updateUser(user);
    }
    if (success) {
        updateSrcTable(); // 同步更新查询页面的数据行
        JOptionPane.showMessageDialog(this.dialogPane, "修改保存成功");
        dispose();
    }
}
private void btnDeleteActionPerformed(ActionEvent e) {
    if (textFields.get(0).getText().length() == 0) {
        return;
    }
    boolean success = false;
    int itemId = (int) Integer.parseInt(textFields.get(0).getText());
    ;
    if (recordType.equals("电影")) {
        success = MovieDao.deleteMovie(itemId);
    }
    if (recordType.equals("场次")) {
        success = ShowDao.deleteShow(itemId);
    }
    if (recordType.equals("订单")) {
        String orderData = textFields.get(3).getText();
        List<String> usedSeats = CheckHandler.getSeats(orderData);
    ShowDao.removeUsedSeats(usedSeats);
    // 将该订单中所涉及的座位重新释放到放映场次中
        success = OrderDao.deleteOrder(itemId);
    }
    if (recordType.equals("用户")) {
```

```java
                    success = StaffDao.deleteUser(itemId);
            }
            if (success) {
                ((DefaultTableModel) srcTable.getModel()).removeRow(srcRowId);
                // 同步删除查询页面的数据行
                JOptionPane.showMessageDialog(this.dialogPane, recordType + "删除成功");
                dispose();
            }
        }
        private void btnCloseActionPerformed(ActionEvent e) {
            dispose();
        }
        private void setInitialData(int itemId) {
            boolean queryFail = false;
            if (recordType.equals("电影")) {
                Movie movie = MovieDao.getMovie(itemId);
                if (movie != null) {
                    textFields.get(0).setText(movie.getMid() + "");
                    textFields.get(1).setText(movie.getName());
                    textFields.get(2).setText(movie.getType());
                    textFields.get(3).setText(movie.getDirector());
                    textFields.get(4).setText(movie.getSource());
                    textFields.get(5).setText(movie.getPublisher());
                    datePicker.getJFormattedTextField().setText(
                            movie.getReleaseDate());
                } else
                    queryFail = true;
            }
            if (recordType.equals("场次")) {
                Show show = ShowDao.getShow(itemId);
                if (show != null) {
                    textFields.get(0).setText(show.getId() + "");
                    textFields.get(1).setText(show.getHall() + "");
                    textFields.get(2).setText(show.getPrice() + "");
                    String[] timeMeta = show.getTime().split(" ");
                    movieBox.setSelectedItem(MovieDao.getMovie(show.getMid())
                            .getName());
                    datePicker.getJFormattedTextField().setText(timeMeta[0]);
                    String[] timeMeta1 = timeMeta[1].split(":");
                    hourBox.setSelectedItem(timeMeta1[0]);
                    minBox.setSelectedItem(timeMeta1[1]);
                } else
                    queryFail = true;
            }
            if (recordType.equals("订单")) {
                Order order = OrderDao.getOrder(itemId);
                if (order != null) {
                    textFields.get(0).setText(order.getId() + "");
                    textFields.get(1).setText(order.getName());
                    textFields.get(2).setText(order.getPhone());
                    textFields.get(3).setText(order.getData());
                } else
                    queryFail = true;
```

```java
        }
        if (recordType.equals("用户")) {
            Staff user = StaffDao.getUser(itemId);
            if (user != null) {
                textFields.get(0).setText(user.getUid() + "");
                textFields.get(1).setText(user.getUsername());
                textFields.get(2).setText(user.getPassword());
                int index = CheckHandler.geSelectIndexById(user.getRole());
                if (index >= 0)
                    roleBox.setSelectedIndex(index);
            } else
                queryFail = true;
        }
        textFields.get(0).setEnabled(false);
        if (queryFail) {
            JOptionPane.showMessageDialog(this.dialogPane, "未检索到数据,请调整编号! ");
            return;
        }
    }
    // 同步更新查询页面的数据表格
    private void updateSrcTable() {

        if (!recordType.equals("场次")) {
            int i = 1;
            while (i < textFields.size()) { // 更新表格中的数据项
                srcTable.setValueAt(textFields.get(i).getText(), srcRowId, i);
                i++;
            }
            if (recordType.equals("用户")) { // 如果是用户数据,单独更新权限项
                srcTable.setValueAt(roleBox.getSelectedItem(), srcRowId, 3);
            }
            if (recordType.equals("电影")) { // 如果是电影数据,单独更新权限项
                srcTable.setValueAt(datePicker.getJFormattedTextField()
                        .getText(), srcRowId, 6);
            }
        } else {
            srcTable.setValueAt(movieBox.getSelectedItem(), srcRowId, 1);
            srcTable.setValueAt(textFields.get(1).getText(), srcRowId, 2);
            String time = datePicker.getJFormattedTextField().getText();
            String hour = hourBox.getSelectedItem().toString();
            String minute = minBox.getSelectedItem().toString();
            time += " " + hour + ":" + minute;
            srcTable.setValueAt(time, srcRowId, 3);
            srcTable.setValueAt(textFields.get(2).getText(), srcRowId, 4);
        }
    }
}
```

【案例剖析】

在本案例中,当管理员单击电影、放映场次和用户的【查询】菜单后,显示所有的相关信息。当单击其中的一条信息时会调用该类打开编辑界面。在编辑界面,管理员可以修改电影、放映场次和用户除编号外的信息,并将修改的信息保存到数据库中。在打开的编辑界面,管理员也可以删除当前电影、放映场次和用户的信息,或者直接关闭编辑界面。

5. 查看用户订单数据

管理员单击用户管理菜单下的【查询】子菜单，显示用户订单列表。如果用户选择其中一条订单，打开订单编辑界面。在这个界面中单击【点击查看】按钮，调用 OrderShowDialog 类显示用户的订票信息。

OrderShowDialog 类的具体代码如下 (源代码 \ch25\CinemaTicketSystem\src\ui\OrderShowDialog.java)。

```java
package ui;

import java.awt.BorderLayout;
import java.awt.Container;
import java.awt.Dimension;

import javax.swing.JDialog;
import javax.swing.JLabel;
import javax.swing.JPanel;
import javax.swing.SwingConstants;
import javax.swing.border.EmptyBorder;

import util.CheckHandler;

public class OrderShowDialog extends JDialog {
    public OrderShowDialog(String orderData) {
        initUI(orderData);  // 初始化弹出框界面
    }

    // 初始化用户操作界面
    private void initUI(String orderData) {
        setTitle("查看订单详情");
        setResizable(false);
        Container contentPane = getContentPane();
        JPanel dialogPane = new JPanel();
        dialogPane.setLayout(new BorderLayout());
        dialogPane.setBorder(new EmptyBorder(20, 20, 20, 20));
        JLabel records = new JLabel();
        records.setPreferredSize(new Dimension(350, 350));
        records.setVerticalAlignment(SwingConstants.TOP);
        records.setText(CheckHandler.showOrder(orderData));
        dialogPane.add(records);
        contentPane.add(dialogPane, BorderLayout.CENTER);
        setSize(400, 400);
        setResizable(false);
        setLocationRelativeTo(getOwner());
        setVisible(true);
    }
}
```

【案例剖析】

在该案例中，定义 OrderShowDialog 类创建一个窗体，用于显示用户订单中座位信息。调用 CheckHandler 类的 showOrder()方法，以表格的形式显示电影票信息。

25.4.5 数据库模块

数据库模块主要分为两类：一类是具体操作数据库的类；另一类是连接具体操作数据库和窗体界面的 Dao 类。

1. 具体操作类

具体操作数据库的类主要有 3 个，分别是 QueryCreate.java 类、SQLExec.java 类和 SQLMapper.java 类。

（1）QueryCreate.java 类。

定义了一组生成查询命令的静态方法，方法返回生成的 sql 语句，用于从数据库中提取或者更新数据。该类的具体代码如下(源代码\ch25\CinemaTicketSystem\src\util\QueryCreate.java)。

```java
package util;

import com.Movie;
import com.Order;
import com.Show;
import com.Staff;

public class QueryCreate {

    // 该方法用于生成查询命令，获得表格里所有记录
    public static String queryForResults(String tableName) {

        String str = "SELECT * FROM " + tableName;
        return str;
    }

    // 该方法用于生成基于整数项的查询命令
    public static String queryForResults(String tableName, String fieldName,
            int fieldVal) {

        String str = "SELECT * FROM " + tableName + " WHERE " + fieldName
            + " = " + fieldVal;
        return str;
    }

    // 该方法用于生成基于小数项的查询命令
    public static String queryForResults(String tableName, String fieldName,
            double fieldVal) {

        String str = "SELECT * FROM " + tableName + " WHERE " + fieldName
            + " = " + fieldVal;
        return str;
    }

    // 该方法用于生成基于 string 项的查询命令，用 like 的方法
    public static String queryForResults(String tableName, String fieldName,
            String fieldVal) {
```

```java
        String str = "SELECT * FROM " + tableName + " WHERE " + fieldName
                + " LIKE '%" + fieldVal + "%'";
        return str;
    }

    // 该方法用于生成用户身份的查询命令
    public static String queryByCredential(String username, String password) {
        String str = "SELECT * FROM staff WHERE username = '" + username
                + "' AND password = '" + password + "'";
        return str;
    }

    // 该方法用于生成更新电影表格记录的命令
    public static String queryForUpdate(Movie movie) {
        String query = "UPDATE movies SET name = '" + movie.getName()
                + "', type = '" + movie.getType() + "', director = '"
                + movie.getDirector() + "', source = '" + movie.getSource()
                + "', publisher = '" + movie.getPublisher()
                + "', release_date = '" + movie.getReleaseDate()
                + "' WHERE mid=" + movie.getMid();
        ;
        return query;
    }

    // 该方法用于生成更新播放场次表格记录的命令
    public static String queryForUpdate(Show show) {
        String query = "UPDATE shows SET  mid = "
                + show.getMid() + ", hall = " + show.getHall() + ", price = "
                + show.getPrice() + ", time = '" +show.getTime()+"'";
        if (show.getSeatsUsed() != null)
            query += ", seats_used = '" + show.getSeatsUsed() + "'";
        query += " WHERE id = " + show.getId();
        return query;
    }

    // 该方法用于生成更新订单表格记录的命令
    public static String queryForUpdate(Order order) {
        String query = "UPDATE orders SET name = '" + order.getName()
                + "', phone = '" + order.getPhone() + "'";
        if (order.getData() != null)
            query += ", data='" + order.getData() + "'";
        query += " WHERE id =" + order.getId();
        return query;
    }

    // 该方法用于生成更新管理员表格记录的命令
    public static String queryForUpdate(Staff user) {
        String query = "UPDATE staff SET username = '" + user.getUsername()
                + "', password = '" + user.getPassword() + "', role = "
                + user.getRole() + " WHERE uid=" + user.getUid();
        return query;
    }

    // 该方法用于生成更新当前用户密码的命令
```

```java
    public static String queryForUpdatePass(int userId, String password) {
        String query = "UPDATE staff SET password = '" + password
                + "' WHERE uid = " + userId;

        return query;
    }

    // 该方法用于生成在电影表格里添加记录的命令
    public static String queryForAdd(Movie movie) {
        String query = "INSERT INTO movies"
                + " (name, type, director, source, publisher, release_date) VALUES ("
                + "'" + movie.getName() + "','" + movie.getType() + "','"
                + movie.getDirector() + "','" + movie.getSource() + "','"
                + movie.getPublisher() + "','" + movie.getReleaseDate() + "')";

        return query;
    }

    // 该方法用于生成在放映场次表格里添加记录的命令
    public static String queryForAdd(Show show) {
        String query = "INSERT INTO shows (mid, hall, time, price, seats_used) "
                + " VALUES ("
                + show.getMid()
                + ", "
                + show.getHall()
                + ",'"
                + show.getTime()
                + "',"
                + show.getPrice()
                + ",'"
                + show.getSeatsUsed() + "')";

        return query;
    }

    // 该方法用于生成在订单表格里添加记录的命令
    public static String queryForAdd(Order order) {
        String query = "INSERT INTO orders (name, phone, data) "
                + " VALUES ('"
                + order.getName()
                + "', '"
                + order.getPhone()
                + "','"
                + order.getData()
                + "')";

        return query;
    }

    // 该方法用于生成在管理员表格里添加记录的命令
    public static String queryForAdd(Staff user) {
        String query = "INSERT INTO staff (username, password, role) "
                + " VALUES ('" + user.getUsername() + "','"
                + user.getPassword() + "'," + user.getRole() + ")";
```

```
        return query;
    }

    // 该方法用于生成根据编号删除记录的命令
    public static String queryForDelete(String tableName, String idField, int id) {
        String query = "DELETE FROM " + tableName + " WHERE " + idField + "="
                + id;
        return query;
    }
}
```

【案例剖析】

在本案例中，定义类的查询表中所有记录的 sql 语句的方法，定义用于生成基于整数项的查询 sql 语句的方法，定义生成基于小数项的查询 sql 语句的方法，定义生成基于 string 项的查询 sql 语句的方法，用 like 模糊匹配，定义生成基于用户身份的查询 sql 语句的方法。定义生成更新电影表、放映场次表、订单表和管理员表中记录的 sql 语句的方法，定义生成更新当前用户密码的 sql 语句的方法，定义生成在电影表、放映场次表、订单表和管理员表中添加记录的 sql 语句的方法，定义生成根据编号删除记录的 sql 语句的方法。

(2) SQLExec.java 类。

定义了一组常用的数据库命令执行及执行结果的处理方法。其具体代码如下(源代码\ch25\CinemaTicketSystem\src\util\ SQLExec.java)。

```
package util;
import java.sql.Connection;
import java.sql.DriverManager;
import java.sql.PreparedStatement;
import java.sql.ResultSet;
import java.sql.SQLException;

public class SQLExec {
    private static Connection conn = null;
    // 该方法用于建立数据库连接
    public SQLExec() {
        if (conn == null) {
            try {
                Class.forName("com.mysql.jdbc.Driver").newInstance();
                String username = "root"; // 用户应根据本地数据库设置修改用户名密码
                String password = "123456";
                String url = "jdbc:mysql://127.0.0.1:3306/cinema_tickets?"
                        + "useUnicode=true&characterEncoding=UTF-8&useSSL=true";
                conn = DriverManager.getConnection(url, username, password);
            } catch (Exception e) {
                System.out.println("连接错误，请查看数据库是否运行正常");
                e.printStackTrace();
            }
        }
    }

    // 该方法用于从数据库中提取记录
```

```java
    public ResultSet select(String query) throws SQLException {
        ResultSet res = null;
        if (!query.equals("")) {
            PreparedStatement statement = conn.prepareStatement(query);
            res = statement.executeQuery();
        }
        return res;
    }

    // 该方法用于更新数据库的记录
    public void update(String query) throws SQLException {
        if (!query.equals("")) {
            PreparedStatement statement = conn.prepareStatement(query);
            statement.executeUpdate();
        }
    }

    // 该方法用于向数据库中插入记录
    public void insert(String query) throws SQLException {
        PreparedStatement statement = conn.prepareStatement(query);
        statement.executeUpdate();
    }
}
```

【案例剖析】

在本案例中，定义该类的构造方法，用于创建与数据库的连接。创建用于从数据库中查询记录的 select()方法，更新数据库记录的 update()方法，以及向数据库中插入数据的 insert()方法。

(3) SQLMapper.java 类。

定义了一组将返回的数据库记录存储到对象的方法。其具体代码如下(源代码 \ch25\CinemaTicketSystem\src\util\ SQLMapper.java)。

```java
package util;
import java.sql.ResultSet;
import java.sql.SQLException;
import com.Movie;
import com.Order;
import com.Show;
import com.Staff;
public class SQLMapper{
    // 存储到电影对象
    public static void mapResToMovie(ResultSet res, Movie movie)
            throws SQLException {
        movie.setMid(res.getInt("mid"));
        movie.setName(res.getString("name"));
        movie.setType(res.getString("type"));
        movie.setDirector(res.getString("director"));
        movie.setSource(res.getString("source"));
        movie.setPublisher(res.getString("publisher"));
        movie.setReleaseDate(res.getString("release_date"));
    }
```

```java
        // 存储到订单对象
        public static void mapResToOrder(ResultSet res, Order order)
                throws SQLException {
            order.setId(res.getInt("id"));
            order.setPhone(res.getString("phone"));
            order.setName(res.getString("name"));
            order.setData(res.getString("data"));
        }
        // 存储到放映场次对象
        public static void mapResToShow(ResultSet res, Show show)
                throws SQLException {
            show.setId(res.getInt("id"));
            show.setMid(res.getInt("mid"));
            show.setHall(res.getInt("hall"));
            show.setTime(res.getString("time"));
            show.setPrice(res.getDouble("price"));
            show.setSeatsUsed(res.getString("seats_used"));
        }
        // 存储到管理员对象
        public static void mapResToUser(ResultSet res, Staff user)
                throws SQLException {
            user.setUid(res.getInt("uid"));
            user.setUsername(res.getString("username"));
            user.setPassword(res.getString("password"));
            user.setRole(res.getInt("role"));
        }
}
```

【案例剖析】

在本案例中，定义该类的作用是将返回的数据库记录存储到对象的方法中。该类包含的有存储到电影对象、存储到订单对象、存储到放映场次对象和存储到管理员对象的方法。

2. Dao 类

在该系统中，Dao 类主要有 Moviedao.java、Showdao.java、Orderdao.java 和 Staffdao.java，它们分别定义了电影、放映场次、订单、后台管理员和电影票数据的操作方法，通过将数据封装到对象中，简便快捷地实现了数据库中的查询、添加、删除、更新等功能。

(1) 电影操作类。

定义 Moviedao.java 类，实现与电影相关的数据库操作。该类的实现代码如下(源代码 \ch25\CinemaTicketSystem\database\MovieDao.java)。

```java
package database;

import java.sql.ResultSet;
import java.util.ArrayList;
import java.util.List;
import util.QueryCreate;
import util.SQLExec;
import util.SQLMapper;

import com.Movie;
```

```java
public class MovieDao {
    // 该方法用于获取多个电影对象
    public static List<Movie> getMovies(String field, String value) {
        List<Movie> movies = new ArrayList<Movie>();
        try {
            SQLExec sqlExec = new SQLExec();
            // 提取数据库里所有电影数据
            String query = "";
            if(field.length()==0)
                query = QueryCreate.queryForResults("movies"); //提取所有电影信息
            else if(field.equals("mid"))  //根据编号提取电影信息,用于查看、修改和删除
                query = QueryCreate.queryForResults("movies", field,
                                                Integer.parseInt(value));
            else
                //电影信息的一般检索,用于查看
                query = QueryCreate.queryForResults("movies", field, value);
            ResultSet results = sqlExec.select(query);
            Movie movie = null;
            while (results.next()) {
                movie = new Movie();
                SQLMapper.mapResToMovie(results, movie);
                movies.add(movie);
            }

        } catch (Exception e) {
            e.printStackTrace();
        }
        return movies;
    }

    // 该方法用于获取单个满足特定条件的电影对象
    public static Movie getMovie(int movieId) {
        List<Movie> movies = getMovies("mid", movieId+"");
        Movie movie = null;
        if(movies.size()>0) movie = movies.get(0);
        return movie;
    }

    // 该方法用于添加新的电影到数据库
    public static boolean addMovie(Movie movie) {
        boolean success = false;
        try {
            SQLExec sqlExec = new SQLExec();
            // 添加电影到数据库
            String query = QueryCreate.queryForAdd(movie);
            System.out.println(query);
            sqlExec.insert(query);
            success = true;

        } catch (Exception e) {
            e.printStackTrace();
        }
        return success;
    }
}
```

```java
    // 该方法用于更新数据库里已有的电影数据
    public static boolean updateMovie(Movie movie) {
        boolean success = false;
        try {
            SQLExec sqlExec = new SQLExec();
            // 更新数据库里的电影记录
            String query = QueryCreate.queryForUpdate(movie);
            System.out.println(query);
            sqlExec.update(query);
            success = true;
        } catch (Exception e) {
            e.printStackTrace();
        }
        return success;
    }

    // 该方法用于删除数据库里已有的电影数据
    public static boolean deleteMovie(int movieId) {
        boolean success = false;
        try {
            SQLExec sqlExec = new SQLExec();
            // 删除数据库里的电影
            String query = QueryCreate.queryForDelete("movies", "mid", movieId);
            System.out.println(query);
            sqlExec.update(query);
            success = true;

        } catch (Exception e) {
            e.printStackTrace();
        }

        return success;
    }
}
```

【案例剖析】

在本案例中，定义获取多个满足特定条件的电影对象的方法，定义获取单个满足特定条件的电影对象的方法，定义用于添加新的电影到数据库的方法，定义更新数据库中已有的电影信息的方法，定义用于删除数据库中已有的电影信息的方法。

(2) 放映场次操作类。

定义 Showdao.java 类，实现与放映场次相关的数据库操作。该类的实现代码如下(源代码\ch25\CinemaTicketSystem\database\Showdao.java)。

```java
package database;
import java.sql.ResultSet;
import java.util.ArrayList;
import java.util.List;
import util.QueryCreate;
import util.SQLExec;
import util.SQLMapper;
```

```java
import com.Show;
public class ShowDao {
    // 该方法用于获取多个满足特定条件的放映对象
    public static List<Show> getShows(String field, String value) {
        List<Show> shows = new ArrayList<Show>();
        try {
            SQLExec sqlExec = new SQLExec();
            // 更新数据库里已有的放映数据
            String query= "";
            if(field.length()==0)
                query = QueryCreate.queryForResults("shows");//提取所有订单信息
            //查询的变量为整数时的查询方法
            else if(field.equals("id") || field.equals("mid") || field.equals("hall"))
                query = QueryCreate.queryForResults("shows", field, Integer.parseInt(value));
            else if(field.equals("price"))  //查询的变量为小数时的查询方法
                query = QueryCreate.queryForResults("shows", field, Double.parseDouble(value));
            else       //查询的变量为string时的查询方法
                query = QueryCreate.queryForResults("shows", field, value);

            ResultSet results = sqlExec.select(query);
            Show show = null;
            while (results.next()) {
                show = new Show();
                SQLMapper.mapResToShow(results, show);
                shows.add(show);
            }
        } catch (Exception e) {
            e.printStackTrace();
        }
        return shows;
    }
    // 该方法用于获取单个满足特定条件的放映场次对象
    public static Show getShow(int showId) {
        List<Show> shows = getShows("id", showId+"");
        Show show = null;
        if(shows.size()>0) show = shows.get(0);
        return show;
    }
    // 该方法用于添加新的放映场次到数据库
    public static boolean addShow(Show show) {
        boolean success = false;
        try {
            SQLExec sqlExec = new SQLExec();
            // 添加订单到数据库
            String query = QueryCreate.queryForAdd(show);
            sqlExec.insert(query);
            success = true;
        } catch (Exception e) {
            e.printStackTrace();
        }
        return success;
```

```java
    }
    // 该方法用于更新数据库里已有的放映场次数据
    public static boolean updateShow(Show show) {
        boolean success = false;
        try {
            SQLExec sqlExec = new SQLExec();
            // 更新数据库里已有的放映数据
            String query = QueryCreate.queryForUpdate(show);
            sqlExec.update(query);
            success = true;
        } catch (Exception e) {
            e.printStackTrace();
        }
        return success;
    }
    // 该方法用于删除数据库里已有的放映场次数据
    public static boolean deleteShow(int showId) {
        boolean success = false;
        try {
            SQLExec sqlExec = new SQLExec();
            // 删除数据库里已有的放映数据
            String query = QueryCreate.queryForDelete("shows", "id", showId);
            sqlExec.update(query);
            success = true;
        } catch (Exception e) {
            e.printStackTrace();
        }
        return success;
    }
    public static void removeUsedSeats(List<String> usedSeatList){
        for(String usedSeat : usedSeatList){
            System.out.println(usedSeat);
            String[] seatMeta = usedSeat.split(" ");
            int showId = Integer.parseInt(seatMeta[0]);
            String seat = seatMeta[1];
            // 提取数据库里放映场次的座位信息
            Show show = ShowDao.getShow(showId);
            String usedSeats = show.getSeatsUsed();
            if(usedSeats.length()>0){
                //从占用列表中删除该座位
                usedSeats = (" "+usedSeats+" ").replace(" "+seat+" ", "").trim();
                System.out.println("usedSeats:" + usedSeats);
                show.setSeatsUsed(usedSeats);
                ShowDao.updateShow(show); //更新数据库
            }
        }
    }
}
```

【案例剖析】

在本案例中，定义用于获取多个满足特定条件的放映对象的方法，定义获取单个满足特定条件的放映场次对象的方法，定义用于添加放映场次信息到数据库的方法，定义用于更新数据库中已有放映场次信息的方法，定义删除数据库中已有的指定放映场次信息的方法。定义更新放映场次的座位信息的方法。

(3) 订单操作类。

定义 Orderdao.java 类，实现与订单相关的数据库操作。该类的实现代码如下(源代码 \ch25\CinemaTicketSystem\database\Orderdao.java)。

```java
package database;
import java.sql.ResultSet;
import java.util.ArrayList;
import java.util.List;
import util.QueryCreate;
import util.SQLExec;
import util.SQLMapper;
import com.Order;
public class OrderDao {
    // 该方法用于获取多个满足特定条件的订单对象
    public static List<Order> getOrders(String field, String value) {
        List<Order> orders = new ArrayList<Order>();
        try {
            SQLExec sqlExec = new SQLExec();
            // 删除数据库里已有的订单数据
            String query= "";
            if(field.length()==0)
                query = QueryCreate.queryForResults("orders");  //提取所有订单信息
            else if(field.equals("id"))   //根据编号提取订单信息，用于查看和删除
                query = QueryCreate.queryForResults("orders", field,
                                                    Integer.parseInt(value));
            else
                //订单信息的一般检索，用于查看
                query = QueryCreate.queryForResults("orders", field, value);
            ResultSet results = sqlExec.select(query);
            Order order = null;
            while (results.next()) {
                order = new Order();
                SQLMapper.mapResToOrder(results, order);
                orders.add(order);
            }
        } catch (Exception e) {
            e.printStackTrace();
        }
        return orders;
    }
    // 该方法用于获取单个满足特定条件的订单对象
    public static Order getOrder(int orderId) {
        List<Order> orders = getOrders("id", orderId+"");
        Order order = null;
        if(orders.size()>0) order = orders.get(0);
        return order;
    }
    // 该方法用于添加新的订单到数据库
    public static boolean addOrder(Order order) {
        boolean success = false;
        try {
            SQLExec sqlExec = new SQLExec();
```

```java
            // 添加订单到数据库
            String query = QueryCreate.queryForAdd(order);
            sqlExec.insert(query);
            success = true;
        } catch (Exception e) {
            e.printStackTrace();
        }
        return success;
    }
    // 该方法用于更新数据库里已有订单数据
    public static boolean updateOrder(Order order) {
        boolean success = false;
        try {
            SQLExec sqlExec = new SQLExec();
            // 更新数据库里已有的订单数据
            String query = QueryCreate.queryForUpdate(order);
            sqlExec.update(query);
            success = true;
        } catch (Exception e) {
            e.printStackTrace();
        }
        return success;
    }
    // 该方法用于删除数据库里已有的订单数据
    public static boolean deleteOrder(int orderId) {
        boolean success = false;
        try {
            SQLExec sqlExec = new SQLExec();
            // 删除数据库里已有的订单数据
            String query = QueryCreate.queryForDelete("orders", "id", orderId);
            sqlExec.update(query);
            success = true;
        } catch (Exception e) {
            e.printStackTrace();
        }
        return success;
    }
}
```

【案例剖析】

在本案例中，定义获取多个满足特定条件的订单对象的方法，定义获取单个满足特定条件的订单对象的方法，定义用于添加新的订单到数据库的方法，定义用于更新数据库中已有的订单信息的方法，定义用于删除数据库中已有的订单信息的方法。

(4) 管理员操作类。

定义 Staffdao.java 类，实现与后台管理相关的数据库操作。该类的实现代码如下(源代码 \ch25\CinemaTicketSystem\database\Staffdao.java)。

```java
package database;
import java.sql.ResultSet;
import java.util.ArrayList;
import java.util.List;
import util.QueryCreate;
```

```java
import util.SQLExec;
import util.SQLMapper;
import com.Staff;
public class StaffDao {
    // 该方法用于获取多个满足特定条件的管理员对象
    public static List<Staff> getUsers(String field, String value) {
        List<Staff> users = new ArrayList<Staff>();
        try {
            SQLExec sqlExec = new SQLExec();
            // 删除数据库里已有的用户数据
            String query= "";
            if(field.length()==0)
                query = QueryCreate.queryForResults("staff"); //提取所有管理员信息
            else if(field.equals("uid") || field.equals("role"))
                                                //查询的变量为整数时的查询方法
                query = QueryCreate.queryForResults("staff", field,
                        Integer.parseInt(value));
            else
                query = QueryCreate.queryForResults("staff", field, value);
            ResultSet results = sqlExec.select(query);
            Staff user = null;
            while (results.next()) {
                user = new Staff();
                SQLMapper.mapResToUser(results, user);
                users.add(user);
            }
        } catch (Exception e) {
            e.printStackTrace();
        }
        return users;
    }
    // 该方法用于获取单个满足特定条件的管理员对象
    public static Staff getUser(int userId) {
        List<Staff> users = getUsers("uid", userId+"");
        Staff user = null;
        if(users.size()>0) user = users.get(0);
        return user;
    }
    // 该方法用于管理员登录验证
    public static Staff getUserByCredential(String username, String password) {
        Staff user = null;
        try {
            SQLExec sqlExec = new SQLExec();

            String query = QueryCreate
                    .queryByCredential(username, password);
            ResultSet results = sqlExec.select(query);
            if (results.next()) {
                user = new Staff();
                SQLMapper.mapResToUser(results, user);
            }
        } catch (Exception e) {
            e.printStackTrace();
        }
```

```java
        return user;
    }

    // 该方法用于添加新的管理员到数据库
    public static boolean addUser(Staff user) {
        boolean success = false;
        try {
            SQLExec sqlExec = new SQLExec();
            String query = QueryCreate.queryForAdd(user);
            sqlExec.insert(query);
            success = true;
        } catch (Exception e) {
            e.printStackTrace();
        }
        return success;
    }

    // 该方法用于更新数据库里已有的管理员数据
    public static boolean updateUser(Staff user) {
        boolean success = false;
        try {
            SQLExec sqlExec = new SQLExec();
            String query = QueryCreate.queryForUpdate(user);
            sqlExec.update(query);
            success = true;
        } catch (Exception e) {
            e.printStackTrace();
        }
        return success;
    }

    // 该方法用于更新当前管理员的密码
    public static boolean updateUserPass(int userId, String password) {
        boolean success = false;
        try {
            SQLExec sqlExec = new SQLExec();
            String query = QueryCreate.queryForUpdatePass(userId, password);
            sqlExec.update(query);
            success = true;
        } catch (Exception e) {
            e.printStackTrace();
        }
        return success;
    }

    // 该方法用于删除数据库里已有的管理员数据
    public static boolean deleteUser(int userId) {
        boolean success = false;
        try {
            SQLExec sqlExec = new SQLExec();

            String query = QueryCreate.queryForDelete("staff", "uid", userId);
            sqlExec.update(query);
            success = true;
```

```
        } catch (Exception e) {
            e.printStackTrace();
        }
        return success;
    }
}
```

【案例剖析】

在本案例中，定义获取多个满足特定条件的管理员对象的方法，定义获取单个满足特定条件的管理员对象的方法，定义用于添加新的管理员到数据库的方法，定义更新数据库中已有的管理员信息的方法，定义更新当前管理员密码的方法，定义用于删除数据库中已有的管理员信息的方法。

25.4.6 辅助处理模块

辅助处理模块主要功能是定义在该系统中常用的常量、全局变量、辅助类等。该模块主要有 3 个 Java 类，分别是 Constant.java 类、GlobalVars.java 类和 CheckHandler.java 类。

1. 常量类

常量类是由 Constant.java 类实现的，它定义了该系统中的常量。该类的具体代码如下(源代码\ch25\CinemaTicketSystem\src\util\Constant.java)。

```java
package util;
public class Constant {
    // 定义了一组管理员角色
    public static final int VISITOR_ROLE = 0;
    public static final int ONLY_VIEW_ROLE = 1;
    public static final int MOVIE_ADMIN_ROLE = 2;
    public static final int SHOW_ADMIN_ROLE = 3;
    public static final int ORDER_ADMIN_ROLE = 4;
    public static final int FULL_ADMIN_ROLE = 50;
    public static final int ROOT_ADMIN_ROLE = 99;
    // 定义了放映厅的大小
    public static final int HALL_ROW_NUM = 12;
    public static final int HALL_COLUMN_NUM = 9;
    // 定义了电影的标签和对应的数据库表格里的名称
    public static String[] movieLabels = { "电影编号", "电影名称", "电影类别",
            "导演", "来源国家", "发行公司", "上映日期" };
    public static String[] movieDBFields = { "mid", "name", "type", "director",
            "source", "publisher", "release_date" };
    // 定义了放映场次的标签和对应的数据库表格里的名称
    public static String[] showLabels = { "场次编号", "电影名称", "放映厅", "放映时间",
            "票价(元)" };
    public static String[] showDBFields = { "id", "mid", "hall", "time",
            "price" };
    // 定义了订单的标签和对应的数据库表格里的名称
    public static String[] orderLabels = { "订单编号", "姓名", "电话", "订单数据" };
    public static String[] orderDBFields = { "id", "name", "phone", "data" };
    // 定义了用户的标签和对应的数据库表格里的名称
```

```java
    public static String[] staffLabels = { "用户编号", "用户名", "密码", "权限" };
    public static String[] staffDBFields = { "uid", "username", "password",
            "role" };
    // 定义了电影票的标签
    public static String[] ticketLabels = { "编号", "电影名称", "时间", "票价", "座位" };
    // 定义了管理员角色的标签和对应的角色编号
    public static String[] userRoleDescs = { "无管理权限", "只能管理电影", "只能管理场次",
            "只能管理订单", "完全管理权限", "根权限" };
    public static int[] userRoleIds = { ONLY_VIEW_ROLE, MOVIE_ADMIN_ROLE,
            SHOW_ADMIN_ROLE, ORDER_ADMIN_ROLE,
            FULL_ADMIN_ROLE, ROOT_ADMIN_ROLE };
    public static String[] timeHours = { "00", "01", "02", "03", "04", "05",
            "06", "07", "08", "09", "10", "11", "12", "13", "14", "15",
            "16", "17", "18", "19", "20", "21", "22", "23" };
    public static String[] timeMinutes = { "00", "05", "10", "15", "20",
            "25", "30", "35", "40", "45", "50", "55" };
}
```

【案例剖析】

在本案例中,定义了一组管理员角色,定义了放映厅的大小,定义了电影的标签和对应的数据库表中的名称,定义了放映场次的标签和对应的数据库表中的名称,定义了订单的标签和对应的数据库表中的名称,定义了用户的标签和对应的数据库表中的名称,定义了电影票的标签,定义了管理员角色的标签和对应的角色编号。

2. 全局变量类

全局变量类由 GlobalVars.java 类实现。该类的具体代码如下(源代码\ch25\CinemaTicketSystem\src\util\GlobalVars.java)。

```java
package util;
public class GlobalVars {
    //系统登录用户
    public static String userName;
    public static int userId;
    public static int userRole;
}
```

【案例剖析】

在本案例中,该类定义了该项目中的全局变量。

3. 辅助类

辅助类主要有检查格式的 CheckHandler.java 类,加载 jar 文件实现界面选取日期的 DateHandler.java 类和定义日期格式的 DateLabelFormatter.java。

(1) 辅助检查的方法在 CheckHandler.java 类中,它定义了一些辅助检查的方法。该类的具体代码如下(源代码\ch25\CinemaTicketSystem\src\util\CheckHandler.java)。

```java
package util;
import java.util.ArrayList;
import java.util.List;
import java.util.regex.Matcher;
import java.util.regex.Pattern;
```

```java
import java.util.regex.PatternSyntaxException;
import javax.swing.JTextField;
public class CheckHandler {

    // 该方法检查用户角色的下拉菜单项
    public static int geSelectIndexById(int roleId) {
        int i = 0;
        while (i < Constant.userRoleIds.length) {
            if (Constant.userRoleIds[i] == roleId)
                break;
            i++;
        }
        if (i == Constant.userRoleIds.length)
            i = -1;
        return i;
    }

    // 该方法用提取下拉菜单中的编号
    public static int geCbIndex(String value, String[] arr) {
        int i = 0;
        while (i < arr.length) {
            if (arr[i].equals(value))
                break;
            i++;
        }
        if (i == arr.length)
            i = -1;
        return i;
    }
    // 该方法检查是否有输入框为空
    public static boolean checkEmptyField(List<JTextField> textFields) {
        for (int i = 0; i < textFields.size(); i++) {
            if (textFields.get(i).getText().trim().length() == 0)
                return true;
        }
        return false;
    }
    // 该方法获得订单中的座位信息
    public static List<String> getSeats(String orderData) {
        List<String> usedSeats = new ArrayList<String>();
        System.out.println(orderData);
        if (orderData.length() > 0) {
            System.out.println();
            String[] tickets = orderData.split(";");
            for (String ticket : tickets) {
                String[] ticketMeta = ticket.split("\\|");
                usedSeats.add(ticketMeta[0]);
            }
        }
        return usedSeats;
    }
    // 该方法验证输入是否为数字
    public static boolean isNumeric(String str) {
        return str != null && str.matches("[-+]?\\d*\\.?\\d+");
```

```java
    }
    // 该方法判断输入是否含有数字
    public static boolean containsDigit(String str) {
        boolean flag = false;
        Pattern pattern = Pattern.compile(".*\\d+.*");
        Matcher matcher = pattern.matcher(str);
        if (matcher.matches())
            flag = true;
        return flag;
    }

    // 判断是否包含字母
    public static boolean containsChar(String str) {
        String regex=".*[a-zA-Z]+.*";
        Matcher m=Pattern.compile(regex).matcher(str);
        return m.matches();
    }

    // 该方法验证输入是否为整数
    public static boolean isInteger(String s) {
        try {
            Integer.parseInt(s);
        } catch (NumberFormatException e) {
            return false;
        } catch (NullPointerException e) {
            return false;
        }
        // only got here if we didn't return false
        return true;
    }
    // 该方法验证是否为手机号
    public static boolean isValidMobile(String str) {
        boolean isValid = false;
        Pattern pattern = Pattern.compile("^[1][3,4,5,7,8][0-9]{9}$");
        Matcher matcher = pattern.matcher(str);
        isValid = matcher.matches();
        return isValid;
    }
    public static String showOrder(String orderData) {
        if (orderData.length() == 0)
            return "";
String outHtml = "<tr><th>放映场次</th><th>电影名称</th><th>时间</th><th>座位</th></tr>";
        String[] tickets = orderData.split(";");
        for (String ticket : tickets) {
            String[] ticketMeta = ticket.split("\\|");
            String[] seat = ticketMeta[0].split(" ");
            String[] seatMeta = seat[1].split(",");
            outHtml += "<tr><td>" + seat[0] + "</td><td>" + ticketMeta[1]
                + "</td>";
            outHtml += "<td>" + ticketMeta[2] + "</td><td>" + seatMeta[0] + "行"
                + seatMeta[1] + "列</td></tr>";
        }
        outHtml = "<html><table border=1>" + outHtml + "</table></html>";
```

```
        return outHtml;
    }
}
```

【案例剖析】

在本案例中,定义检查用户角色的下拉菜单项的方法、提取下拉菜单中的编号的方法、检查是否输入框为空的方法、获得订单座位信息的方法、检验输入是否是数字的方法、判断输入是否含有数字的方法、判断是否含有字母的方法、验证输入是否为整数、验证是否为手机号、以表格形式显示用户订单中座位信息的方法。

(2) 界面显示日期类。

定义 DateHandler.java 类,调用一个加载的 jar 文件来实现通过界面选取日期的功能。该类是在用户添加电影和放映场次时,调用该类用于选择电影上映时间和电影放映时间。

该类的具体代码如下(源代码\ch25\CinemaTicketSystem\src\util\DateHandler.java)。

```java
package util;
import java.util.Properties;
import org.jdatepicker.impl.JDatePanelImpl;
import org.jdatepicker.impl.JDatePickerImpl;
import org.jdatepicker.impl.UtilDateModel;
public class DateHandler {
    public static JDatePickerImpl getDatePicker() {
        UtilDateModel model = new UtilDateModel();
        model.setSelected(true);
        Properties p = new Properties();
        p.put("text.today", "Today");
        p.put("text.month", "Month");
        p.put("text.year", "Year");
        JDatePanelImpl datePanel = new JDatePanelImpl(model, p);
        JDatePickerImpl datePicker = new JDatePickerImpl(datePanel,
                new DateLabelFormatter());
        return datePicker;
    }
}
```

【案例剖析】

在本案例中,定义类的静态方法,通过调用 jar 包中的类,实现在界面中显示日期,方便用户按照年月日做选择。

(3) 日期格式类。

定义 DateLabelFormatter.java 用于定义日期的格式。该类是在 DateHandler.java 类中被调用。该类的具体代码如下(源代码\ch25\CinemaTicketSystem\src\util\DateLabelFormatter.java)。

```java
package util;
import java.text.ParseException;
import java.text.SimpleDateFormat;
import java.util.Calendar;
import javax.swing.JFormattedTextField.AbstractFormatter;
public class DateLabelFormatter extends AbstractFormatter {
    private String datePattern = "MM/dd/yyyy";  // 该格式为 05/06/2017
    private SimpleDateFormat dateFormatter = new SimpleDateFormat(datePattern);
    @Override
```

```java
public Object stringToValue(String text) throws ParseException {
    return dateFormatter.parseObject(text);
}
@Override
public String valueToString(Object value) throws ParseException {
    if (value != null) {
        Calendar cal = (Calendar) value;
        return dateFormatter.format(cal.getTime());
    }
    return "";
}
}
```

【案例剖析】

在本案例中，定义私有成员变量规定日期的格式，重写 stringToValue()和 valueToString()方法。

25.5 系统运行

运行电影订票系统的主程序，即项目中 ui 包下的 Welcome.java，进入欢迎界面。

25.5.1 欢迎界面

在项目的主界面中，有顾客订票入口和后台管理入口，如图 25-2 所示。

25.5.2 后台管理界面

在欢迎界面输入初始的根管理员的用户名和密码，用户名是 admin，密码是 123456。进入管理后台界面，如图 25-3 所示。

图 25-2　欢迎界面

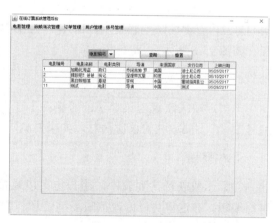

图 25-3　后台管理界面

管理员可以通过菜单项打开功能页面，查询、添加、修改、删除电影和放映场次，也可以查询和删除订单。如果是根管理员，还可以添加、修改和删除一般管理员。这里以放映场次为例，显示上述功能页面。

1. 查询

单击放映场次管理菜单下的【查询】子菜单，浏览放映场次界面，用户可以根据场次编号、电影名称、放映厅、放映时间或票价查询放映场次信息，也可以通过单击【重置】按钮显示所有放映场次信息，如图 25-4 所示。

2. 添加

单击放映场次管理菜单下的【添加】子菜单，添加放映场次界面，在该界面中用户在下拉列表中选择电影名称，输入放映厅，选择放映时间和票价，从而添加放映场次，如图 25-5 所示。

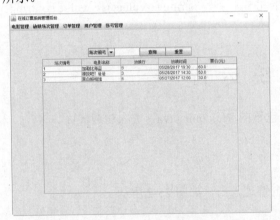

图 25-4 浏览

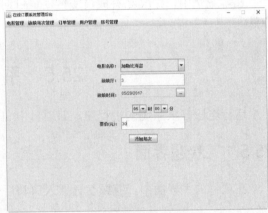

图 25-5 添加

3. 修改

单击放映场次管理菜单下的【修改】子菜单，修改放映场次界面，输入要修改的放映场次编号 2，查询放映信息显示在窗体中，用户将放映厅修改为 6，再单击【保存修改】按钮保存，如图 25-6 所示。

4. 删除

单击放映场次管理菜单下的【删除】子菜单，浏览放映场次界面。在该界面中输入放映编号 1，查询要放映的场次信息，如果要删除，单击【删除场次】按钮，如图 25-7 所示。

5. 编辑框

在显示放映场次列表中，用户也可以直接单击放映场次列表中的记录，弹出一个编辑框进行编辑。在这里可以修改放映场次信息和删除场次，如图 25-8 所示。

图 25-6 修改 图 25-7 删除

图 25-8 编辑框

25.5.3 前台订票界面

在欢迎界面用户单击【开始订票】按钮,打开用户订票界面,该界面左上的位置显示一个电影放映场次的表格,用户浏览后选择自己感兴趣的电影。单击后,该放映场次被选中,放映厅的二维座位图会根据场次进行更新,此时用户可以开始选择座位并提交。提交成功后会产生一张电影票添加到订单中。用户可以选择多次,生成多张电影票。用户选择完成后,在右下角输入个人信息,单击【提交订单】按钮。订单提交成功后,电影票的相关数据就会更新到数据库中。

请注意,为了更加直观地展示整个订票的过程,我们将选放映场次、选座位和提交订单都放在同一个界面上来实现。读者可以考虑在学习中对该界面进行优化,比如采用多个界面多层次来实现整个订票过程的逻辑操作。

用户选择放映场次和座位,单击【选定座位】按钮后,效果如图 25-9 所示。用户输入姓名和手机号,单击【提交订单】按钮,效果如图 25-10 所示。

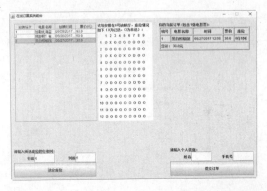

图 25-9　选定座位　　　　　　　　　　　图 25-10　提交订单

单击界面上消息框中的【确定】按钮，清空用户订单信息，如图 25-11 所示。

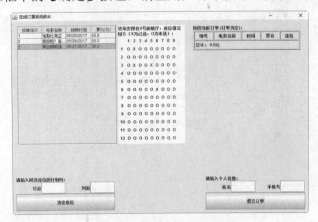

图 25-11　清空用户订单信息